银领工程——计算机项目案例与技能实训丛书

Photoshop图像处理

（第2版）

（累计第12次印刷，总印数58000册）

九州书源　编著

清华大学出版社

北　京

内 容 简 介

本书主要介绍使用 Photoshop CS3 进行图形图像处理的基础知识和基本技巧，主要内容包括创建与编辑选区、绘制图像、调整图像色彩、应用图层、使用路径、使用文本、使用滤镜、通道和蒙版制作编辑图像等，另外还详细讲解了动作和自动处理、输出图像以及运用 Photoshop 的各种功能进行设计的一般思路。

本书采用了基础知识、应用实例、项目案例、上机实训、练习提高的编写模式，力求循序渐进、学以致用，并切实通过项目案例和上机实训等方式提高应用技能，适应工作需求。

本书提供了配套的实例素材与效果文件、教学课件、电子教案、视频教学演示和考试试卷等相关教学资源，读者可以登录 http://www.tup.com.cn 网站下载。

本书适合作为职业院校、培训学校、应用型院校的教材，也是非常好的自学用书。

图书在版编目（CIP）数据

Photoshop 图像处理/九州书源编著．—2 版．—北京：清华大学出版社，2011.12
银领工程——计算机项目案例与技能实训丛书

ISBN 978-7-302-26938-0

I. ①P…　II. ①九…　III. ①图像处理软件，Photoshop CS3　IV. ①TP391.41

中国版本图书馆 CIP 数据核字（2011）第 196514 号

责任编辑：赵洛育
版式设计：文森时代
责任校对：张彩凤
责任印制：何　芊
出版发行：清华大学出版社　　**地　　址**：北京清华大学学研大厦 A 座
http://www.tup.com.cn　　**邮　　编**：100084
社　总　机：010-62770175　　**邮　　购**：010-62786544
投稿与读者服务：010-62776969，c-service@tup.tsinghua.edu.cn
质　量　反　馈：010-62772015，zhiliang@tup.tsinghua.edu.cn
印 刷 者：北京富博印刷有限公司
装 订 者：北京市密云县京文制本装订厂
经　　销：全国新华书店
开　　本：185×260　**印　张**：20　**字　数**：462 千字
版　　次：2011 年 12 月第 2 版　　**印　　次**：2011 年 12 月第 1 次印刷
印　　数：1～6000
定　　价：36.80 元

产品编号：042592-01

丛书序

Series Preface

本丛书的前身是“电脑基础·实例·上机系列教程”。该丛书于 2005 年出版，陆续推出了 34 个品种，先后被 500 多所职业院校和培训学校作为教材，累计发行 **100 余万册**，部分品种销售在 50000 册以上，多个品种获得**“全国高校出版社优秀畅销书”一等奖**。

众所周知，社会培训机构通常没有任何社会资助，完全依靠市场而生存，他们必须选择最实用、最先进的教学模式，才能获得生存和发展。因此，他们的很多教学模式更加适合社会需求。本丛书就是在总结当前社会培训的教学模式的基础上编写而成的，而且是被广大职业院校所采用的、最具代表性的丛书之一。

很多学校和读者对本丛书耳熟能详。应广大读者要求，我们对该丛书进行了改版，主要变化如下：

- 建立完善的立体化教学服务。
- 更加突出“应用实例”、“项目案例”和“上机实训”。
- 完善学习中出现的问题，更加方便学生自学。

一、本丛书的主要特点

1．围绕工作和就业，把握“必需”和“够用”的原则，精选教学内容

本丛书不同于传统的教科书，与工作无关的、理论性的东西较少，而是精选了实际工作中确实常用的、必需的内容，在深度上也把握了以工作够用的原则，另外，本丛书的应用实例、上机实训、项目案例、练习提高都经过多次挑选。

2．注重“应用实例”、“项目案例”和“上机实训”，将学习和实际应用相结合

实例、案例学习是广大读者最喜爱的学习方式之一，也是最快的学习方式之一，更是最能激发读者学习兴趣的方式之一，我们通过与知识点贴近或者综合应用的实例，让读者多从应用中学习、从案例中学习，并通过上机实训进一步加强练习和动手操作。

3．注重循序渐进，边学边用

我们深入调查了许多职业院校和培训学校的教学方式，研究了许多学生的学习习惯，采用了基础知识、应用实例、项目案例、上机实训、练习提高的编写模式，力求循序渐进、学以致用，并切实通过项目案例和上机实训等方式提高应用技能，适应工作需求。唯有学以致用，边学边用，才能激发学习兴趣，把被动学习变成主动学习。

二、立体化教学服务

为了方便教学，丛书提供了立体化教学网络资源，放在清华大学出版社网站上。读者登录 http://www.tup.com.cn 后，在页面右上角的搜索文本框中输入书名，搜索到该书后，单击“立体化教学”链接下载即可。“立体化教学”内容如下。

- **素材与效果文件**：收集了当前图书中所有实例使用到的素材以及制作后的最终效果。读者可直接调用，非常方便。
- **教学课件**：以章为单位，精心制作了该书的 PowerPoint 教学课件，课件的结构与书本上的讲解相符，包括本章导读、知识讲解、上机及项目实训等。
- **电子教案**：综合多个学校对于教学大纲的要求和格式，编写了当前课程的教案，内容详细，稍加修改即可直接应用于教学。
- **视频教学演示**：将项目实训和习题中较难、不易于操作和实现的内容，以录屏文件的方式再现操作过程，使学习和练习变得简单、轻松。
- **考试试卷**：完全模拟真正的考试试卷，包含填空题、选择题和上机操作题等多种题型，并且按不同的学习阶段提供了不同的试卷内容。

三、读者对象

本丛书可以作为职业院校、培训学校的教材使用，也可作为应用型本科院校的选修教材，还可作为即将步入社会的求职者、白领阶层的自学参考书。

我们的目标是让起点为零的读者能胜任基本工作！

欢迎读者使用本书，祝大家早日适应工作需求！

九州书源

前言

Preface

Photoshop 一直是图像处理行业中的佼佼者，其应用领域已深入到广告设计、数码照片处理、图像合成、招贴与海报设计等各种与设计相关的行业，其优化和新增的功能使 Photoshop 的功能更加强大。当今社会是一个图文时代，很多 Photoshop 初学者都希望有一本能以基础加实例的方式讲解他们最需要掌握的知识的书，不仅能全面地掌握 Photoshop 软件的各个知识点，还能运用这些知识点制作出实用的作品或实现某一图像处理目的。本书为了满足这类读者的需要，针对不同层次的 Photoshop 读者的使用情况，详细地讲解了与图像处理密切相关的各个知识点。

本书的内容

本书共 15 章，可分为 10 部分，各部分具体内容如下：

章　节	内　容	目　的
第1部分（第1～2章）	工作界面介绍、图像文件的基本操作、图像和画布大小的调整以及图像的输入知识	掌握Photoshop CS3的基本知识和基本操作
第2部分（第3～5章）	工具箱中选区创建工具、绘图工具、修饰工具的使用以及图像的移动、复制等操作	掌握选区与图像的绘制与编辑
第3部分（第6章）	图像色彩的调整	掌握各色彩调整命令的使用方法
第4部分（第7～8章）	路径的绘制与编辑、图层和路径的基本操作、路径和选区的转换、填充和描边路径等操作	掌握图层和路径的应用
第5部分（第9章）	文本的输入、编辑操作以及“字符”控制面板的使用	掌握文本的输入编辑操作和“字符”控制面板的使用
第6部分（第10～11章）	各类滤镜的设置方法及应用	掌握滤镜的使用
第7部分（第12章）	Photoshop中通道和蒙版的使用	掌握通道和蒙版的使用方法
第8部分（第13章）	动作的使用以及实现自动批处理图像的方法	掌握动作和批处理的使用
第9部分（第14章）	图像的输入与打印输出，包括印刷图像的输出方法	掌握图像的输出方法
第10部分（第15章）	综合应用Photoshop进行平面设计的方法与技巧	全面地掌握Photoshop各种工具的使用方法并使用其进行图像处理

本书的写作特点

本书图文并茂、条理清晰、通俗易懂、内容翔实，在读者难于理解和掌握的地方给出了提示或注意，并加入了许多 Photoshop 的使用技巧，使读者能快速提高软件的使用技能。

另外，本书中配置了大量的实例和练习，让读者在不断的实际操作中强化书中讲解的内容。

本书每章按“学习目标+目标任务&项目案例+基础知识与应用实例+上机及项目实训+练习与提高”结构进行讲解。

- **学习目标**：以简练的语言列出本章知识要点和实例目标，使读者对本章将要讲解的内容做到心中有数。
- **目标任务&项目案例**：给出本章部分实例和案例结果，让读者对本章的学习有一个具体的、看得见的目标，不至于感觉学了很多却不知道干什么用，以至于失去学习兴趣和动力。
- **基础知识与应用实例**：将实例贯穿于知识点中讲解，使知识点和实例融为一体，让读者加深理解思路、概念和方法，并模仿实例的制作，通过应用举例强化巩固小节知识点。
- **上机及项目实训**：上机实训为一个综合性实例，用于贯穿全章内容，并给出具体的制作思路和制作步骤，完成后给出一个项目实训，用于进行拓展练习，还提供实训目标、视频演示路径和关键步骤，以便于读者进一步巩固。
- **项目案例**：为了更加贴近实际应用，本书给出了一些项目案例，希望读者能完整了解整个制作过程。
- **练习与提高**：本书给出了不同类型的习题，以巩固和提高读者的实际动手能力。

另外，本书还提供有素材与效果文件、教学课件、电子教案、视频教学演示和考试试卷等相关立体化教学资源，立体化教学资源放置在清华大学出版社网站（http://www.tup.com.cn），进入网站后，在页面右上角的搜索引擎中输入书名，搜索到该书，单击“立体化教学”链接即可。

☺ 本书的读者对象

本书可供各大中专院校和各类电脑培训学校作为 Photoshop 教材使用，也可供 Photoshop 初学者、广告设计和图形图像处理的相关人员使用，尤其适合作为职业院校和应用型本科院校的教材使用。

✉ 本书的编者

本书由九州书源编著，参与本书资料收集、整理、编著、校对及排版的人员有：羊清忠、陈良、杨学林、卢炜、夏帮贵、刘凡馨、张良军、杨颖、王君、张永雄、向萍、曾福全、简超、李伟、黄沄、穆仁龙、陆小平、余洪、赵云、袁松涛、艾琳、杨明宇、廖宵、牟俊、陈晓颖、宋晓均、朱非、刘斌、丛威、何周、张笑、常开忠、唐青、骆源、宋玉霞、向利、付琦、范晶晶、赵华君、徐云江、李显进等。

由于作者水平有限，书中疏漏和不足之处在所难免，欢迎读者朋友不吝赐教。如果您在学习的过程中遇到什么困难或疑惑，可以联系我们，我们会尽快为您解答。联系方式是：

E-mail：book@jzbooks.com。

网　址：http://www.jzbooks.com。

编　者

导读

Introduction

章　名	操作技能	课时安排
第 1 章　认识 Photoshop CS3	1．启动与退出 Photoshop CS3 2．熟悉 Photoshop CS3 的工作界面 3．了解 Photoshop 的基本概念	2 学时
第 2 章　Photoshop CS3 基本操作	1．掌握获取图像素材的几种方法 2．掌握图像文件的基本操作 3．学会使用文件浏览器 4．掌握图像窗口的基本操作 5．调整图像和画布大小	2 学时
第 3 章　选区的创建与编辑	1．掌握各个选择工具的使用 2．如何编辑图像选区的形状 3．如何填充图像选区	2 学时
第 4 章　编辑图像	1．如何移动、复制和删除图像 2．掌握裁切、变换、抽出和液化等编辑操作	2 学时
第 5 章　绘制和修饰图像	1．掌握画笔、铅笔等绘图工具的使用 2．了解减淡、加深和模糊等工具的作用 3．掌握形状工具组的使用	2 学时
第 6 章　调整图像色彩	1．了解色彩的基本概念 2．掌握色阶、曲线、亮度/对比度等调整命令的使用 3．掌握色相/饱和度、照片滤镜和变化调整命令的使用 4．了解匹配颜色、替换颜色、通道混合器调整命令的作用	2 学时
第 7 章　应用图层编辑图像	1．了解图层的作用，掌握新建、复制图层等操作 2．如何调整图层的不透明度 3．如何设置图层的混合模式 4．如何添加图层样式效果 5．了解调整图层的作用	3 学时
第 8 章　使用路径编辑图像	1．了解路径的作用 2．认识路径面板的各个组成部分 3．如何绘制路径 4．如何编辑路径的形状 5．掌握路径复制等基本操作 6．路径和选区的转换 7．填充和描边路径	3 学时

续表

章　　名	操作技能	课时安排
第 9 章　应用文本丰富图像	1．掌握文字工具组的使用 2．如何输入美术字文字 3．如何输入段落文字 4．如何沿路径输入文字 5．掌握如何设置字符格式 6．掌握如何设置段落格式	2 学时
第 10 章　使用滤镜编辑图像（上）	1．掌握滤镜使用的基础知识 2．学会使用滤镜库 3．掌握像素化、锐化、扭曲、杂色、模糊和渲染滤镜组的使用 4．了解画笔描边和素描滤镜组下各滤镜的作用	4 学时
第 11 章　使用滤镜编辑图像（下）	1．掌握纹理滤镜组各滤镜的使用及参数设置 2．掌握艺术效果滤镜组可以创建哪些艺术图像效果 3．掌握风格化滤镜组和其他滤镜组的使用	3 学时
第 12 章　使用通道与蒙版	1．了解通道的作用和类型 2．掌握通道面板的组成 3．掌握新建、复制和删除通道 4．存储和载入通道选区 5．了解通道的分离和合并 6．快速蒙版的使用 7．掌握图层蒙版的使用 8．了解矢量蒙版	3 学时
第 13 章　动作和自动处理	1．掌握如何通过动作面板播放动作 2．了解新建动作、保存和载入动作的方法 3．掌握批处理、创建 PDF 演示文稿、创建 Web 照片画廊等批处理命令的使用	2 学时
第 14 章　输出图像	1．掌握如何打印一幅图像 2．了解印刷图像的输出流程 3．掌握 Photoshop CS3 与其他软件的配合使用	2 学时
第 15 章　项目设计案例	1．制作画册封面 2．制作美容优惠券	3 学时

目录

Contents

第 1 章　认识 Photoshop CS3

学习目标

☑ 了解 Photoshop CS3 的应用范围
☑ 学会启动和退出 Photoshop CS3
☑ 认识 Photoshop CS3 的操作界面并学习 Photoshop CS3 的简单操作方法
☑ 使用“键盘快捷键和菜单”对话框设置 Photoshop CS3 的快捷键
☑ 使用首选项配置 Photoshop CS3

目标任务&项目案例

Photoshop CS3 操作界面

位图

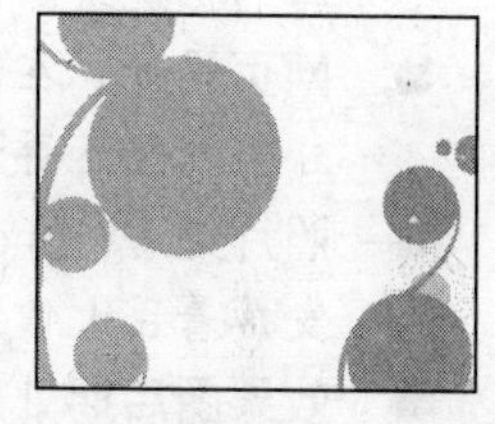

矢量图

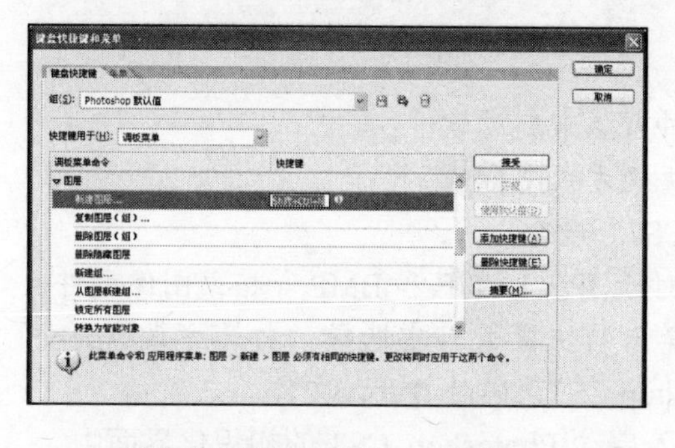

“键盘快捷键和菜单”对话框

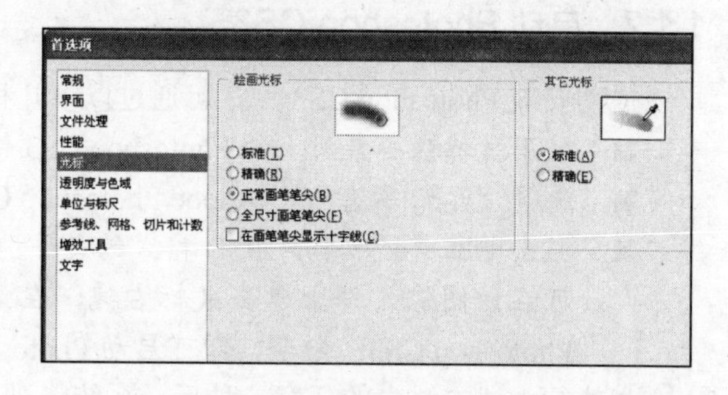

设置光标

本章主要介绍 Photoshop CS3 的启动与退出、Photoshop CS3 的工作界面、Photoshop CS3 的优化设置和 Photoshop 的基本概念。通过本章的学习，可以使用户熟悉 Photoshop CS3 的工作界面并掌握选取工具、面板使用及自定义工作界面等操作。

1.1 Photoshop CS3 与图像处理

Photoshop CS3 是一款功能强大的图像处理软件，与其他图像处理软件相比，它具有功能更加强大、操作更加人性化的特点。用户使用 Photoshop CS3 能轻松地制作出风格各异的作品，这也是 Photoshop 深受广大从业者和爱好者青睐的原因。

1.1.1 Photoshop CS3 的应用领域

由于 Photoshop CS3 的功能强大，目前被广泛应用于广告设计、商标设计、包装设计、插画设计、网页设计、照片处理和效果图后期处理等领域，下面介绍 Photoshop CS3 的各应用领域：

- **广告设计**：Photoshop CS3 在平面广告设计方面的运用是非常广泛的，通过它可以制作一般的招贴式宣传，如促销传单、POP 海报、公益广告和汽车 DM 宣传手册等。
- **商标设计**：商标设计是平面设计的一个重要领域，通过 Photoshop CS3 能较快地设计出具有公司风格的标志。
- **包装设计**：包装设计即是对商品外包装的平面设计，使用 Photoshop CS3 制作包装设计主要是对商品包装版面、结构等内容进行设计。
- **插画设计**：Photoshop CS3 可以模拟画笔在画纸上绘画的效果，它不但能绘制出逼真的传统绘画效果，还能制作出画笔比拟的特殊效果。
- **网页设计**：在网站制作期间网站制作者大多都会先使用 Photoshop CS3 搭建网站外观，然后再进行后期处理。
- **照片处理**：Photoshop CS3 提供了丰富的调色、编辑命令，这些命令在照片处理中发挥着巨大作用，如快速合成需要的照片特效。
- **效果图后期处理**：建筑效果图的后期处理也离不开 Photoshop CS3，它灵活多变的图层成为图像合成的重要法宝。

1.1.2 启动 Photoshop CS3

成功安装 Photoshop CS3 后，可通过以下几种方法来启动软件：

- 使用鼠标双击桌面上的 Photoshop CS3 快捷方式图标。
- 选择“开始|所有程序|Adobe Photoshop CS3”命令。
- 双击电脑中扩展名为.PSD 格式的文件，对于.JPEG、.TIF 和.BMP 等格式图像文件，可在该图像文件上单击鼠标右键，在弹出的快捷菜单中选择“打开方式|Adobe Photoshop CS3”命令，即可启动 Photoshop CS3，同时打开该文件。

当执行上述方法中的任意一种后，系统将进入启动 Photoshop CS3 的初识化界面中，稍后即可进入 Photoshop CS3 的工作界面。

【例 1-1】 使用在桌面上双击快捷方式图标的方法启动 Photoshop CS3。

（1）使用鼠标双击桌面上的 Photoshop CS3 快捷方式图标，如图 1-1 所示。

（2）此时进入启动 Photoshop CS3 的初始化界面，如图 1-2 所示，稍等片刻后即可进入 Photoshop CS3 的工作界面。

图 1-1　快捷方式图标　　　　图 1-2　Photoshop CS3 的初始化界面

1.1.3　退出 Photoshop CS3

退出 Photoshop CS3 前应先关闭打开的所有图像文件窗口，然后执行以下任一操作：

- 单击工作界面标题栏右侧的“关闭”按钮。
- 选择“文件|退出”命令或按 Ctrl+Q 组合键。
- 按 Alt+F4 组合键。

1.1.4　Photoshop CS3 的操作界面

启动 Photoshop CS3 后，最先看到的是其工作界面。Photoshop CS3 的工作界面主要由标题栏、菜单栏、工具箱、工具属性栏、图像编辑窗口以及面板组等组成，如图 1-3 所示。

图 1-3　Photoshop CS3 的工作界面

1. 标题栏

标题栏左侧显示应用程序的名称 Adobe Photoshop 和 Photoshop CS3 的软件图标，标题栏最右侧的 3 个按钮分别用于实现最小化、最大化/还原和关闭窗口。

2. 菜单栏

菜单栏提供图像处理时所需的菜单命令，一共 9 个，各菜单命令的主要功能如下：

- “文件”菜单：用于打开、新建、关闭、存储、导入、导出和打印文件。
- “编辑”菜单：用于对图像进行撤销、剪切、复制、粘贴、清除以及定义画笔等编辑操作，并可进行一些优化设置。
- “图像”菜单：用于调整图像的色彩模式、图像的色彩和色调、图像和画布尺寸以及旋转画布等。
- “图层”菜单：用于对图层进行控制和编辑，包括新建图层、复制图层、删除图层、栅格化图层、添加图层样式、添加图层蒙版、链接和合并图层等操作。
- “选择”菜单：用于创建图像选择区域和对选区进行羽化、存储和变换等编辑。
- “滤镜”菜单：用于添加杂色、扭曲、模糊、渲染、纹理和艺术效果等滤镜效果。
- “视图”菜单：用于控制图像显示的比例以及显示或隐藏标尺和网格等。
- “窗口”菜单：用于对工作界面进行调整，包括隐藏和显示图层面板等。
- “帮助”菜单：用于提供使用 Photoshop 的帮助信息。

3. 工具箱

工具箱中提供了各种图像绘制和处理时需要使用的工具，如果工具图标右下角有黑色小三角形标记（如），表示该工具只是工具组中的一个工具。作为初学者，掌握工具箱中每一种工具的名称和基本功能是学习绘制图像的关键。工具箱中各工具的名称如图 1-4 所示。

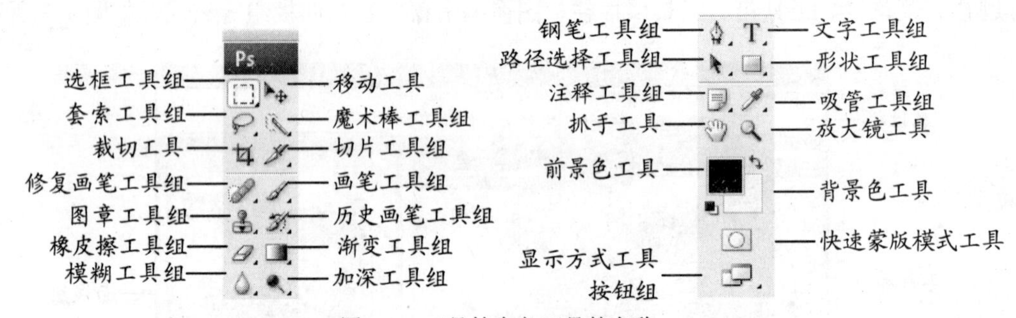

图 1-4　工具箱中各工具的名称

4. 工具属性栏

当用户在工具箱中选择了某个工具后，菜单栏下方的工具属性栏就显示出当前工具的相应属性和参数，以方便用户对这些参数进行设置。如图 1-5 所示为选择磁性套索工具后的工具属性栏。

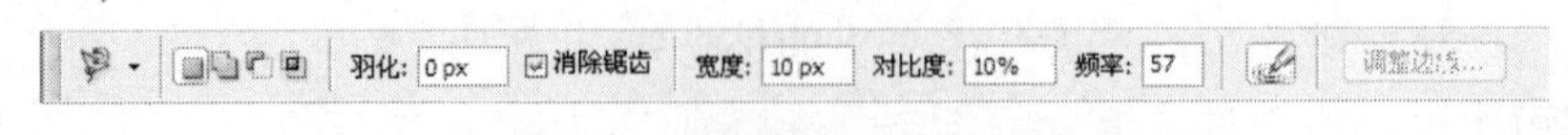

图 1-5　磁性套索工具属性栏

选择不同的工具，在工具属性栏中显示的参数选项是不同的，各个工具的使用与参数设置将在后面章节中陆续进行讲解。需要指出的是：单击工具属性栏最左侧工具图标右侧

的 ▾ 按钮，在弹出的列表框中取消选中 □仅限当前工具 复选框，其中显示了一些预设的工具选项，选择相应的选项便可切换到相应的工具和已设置好的参数状态下，如图 1-6 所示。用户也可将一些常用的工具预设进行保存，以方便使用。

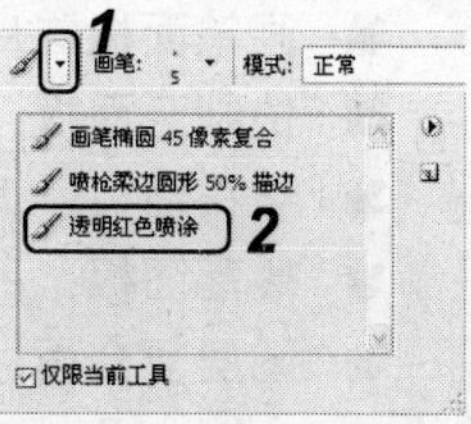

图 1-6　选择预设工具

提示：

将鼠标置于工具属性栏最左端的虚线上，然后按住鼠标左键不放并拖动鼠标即可移动工具属性栏的位置。

5. 面板组

面板组是 Photoshop CS3 工作界面中非常重要的一个组成部分，也是在进行图像处理时实现选择颜色、编辑图层、新建通道、编辑路径和撤销编辑操作的主要功能面板。如图 1-7 所示为 Photoshop CS3 的面板组。

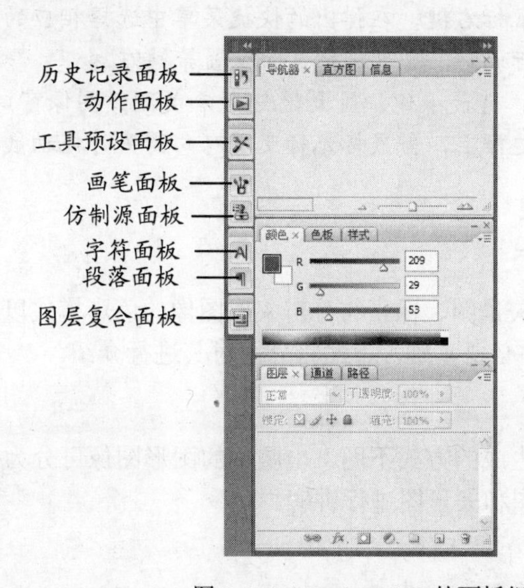

图 1-7　Photoshop CS3 的面板组

每组面板的功能如下：

- 导航器面板：用于查看图像显示区域，并控制图像的缩放。
- 直方图面板：用于显示图像各个亮度的像素数量，以及像素在图像中的分布情况。
- 信息面板：用于显示当前图像文件中鼠标指针的位置、选定区域的大小等信息。
- 颜色面板：可快速选择、设置前景色和背景色。
- 色板面板：提供了多种预设颜色，通过选取面板中的色样可设置颜色。
- 样式面板：提供了多种常用的图像效果模式。
- 图层面板：用于对图层进行选择、编辑操作。
- 通道面板：用于对通道进行选择、编辑操作。
- 路径面板：用于对路径进行创建、编辑操作。
- 历史记录面板：记录用户对图像所做的编辑和操作行为，使用它可撤销操作。
- 动作面板：控制编辑步骤，通过播放动作使图像文件自动生成特定的效果。

- **工具预设面板**：提供了多种工具属性预设。
- **画笔面板**：用于对画笔的各种属性进行编辑，以制作不同的画笔效果。
- **仿制源面板**：用于对图章工具组的工具属性进行设置。如位置、不透明度等。
- **字符面板**：用于对输入或准备输入的字符格式进行设置。
- **段落面板**：用于对输入或准备输入的段落格式进行设置。
- **图层复合面板**：用于记录当前文件中的图层可视性、位置和外观。

6．图像窗口

图像窗口是指 Photoshop CS3 工作界面中打开的图像窗口，其中显示了该图像文件的内容，是对图像进行浏览和编辑操作的主要场所。如图像窗口标题栏中的花草.tif @ 100%(RGB/8#)，主要显示了该图像文件的文件名及文件格式（花草.tif）、显示比例（@ 100%）以及图像色彩模式（(RGB/8#)）等信息，在图像窗口中用户可以进行以下操作：

- 在图像标题栏上单击鼠标右键，在弹出的快捷菜单中选择相应的命令，可以对图像大小和画布大小进行调整，并可进行页面设置等操作。
- 单击3 个按钮，可最小化、最大化/还原和关闭该图像窗口。
- 将鼠标光标移至图像边框上，当鼠标光标变成双向箭头时拖动鼠标可以调整图像窗口的大小。

1.1.5　处理图像的基础知识

了解 Photoshop 中位图与矢量图、像素与分辨率、图像的色彩模式以及图像文件格式等基本概念是学习 Photoshop 的必要基础，下面将分别对其进行介绍。

1．位图与矢量图

在实际操作中，由于图形生成的方式不同，电脑中的图形图像可分为位图图像和矢量图图像两种，下面将分别对位图和矢量图进行讲解。

1）位图

位图也称像素图，其特点是色彩和色调变化层次丰富，能逼真地表现出自然界的真实景象。位图是由若干个细小颜色块组成的，这些颜色块称为像素，当位图放大到一定倍数后，图像的显示效果就会变得越来越不清晰，从而出现类似马赛克的效果。如图 1-8 所示为 100%显示的位图图像，如图 1-9 所示为使用放大镜工具放大到 400%后的部分图像，可发现放大后的图像边缘出现了锯齿。

图 1-8　原图显示的位图

图 1-9　放大显示的位图

提示：

位图除了可以由 Photoshop 软件生成外，还可以由数码相机、扫描仪等设备的输入而生成。

2）矢量图

矢量图是以线条定位物体形状，再通过着色为图像添加颜色，因此，它不能像位图那样表现出丰富的图像颜色，但适用于以线条为主的图案和文字标志设计、工艺美术设计和计算机辅助设计。对于矢量图，无论放大或缩小多少倍，图形都有一样平滑的边缘和清晰的视觉效果，如图 1-10 和图 1-11 所示分别为 100%和 200%显示状态下的矢量图像。另外，矢量图形文件要比位图图像文件小。

提示：

在电脑中，矢量图和位图之间是可以相互转换的，用 Photoshop 制作的位图作品同样可以导入到 CorelDRAW 或 Illustrator 等矢量图软件中进行编辑。

图 1-10　原图显示的矢量图

图 1-11　放大显示的矢量图

2．像素和图像分辨率

通过前面的介绍了解到像素是位图图像的基本单位，在位图中每一个像素都有不同的颜色值。因此，位图图像的大小和质量主要取决于图像中像素点的多少，而分辨率是指每英寸图像包含的像素数目，通常情况下，每平方英寸所含的像素点越多，图像就越清晰，文件也就越大；反之图像就越模糊，图像文件也越小。

图像分辨率的单位是“像素/英寸”，如“300 像素/英寸”即指每英寸含有 300 个像素。同样尺寸的一幅图像，单位长度上像素越多，图像就越清晰，效果就越逼真，但所需的存储空间也就越大。在 Photoshop 中，有以下一些常用的图像分辨率标准：

- **屏幕显示的分辨率**：通常设置为 72 像素/英寸。
- **网页显示的分辨率**：通常设置为 72 像素/英寸或 96 像素/英寸。
- **大型灯箱图像的分辨率**：不低于 300 像素/英寸。
- **报纸图像的分辨率**：通常设置为 120 像素/英寸或 150 像素/英寸。
- **彩版印刷图像的分辨率**：通常设置为 300 像素/英寸。

注意：

在 Photoshop 中，当图像分辨率不变时，改变图像的尺寸，其文件的大小也将改变；当分辨率改变时，文件大小也会相应改变，分辨率越大，图像文件就越大。

提示：

除了图像分辨率外，还有显示器分辨率和打印分辨率等概念。其中，显示器分辨率是指显示器上每单位长度显示的点的数目，打印分辨率是指打印机等输出设备在输出图像时每英寸所产生的油墨点数；当图像分辨率高于显示器的分辨率时，图像在显示器屏幕上显示的尺寸会比指定的打印尺寸大，这也是通常看见一幅图像在屏幕上显示的尺寸效果比打印机输出时的图像尺寸要大的原因。

3．图像的色彩模式

色彩模式是图像可以在屏幕上显示的重要前提，常用的色彩模式有 RGB、CMYK、HSB 和 LAB 4 种，另外还有双色调模式、灰度模式、索引模式和多通道模式等。在“图像/模式”子菜单中可以查看 Photoshop 所有的色彩模式，不同的色彩模式还可相互转换。下面将对几种常用的色彩模式进行介绍。

1）RGB 模式

RGB 模式是一种加色模式，由红、绿、蓝 3 种色光相叠加形成。每种颜色都有 256 个亮度级，所以 3 种色彩的叠加就形成了 1670 万种颜色。在 Photoshop CS3 中编辑图像时最好选择 RGB 模式，因为它可以提供全屏幕多达 24 位的色彩范围，即通常所说的真彩色。

RGB 模式一般不用于打印输出图像，因为它的某些色彩已经超出了打印的范围，而且比较鲜艳的色彩会失真。在实际打印时，可将 RGB 模式转换为 CMYK 模式，因为 CMYK 模式所定义的色彩要比 RGB 模式定义的色彩少很多。

2）CMYK 模式

CMYK 模式是彩色印刷时使用的一种颜色模式，CMYK 代表了印刷上的 4 种油墨色，即 Cyan（青）、Magenta（洋红）、Yellow（黄）和 Black（黑）4 种色彩。而在 Photoshop 的 CMYK 模式中，为每种印刷油墨指定了一个百分比值，一般为最亮（高光）颜色指定的印刷油墨颜色百分比较低，而为较暗（暗调）颜色指定的百分比较高。例如，亮红色可以包含 22%青色、98%洋红、79%黄色和 0%黑色（如图 1-12 所示为在“颜色”面板中亮红色的比值搭配），当 4 种颜色值均为 0%时，即会产生纯白色。

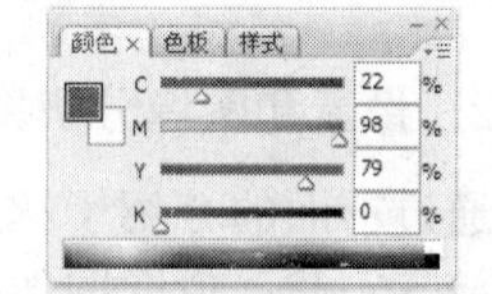

图 1-12　CMYK 模式下的亮红色

注意：

在制作要打印的图像时，应使用 CMYK 模式，将 RGB 模式的图像转换为 CMYK 模式时即产生分色，如果是从 RGB 模式的图像开始，则最好首先在 RGB 模式下编辑好后再转换为 CMYK 模式。

3）Lab 模式

Lab 模式是一种国际标准色彩模式，在 Photoshop 中，Lab 颜色模式有一个介于 0～100 之间的明度分量（L），a 分量从绿色到红色轴，b 分量从蓝色到黄色轴，在“颜色”面板中，a 分量和 b 分量的范围为−120～+120，如图 1-13 所示。

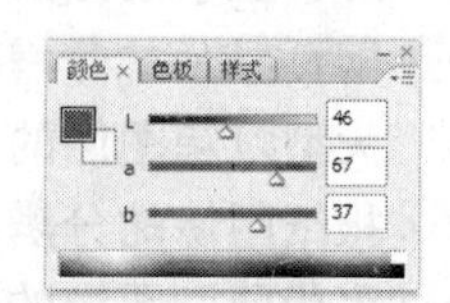

图 1-13　Lab 颜色面板

使用 Photoshop CS3 的 Lab 模式，可以独立编辑图像中的亮度和颜色值，在不同系统

之间移动图像并将其打印到 PostScript Level2 和 Level3 打印机上。要将 Lab 模式图像打印到其他彩色输出设备上，应首先将其转换为 CMYK 模式。Lab 模式下的图像可以存储为 Photoshop（*.PSD）、Photoshop EPS、大型文档格式 PDF、TIFF、Photoshop DCS 1.0 或 Photoshop DCS 2.0 等文件格式。

提示：

只有在选择颜色的面板中才会出现 HSB 模式，而“图像/模式”命令下没有该模式。HSB 模式描述了颜色的 3 种基本特性，其中 H 表示 Hue（色相），S 表示 Saturation（饱和度），B 表示 Brightness（亮度）。

4）位图模式

在位图模式下将只能使用黑色或白色来表示图像中的像素，它通过组合不同大小的点来产生一定的灰度级阴影。因此，使用位图模式可更好地设定网点的大小、形状及角度，同时只有灰度和多通道模式下的图像才能被转换成位图模式。

5）灰度模式

灰度模式使用多达 256 级，灰度图像中的每个像素都有一个 0（黑色）~255（白色）之间的亮度值。当将一个彩色文件转换为灰度模式时，所有颜色信息都将丢失，只留下亮度。使用黑白或灰度扫描仪生成的图像通常以灰度模式显示。

注意：

在 Photoshop 中可以将一个灰度文件转换为彩色模式文件，但却不可能恢复到原来的颜色，转换后的文件依然为灰色，因此，在转换前可对图像做一个备份。

6）索引颜色模式

在索引颜色模式下最多只有 256 种颜色，在该模式下只能存储一个 8 位色彩深度的文件，且这些颜色都是预先定义好的。当转换为索引颜色时，Photoshop 将构建一个颜色查找表，用以存放并索引图像中的颜色，如果原图像中的某种颜色没有出现在该表中，则程序将选取现有颜色中最接近的一种，或使用现有颜色模拟该颜色。

7）双色调模式

双色调模式即采用两种彩色油墨来创建由双色调、三色调和四色调混合色阶来组成的灰度图像。该模式下最多可以向灰度图像中添加 4 种颜色。

8）多通道模式

多通道模式包含多种灰阶通道，每一通道均由 256 级灰阶组成，该模式对特殊打印需求的图像非常适用。当 RGB 或 CMYK 色彩模式的文件中任何一个通道被删除时，即会变成多通道色彩模式。

提示：

如果需要进行图像色彩模式的转换，只需在“图像|模式”命令下选择相应的色彩模式命令即可实现。

4．常用的文件格式

在 Photoshop 中制作好一幅作品后就可以进行存储，存储时选择一种恰当的文件格式非常重要。Photoshop CS3 支持 20 多种文件格式，除了 Photoshop 专用文件格式外，还包括 JPG、PSD、TIF 和 BMP 等常用文件格式。不同的文件格式可以通过扩展名来区分，这些扩展名在文件名中可查看。下面将对一些常见的文件格式进行介绍。

1）PSD 格式和 PDD 格式

PSD 格式和 PDD 格式是 Photoshop 软件的专用格式，也是唯一能支持全部图像色彩模式的格式。以 PSD 和 PDD 格式存储的图像，可以保存图像中的图层、通道和蒙版等数据信息。所以，在进行图像处理的过程中都以该格式进行保存，但以这两种图像文件格式存储的图像文件特别大，要比其他格式的图像文件占用更多的磁盘空间。

2）TIFF 格式（*.TIF、*.TIFF）

TIFF 图像文件格式是一种标记图像文件格式，也是一种灵活的位图图像格式，几乎所有的绘画、图像编辑和页面排版应用程序都支持该格式。TIFF 图像文件格式应用相当广泛，该格式除了支持 RGB、CMYK、Lab、位图和灰度等多种色彩模式外，还支持 Alpha 通道的使用，在 TIFF 文件中可以存储图层，但如果在另一个应用程序中打开该文件，则只有拼合图像是可见的。

将图像文件存为 TIFF 格式时，系统将打开一个“TIFF 选项”对话框，要求选择一种图像压缩格式（见图 1-14），一般情况下选择 LZW 方式即可，该方式是一种无损压缩，设置后可使文件占用较少的磁盘空间但仍然具有高品质的图像效果。

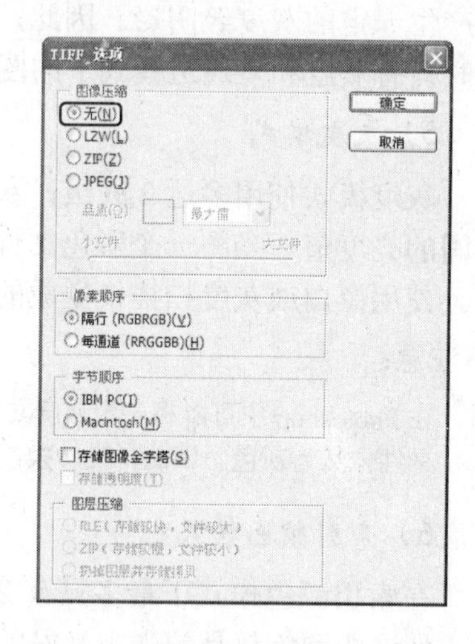

图 1-14 “TIFF 选项”对话框

3）BMP 格式

BMP 图像文件格式是 DOS 和 Windows 兼容计算机上的标准 Windows 图像格式，支持 RGB、索引颜色、灰度和位图颜色模式，常应用于视频输出和演示，存储时可进行无损压缩。

4）GIF 格式

GIF 图像文件格式是在 World Wide Web 及其他联机服务上常用的一种文件格式，它主要用于显示超文本标记语言（HTML）文档中的索引颜色图形和图像，是一种使用 LZW 压缩的格式，目的在于最小化文件和缩短电子传输时间。GIF 格式文件同时支持线图、灰度和索引图像。

5）JPEG 格式（*.JPEG、*.JPG）

JPEG 图像文件格式既是一种文件格式，又是一种压缩技术，它是一种特殊的压缩类型。如果图像文件只用于预览、欣赏或作为素材，或为了方便携带存储在移动盘上，可将其保存为 JPEG 格式。使用 JPEG 格式保存的图像经过高倍率的压缩可缩小图像文件大小，从而减小所占用磁盘空间，但会丢失掉部分不易察觉的数据，所以在印刷时不宜使用此格式。

6）PDF 格式

PDF 图像文件格式是一种灵活的、跨平台以及跨应用程序的便携文档格式，它可以精确地显示并保留字体、页面版式以及矢量和位图图形，并可以包含电子文档搜索和导航功能（如超级链接）。Photoshop 可识别两种类型的 PDF 文件：Photoshop PDF 文件和通用 PDF 文件，其中 Photoshop PDF 文件是使用 Photoshop 的“存储为”命令创建的，支持 JPEG 和 ZIP 压缩；通用 PDF 文件用 Photoshop 以外的应用程序，如 Adobe Acrobat 和 Adobe Illustrator 创建的，可以包含多个页面和图像。

7）Photoshop DCS 1.0 和 2.0 格式

桌面分色（DCS）格式是标准 EPS 格式的一个版本，可以存储 CMYK 图像的分色。使用 DCS 2.0 格式可以导出包含专色通道的图像。

8）PCX 格式

PCX 格式常用于 IBM PC 兼容计算机。支持 RGB、索引颜色和灰度等色彩模式，并可用 RLE 的压缩方式对图像文件进行保存。

9）PNG 格式

便携网络图形（PNG）格式是作为 GIF 的无专利替代品开发的，用于无损压缩和显示 Web 上的图像。与 GIF 不同，PNG 支持 24 位图像并产生无锯齿状边缘的背景透明度，但有一些早期版本的 Web 浏览器不支持 PNG 图像。

提示：

除了以上存储格式外，有时还会遇到 RAW 格式的图像，该图像格式一般为较专业的摄影师使用。调整该格式的图像后，并不会影响图像质量。

1.2　使用 Photoshop CS3 进行简单操作

在了解图像处理的基础知识和 Photoshop CS3 的操作界面后，就可以开始学习 Photoshop CS3 的简单操作方法，下面将对 Photoshop 的各种简单操作进行讲解。

1.2.1　执行菜单命令

要执行某个菜单命令可以直接选择该菜单命令所在的菜单项，在打开的菜单中选择要执行的菜单命令即可。如果某个菜单命令定义有快捷键，按快捷键也可执行该菜单命令，如打开一个图像文件可按 Ctrl+O 组合键。

【例 1-2】 通过执行“帮助”菜单下的命令打开帮助窗口。

（1）启动 Photoshop CS3 后选择菜单栏中的“帮助”菜单，在打开的下拉菜单中选择“Photoshop 帮助”命令，如图 1-15 所示。

（2）打开如图 1-16 所示的 Adobe Help Viewer 1.1 窗口，其中列出了 Photoshop 的相关

帮助主题。

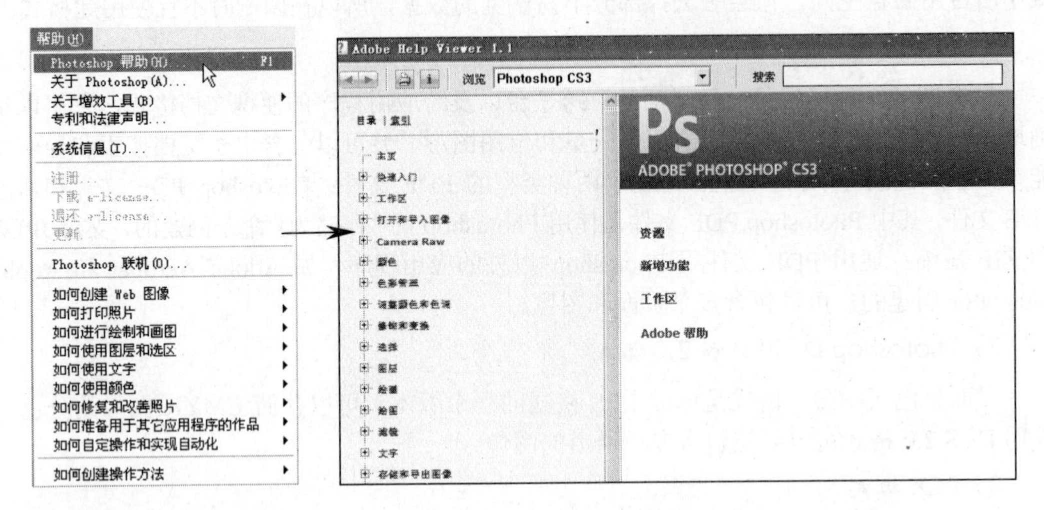

图 1-15　选择菜单命令　　　　图 1-16　打开 Adobe Help Viewer 1.1 窗口

1.2.2　选择和使用工具箱中的工具

在工具箱中有很多工具组，工具组下又有多种工具。若需使用工具箱中的某个工具时，则必须先选择该工具，选择工具的方法是：鼠标单击工具箱中要选择工具的图标。若是需选取某一工具组中的某个工具，可单击该组工具图标右下角的小黑箭头，然后在弹出的子工具条中选择所需的工具即可。

注意：

在工具箱中，工具组显示在其中的图标是不固定的，该图标会随着每次在子工具条中选择工具的不同而变化，即该图标显示为选择的工具图标。

【例 1-3】 在创建椭圆选区前切换到椭圆选框工具状态。

（1）单击工具箱中矩形选框工具右下角的小箭头，弹出子工具条。

（2）选择 椭圆选框工具 M 选项，即可切换到椭圆选框工具，如图 1-17 所示。

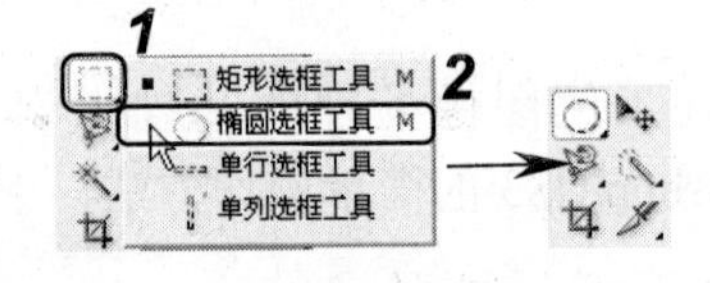

图 1-17　选择椭圆选框工具

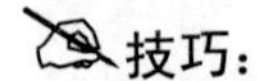

技巧：

将鼠标光标移向各工具图标上时将显示该工具的名称，其后括号中的字母键表示切换到该工具的快捷键，例如要切换到矩形选框工具，按 Shift+M 组合键即可。

1.2.3　打开面板和面板菜单

打开面板和面板菜单是学习 Photoshop 最基本的操作。要在 Photoshop 中使用面板的功能，首先应了解打开面板以及面板菜单的方法，下面将分别进行介绍。

1. 打开面板

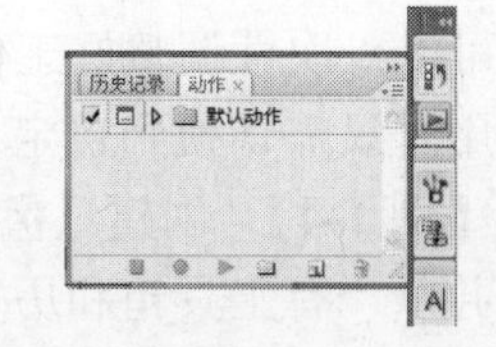

图 1-18　打开“动作”面板

要使用面板前需先打开面板才能进行下一步操作。打开面板的方法是：在面板组中单击需要的快捷按钮，即可打开相应的面板。如在面板组中单击▶按钮，即可打开动作面板，如图 1-18 所示。

技巧：

除通过面板组打开面板外，还可以选择“窗口”命令，在弹出的下拉菜单中选择相应的命令来打开面板。

2. 打开面板菜单

每个面板中都有一个面板菜单，在面板菜单中有相应面板的设置命令，单击面板上方的≡按钮，即可打开面板菜单。如图 1-19 所示为打开的“通道”面板菜单。

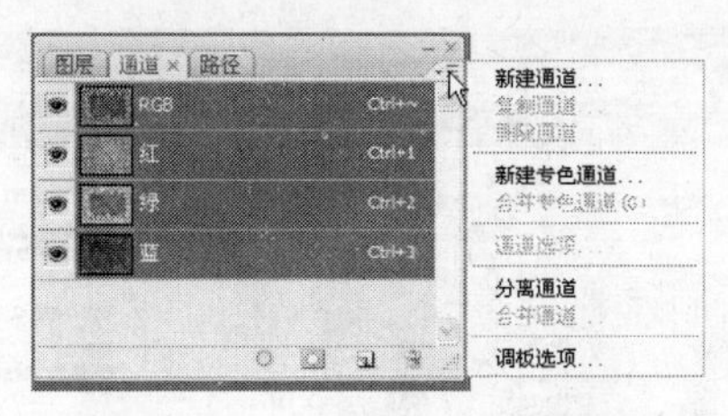

图 1-19　“通道”面板菜单

1.2.4　展开和折叠面板

Photoshop 操作窗口中有很多面板，为了便于操作，在不需要某些面板时，可将其折叠，在需要时再将其展开。单击面板上方的 - 按钮可折叠面板，此时 - 按钮变为 ▫ 按钮。若要展开面板则单击面板上方的 ▫ 按钮即可。

提示：

为了操作方便有时需将面板从面板组中拆分出来。拆分面板的方法是：将鼠标光标移动到面板名称上按住鼠标左键不放，并向面板组外拖动再释放鼠标即可。

1.3　Photoshop CS3 的优化设置

在使用 Photoshop CS3 前还需要进行一些优化设置，通过优化可以使用户在操作时更加方便和快捷。下面主要介绍 Photoshop CS3 的几个常用优化设置，包括自定义工作界面、自定义快捷键以及“编辑|预置”子菜单下各个选项的设置。

1.3.1　自定义工作界面

自定义工作界面是为了减少 Photoshop CS3 默认工作界面中不需要的部分，如在进行图像轮廓绘制或处理时，往往只需要使用工具箱和“历史记录”面板，这时可以隐藏界面

不需要的部分，以获得更大的屏幕显示空间。但如果每次都需要手动设置就比较麻烦，因此，可以一次性调整好工作界面后选择“窗口|工作区|存储工作区”命令进行存储，这样以后使用时只需切换到自定义的工作界面状态下即可。

【例 1-4】 创建只保留工具箱、菜单栏和“历史记录”面板的 Photoshop CS3 工作界面，并以“有工具箱和历史记录面板的界面”为名称进行存储。

（1）分别单击导航器面板组、颜色面板组和图层面板组标题栏右侧的 按钮，关闭这些面板，然后将“历史记录”面板从面板组中拆分出来，并关闭剩下的“动作”面板。

（2）选择“窗口|状态栏”命令和“窗口|选项”命令，不显示状态栏和工具属性栏。

（3）选择“窗口|工作区|存储工作区”命令，如图 1-20 所示。打开“存储工作区”对话框，如图 1-21 所示，在“名称”文本框中输入“有工具箱和历史记录面板的界面”。

（4）单击 存储 按钮，存储自定义好的工作区，再次选择“窗口|工作区”命令，在其下拉菜单中即可以看到存储的工作区名称，如图 1-22 所示。

图 1-20　选择“存储工作区”命令

图 1-21　“存储工作区”对话框

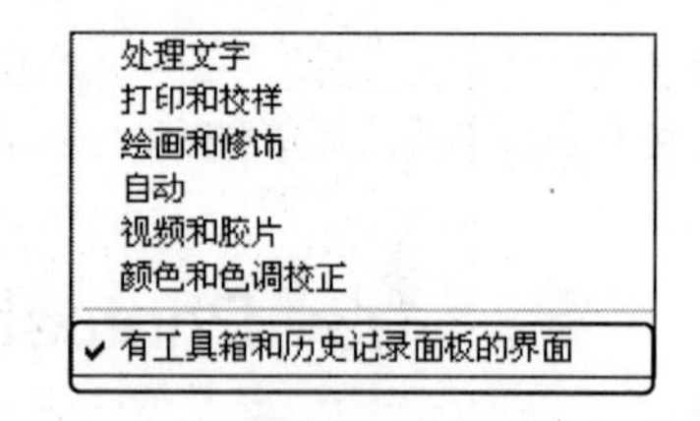

图 1-22　查看定义好的界面命令

提示：

若用户想将工作区设置为初始状态，选择“窗口|工作区|默认工作区”命令即可。

1.3.2　自定义快捷键

自定义快捷键是 Photoshop CS3 一项重要的功能，用户可以根据需要对菜单命令、工具的选择和面板的常用操作命令自定义快捷键，以提高工作效率。

选择“编辑|键盘快捷键”命令，打开“键盘快捷键和菜单”对话框，在“快捷键用于”下拉列表框中提供了“应用程序菜单”、“调板菜单”和“工具”3 个选项。选择“应用程序菜单”选项后，在其下方的列表框中双击展开某个菜单后再选择需要添加或修改快捷键的命令，然后便可输入新的快捷键，如图 1-23 所示。

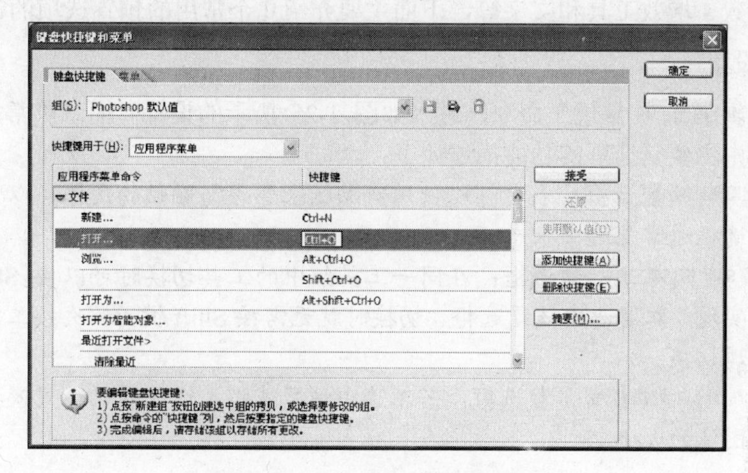

图 1-23　为菜单命令定义快捷键

若在“快捷键用于”下拉列表框中选择“调板菜单”选项，便可对某个面板的相关操作命令定义快捷键，如图 1-24 所示；选择“工具”选项，则可对工具箱中的各个工具设置快捷键。

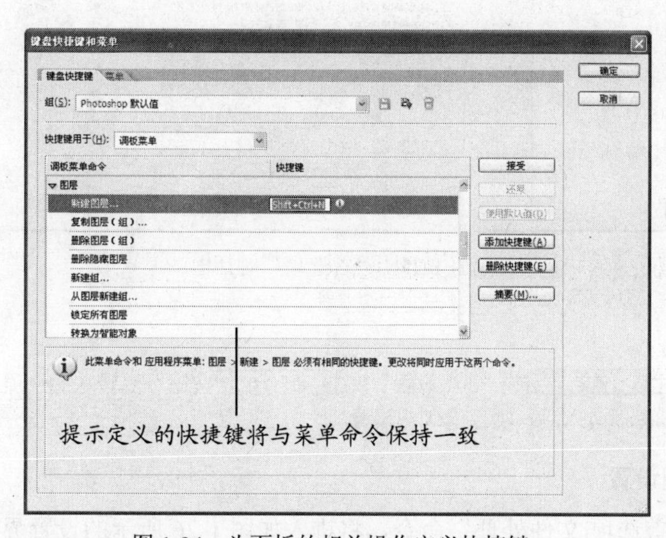

图 1-24　为面板的相关操作定义快捷键

提示：

建议初学者在自定义快捷键时对已有默认快捷键的名称不做修改，并且应熟记下来，只对还未添加快捷键的常用命令添加快捷键即可，这样，在其他电脑上也能快速进行操作。因此，本书中所提及的快捷键都是软件默认的。

1.3.3 预置选项设置

预置选项设置是指 Photoshop CS3 的“编辑|首选项”子菜单下各个命令的选项设置，包括设置常规，界面，文件处理，性能，光标，透明度与色域，单位与标尺，参考线、网格、切片和计数、增效工具和文字等，下面主要介绍几个常用的预置选项的设置。

1．常规设置

选择“编辑|首选项|常规”命令，进入如图 1-25 所示的设置界面。“常规”设置界面的“选项”栏中主要复选框的功能描述如下：

- ☑导出剪贴板(X) **复选框**：表示可以使用剪贴板来暂存需粘贴的图像，以便交换文件。该复选框通常呈选中状态。
- ☑使用 Shift 键切换工具(U) **复选框**：在同一工具组中的工具切换时可以按 Shift+工具快捷键来实现。取消选中该复选框，切换时就无需按 Shift 键，多次按工具的快捷键即可实现切换。
- ☑在粘贴/置入时调整图像大小(I) **复选框**：若不选中该复选框，进行粘贴、置入操作时将不会调整图像的大小。

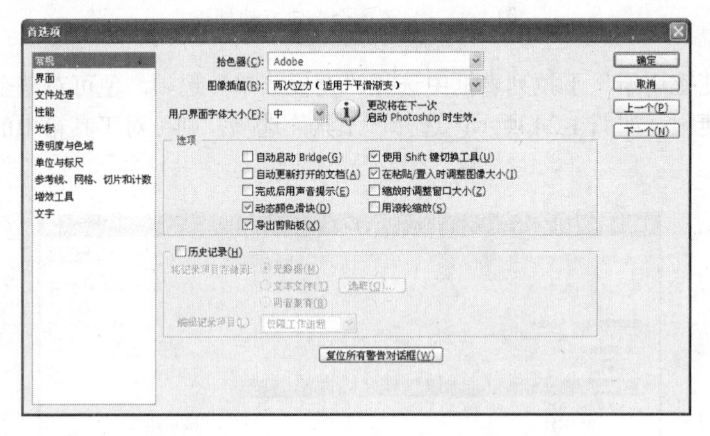

图 1-25 “首选项”对话框

提示：

设置完成后单击 [确定] 按钮确认设置；单击 [上一个(P)] 按钮可以转入前一项目的优化设置；单击 [下一个(N)] 按钮可以转入后一项目的优化设置。

2．文件处理设置

选择“编辑|首选项|文件处理”命令，将进入如图 1-26 所示的设置界面，“文件处理”设置界面中主要选项的作用如下：

- **图像预览**：用于设置在哪些情况下存储图像预览图，包括“总是存储”、“总不存储”和“存储时提问”3 个选项。
- **文件扩展名**：用于设置文件扩展名是“使用小写”或“使用大写”。
- ☑存储分层的 TIFF 文件之前进行询问（T）**复选框**：在保存 TIFF 格式文件时若包含图层将进行

询问。

- **近期文件列表包含**：用于设置在“文件|最近打开文件”子菜单中最多可列出的“最近打开文件”的个数，增加个数并不会占用内存。

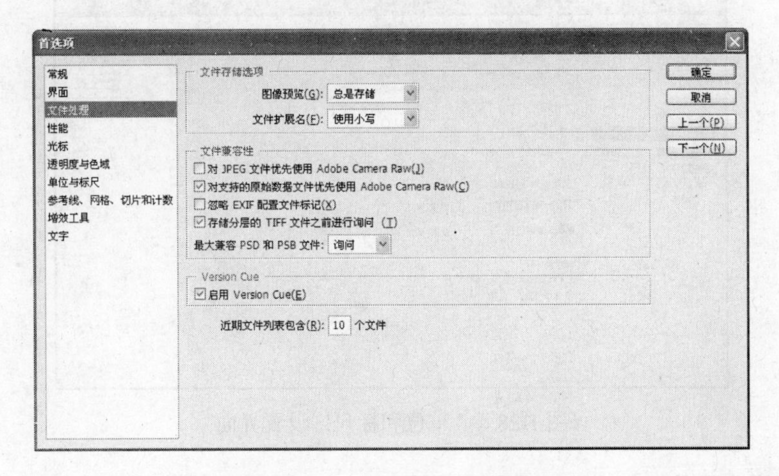

图 1-26　“文件处理”设置界面

3. 光标设置

选择“编辑|首选项|光标”命令，可以进入如图 1-27 所示的界面，在此界面中“绘画光标”栏用于设置画笔工具的形状。在“其他光标”栏中，选中◎标准(T)单选按钮表示默认的标准形状，即绘图工具的工具图标；选中○精确(R)单选按钮时是十字状的精确定位形状。

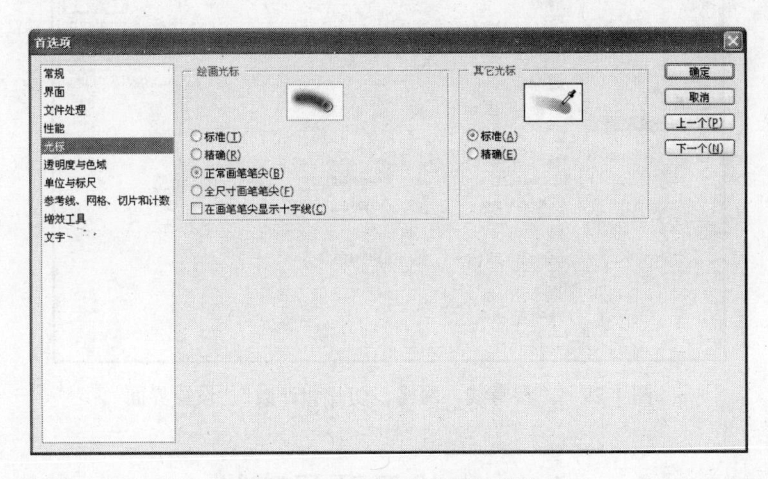

图 1-27　“光标”设置界面

4. 单位和标尺设置

选择“编辑|首选项|单位和标尺”命令，将进入如图 1-28 所示的设置界面，“单位和标尺”的设置界面中各主要选项的作用如下：

- **“单位”栏**：用于设置标尺和文字的单位。
- **“列尺寸”栏**：用于设置列尺寸的大小和单位。

- "新文档预设分辨率"栏：用于设置新建文档时"新建"对话框中的文档默认的分辨率大小。

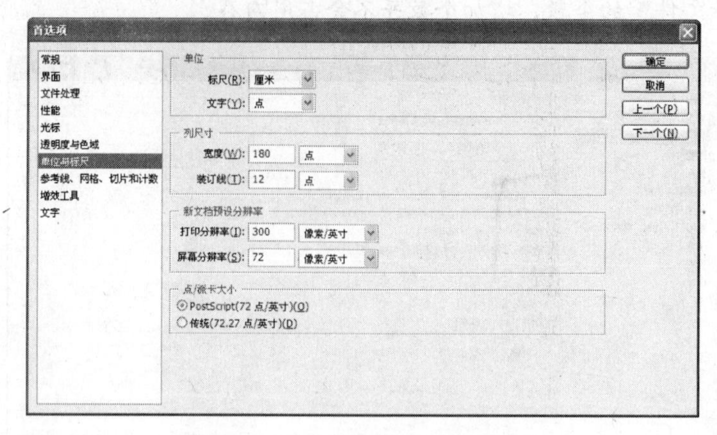

图 1-28 "单位和标尺"设置界面

5. 参考线、网格、切片和计数设置

选择"编辑|首选项|参考线、网格、切片和计数"命令，进入如图 1-29 所示的界面，在其中可以分别设置参考线、网格和切片的颜色和样式等，关于参考线和网格的使用将在第 2 章中讲解。

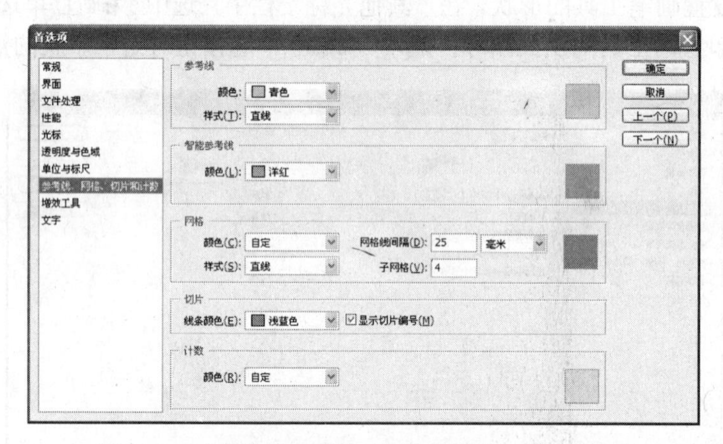

图 1-29 "参考线、网格、切片和计数" 设置界面

1.4 上机及项目实训

1.4.1 启动 Photoshop CS3 并定义工作界面

练习在打开图像文件的同时启动 Photoshop CS3，再使用缩放工具放大图像窗口中的图像，自定义只带有菜单栏的工作界面，然后再显示出所有面板、工具属性栏和状态栏，

恢复到默认的工作界面环境。

操作步骤如下：

（1）打开“我的电脑”窗口，打开图像文件“船.jpg”（立体化教学:\实例素材\第 1 章\船.jpg），单击鼠标右键，在弹出的快捷菜单中选择“用 Adobe Photoshop CS3 编辑”命令，如图 1-30 所示。

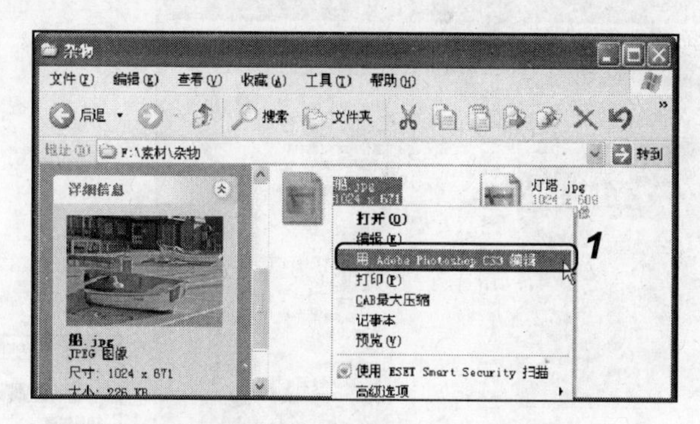

图 1-30　选择“用 Photoshop CS3 编辑”命令

（2）系统开始启动 Photoshop CS3，稍等片刻进入 Photoshop CS3 的工作界面，并打开“船.jpg”文件，如图 1-31 所示。

（3）将鼠标光标移至工具箱中的缩放工具上，然后单击鼠标，使其成为凹下状态显示，表示选择了该工具，如图 1-32 所示。为了检验该工具的作用，将鼠标光标移至图像窗口中，当光标呈显示状态时单击鼠标即可放大图像显示，然后单击图像标题栏上的按钮，最大化显示窗口。

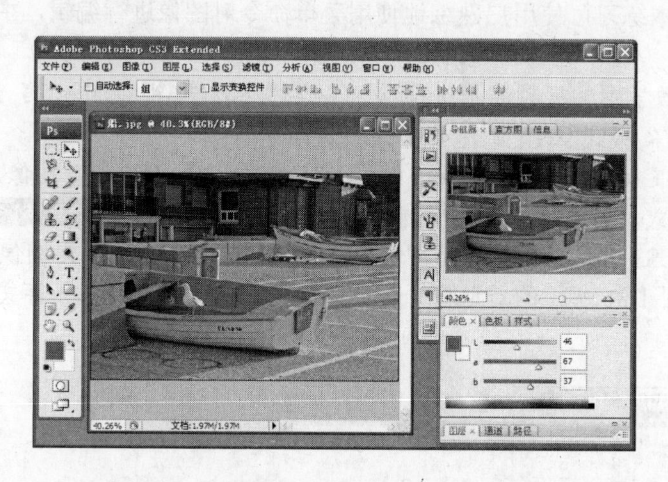

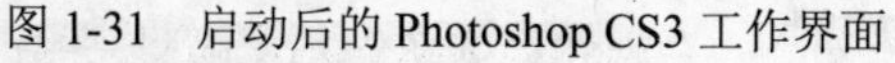

图 1-31　启动后的 Photoshop CS3 工作界面　　　图 1-32　选取缩放工具

（4）分别单击导航器面板组、颜色面板组和图层面板组标题栏右侧的按钮，关闭这些面板组。

（5）选择“窗口|导航器”、“窗口|工具”、“窗口|选项”和“窗口|颜色”命令，分别隐藏导航器、工具箱、工具属性栏和“颜色”面板。

（6）选择“窗口|工作区|存储工作区”命令，如图 1-33 所示。打开“存储工作区”对话框，在“名称”文本框中输入“只有菜单栏”，单击 存储 按钮存储自定义好的工作区。

（7）选择“窗口|工作区|默认工作区”命令，如图 1-34 所示，恢复到默认的工作界面环境。

图 1-33 存储定义好的工作界面

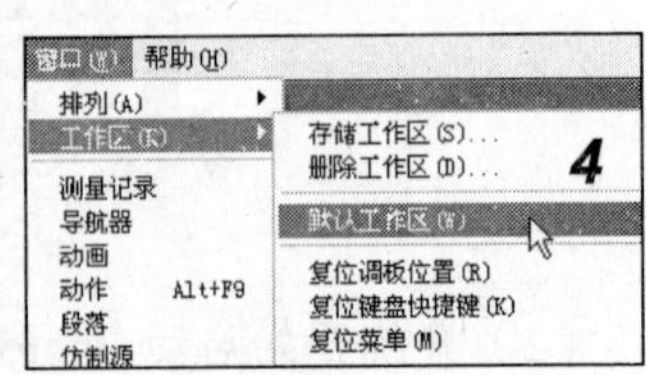

图 1-34 选择“默认工作区”命令

1.4.2 将 RGB 模式图像转换为 CMYK 模式

综合利用本章所学的知识，将打开的“船.jpg”图像文件的色彩模式从 RGB 色彩模式转换为 CMYK 模式。通过本练习可使用户熟练地使用菜单命令对图像进行编辑，并掌握退出 Photoshop CS3 的方法。

本练习可结合立体化教学中的视频演示进行学习（立体化教学:\视频演示\第 1 章\将 RGB 模式图像转换为 CMYK 模式.swf）。主要操作步骤如下：

（1）选择“图像|模式|CMYK 颜色”命令，如图 1-35 所示。将“船.jpg”图像从 RGB 色彩模式转换为 CMYK 模式，转换后的图像标题栏显示为 船.jpg @ 78.6%(CMYK/8)。

（2）单击 Photoshop CS3 工作界面标题栏右侧的“关闭”按钮。由于对图像色彩模式进行了修改，将打开如图 1-36 所示的对话框，这里单击 否(N) 按钮，不保存文件，退出 Photoshop CS3。

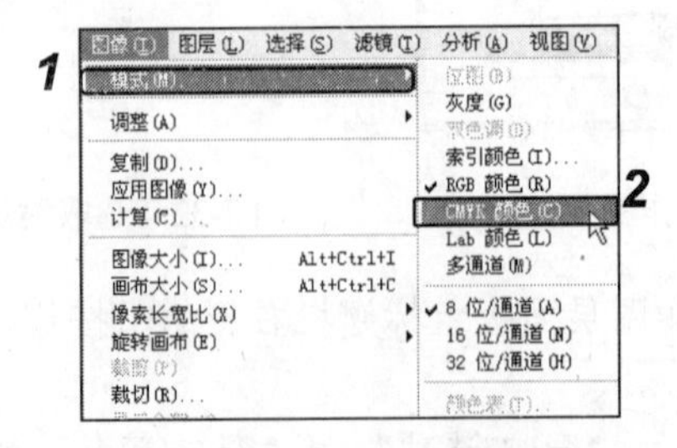

图 1-35 选择“CMYK 颜色”命令

图 1-36 提示是否保存文件

1.5 练习与提高

（1）分别练习使用本章介绍的不同方法启动和退出 Photoshop CS3。

（2）启动 Photoshop CS3 后分别指出工作界面中各个组成部分的名称。

（3）将“图层”面板从图层面板中拆分出来，然后关闭导航器面板组，再通过选择“窗口|导航器”命令将其显示出来，然后练习打开“色板”面板。

（4）分别练习选择工具箱中的矩形选框工具、磁性套索工具、渐变工具和铅笔工具。

（5）自定义一个只显示面板组和菜单栏的工作界面，然后复位到默认状态。

总结和 Photoshop CS3 有关的概念、基本操作以及优化方法

本章主要介绍了图形图像处理会遇到的基础概念问题，以及 Photoshop CS3 的启动、关闭和使用方法，这里总结在制作图形时可能会遇到的几点问题，供读者参考和探索：

- 多看一些平面设计作品，开阔眼界；多思多想，拓展想象空间；丰富创作层面和内涵深度。
- 看到优秀的素材或设计作品时及时保存，必要时可借鉴其创作想法。
- 在制作图像前，一定要明白设计的目的和创作意图。优秀的作品往往能发人深思或带有趣味性。

第 2 章　Photoshop CS3 基本操作

学习目标

☑ 使用扫描仪、数码相机将图像导入到电脑中
☑ 学会新建、打开、存储和关闭文件的方法
☑ 学会使用文件浏览器管理图像的方法
☑ 学会设置图像显示效果的方法以及使用辅助工具辅助编辑图像的方法
☑ 使用标尺、新建参考线和置入的方法编辑“汽车”图像
☑ 综合利用调整图像大小、显示网格等方法编辑“地中海”图像

目标任务&项目案例

置入图像

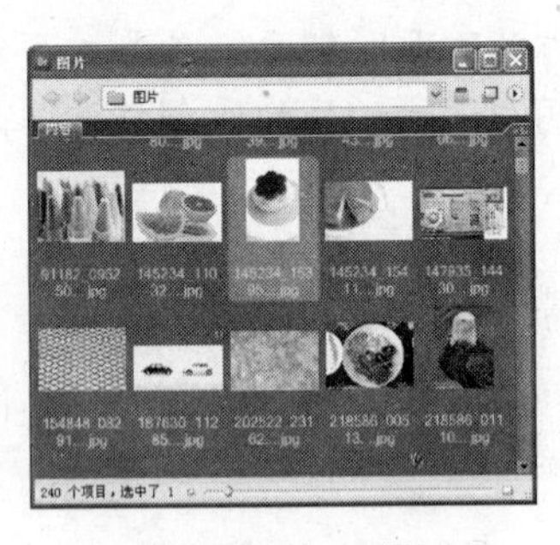

Adobe Bridge CS3

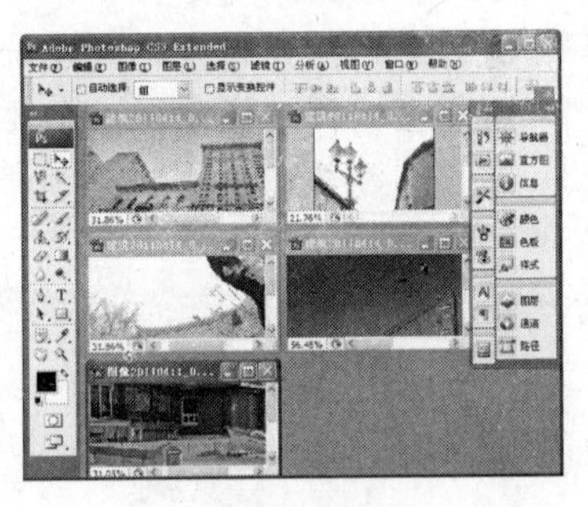

排列窗口

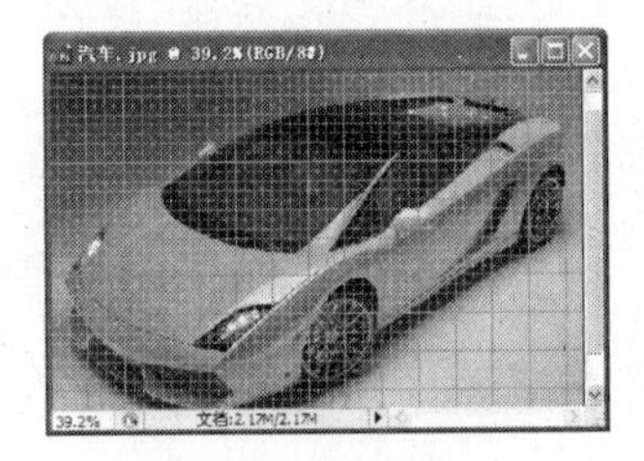

显示网格

添加辅助线

改变画布大小

在 Photoshop 制作图像前的准备工作是很重要的，本章将具体讲解从扫描仪、数码相机中导入图像、新建文件、打开文件、存储文件、使用 Adobe Bridge CS3 管理图像、图像的置入、改变图像大小、改变画布大小以及使用辅助工具的方法。

2.1　将图像导入到电脑中

在使用 Photoshop 处理图像前，需找到合适的图像。在 Photoshop CS3 中，图像输入的方法有很多，选择适当的素材图像可以开阔用户的思路和创意，使作品表现得淋漓尽致。通过素材光盘、扫描仪和数码相机等可以将图像导入到电脑中，下面将分别进行介绍。

2.1.1　使用素材光盘

素材的引用对于一个图像处理人员来说是必不可少的辅助工具。市场上的素材库光盘种类繁多，如风景、动物、人物和建筑等素材，用户可以根据需要进行选购。

素材光盘的使用方法同普通光盘相似，将其放入电脑光驱中，然后通过 Photoshop CS3 或从“我的电脑”来进行查看或打开。

2.1.2　使用扫描仪

使用扫描仪扫描图像是一种较为常用的获取图像的途径，使用该方法可以将所需的图像素材扫描到电脑中，对图像进行修改和编辑后，可作为用户的图像素材。通过该方法获取素材的前提是电脑必须连接扫描仪设备。

【例 2-1】 在 Photoshop CS3 中，选择“文件|导入”命令，从扫描仪窗口中扫描一张“台历”图像。

（1）确认扫描仪与电脑连接好后，打开扫描仪的电源开关，再将需要扫描的图像正面朝下放在扫描仪的玻璃板上，然后放下扫描盖将图像压住。

（2）启动 Photoshop CS3，选择“文件|导入|Canon MP270 series MP”命令（该命令会因扫描仪的类型不同而不同）。打开扫描仪预览窗口，如图 2-1 所示。

（3）在扫描仪预览窗口右边设置“图像来源”，这里选择“照片（彩色）”选项。

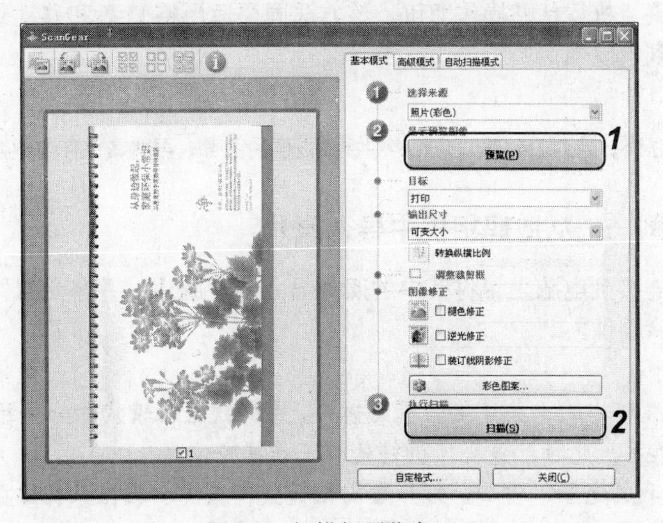

图 2-1　扫描仪预览窗口

（4）单击 预览(P) 按钮，预览扫描的图像内容，再设置“目标”、“输出尺寸”、“调整剪裁框”、“图像修正”等参数。

（5）单击 扫描(S) 按钮，系统开始扫描，扫描完成后，系统将图像输入到 Photoshop CS3 窗口中，如图 2-2 所示。

图 2-2　扫描好的图像素材

2.1.3　使用数码相机

数码相机是目前常见的一种高效、快捷获取照片素材的工具，与传统相机相比，它具有立即查看、删除照片以及能够与电脑相互交换信息等优点。通过数码相机可以将拍摄的景物、人物等照片直接输入到电脑中，同样，也可以将电脑中的图像存储在数码相机中。

用户要将数码相机中的图像输入到电脑中，只需在“我的电脑”窗口中打开相机对应的磁盘，再在对应的文件夹中选择需要的文件，然后执行复制或剪切操作。最后打开准备保存文件的文件夹，执行粘贴操作即可。该方法同样适用将 U 盘和移动硬盘等移动存储设备中的图形导入到电脑中。

提示：

除了上面的方法外，用户也可通过在网络中搜索需要的图像，再将其保存到电脑中。

2.1.4　应用举例——从数码相机中导入照片

将数码相机连接到电脑上，将其中的照片导入到电脑中，并建立文件夹来存放这些照片。然后安全删除硬件。

操作步骤如下：

（1）将数据线较小的一头连接相机的接口，再将数据线较大的一头连接到电脑的 USB 接口，如图 2-3 所示。此时，数码相机将处于工作状态。

（2）打开“我的电脑”窗口，打开数码相机文件夹（一般在原有磁盘后出现的新磁盘为相机磁盘），如图 2-4 所示，复制所需的照片。

图 2-3　通过数据线连接电脑和相机

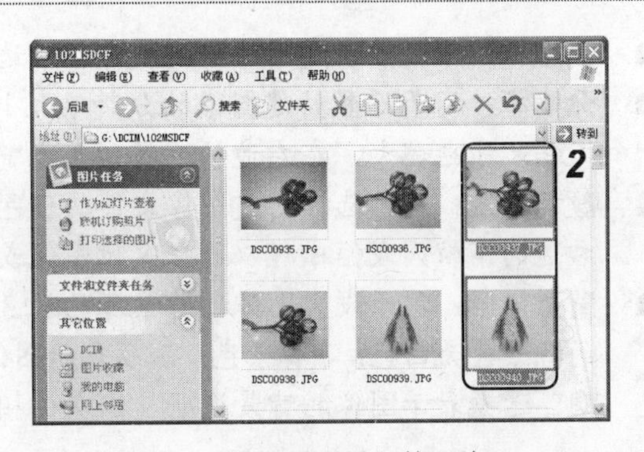

图 2-4　选择需要导入的照片

（3）将照片粘贴到电脑用于存放素材文件的文件夹中。

（4）在电脑右下角的控制区右击图标，在弹出的快捷菜单中选择“安全删除硬件”选项，在打开的“安全删除硬件”窗口中单击 停止(S) 按钮。在打开的“停用硬件设备”对话框中单击 确定 按钮，当控制区的图标消失，即可拔去数据线完成操作，如图 2-5 所示。

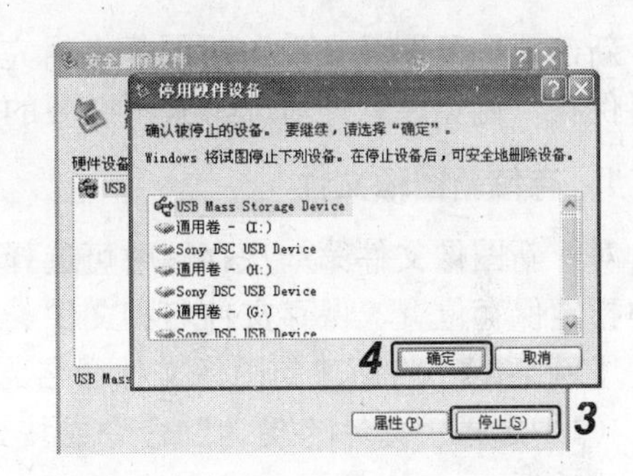

图 2-5　“停用硬件设备”对话框

2.2　简单操作图像文件

在准备好图像文件之后就可以使用 Photoshop 软件处理图像，但在处理前需掌握图像文件的新建、打开、保存、关闭、恢复和置入等基本操作，下面将分别进行介绍。

2.2.1　新建图像文件

制作一幅作品前，应先新建一个图像文件。选择“文件|新建”命令或按 Ctrl+N 组合键，打开如图 2-6 所示的“新建”对话框。在其中设置参数后，单击 确定 按钮新建文件。“新建”对话框中各选项含义如下：

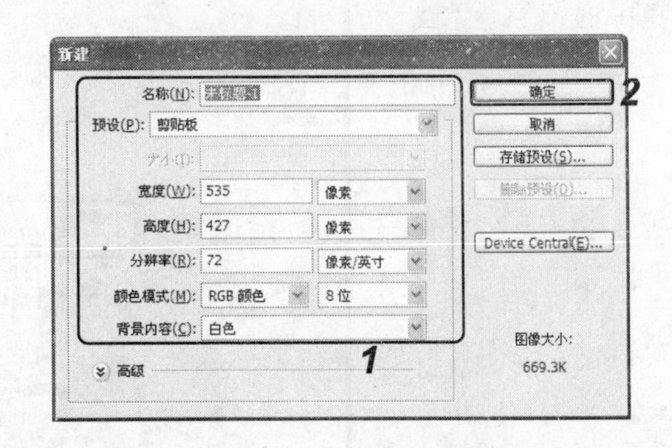

图 2-6　“新建”对话框

- **名称**：用于输入新建图像文件的名称，默认文件名为“未标题-1”。
- **预设**：单击右侧的图标，在弹出的下拉列表框中可以选择系统自定义的各种规格的新建文件大小或尺寸。
- **宽度**：用于设置新建图像的宽度，在右边的下拉列表框中可以选择度量单位。

- **高度**：用于设置新建图像的高度，在右边的下拉列表框中可以选择度量单位。
- **分辨率**：用于设置新建图像的分辨率大小，分辨率越高，图像质量越好，但图像文件尺寸也越大，在右边的下拉列表框中可以选择单位为像素/英寸或像素/厘米。
- **颜色模式**：用于选择新建图像文件的颜色模式，一般使用“RGB 颜色”模式。在右边的下拉列表框中可以选择 8 位图像或 16 位图像。
- **背景内容**：用于设置图像的背景颜色有 3 个选项。其中，“白色”选项表示图像的背景色为白色；“背景色”选项表示图像的背景颜色将使用当前的背景色；“透明”选项表示图像的背景透明（以灰白相间的网格显示，没有填充颜色）。

2.2.2 存储图像文件

新建或打开图像文件，对图像编辑完毕后或在其编辑过程中应随时对编辑的图像文件进行保存，避免因意外情况带来不必要的损失。

1. 存储新图像文件

对于新图像文件第一次存储时可选择“文件|存储为”命令，在打开的“存储为”对话框中指定保存位置、保存文件名和文件类型。

【例 2-2】 将新建的图像文件命名为“时尚海报”，以 PSD 文件格式保存到电脑中。

（1）选择“文件|存储为”命令或按 Shift+Ctrl+S 组合键，打开如图 2-7 所示的“存储为”对话框。

（2）在“保存在”下拉列表框中选择存储文件的目标路径，这里选择“素材”文件夹。

（3）在“文件名”文本框中输入要保存文件的文件名“时尚海报”，在“格式”下拉列表框中选择 Photoshop（*.PSD;*.PDD）选项，然后单击保存(S)按钮。

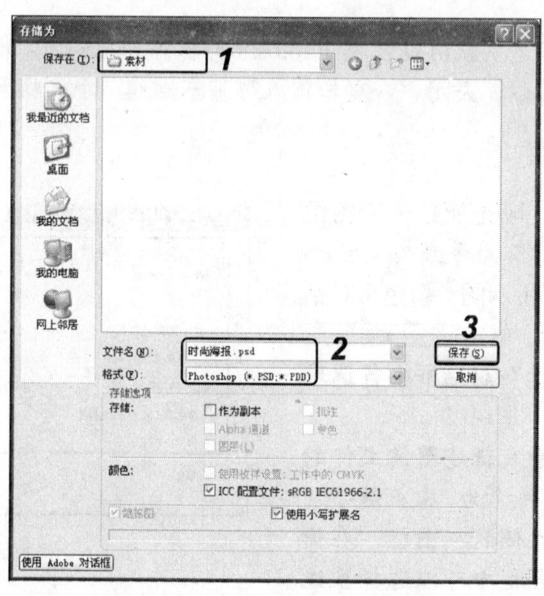

图 2-7 “存储为”对话框

2．直接存储图像文件

在 Photoshop 中打开已有的图像文件并对其进行编辑，如果只需将修改部分保存到原文件中并覆盖原文件，可以选择“文件|存储”命令或按 Ctrl+S 组合键即可。

提示：

在 Photoshop CS3 中打开已有的图像文件并对其进行编辑，再次存储时则会以原来的格式进行保存，如果想以其他文件格式或文件路径进行存储，可以选择“文件|存储为”命令进行保存。

3．存储为 Web 格式

如果需将图像存储为 Web 格式，以方便进行动画编辑处理，可以选择“文件|存储为 Web 所用格式”命令，打开“存储为 Web 所用格式”对话框，在该对话框中对图像文件进行相应的设置，并以 GIF 格式或 HTML 文件格式进行存储即可。

2.2.3　打开图像文件

在进行图像处理前需要先打开准备好的图像素材文件，以供调用。选择“文件|打开”命令或按 Ctrl+O 组合键，将打开如图 2-8 所示的“打开”对话框。

在“查找范围”下拉列表框中指定要打开文件存放的路径，然后用鼠标单击要打开的图像文件，单击 打开(O) 按钮打开图像文件。

技巧：

按住 Ctrl 键不放，可以选择多个需要打开的文件；在“文件类型”下拉列表框中，可设置打开的文件类型。其中默认为“所有格式”，即显示所有图像文件。

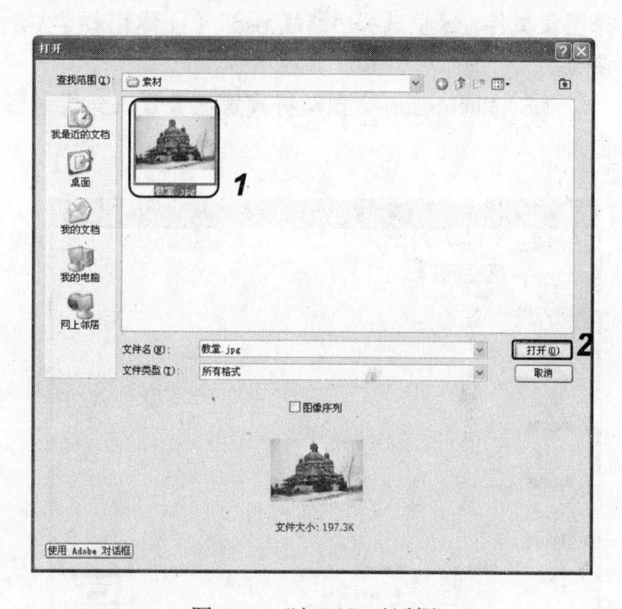

图 2-8　“打开”对话框

2.2.4　关闭图像文件

打开的图像文件窗口越多，占用的屏幕空间越大，因此，文件使用完毕后可以关闭不再使用的图像文件窗口。关闭图像文件窗口的方法有以下几种：

- 选择“文件|关闭”命令，可关闭当前图像文件窗口。
- 单击图像窗口右上角的“关闭”按钮，可关闭当前图像文件窗口。
- 按 Ctrl+W 键可关闭当前图像文件窗口。

2.2.5　恢复图像文件

在处理图像过程中，如果出现了误操作，可以选择“文件|恢复”命令来恢复文件，但

是执行该命令只能将图像效果恢复到最后一次保存前的状态，并不能完全恢复。所以，在实际操作中常通过“历史记录”面板来恢复（“历史记录”控制面板的具体操作将在第 5 章中详细讲解）。

2.2.6 置入图像文件

在 Photoshop CS3 中可通过“置入”命令导入*.AI 和*.EPS 格式的矢量文件，其中*.AI 格式是 Illustrator 软件生成的格式，这样可以方便用户在 Illustrator 等软件中绘制图像轮廓后，在 Photoshop CS3 中通过选择“文件|置入”命令，将文件置入到 Photoshop CS3 中使用或进行处理。关于 Photoshop CS3 与其他设计软件的结合使用将在第 14 章中详细讲解。

【例 2-3】 打开“折扇”文件后将“蝴蝶”图像置入到“折扇”图像中。

（1）在 Photoshop 中打开“折扇.jpg”图像（立体化教学:\实例素材\第 2 章\折扇.jpg），选择“文件|置入”命令。打开如图 2-9 所示的“置入”对话框。

（2）在“查找范围”下拉列表框中选择需要置入的图像文件夹，在下方的列表框中选择图像文件，这里选择“蝴蝶.psd”（立体化教学:\实例素材\第 2 章\蝴蝶.psd），单击 置入(P) 按钮。

（3）Photoshop 会自动将蝴蝶图像置入到折扇图像中，如图 2-10 所示。按 Enter 键完成置入。

图 2-9 “置入”对话框

图 2-10 置入图像文件

注意：

在置入文件时应注意：一次只能置入一个图形文件。

2.2.7 应用举例——打开文件并置入图像

使用打开命令打开“荷花 1”图像，再使用置入命令置入“荷花 2”图像并调整其位置，

最终效果效果如图 2-11 所示（立体化教学:\源文件\第 2 章\荷花 1.psd）。

图 2-11　置入图像后的效果图

操作步骤如下：

（1）启动 Photoshop CS3，选择“文件|打开”命令，打开“打开”对话框，选择需要置入的图像文件夹，从中选择“荷花 1.jpg”图像（立体化教学:\实例素材\第 2 章\荷花 1.jpg），然后单击打开(O)按钮打开图像，如图 2-12 所示。

（2）选择“文件|置入”命令，在打开的“置入”对话框中，选择“荷花 2.jpg”图像（立体化教学:\实例素材\第 2 章\荷花 2.jpg），单击置入(P)按钮。

（3）将图像置入到“荷花 1”图像后，按 Enter 键确定置入图像。

（4）在工具箱中选择选择工具，选择“荷花 2”图像并按住鼠标左键不放将置入的“荷花 2”图像移动到图像左下角后释放鼠标，如图 2-13 所示。

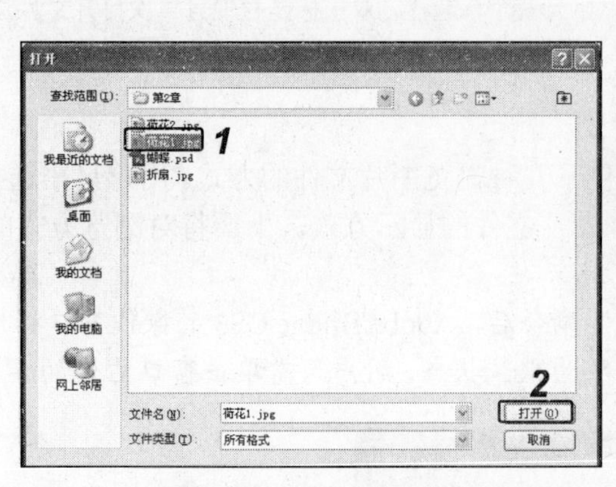

图 2-12　选择图像文件

图 2-13　调整图像位置

2.3　使用文件浏览器管理文件

文件浏览器是 Photoshop CS3 中用于浏览、查看、检索、打开、删除和重命名文件的管理工具，其作用相当于一个图像浏览软件，用户可以通过它来搜集与整理设计中所需的各种素材文件。

2.3.1 打开文件浏览器

选择“文件|浏览”命令，或单击工具属性栏右侧的按钮，或按 Shift+Ctrl+O 组合键都可以打开如图 2-14 所示的文件浏览器，其操作界面主要由菜单区、选择区、工具区、预览区和内容区组成，与普通的图像浏览软件界面相似。

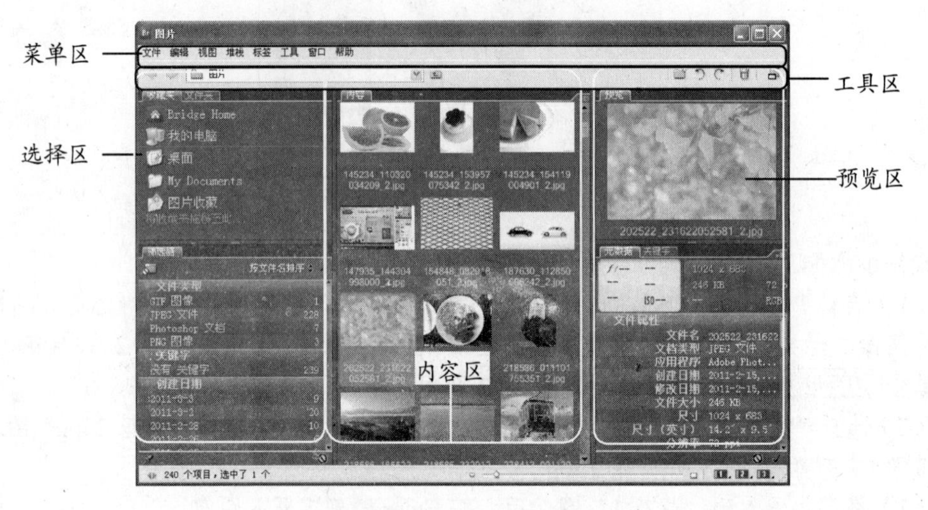

图 2-14 文件浏览器操作界面

提示：

单击标题栏右上角的按钮，或再次单击工具属性栏右侧的按钮，或按 Ctrl+W 组合键可关闭文件浏览器。使用时，单击按钮可将其最小化为一个标题栏，双击标题栏便可再次打开文件浏览器。

2.3.2 浏览图像文件

为了操作方便，Adobe Bridge CS3 提供了几种浏览图片文件的方式。用户只需选择“视图”菜单，即可在下一级的菜单项中选择图片文件的显示方式。下面将对浏览方式的显示效果和作用进行介绍：

- **紧凑模式：**选择“视图|紧凑模式”命令后，Adobe Bridge CS3 的操作窗口将只显示内容区，如图 2-15 所示。若想还原为默认状态，用户只需单击窗口右侧的按钮。

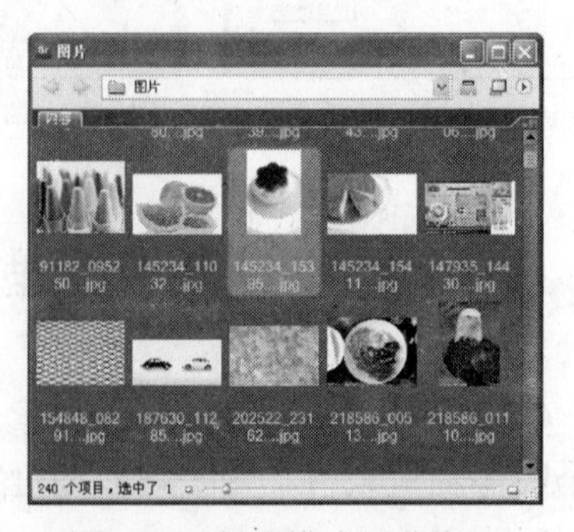

图 2-15 紧凑模式浏览窗口

- **幻灯片放映**：选择“视图|幻灯片放映”命令后，Adobe Bridge CS3 将以幻灯片放映的形式显示当前文件夹中的所有图片文件，如图 2-16 所示。用户在浏览时，只需按方向键便可进行图像切换。按 Esc 键，可退出幻灯片放映模式。
- **缩览图**：选择“视图|缩览图”命令，缩览图是 Adobe Bridge CS3 默认的显示方式，选择该显示方式后，图片文件将以缩览图样式显示出来，文件底部显示出文件名称。
- **详细信息**：选择“视图|详细信息”命令后，图片文件的右侧将显示出文件的详细信息，如名称、创建日期、修改日期、大小和文件类型等参数，如图 2-17 所示。

图 2-16　幻灯片放映显示模式

图 2-17　详细信息显示模式

2.3.3　打开和重命名图像文件

在 Adobe Bridge CS3 中查找到需要的图像后，只需在图像上双击鼠标便可打开图像。

为了实际操作的方便，用户可对 Adobe Bridge CS3 中的图像重命名。使用 Adobe Bridge CS3 进行重命名时，不仅可以对一个文件进行重命名即单量重命名，还可以同时对多个素材图像文件进行重命名即批重命名。下面分别对这两种命令方式进行讲解。

1．单量重命名图像

在进行单量重命名图像时，只需用鼠标左键单击图像文件名称，当文件名变成可编辑状态后输入新的文件名，按 Enter 键即可完成重命名操作。

2．批重命名图像

使用批重命名文件名后文件名可按一定的序列方式进行命名，如“图像 1”、“图像 2”、“图像 3”等。

【例 2-4】 使用“批重命名”命令对图像的名称进行重命名操作。

（1）将需要进行重命名的图像放在同一个文件夹中，使用 Adobe Bridge CS3 将文件夹打开，按 Ctrl+A 组合键将其全部选中。

（2）选择“工具|批重命名”命令，打开“批重命名”对话框，在“目标文件夹”栏中选中 在同一文件夹中重命名 单选按钮，在“新文件名”下拉列表框中选择“文本”选项，在其

后的文本框中输入文件名称，这里输入“图像”，单击重命名按钮，如图 2-18 所示。

（3）返回到 Adobe Bridge CS3 窗口后，可查看到批重命名后的效果，如图 2-19 所示。

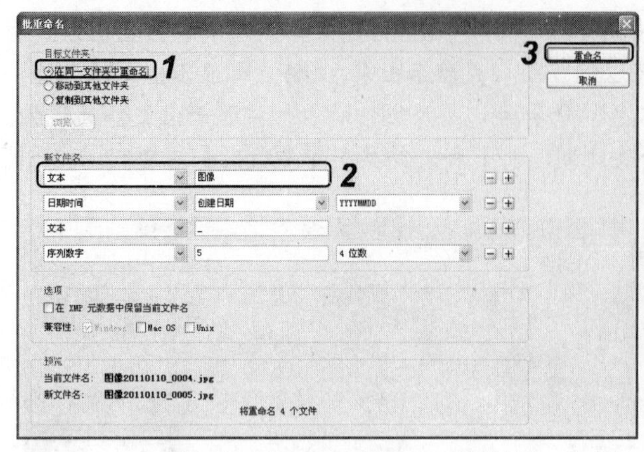

图 2-18 “批重命名”对话框

图 2-19 重命名后的效果

提示：

在“批重命名”对话框的“预览”栏中可查看到设置后的文件名显示。

2.3.4 旋转和删除图像文件

为了预览方便有时需将图像在 Adobe Bridge CS3 中进行旋转。其方法是：在图像预览区中选择需要编辑旋转的图像，单击工具区中的“逆时针旋转 90 度”按钮或“顺时针旋转 90 度”按钮，即可将图像进行相应地旋转。

及时清理图像文件夹也非常重要，使用 Adobe Bridge CS3 可方便快捷地对图像文件进行删除，其方法是：选择需要删除的图像，单击工具区右侧的“删除项目”按钮，在弹出的对话框中单击确定按钮即可。

2.3.5 应用举例——使用文件浏览器管理图像

使用 Adobe Bridge CS3 对图像文件夹进行管理，使文件夹看起来更清爽、有序。

操作步骤如下：

（1）启动 Photoshop CS3，单击工具属性栏右侧的按钮，启动 Adobe Bridge CS3。

（2）在 Adobe Bridge CS3 中打开需要整理的文件夹，这里选择“建筑”文件夹。

（3）按 Ctrl 键的同时在内容区选择建筑以外的所有图像，单击按钮，如图 2-20 所示。在打开的提示对话框中，单击确定按钮。将建筑以外的其他图像删除。

（4）选择“工具|批重命名”命令，在打开的“批处理”对话框的“目标文件夹”栏中选中在同一文件夹中重命名单选按钮，在“新文件名”下拉列表框中选择“文件夹名称”选项，单击重命名按钮，如图 2-21 所示。

图 2-20　选择删除图像

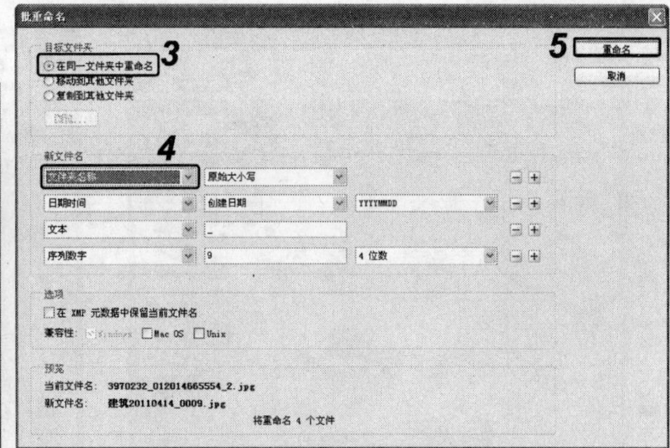

图 2-21　设置重命名方式

（5）选择内容区的第 1 个图像，单击工具区的 按钮旋转图像，如图 2-22 所示。

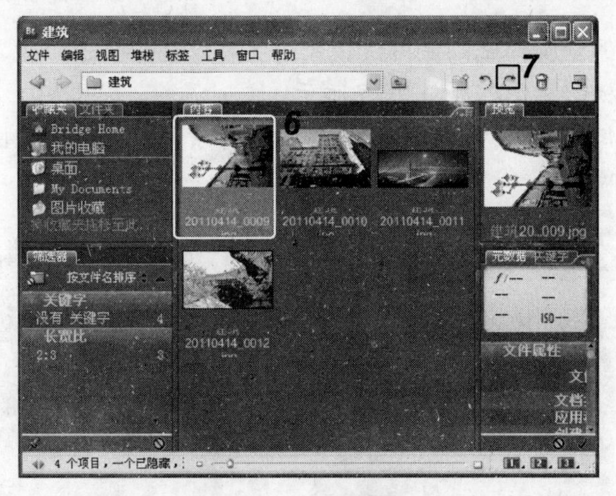

图 2-22　旋转图像

2.4　设置图像显示效果

在实际编辑图像的过程中，为方便查看和编辑图像文件，可使用不同的图像显示模式或者对图像进行缩放和移动等操作。下面将分别对设置图像显示效果的方法进行讲解。

2.4.1　设置图像显示模式

Photoshop CS3 提供了 4 种图像显示模式，用户可通过单击工具箱下方的标准屏幕模式按钮进行切换。下面将对这几种模式的显示方式进行介绍：

- **标准屏幕模式**：默认情况下，为标准屏幕模式显示，如图 2-23 所示。
- **最大化屏幕模式**：它的显示方法与标准屏幕模式基本一样，只是使图片文件完全显示出来，并且使图片窗口保持在工具箱和控制面板之间，如图 2-24 所示。

图 2-23　标准屏幕显示模式

图 2-24　最大化屏幕显示模式

- **带有菜单栏的全屏模式**：使用该模式图像将以全屏显示，但不影响图像的缩放和其他控制面板的显示，如图 2-25 所示。
- **全屏模式**：使用此模式会将背景变为黑色背景，且能预览到图像编辑后的效果，如图 2-26 所示。

图 2-25　带有菜单栏的屏幕显示模式

图 2-26　全屏显示模式

2.4.2　排列图像

在 Photoshop CS3 中可同时打开多个图像文件，同时打开多个图像时默认的显示方式是层叠显示，这样不利于图像的查看，此时只需选择“窗口|排列”命令，在弹出的子菜单中选择相应的命令即可切换查看图像的方式。如图 2-27 和图 2-28 所示分别为使用“水平平铺”和“垂直平铺”命令后的效果。

注意：

选择“窗口|排列”命令的前提是同时打开多个文件。

图 2-27　水平平铺显示

图 2-28　垂直平铺显示

2.4.3 放大、缩小显示图像

在 Photoshop CS3 中，每当打开一幅图像文件，软件都将根据该图像的大小自动确定显示比例，而在实际应用中，如果需要精确选取图像轮廓或需对局部图像进行放大查看、编辑，那么就需要对图像的显示比例进行调整。

1. 使用缩放工具调整显示比例

单击工具箱中的缩放工具，然后执行以下操作：

- 在图像窗口中单击可使图像以 25%、33.3%、50%、66.7%、100%、200%和 300%等比例依次放大显示。
- 按住 Alt 键的同时单击窗口中的图像，将按相同比例缩小显示。
- 如需对图像的某一局部区域进行放大显示，可按住鼠标左键不放进行拖动，拖动后会出现一个矩形区域，待需要放大的区域全部显示在矩形区域内时，释放鼠标左键即可，如图 2-29 所示。

技巧：

在图像窗口中按 Ctrl+ +组合键可以按一定比例放大图像显示，按 Ctrl+ –组合键可以按一定比例缩小图像显示。

图 2-29　放大局部图像的显示效果

2. 使用“视图”菜单调整显示比例

“视图”菜单中提供了“放大”、“缩小”、“满画布显示”、“实际像素”和“打印尺寸”等图像显示效果的控制命令，各命令的作用如下：

- **放大**：该命令用于放大图像的显示比例。
- **缩小**：该命令与“放大”命令相反，用于缩小图像的显示比例。
- **满画布显示**：该命令可以将图像以最适合的比例显示，布满整个画布。
- **实际像素**：该命令用于将图像以 100%的比例大小显示。
- **打印尺寸**：该命令用于将图像以文档的实际尺寸显示。

3. 用“导航器”面板调整图像显示

在“导航器”面板左下角的数值框中输入需要显示的比例，然后按 Enter 键确认，也可通过鼠标拖动下方的滑块（向右放大图像，向左缩小图像）实现对图像显示比例的调整。在调整的过程中，图像始终以画面中心为缩放中心进行调整，如图 2-30 所示。

当窗口中图像的显示大于 100%时，图像窗口就不能完全显示图像内容，这时将鼠标光标置于“导航器”面板缩览图中的红色矩形框内，当鼠标光标变为形状时，按住鼠标左键不放拖动红色矩形框到需要显示的图像位置释放即可改变显示位置，如图 2-31 所示。

图 2-30 用“导航器”面板缩小显示比例

图 2-31 用“导航器”面板改变显示位置

2.4.4 应用举例——对比显示图像

使用 Photoshop CS3 同时打开“海鸟 1.jpg”和“海鸟 2.jpg”图像，再对其进行排列。最后使用缩放工具，对图像中的海鸟瞳孔进行放大对比。

操作步骤如下：

（1）启动 Photoshop CS3，选择“文件|打开”命令，在打开的“打开”对话框中选择“海鸟 1.jpg”和“海鸟 2.jpg”图像（立体化教学:\实例素材\第 2 章\海鸟 1.jpg、海鸟 2.jpg），单击 打开(O) 按钮。

（2）选择“窗口|水平排列”命令，排列后如图 2-32 所示。

（3）在工具箱中选择缩放工具，将鼠标光标移动到“海鸟 1”图像窗口上单击 4

次鼠标，放大图像。选择“窗口|导航器”命令。打开“导航器”面板，按住鼠标左键不放拖动红色矩形框到海鸟瞳孔中心后释放鼠标，如图 2-33 所示。

图 2-32　水平排列显示

图 2-33　局部放大图像

（4）使用相同的方法，放大“海鸟 2”图像，对比观察海鸟瞳孔的形状。

2.5　使用辅助工具调整图像

在编辑图像时，有时会对图像对齐位置或画布的大小等有较高的要求。所以在制作、编辑图像前可使用辅助工具如标尺、网格和参考线等对图像进行设置，下面将对辅助工具的具体使用方法进行讲解。

2.5.1　调整图像大小

图像大小是指图像文件的数字大小，以千字节（KB）、兆字节（MB）或吉字节（GB）为单位，它与图像的像素大小成正比，根据需要用户在新建图像后可对图像大小进行调整。

打开需要调整图像大小的图像文件，选择“图像|图像大小”命令，打开如图 2-34 所示的“图像大小”对话框。其中各项参数含义如下：

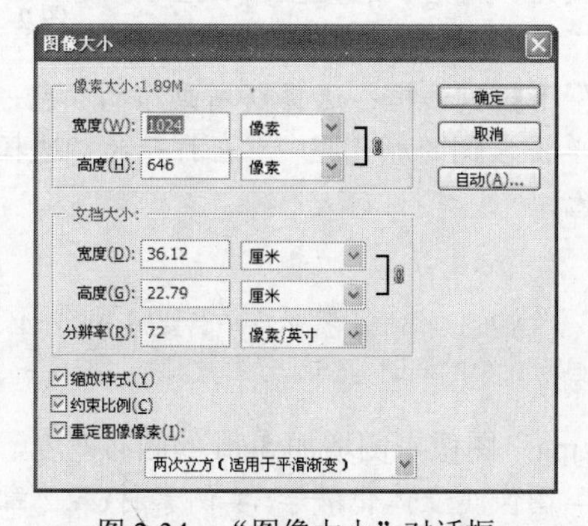

图 2-34　“图像大小”对话框

- “像素大小”栏：显示了当前图像文件的大小，该栏中的“宽度”和“高度”是以像素来描述的。更改像素大小不仅会影响屏幕上图像的大小，还会影响图像质量和打印特性。
- “文档大小”栏：包括文档的“宽度”、“高度”和“分辨率”值，通过改变这 3 者的值，可以改变图像的实际尺寸。
- ☑缩放样式(Y)复选框：如果图像中包括应用了样式的图层，则应选中该复选框，在调整大小后的图像中缩放效果。选中了☑约束比例(C)复选框后才能激活。
- ☑约束比例(C)复选框：选中该复选框后，在“宽度”和“高度”选项后将出现“链接”标志，表示只要改变其中的一个参数，另一个参数也将按相同比例改变。
- ☑重定图像像素(I):复选框：只有选中该复选框后，才可以改变像素的大小，并可选择重新定义像素的方式；不选中该复选框，像素大小将不发生变化。

提示：

图像中包含的像素越多，图像的细节也就越丰富，打印的显示效果就越好，但需要的磁盘存储空间也会越大，而且编辑和打印的速度可能会越慢。

在图像质量（保留所需要的所有数据）和文件大小难以两全的情况下，图像分辨率成了折中办法，降低分辨率，即可减小文件大小。

2.5.2 调整画布大小

画布大小是指图像四周的工作区的尺寸大小。调整画布的方法是：打开需要调整的图像，选择“图像|画布大小”命令，打开如图 2-35 所示的“画布大小”对话框。对话框中各项的含义如下：

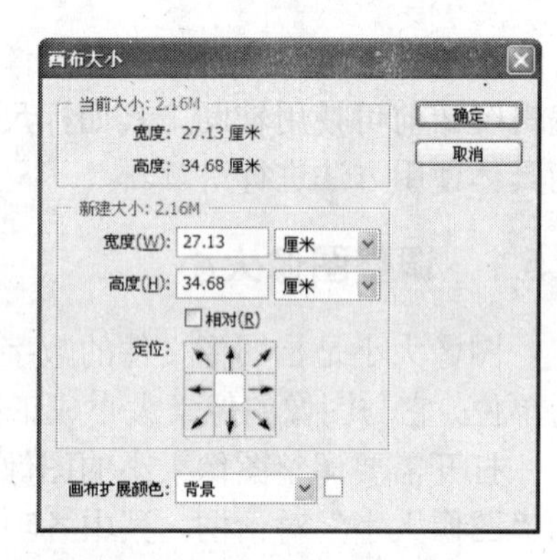

图 2-35 “画布大小”对话框

- “当前大小”栏：显示当前图像的画布大小，默认与图像的宽度和高度相同。
- “新建大小”栏：设置新画布的“宽度”和“高度”值，在“定位”栏中单击定位白色方块的位置，以确定图像在新画布中的位置，可以选择居中、偏左、偏右、在左上角、在右下角等方向块。
- “画布扩展颜色”下拉列表框：选择新增画布的颜色，可选择背景、前景、白色和黑色等，也可单击右侧的颜色框□，在打开的“选择画布扩展颜色”对话框中选择新的画布颜色。

注意：

如果要减小画布，会打开一个询问对话框，提示用户若要减小画布必须将原图像裁切一部分，单击 继续(P) 按钮会在改变画布大小的同时剪切部分图像。

【例 2-5】 在“桑葚.jpg”图像右侧增加 5cm 的画布宽度，设置画布颜色为灰色。

（1）打开“桑葚.jpg”图像（立体化教学:\实例素材\第 2 章\桑葚.jpg），如图 2-36 所

示选择“图像|画布大小”命令，打开“画布大小”对话框。

(2)在“新建大小”栏的“宽度”文本框中将其值增加 5cm，即将宽度值修改为 32.13cm，然后在“定位”中单击左侧中间的方向块，在“画布扩展颜色”下拉列表框中选择“灰色”选项，设置后的对话框如图 2-37 所示。

(3)单击[确定]按钮，增加后的画布效果如图 2-38 所示。

图 2-36　原图像

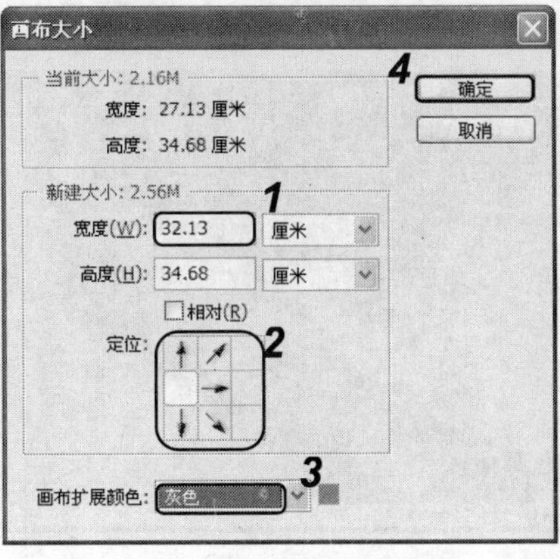

图 2-37　设置画布参数

图 2-38　在右侧增加画布的效果

2.5.3　使用标尺

在编辑图像时，为了确定图像中某些图像的具体位置或长度，可使用标尺对其进行确定。

选择“视图|标尺”命令或按 Ctrl+R 组合键，可以在图像窗口的顶部和左侧显示标尺，如图 2-39 所示，再次执行该命令即可隐藏标尺。标尺内的标记可显示出鼠标指针移动时的坐标位置。

提示：

在图像标尺处单击鼠标右键，在弹出的快捷菜单中可以设置标尺的单位，如图 2-40 所示。

图 2-39　显示标尺

图 2-40　设置标尺单位

2.5.4 使用网格

需要处理透视关系的图像时，可使用网格对图像进行纠正。选择“视图|显示|网格”命令或按 Ctrl+’组合键，可在图像窗口中显示网格，如图 2-41 所示。

选择“视图|对齐网格”命令后，移动对象时将自动对齐网格或者在选取区域时自动沿网格位置进行定位选取。

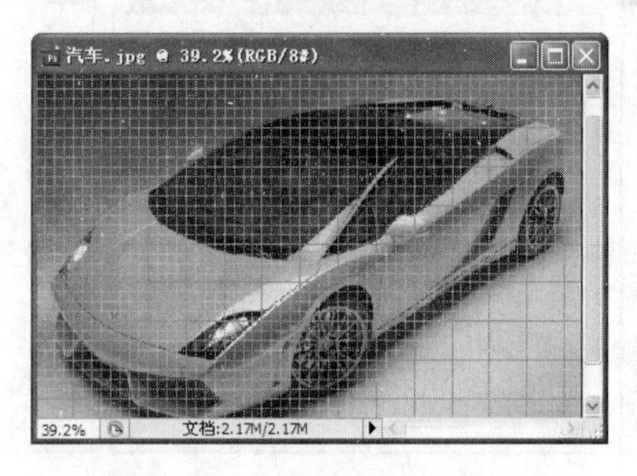

图 2-41　图像窗口显示网格

2.5.5 创建参考线

参考线是用于帮助用户提供位置参考的直线，在打印时不会出现。使用时只需将鼠标指针置于窗口顶部或左侧的标尺处，按住鼠标左键不放，当鼠标指针处于✥状态或✥状态时，拖动鼠标到要放置参考线的位置释放鼠标，即可在该位置处创建一条参考线，如图 2-42 所示。

此外，也可选择“视图|新建参考线”命令，打开如图 2-43 所示“新建参考线”对话框，在“取向”栏中进行设置，添加一条新参考线。

图 2-42　创建参考线

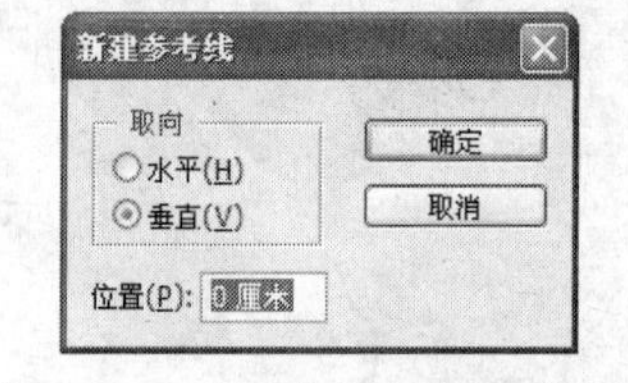

图 2-43　“新建参考线”对话框

提示：

将参考线拖出图像窗口之外即可删除参考线，也可选择“视图|清除参考线”命令删除所有参考线。选择“视图|锁定参考线”命令可锁定参考线。

2.5.6　应用举例——为网页添加辅助线

本例将打开“网页.jpg”图像并对图像的画笔大小进行设置，设置完成后为图像中的文字添加参考线，完成后的效果如图 2-44 所示（立体化教学:\源文件\第 2 章\网页.psd）。

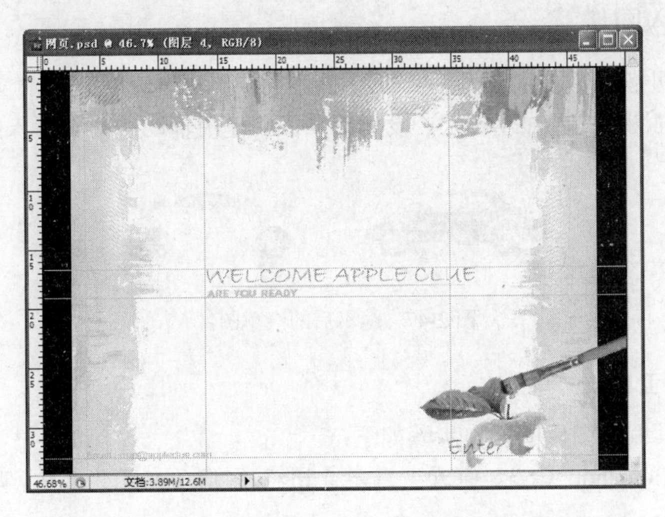

图 2-44　为“网页”添加辅助线的效果

操作步骤如下：

（1）打开“网页.psd”（立体化教学:\源文件\第 2 章\网页.psd）图像，选择“图像|画布大小”命令，在打开的“画布大小”对话框中设置“宽度”为“50”。在“画布扩展颜色”下拉列表框中，选择“黑色”选项，单击 确定 按钮，如图 2-45 所示。

（2）选择“视图|标尺”命令，显示标尺。

（3）指针置于窗口顶部或左侧的标尺处，按住鼠标左键不放，当鼠标指针处于✛状态或✛状态时，拖动鼠标到要放置参考线的位置释放鼠标。绘制如图 2-46 所示的辅助线。

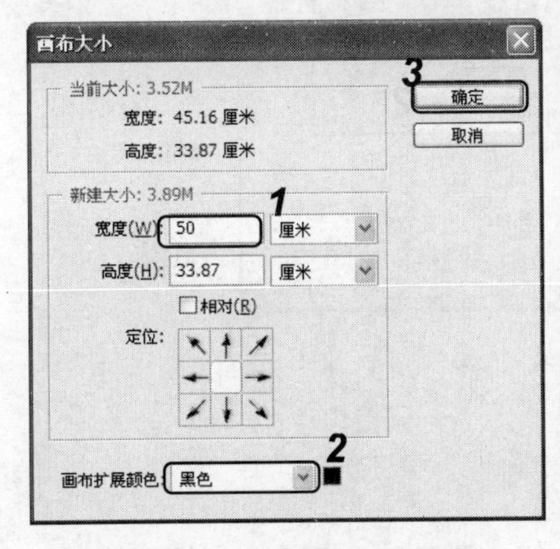

图 2-45　设置画布相关参数

图 2-46　添加辅助线

2.6 上机及项目实训

2.6.1 编辑置入图像

本例将编辑网格图像，完成后效果如图 2-47 所示（立体化教学:\源文件\第 2 章\汽车 1.psd）。首先打开图像，并显示标尺、设置辅助线，使用辅助线对其置入的图像进行编辑。

图 2-47 编辑后的汽车图像

1．编辑辅助工具

使用辅助工具编辑图像的操作步骤如下：

（1）启动 Photoshop CS3，打开“汽车 1.jpg”图像（立体化教学:\实例素材\第 2 章\汽车 1.jpg）。

（2）选择“视图|标尺”命令，为图像显示标尺。

（3）选择“视图|新建辅助线”命令，在打开的“新建辅助线”对话框中选择 ⊙垂直(V) 单选按钮。在“位置”数值框中输入“12 厘米”，如图 2-48 所示，单击 确定 按钮，在图像中的汽车底部新建一条垂直方向的辅助线。

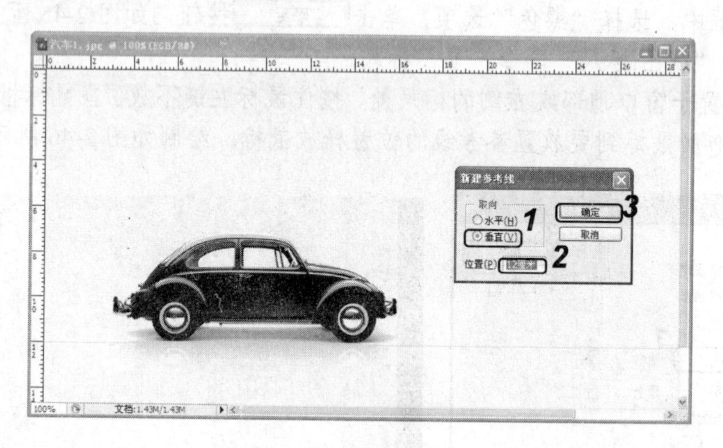

图 2-48 新建辅助线

2．编辑置入图像

置入图像后，编辑置入的图像，操作步骤如下：

（1）选择“文件|置入”命令，在打开的“置入”对话框中选择置入“汽车 2.jpg”图像（立体化教学:\实例素材\第 2 章\汽车 2.jpg），单击 置入(P) 按钮，如图 2-49 所示。

（2）按 Enter 键确定置入图像，在工具箱中选择移动工具▶+，按住鼠标左键不放将置入的图像汽车底部和绘制的辅助线对齐，如图 2-50 所示。

（3）按 Ctrl+R 组合键，隐藏辅助线。选择“视图|清除辅助线”命令，清除图像中的辅助线。

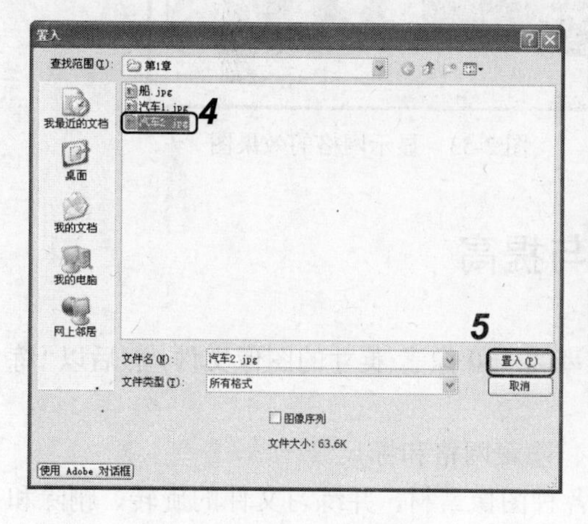

图 2-49　选择置入的图像

图 2-50　调整图像位置

2.6.2　缩小图像

综合利用本章和前面所学知识，缩小“地中海.jpg”图像，使其文件体积变小，并为其显示网格，完成后的最终效果如图 2-51 所示（立体化教学:\源文件\第 2 章\地中海.jpg）。通过本练习用户将会更好地掌握缩小图像的操作。

图 2-51　缩小图像后的效果图

本练习可结合立体化教学中的视频演示进行学习（立体化教学:\视频演示\第 2 章\缩小图像.swf）。主要操作步骤如下：

（1）启动 Photoshop CS3，打开“地中海.jpg”图像（立体化教学:\实例素材\第 2 章\地中海.jpg）。

（2）选择“图像|图像大小”命令，在打开的“图像大小”对话框中设置“宽度”为“600”，“高度”为“373”，其他保存默认状态，单击 确定 按钮。如图 2-52 所示。

（3）选择“视图|显示|网格”命令，为图像显示网格，最终效果如图 2-53 所示。

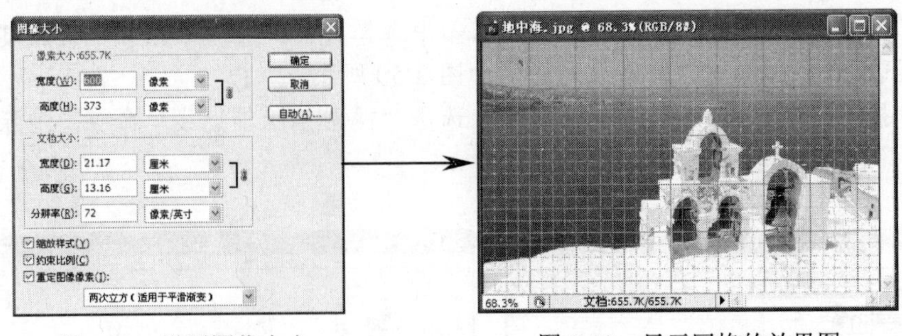

图 2-52　设置图像大小　　　　图 2-53　显示网格的效果图

2.7　练习与提高

（1）新建一个尺寸为 12 厘米×8 厘米，分辨率为 150 像素/英寸的图像文件，然后以“练习”为文件名进行保存。

（2）打开一个图像文件，使用快捷键显示、隐藏网格和标尺。

（3）打开文件浏览器，查看电脑中搜集的各种图像素材，并练习文件的旋转、删除和重命名等操作。

（4）在“草莓”图像文件中（立体化教学:\实例素材\第 2 章\草莓.jpg）将画布的宽度增加 5cm，高度增加 2 厘米，背景选用黑色进行填充。制作出如图 2-54 所示的图像效果（立体化教学:\源文件\第 2 章\草莓.jpg）。

图 2-54　制作效果图

提示：使用“画布大小”命令对画布大小进行设置。本练习可结合立体化教学中的视频演示进行学习（立体化教学:\视频演示\第 2 章\制作“草莓”的画布效果.swf）。

总结 Photoshop 中与图像的基本操作相关的知识

本章主要介绍了图像的输入、浏览、基本操作以及显示等方法，这里总结以下几点供读者参考和探索：

- 随着学习的深入，用户的图像文件会随之增加，使用 Adobe Bridge 可使烦琐的管理工作变得简单、快捷。
- 在执行“置入”操作后，若不按 Enter 键而直接进行操作，Photoshop 将会打开提示对话框询问是否要置入图像，此时单击 置入(P) 按钮即可。
- 有时在新建文件并执行多步操作后，才发现新建的文件尺寸不对，此时就可以使用“图像大小”和“画布大小”命令进行设置。
- 将图像上传到网上时，若网站限制了上传的图像大小，可设置图像大小。

第 3 章　选区的创建与编辑

学习目标

☑ 使用选区创建工具创建选区
☑ 编辑、修改选区编辑图像
☑ 使用填充工具对图像中的选区进行填充
☑ 使用魔棒工具、渐变工具为图像添加背景。
☑ 使用魔棒工具和“调整边缘”对话框调整选区边缘制作梦幻效果

目标任务&项目案例

删除背景

填充颜色

制作虚化效果

编辑选区

填充图案

填充渐变

在 Photoshop 中选区的使用是最基本的操作，制作实例主要用到了选框工具组、套索工具组、魔棒工具和渐变工具以及描边和填充命令等。本章将具体讲解在图像中创建和编辑选区的方法。

3.1 使用选区创建工具

Photoshop 处理图像最关键的一步便是建立选区，可以说 Photoshop 的大部分操作都和选区是分不开的。在 Photoshop 中选区的作用有两个：一是创建选区后通过填充等操作，形成相应的形状图形；二是用于选取所需的图像轮廓，以便对选取的图像进行移动、复制等编辑操作。下面将对选区的创建工具及命令的使用、选区的编辑和填充等知识进行介绍，使用户掌握选取图像的方法。

3.1.1 选框工具组

在 Photoshop 中有多种选区创建工具，其中在选择较规则的图像时，一般使用选框工具组中的工具。选框工具组包括矩形选框工具、椭圆选框工具、单行选框工具和单列选框工具，使用它们可以创建矩形选区、圆形选区、单行和单列选区等。

1．使用矩形选框工具

选择工具箱中的矩形选框工具，打开如图 3-1 所示的工具属性栏，其参数含义如下：

图 3-1　矩形选框工具属性栏

- **按钮**：用于控制选区的增减。表示创建新选区，原选区将被覆盖；表示创建的选区将与已有的选区进行合并；表示将从原选区中减去重叠部分成为新的选区；表示将创建的选区与原选区的重叠部分作为新的选区。
- **“羽化”数值框**：是指通过创建选区边框内外像素的过渡来使选区边缘柔化，羽化值越大，则选区的边缘越柔和。羽化的取值范围在 0～250 像素之间。
- 消除锯齿**复选框**：用于消除选区锯齿边缘，此复选框只能在选择椭圆选框工具后才可使用。
- **“样式”下拉列表框**：用于设置选区的形状。在其下拉列表框中有“正常”、“固定长宽比”和“固定大小”3 个选项。其中“正常”为软件默认选项，可以创建不同大小和形状的选区；“固定长宽比”选项用于设置选区宽度和高度之间的比例，选择该选项将激活属性栏右侧的“宽度”和“高度”文本框，可以输入数值加以设置；“固定大小”选项用于锁定选区大小，可以在“宽度”和“高度”文本框中输入具体的数值。
- 调整边缘...**按钮**：单击该按钮将打开“调整边缘”对话框，该对话框的具体操作方法将在 3.2 节中进行介绍。

在工具箱中先选择矩形选框工具，再在工具属性栏中设置好参数后将鼠标指针移到图像窗口中，单击并按住鼠标左键不放，拖动至适当大小后释放鼠标，即可创建出一个矩形选区。按住 Shift 键不放，拖动鼠标可以创建正方形选区。

提示：

创建选区后用鼠标单击图像中的任意位置，或选择“选择|取消选择”命令即可取消选区。但若处于固定选区大小形状下则不能通过单击来取消选区。

【例 3-1】 打开“盒子.jpg”图像，使用矩形选框工具绘制一个矩形选区。

（1）打开“盒子.jpg”图像（立体化教学:\实例素材\第 3 章\盒子.jpg），在工具箱中选择矩形选框工具。

（2）在其属性栏中将“羽化”值设置为“0”，“样式”设置为“正常”。

（3）将鼠标光标移动到图像窗口中按住鼠标从盒子左上角拖动到盒子右下角释放鼠标，绘制一个和盒子相同大小的矩形选区，如图 3-2 所示。

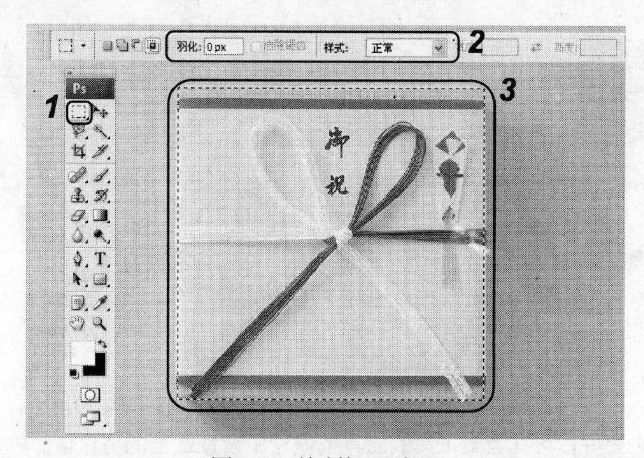

图 3-2　绘制矩形选区

2．椭圆选框工具的使用

在需要绘制圆形选区时，可选择使用椭圆选框工具。椭圆选框工具属性栏的参数设置及使用方法与矩形选框工具完全相同，这里不再赘述。

技巧：

选择椭圆选框工具后，在绘制时若按住 Shift 键不放拖动鼠标，则可以绘制正圆形选区。

3．单行和单列选框工具的使用

在实际操作时，有时需要创建宽度为 1 像素或高度为 1 像素的选区，此时可选择单列选框工具和单行选框工具进行创建。用户在操作时最好将图像进行放大后再进行选取。它们的参数设置与矩形选框工具相同，不同的是选择这两个工具后只需在图像窗口中单击便可创建选区。

3.1.2　套索工具组

在选择不规则的图像时，框选工具组往往不能满足需求。此时可使用索套工具组进行选择，套索工具组主要包括套索工具、多边形套索工具和磁性套索工具，常用于选取花朵和动物等不规则图像。

1．索套工具的使用

在工具箱中选择套索工具，打开如图 3-3 所示的工具属性栏。其参数含义在 3.1.1 节已经有介绍，这里不再赘述。

图 3-3　套索工具属性栏

使用索套工具选取图像的方法是：将鼠标指针移到要选取图像的起始点，单击并按住鼠标左键不放，沿图像的轮廓移动鼠标，当回到图像的起始点时释放鼠标左键即可选取图像，如图 3-4 所示（立体化教学:\实例素材\第 3 章\叶子.jpg）。

图 3-4　用索套工具选取图像

技巧：

为了让选区的效果更好，可在套索工具的工具属性栏中设置适当的羽化值。

2．多边形套索工具的使用

使用套索工具选取图像时不易控制选取的精确度，而使用多边形套索工具可以选取比较精确的图形，尤其适用于边界多为直线或边界曲折的复杂图形的选取。

【例 3-2】 使用多边形套索工具选择存钱罐图像。

（1）打开“存钱罐.jpg”图像（立体化教学:\实例素材\第 3 章\存钱罐.jpg）。在工具箱中的套索工具图标上单击鼠标右键，在弹出的快捷菜单中选择“多边形套索工具”命令，将鼠标移到存钱罐图像的边界位置上，单击鼠标，此时在光标处显示一条表示选取位置的线条，然后沿着需要选取的图像区域移动鼠标。

（2）当拖动到转折处时在转折点处单击，作为多边形的一个顶点，然后再继续拖动，如图 3-5 所示。

（3）选取完成后回到起始点时，鼠标指针形状将变成，单击鼠标，封闭选取区域，如图 3-6 所示。

图 3-5　使用多边形套索工具选取图像

图 3-6　封闭选取区域

技巧：

用多边形套索工具选取图像时按住 Shift 键不放，可按水平、垂直或者 45° 方向选取图像；按 Delete 键，可删除最近绘制的一条选取线段。

3．磁性套索工具的使用

使用磁性套索工具可以自动捕捉图像中对比度较大的图像边界，从而快速、准确地选取图像的轮廓区域。选择工具箱中的磁性套索工具，打开如图 3-7 所示的工具属性栏，其参数含义如下：

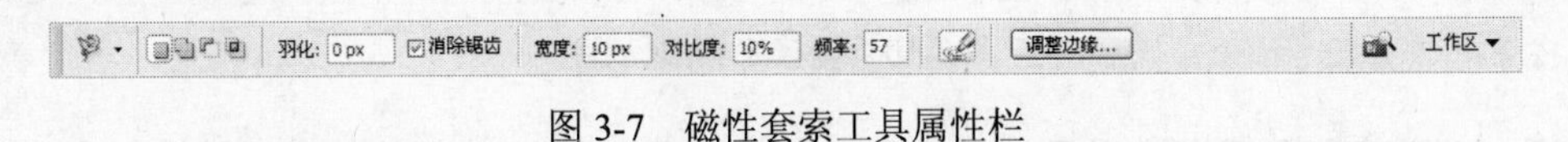

图 3-7　磁性套索工具属性栏

- **“宽度”数值框**：用于设置选取时能够检测到的边缘宽度，取值范围为 0～40 像素。对于颜色对比度较小的图像，应设置较小的宽度。
- **“对比度”数值框**：用于设置选取时边缘的对比度，取值范围为 1%～100%。设置的数值越大，选取的范围就越精确。
- **“频率”数值框**：用于设置选取时产生的节点数，取值范围为 0～100。

磁性套索工具的使用方法。

下面通过一个简单例子介绍。

【例 3-3】 使用磁性套索工具选择酒瓶图像。

（1）打开“酒瓶.jpg”图像（立体化教学:\实例素材\第 3 章\酒瓶.jpg）。在工具箱中选择磁性套索工具，然后将鼠标指针移到酒瓶图像边缘，单击鼠标确定起始位置处，拖动鼠标产生一条套索线并自动附着在图像周围，且每隔一段距离将有一个方形的定位点产生，如图 3-8 所示。

（2）继续沿酒瓶边缘拖动鼠标，拖动过快或图像边缘对比度不高会造成套索线不精确，这时可按 Delete 键删除错误的套索线，然后在转角或颜色区域相差较小时单击鼠标，手动产生一个定位点。

（3）最后回到起始位置处，待指针变成形状时单击鼠标，闭合套索线路即可，选取的图像结果如图 3-9 所示。

图 3-8　产生的定位点

图 3-9　用磁性套索工具选择的酒瓶

技巧：

在使用磁性套索工具时，用户应缓慢地拖动鼠标，这样才能更精确地得到选区。

3.1.3 魔棒工具

在抠取背景较单一的图像时，可使用魔棒工具。选择魔棒工具后将打开如图 3-10 所示的工具属性栏，其参数含义如下：

图 3-10　魔棒工具属性栏

- **“容差”数值框**：用于设置选取的颜色范围，输入的数值越大，选取的颜色范围也越大；数值越小，选取的颜色越接近，选取的范围就越小。
- ☑消除锯齿 **复选框**：用于消除选区边缘的锯齿。
- ☑连续 **复选框**：选中该复选框表示只选取相邻的颜色区域，未选中时表示可将不相邻的区域也加入选区。
- □对所有图层取样 **复选框**：当图像含有多个图层时，选中该复选框表示对图像中所有的图层起作用；不选中时魔棒工具只对当前图层中的图像起作用。图层的相关知识将在第 7 章进行讲解。

使用魔棒工具选取图像时，只需用鼠标单击需要选取图像区域中的任意一点，附近与它颜色相同或相似的区域便会自动被选取。如图 3-11 所示为“容差”为 10 时用魔棒工具单击黑色羽毛部分的选取结果，如图 3-12 所示为“容差”为 60 时的选取结果。

图 3-11　“容差”为 10 的选取结果

图 3-12　“容差”为 60 的选取结果

注意：

使用魔棒工具时，单击图像中的位置不同，所得到的选取结果也不会相同。创建图像选区后，按住 Shift 键单击其他相近区域，可以增加图像的选区。

3.1.4 “色彩范围”命令

当图像色块边缘较明显，并且需选择图像中某一颜色区域内的图像或整个图像内指定的颜色区域时，可使用“色彩范围”命令。它与魔棒工具的作用类似，但其功能更为强大。

选择“选择|色彩范围”命令，将打开“色彩范围”对话框，其中各个参数的含义如下：

- **“选择”下拉列表框**：在其中可选择所需的颜色范围，其中“取样颜色”表示可用吸管工具在图像中吸取颜色，取样颜色后可通过设置“颜色容差”选项来控制选取范围，数值越大，选取的颜色范围也越大；其余选项分别表示将选取图像中的红色、黄色、绿色、青色、蓝色、洋红、高光、中间调和阴影等颜色范围。
- ◎选择范围(E) **单选按钮**：选中该单选按钮后，在预览窗口内将以灰度显示选取范围的预览图像，白色区域表示被选取图像，黑色表示未被选取的图像区域，灰色表示选取图像区域为半透明。
- ○图像(M) **单选按钮**：选中该单选按钮后，在预览窗口内将以原图像的方式显示图像的状态。
- **“选区预览”下拉列表框**：在其中可选择图像窗口中选区的预览方式，其中“无”表示不在图像窗口中显示选取范围的预览图像；“灰度”表示在图像窗口中以灰色调显示未被选择的区域（与◎选择范围(E)预览框中显示结果相同）；“黑色杂边”表示在图像窗口中以黑色显示未被选择的区域；“白色杂边”表示在图像窗口中以白色显示未被选择的区域；“快速蒙版”表示在图像窗口中以蒙版颜色显示未被选择的区域。
- □反相(I) **复选框**：用于实现选择区域与未被选择区域之间的相互切换。
- **吸管工具**：工具用于在预览图像窗口中选取取样颜色，工具和工具分别用于增加和减少选择的颜色范围。

用“色彩范围”命令建立选区的方法是：选择“选择|色彩范围”命令，打开“色彩范围”对话框，在“选择”下拉列表框中选择“取样颜色”选项，单击按钮后将鼠标指针移到图像预览框中需要的区域上单击取样，根据实际情况调整“颜色容差”数值框调整选区大小，然后单击 确定 按钮，如图3-13所示。

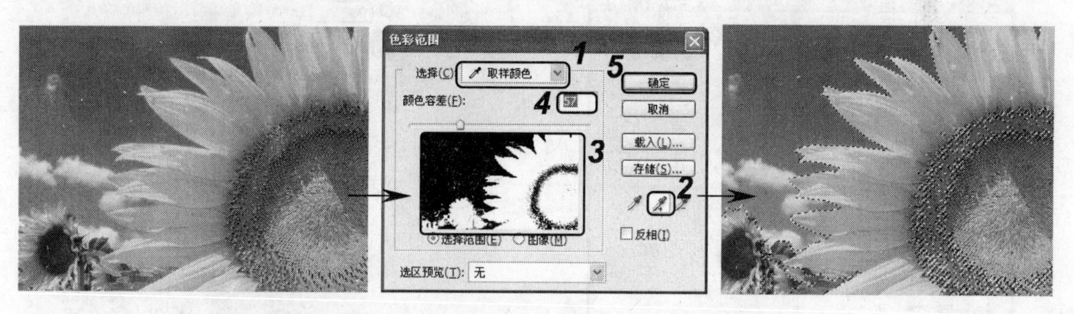

图3-13　使用“色彩范围”命令建立选区

3.1.5　应用举例——删除图像背景色

本例将先使用“色彩范围”命令建立选区，删除选区中的图像，再使用魔棒工具将剩余没删除的背景图像进行删除，效果如图3-14所示（立体化教学:\源文件\第3章\树叶.jpg）。

图 3-14　删除背景后的效果图

操作步骤如下：

（1）打开“树叶.jpg”图像（立体化教学:\实例素材\第 3 章\树叶.jpg）。

（2）选择“选择|色彩范围”命令，在打开的“色彩范围”对话框的“选择”下拉列表框中选择“取样颜色”选项，再在图像预览框的白色区域单击取样，将“颜色容差”设置为“166”，单击 确定 按钮，如图 3-15 所示。

（3）返回 Photoshop 工作界面，按 Delete 键删除选区中的图像。选择“选择|取消选择”命令取消选区。

（4）在工具箱中选择魔棒工具，在其工具属性栏中设置“容差”值为“50”，将鼠标移动到树叶图像背景中的黑色部分单击建立选区，如图 3-16 所示。按 Delete 键删除选区中的图像。

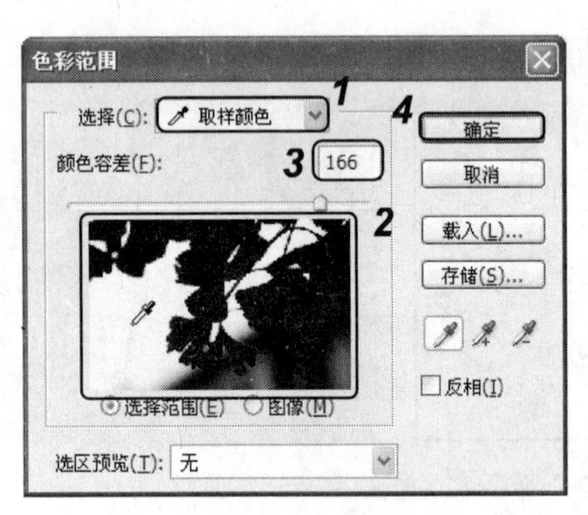

图 3-15　设置“色彩范围”对话框

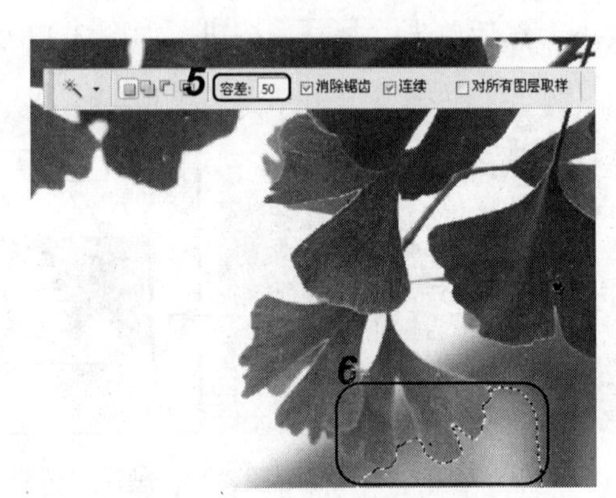

图 3-16　使用魔棒建立选区

（5）使用相同的方法，将图像中的背景全部删除。

3.2　编辑选区形状

在选区创建后根据需要还可对选区的位置、大小和形状等进行修改和编辑。下面将分

别对其操作方法进行讲解。

3.2.1　移动选区

在任一选择工具状态下，将鼠标指针移至选区区域内，待鼠标指针变成形状后按住鼠标左键不放，拖动鼠标至目标位置即可移动选区，如图 3-17 所示。

图 3-17　移动选区

移动选区还有以下几种常用的方法：

- 按“→”、“↓”、“←”和“↑”键可以每次以 1 像素为单位移动选择区域；按住 Shift 键不放再结合方向键使用，每次将以 10 像素为单位移动选择区域。
- 在用鼠标拖动选区的过程中，按住 Shift 键不放可使选区在水平、垂直或 45° 方向上移动。
- 待鼠标变成形状后，按住鼠标左键拖动选区，可将选择区域复制后拖动至另一个图像的窗口中。

3.2.2　增减选区

在选区不正确时，可通过增减选区来修改选区，以便更准确地控制选区的范围及形状。增减选区有以下几种方法。

1．利用快捷键来增减选区范围

在图像中创建一个选区后按住 Shift 键不放，此时使用选择工具即可为图像增加选区，同时在选择工具右下角会出现“+”号，修改完成选区后释放鼠标即可，如图 3-18 所示。在增减选区时，如果新添加的选区与原选区有重叠部分，将得到选区相加后的形状选区。

图 3-18　添加新选区

提示：

> 选取了多余的图像范围，想要去掉这些多余的被选中区域，可以按住 Alt 键不放，当选择工具右下角出现“-”号时，使用选择工具选中或单击要去掉的区域即可。

2．利用来增减选区范围

除通过快捷键增减选区外，在 Photoshop 中，还可通过选择工具属性栏中的按钮实现选区的增减修改，各按钮的作用在 3.1.1 节已有介绍，这里不再赘述。

3.2.3　扩大选区

若想制作描边等效果，用户可考虑通过扩大选区的方法来实现。扩大选区是指在原选区的基础上向外扩张，选区的形状实际上并没有改变。扩大选区的方法是：建立选区后，选择“选择|修改|扩展”命令，打开“扩展选区”对话框，在“扩展量”文本框中输入 1～100 之间的整数，单击确定按钮。效果如图 3-19 所示。

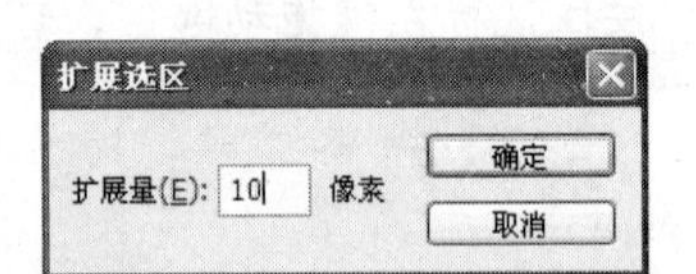

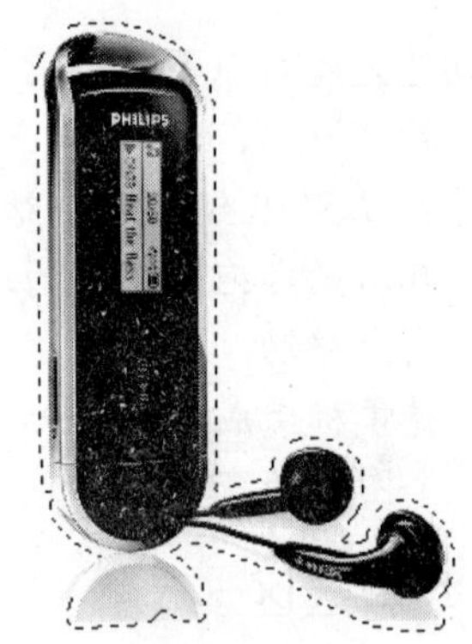

图 3-19　扩大选区前后对比

提示：

> 选择“选择|修改|边界”命令，将打开“边界选区”对话框。在“宽度”文本框中输入数值，可以在原选区边缘的基础上向内或向外进行扩边。

3.2.4　缩小选区

用户除将选区扩大外，还可根据实际需要将选区缩小，执行“收缩”命令时新选区将在原选区的基础上向内收缩，选区的形状也没有改变。其方法是：建立选区后，选择“选择|修改|收缩”命令，打开“收缩选区”对话框，在“收缩量”文本框中输入 1～100 之间的整数，然后单击确定按钮即可。

提示：

> 选择“选择|修改|平滑”命令，打开“平滑选区”对话框，在“取样半径”文本框中输入数值，可以使选区边缘变得连续而平滑。

3.2.5　羽化选区

若想制作出的图像显得更加朦胧，用户可通过羽化选区来实现，使图像边缘柔和地过渡到图像背景颜色中。

羽化选区的方法是：创建选区后，选择“选择|修改|羽化”命令或按 Ctrl+Alt+D 组合键，打开“羽化选区”对话框，如图 3-20 所示，在“羽化半径”文本框中输入羽化值，然后单击 确定 按钮即可。如图 3-21 所示为羽化值分别为 6 和 15 时对图像选区的影响效果。

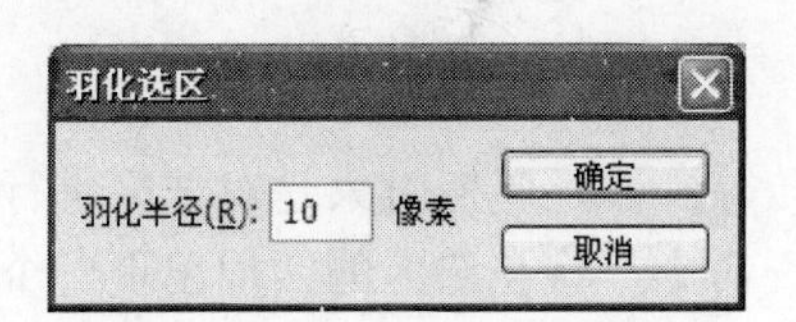

图 3-20　“羽化选区”对话框

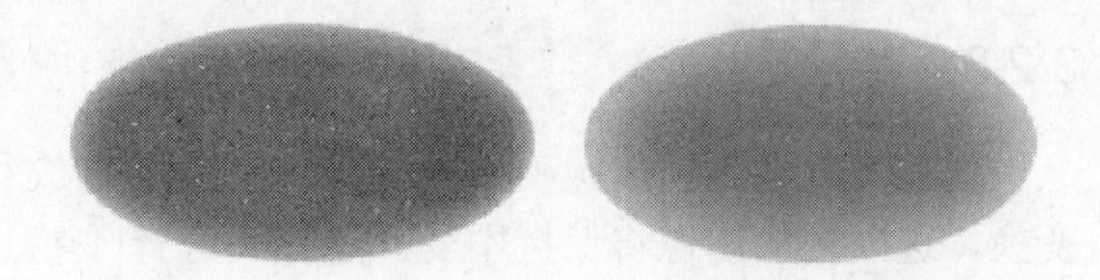

图 3-21　羽化值为 6 和 15 时的效果图

注意：

羽化选区后并不能立即通过选区查看到图像效果，需要对选区内的图像进行移动、填充等操作后才可看到图像边缘的柔和效果。

3.2.6　取消选择和重新选择

实际操作时经常会遇到选区绘制错误的操作，这时需要取消选区。取消选区的方法是：创建选区后选择“选择|取消选择”命令或按 Ctrl+D 组合键。取消选区后选择“选择|重新选择”命令或按 Shift+Alt+D 组合键，即可重新选取前面的图像。

技巧：

选择“选择|全选”命令或按 Ctrl+A 组合键可以选取整幅图像。

3.2.7　反向选区

在删除背景图像时，用户可先选择不需要删除的图像，再执行反向选区操作，从而选择出要删除的背景。反向选区的方法是：创建选区后，选择“选择|反向”命令或按 Shift+Ctrl+I 组合键，将选取图像中除选区以外的其他图像区域。如图 3-22 所示选区选中的是人物，如图 3-23 所示为反选选区即选区选中的是背景。

技巧：

在实际应用中，常先用选框工具和套索工具等选择工具选取图像，再通过“反向”命令进行间接选取所需的图像。

图 3-22　选区为人物

图 3-23　选区为背景

3.2.8　变换选区

通过变换选区可以改变选区的形状，包括缩放和旋转等操作，变换时只是对选区进行变换，选区内的图像将保持不变。选择“选择|变换选区”命令，将在选区的四周出现一个带有控制点的变换框，如图 3-24 所示。

图 3-24　执行“变换选区”命令

执行“变换选区”命令后，可执行下面的操作：

- **移动选区**：将鼠标指针移至选区内，当鼠标指针变成▶形状时拖动鼠标可移动选区。
- **调整选区大小**：将鼠标指针移至选区上任意一个控制点上，当鼠标指针变成双向箭头（即↕形状）时拖动鼠标，可以调整选区的大小。
- **旋转选区**：将鼠标指针移至选区之外，当鼠标指针变为弧形双向箭头（即↲形状）时，拖动鼠标可使选区按顺时针或逆时针方向绕选区中心旋转。

变换选区完成后需按 Enter 键确定变换效果；若按 Esc 键将取消变换操作，选区保持原状。

3.2.9　存储和载入选区

对于创建好的选区，如果需要多次使用，可以将其进行存储，使用时再通过载入选区的方式将其载入到图像中。存储选区的方法是：选择“选择|存储选区”命令，打开如图 3-25 所示的“存储选区”对话框，对相关参数进行设置后单击[确定]按钮完成操作。“存储选区”对话框中各参数的含义如下：

- **“文档”下拉列表框**：用于设置保存选区的目标图像文件，默认为当前图像，若选择“新建”选项，则将其保存到新图像中。
- **“通道”下拉列表框**：用于设置存储选区的通道，在其下拉列表框中显示了所有的 Alpha 通道和“新建”选项。选择“新建”选项表示将新建一个 Alpha 通道用于放置选区。
- **“名称”文本框**：用于输入要存储选区的新通道名称。
- ⊙新建通道(E) **单选按钮**：表示为当前选区建立新的目标通道，其他单选按钮表示将选区与通道中的选区进行运算，其作用与按钮类似。

存储好选区后，在需要使用时可执行载入选区的操作。载入选区的方法是：选择“选择|载入选区”命令，打开如图 3-26 所示的“载入选区”对话框。在“通道”下拉列表框中选择存储选区的通道名称，在“操作”栏可选择载入选区后与图像中现有选区的运算方式，与按钮作用相同。完成后单击 确定 按钮即可载入选区。

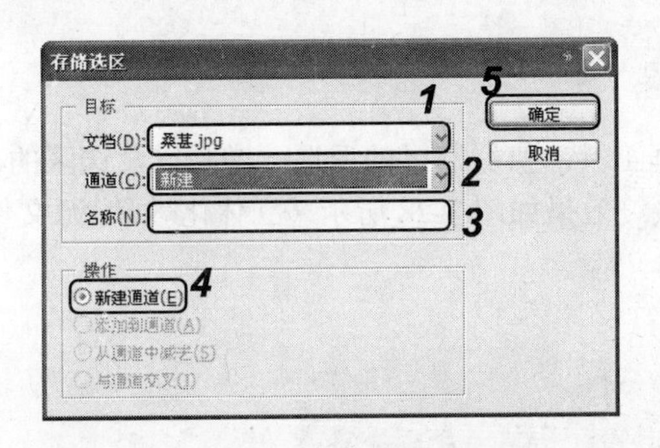

图 3-25　“存储选区”对话框

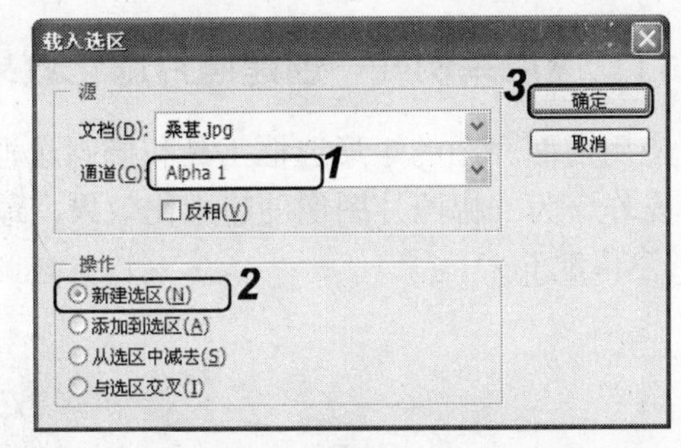

图 3-26　“载入选区”对话框

3.2.10　调整边缘对话框

Photoshop CS3 的“调整边缘”对话框可用来编辑选区边缘，主要对选区的边缘进行平滑和半透明等精细处理。“调整边缘”对话框中各参数含义如下：

- **“半径”数值框**：用于设置柔化边缘到选区边缘的透明程度。数值越大透明区域越多。
- **“对比度”数值框**：用于设置图像与选区边缘图像的颜色鲜艳程度。数值越大颜色相对越鲜艳。
- **“平滑”数值框**：用于去除选区边缘的锯齿状。
- **“羽化”数值框**：用于模糊柔化选区边缘。
- **“收缩/扩展”数值框**：用于修改选区大小，其中正数为扩大选区，负数为缩小选区。

使用调整边缘对话框的方法是：建立选区后，在相应的工具属性栏中单击 调整边缘... 按钮或选择“选择|调整边缘”命令，打开“调整边缘”对话框，在该对话框中进行设置，完成后，单击 确定 按钮，如图 3-27 所示。

注意：

图 3-27 最后为执行反选、删除背景图像、取消选区后的效果。

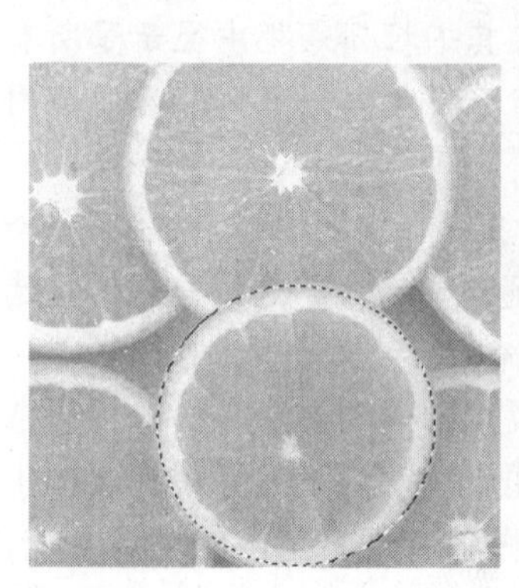

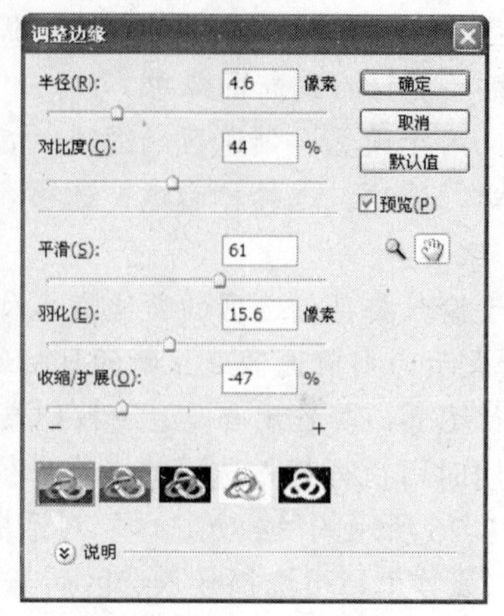

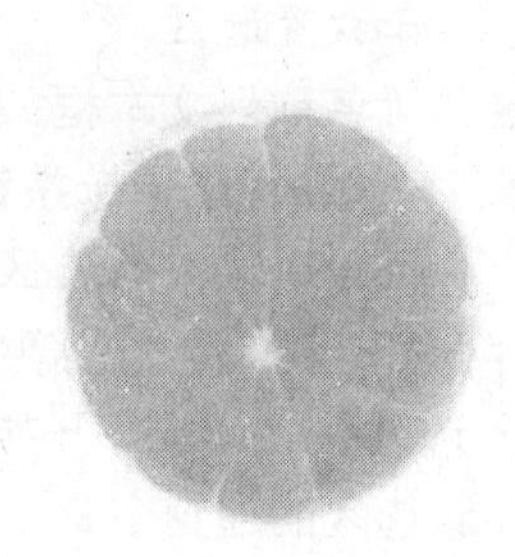

图 3-27　设置“调整边缘”对话框

3.2.11　应用举例——创建照片虚化效果

应用前面介绍的矩形选框工具和椭圆选框工具，执行选区的反选、增减以及选区的羽化等操作，为一幅照片图像创建虚化效果，最终效果如图 3-28 所示（立体化教学:\源文件\第 3 章\草地.jpg）。

图 3-28　照片的虚化效果

操作步骤如下：

（1）选择“文件|打开”命令，打开“草地.jpg”图片（立体化教学:\实例素材\第 3 章\草地.jpg）。

（2）选择工具箱中的矩形选框工具，在其属性栏中将“羽化”值设置为“0”，“样式”设置为“正常”，在图像窗口中单击并拖动鼠标，绘制一个矩形边框选区，如图 3-29 所示。

（3）选择工具箱中的椭圆选框工具，单击工具属性栏中的按钮，在矩形选区右侧拖动绘制一些小椭圆，使其从矩形选区中减去重叠部分，从而使选区边缘变得不规则，如图 3-30 所示。

图 3-29　建立矩形选区

图 3-30　从选区减去

（4）使用同样的方法在矩形选区的其他方向创建一些不规则的选区边缘，完成后选择“选择|羽化”命令，打开“羽化选区”对话框，在“羽化半径”文本框中输入“10”，如图 3-31 所示，单击 确定 按钮。

（5）选择“选择|反向”命令，反选选区后按 Delete 键删除选区内的图像。

（6）选择“选择|修改|扩展”命令，打开“扩展选区”对话框，在“扩展量”文本框中输入“10”，如图 3-32 所示，单击 确定 按钮。

图 3-31　设置羽化值

图 3-32　设置扩展值

（7）按 Ctrl+Alt+D 组合键，打开“羽化选区”对话框，在“羽化半径”文本框中输入“40”，单击 确定 按钮。

（8）按 Delete 键删除选区内的图像，然后按 Ctrl+D 组合键取消选区。

3.3　填 充 选 区

创建选区后可以对选区进行操作，其中最简单的操作是填充颜色。为选区填充颜色可使图像看起来更加美观，下面将介绍几种在 Photoshop 中常用的填充选区的方法。

3.3.1　设置前景色和背景色

在 Photoshop 中设置颜色是一项最基本的操作，它是填充图像颜色和绘图前需要设置好的。在 Photoshop 中可以使用“拾色器”对话框、“颜色”面板、吸管工具以及颜色取样器工具等设置颜色，下面将分别进行讲解。

1．使用拾色器设置

单击工具箱下方的前景色工具或背景色工具都可以打开“拾色器”对话框，如图 3-33 所示。在“拾色器”对话框左侧的主颜色框中单击可选取颜色，该颜色会显示在右上方的颜色方框内，同时右侧文本框中的数值会随之改变。

用户可以在右侧的颜色文本框中输入数值来确定颜色，也可以拖动主颜色框右侧颜色滑块来改变主颜色框中的主色调。

另外，单击 颜色库 按钮，可打开“颜色库”对话框，如图 3-34 所示。在其中拖动滑块可以选择颜色的主色调，在左侧颜色框内单击颜色条可以选择颜色，单击 拾色器(P) 按钮，即可返回到“拾色器”对话框中。

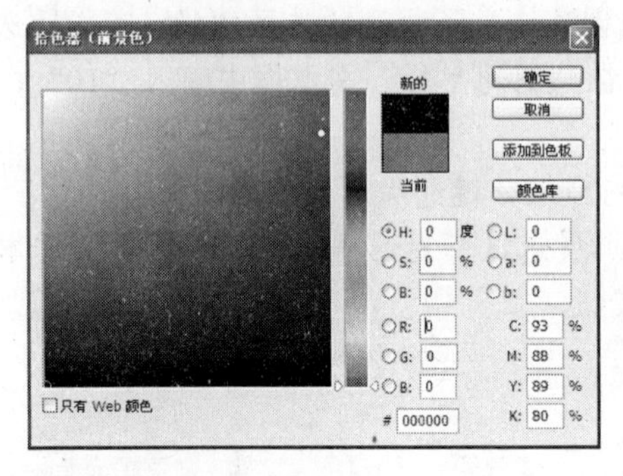

图 3-33 “拾色器”对话框

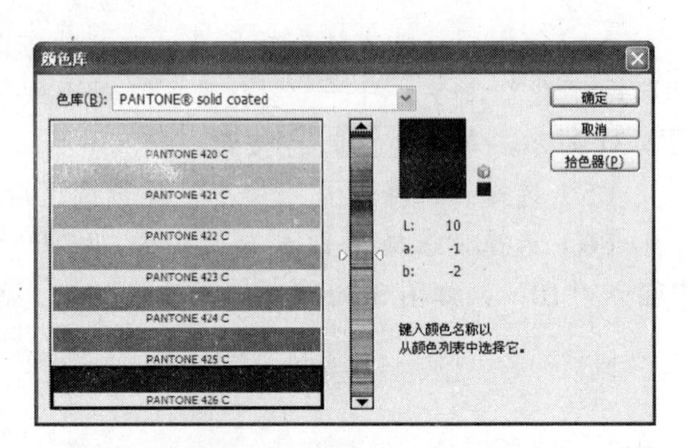

图 3-34 “颜色库”对话框

提示：

按 D 键可以将前景色和背景色恢复成默认颜色。单击颜色调整工具右上角的图标，可以在前景色与背景色之间进行切换；单击左下角的图标，可以设置前景色为黑色、背景色为白色。

2．使用“颜色”面板设置

除了使用拾色器外，用户还可以选择“窗口|颜色”命令或按 F6 键打开“颜色”面板，在其中设置颜色，如图 3-35 所示。在“颜色”面板中，单击前景色或背景色的图标，拖动 RGB 的滑块或直接在 RGB 的文本框中输入颜色值，即可改变前景色或背景色的颜色。

在默认状态下，“颜色”面板的颜色模式为 RGB 模式，单击“颜色”面板右上角的按钮，在弹出的快捷菜单中可根据需要选择其他颜色模式。

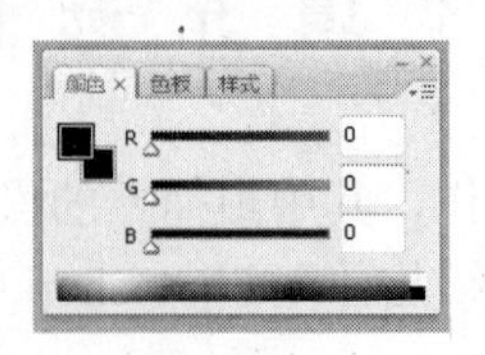

图 3-35 “颜色”面板

技巧：

选择“窗口|色板”命令，在打开的“色板”面板中包含了许多个颜色块，将鼠标指针置于要选择的颜色块中，当鼠标指针的形状变为吸管状时单击该色块，可将被选取的颜色设置为当前前景色。

3. 使用吸管工具设置

在设置已有颜色时可使用吸管工具，它用于在一幅图片中吸取需要的颜色，也可以在"色板"面板中吸取，吸取的颜色会表现在前景色或背景色中。如当前的前景色如图 3-36 所示，在需要颜色处单击吸取图片中的颜色，如图 3-37 所示。此时前景色变为如图 3-38 所示。按住 Alt 键不放并单击，则可以吸取背景色。

图 3-36 吸取颜色前的前景色

图 3-37 吸取颜色

图 3-38 吸取颜色后的前景色

提示：

选择工具箱中的吸管工具后，在其工具属性栏的"取样大小"下拉列表框中可以指定吸管工具的取样区域。如"3×3 平均"选项表示定义以 3×3 的像素区域为取样范围，取其色彩的平均值。

3.3.2 使用"填充"命令填充

使用"填充"命令可以对选区或图层进行前景色、背景色和图案等填充。选择"编辑|填充"命令，将打开如图 3-39 所示的"填充"对话框，其各个参数的含义如下：

- **"使用"下拉列表框**：单击右侧的按钮，在其下拉列表框中可以选择填充时所使用的对象，选择相应的选项即可使用相应的颜色或图案进行填充。
- **"自定图案"下拉列表框**：当在"使用"下拉列表框中选择了"图案"选项后，在该下拉列表框中可选择所需的图案样式进行填充。
- **"模式"下拉列表框**：在其下拉列表框中可以选择填充的着色模式，产生不同的色彩效果。
- **"不透明度"数值框**：用于设置填充内容的不透明度。
- □保留透明区域(P) **复选框**：选中该复选框后，进行填充时将不影响图像中的透明区域。

设置好对话框中的参数后，单击 确定 按钮即可填充图像选区。如图 3-40 和 3-41 所示分别为使用前景色和图案填充猫图像选区后的效果。

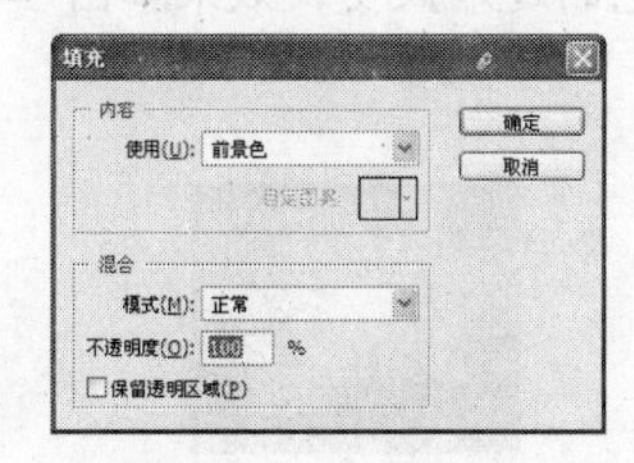

图 3-39 "填充"对话框

图 3-40 使用前景色填充

图 3-41 使用图案填充

技巧：

设置好前景色或背景色后，按 Alt+Delete 组合键可以使用前景色填充图像选区；按 Ctrl+Delete 组合键可以使用背景色填充图像选区。

3.3.3 使用渐变工具填充

使用渐变工具可以对图像选区或图层进行各种渐变填充。选择工具箱中的渐变工具，打开如图 3-42 所示的工具属性栏，其各参数的含义如下：

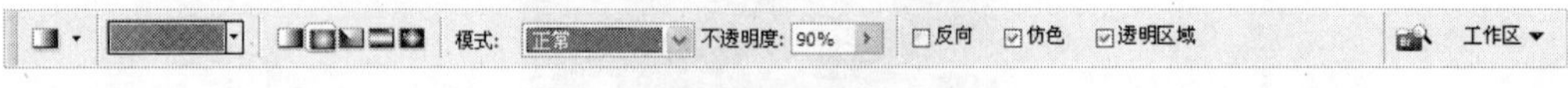

图 3-42 渐变工具属性栏

- 下拉列表框：单击右侧的按钮，在弹出的下拉列表框中默认提供了 15 种颜色渐变模式供用户选择。单击颜色编辑部分将打开“渐变编辑器”对话框，用于对需要使用的渐变颜色进行编辑。在对话框中的“预设”列表框中可选择预设的几种渐变颜色。在下方的颜色条中可自定义渐变颜色，方法是：在颜色条的下方单击可添加一个色标，并通过下方的“颜色”等选项设置该色标的颜色和位置等；在颜色条上拖动各色标可改变各渐变颜色的多少；单击 载入(L)... 按钮，可载入 Photoshop 提供的其他预设渐变颜色模式。
- “线性渐变”按钮：可从起点（鼠标单击位置）到终点以直线方向进行颜色的逐渐改变，效果如图 3-43 所示。
- “径向渐变”按钮：从起点到终点以圆形图案沿半径方向进行颜色的逐渐改变，效果如图 3-44 所示。

图 3-43 线性渐变

图 3-44 径向渐变

- “角度渐变”按钮：围绕起点按顺时针方向进行颜色的逐渐改变，效果如图 3-45 所示。
- “对称渐变”按钮：在起点两侧进行对称性的颜色逐渐改变，效果如图 3-46 所示。
- “菱形渐变”按钮：从起点向外侧以菱形进行颜色的逐渐改变，效果如图 3-47 所示。

图 3-45 角度渐变

图 3-46 对称渐变

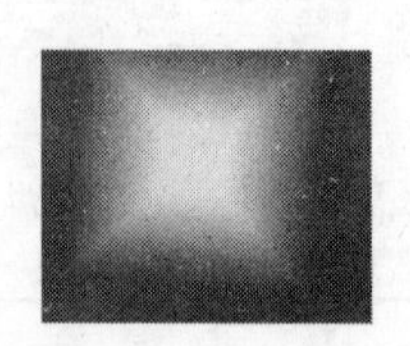

图 3-47 菱形渐变

- **“模式”下拉列表框**：用于设置填充渐变颜色后与其下面的图像如何进行混合，如图 3-48 所示为正常模式与正片叠底模式的渐变填充效果。

图 3-48　正常模式与正片叠底模式的渐变填充效果

- **“不透明度”数值框**：用于设置填充渐变颜色的透明程度。
- □反向 **复选框**：选中该复选框后产生的渐变颜色将与设置的颜色渐变顺序相反。如选择“前景色到背景色渐变”模式，则反向后的填充效果为“背景色到前景色渐变”。如图 3-49 所示为选中☑反向复选框的效果，如图 3-50 所示为未选中□反向复选框的效果。

图 3-49　选中☑反向复选框的效果

图 3-50　未选中□反向复选框的效果

- ☑仿色 **复选框**：选中该复选框，可使用递色法来表现中间色调，使颜色渐变显得更加平顺。
- ☑透明区域 **复选框**：选中该复选框后在▼中可选择不同颜色段的透明效果。

注意：

设置好渐变颜色和渐变模式等参数后，将鼠标指针移到图像窗口中适当的位置单击并拖动到另一位置后释放鼠标即可进行渐变填充。但要注意在进行渐变填充时拖动直线的出发点、方向及长短不同，其渐变效果将各有所不同。

3.3.4　使用油漆桶工具填充

使用油漆桶工具可在选区或图层中填充指定的颜色或图案。选择工具箱中的油漆桶工具。其工具属性栏大部分参数的作用与“填充”对话框相同，这里就不再赘述。

使用油漆桶工具填充图像时将鼠标指针移到要填充的图像区域上，此时指针将变成形状，单击鼠标即可填充图像，如图 3-51 所示是将背景色填充为黑色的效果对比图。

图 3-51　使用油漆桶工具填充图像的前后对比

3.3.5　使用“描边”命令对选区描边

使用“描边”命令可运用前景色描绘选区的边缘。其方法是：创建选区后，选择“编辑|描边”命令，打开如图 3-52 所示的“描边”对话框。其中各参数的含义如下：

- **“宽度”数值框**：设置描边的宽度，其取值范围为 1～16 像素。
- **“颜色”色块**：单击其右侧的颜色方框可打开“选取描边颜色”对话框，设置描边的颜色。
- **“位置”栏**：用于选择描边的位置。○内部(I)表示对选区边框以内进行描边；⊙居中(C)表示以选区边框为中心进行描边；○居外(U)表示对选区边框以外进行描边。
- **“混合”栏**：用于设置不透明度和着色模式，其作用与“填充”对话框中相应选项相同。
- □保留透明区域(P)**复选框**：选中此复选框后再进行描边时将不影响原来图像中的透明区域。

设置完成后，单击 确定 按钮即可对选区进行描边，如图 3-53 所示为对飞机选区描边后的效果。

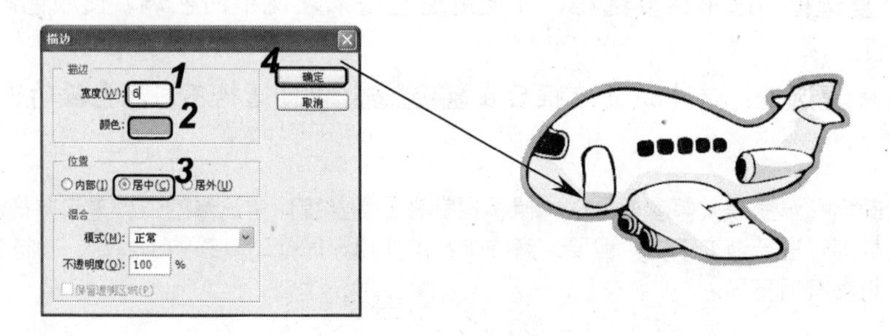

图 3-52　“描边”对话框　　　　图 3-53　描边图像选区的效果

3.3.6　应用举例——为图像绘制渐变背景

打开“吉他.jpg”图像，使用魔棒工具建立选区，再使用渐变工具为其添加绿色的角度渐变背景，如图 3-54 所示（立体化教学:\源文件\第 3 章\吉他.jpg），使图像更加动感。

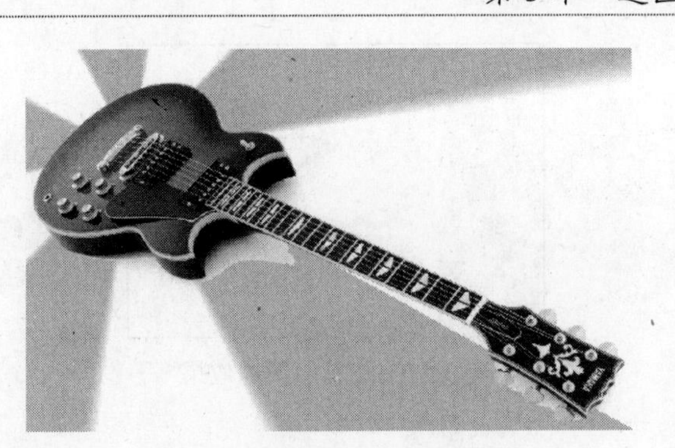

图 3-54　绘制渐变后的效果图

操作步骤如下：

（1）打开“吉他.jpg”图像（立体化教学:\实例素材\第 3 章\吉他.jpg）。

（2）在工具箱中选择魔棒工具，将鼠标移动到图像空白处单击，建立选区，如图 3-55 所示。

（3）在工具箱中单击前景色工具，在打开的“拾色器”对话框中设置前景色为“绿色”。

（4）在工具箱中选择渐变工具，在其工具属性栏中单击的按钮，在弹出的下拉列表框中选择最后一个选项。返回工具属性栏中，单击按钮。将鼠标移动到图像左上角并从上向下拖动，如图 3-56 所示，释放鼠标左键完成绘制。

图 3-55　建立选区

图 3-56　绘制、设置渐变

（5）按 Ctrl+D 组合键，取消选区。

3.4　上机及项目实训

3.4.1　使用选区绘制图像

本例将绘制蝴蝶图像，其最终效果如图 3-57 所示（立体化教学:\源文件\第 3 章\蝴蝶 1.psd）。在这个练习中将执行新建文件、创建选区、移动选区以及填充选区等操作。通过本练习用户可以熟悉并掌握选区以及使用选区绘制简单图像的操作。

图 3-57　绘制的图像效果

1．建立选区

新建文件并使用魔棒工具创建选区，操作步骤如下：

（1）选择“文件|新建”命令，新建一个 500×500、分辨率为 72 像素|英寸的图像。

（2）打开“蝴蝶.jpg”图像（立体化教学:\实例素材\第 3 章\蝴蝶.jpg）。

（3）在工具箱中选择魔棒工具，使用鼠标在“蝴蝶”图像空白处单击建立选区。选择“选择|反向”命令，选择蝴蝶图像。将鼠标移动到选区中间，当鼠标变为形状时，按住鼠标左键不放将选区移动到新建的“蝴蝶 1”图像中，如图 3-58 所示。

（4）将前景色设置为“黄色”，按 Alt+Delete 组合键，使用前景色填充选区，如图 3-59 所示。

图 3-58　移动选区

图 3-59　填充选区

2．编辑选区

使用描边、填充等命令编辑选区，操作步骤如下：

（1）将鼠标移动到选区中间，当鼠标变为形状时，按住鼠标左键不放拖动选区，将选区移动到黄色蝴蝶的右上角，将前景色设置为“紫色”，按 Alt+Delete 组合键，使用前景色填充选区，如图 3-60 所示。

（2）选择“选区|变换选区”命令变换选区。当出现变换框后，将鼠标光标移动到变换框右下角，待鼠标变为形状时，按住鼠标左键不放将图像向上拖动旋转图像，如图 3-61 所示，完成后按 Enter 键确定。

（3）选择“编辑|描边”命令，在打开的“描边”对话框中，设置“宽度”为“6px”，颜色为“绿色”，选中◎居外(U)单选按钮，单击 确定 按钮，如图 3-62 所示。

（4）选择“文件|置入”命令，在打开的“置入”对话框中选择“蝴蝶.psd”图像（立体化教学:\实例素材\第 3 章\蝴蝶.psd），将图像置入并调整其大小。

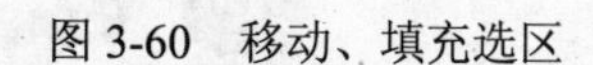

图 3-60　移动、填充选区

图 3-61　旋转图像

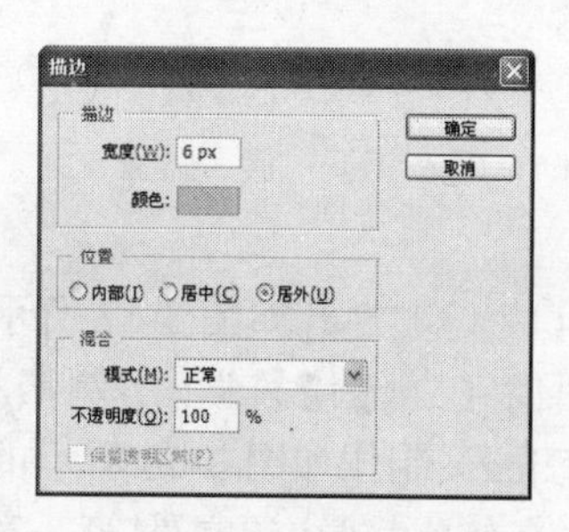

图 3-62　设置描边

3.4.2　制作梦幻效果

综合利用本章和前面所学知识，柔化“玫瑰”图像使其变得更加梦幻，完成后的最终效果如图 3-63 所示（立体化教学:\源文件\第 3 章\玫瑰.jpg）。

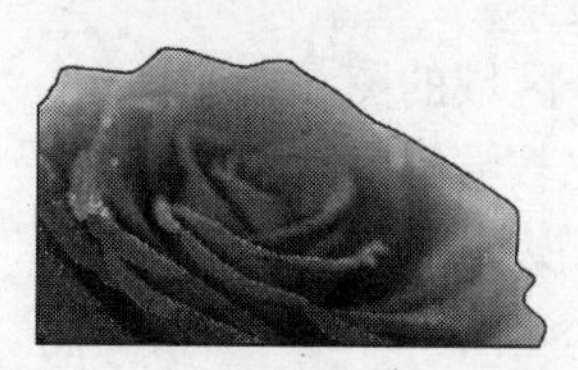

图 3-63　“玫瑰”图像的梦幻效果

主要操作步骤如下：

（1）打开“玫瑰.jpg”图像（立体化教学:\实例素材\第 3 章\玫瑰.jpg），如图 3-64 所示。

（2）在工具箱中选择魔棒工具，单击图像空白处。选择“选择|修改|扩展”命令，在打开的“扩展”对话框中，设置“扩展量”为“10”，单击确定按钮。

（3）在魔棒工具的工具属性栏中，单击调整边缘...按钮。

（4）打开“调整边缘”对话框，在其中设置“半径”为“38”，“对比度”为“5”，“平滑”为“32”，“羽化”为“68”，如图 3-65 所示。设置完成后单击确定按钮。

（5）按 Delete 键，删除选区中的图像，选择“选择|反向”命令反向选区。

（6）选择“编辑|描边”命令，在打开的“描边”对话框中设置“宽度”为“5px”，颜色为“蓝色”，单击确定按钮确定为选区描边，然后取消选区，最终效果如图 3-66 所示。

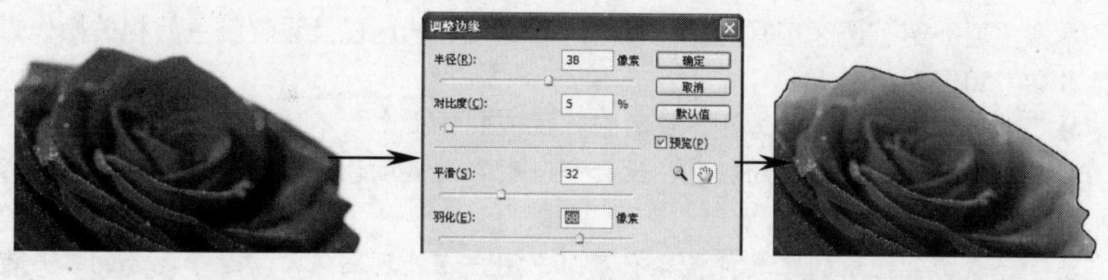

图 3-64　素材图像　　图 3-65　调整选区边缘　　图 3-66　柔化图像的效果图

3.5 练习与提高

（1）打开如图 3-67 所示的“镂空.jpg”图像（立体化教学:\实例素材\第 3 章\镂空.jpg）制作如图 3-68 所示的“镂空”图像（立体化教学:\源文件\第 3 章\镂空.jpg）。

提示：使用“色彩范围”对话框，选择图像空白区域；反选选区后执行收缩命令缩小选区，最后用白色填充图像。

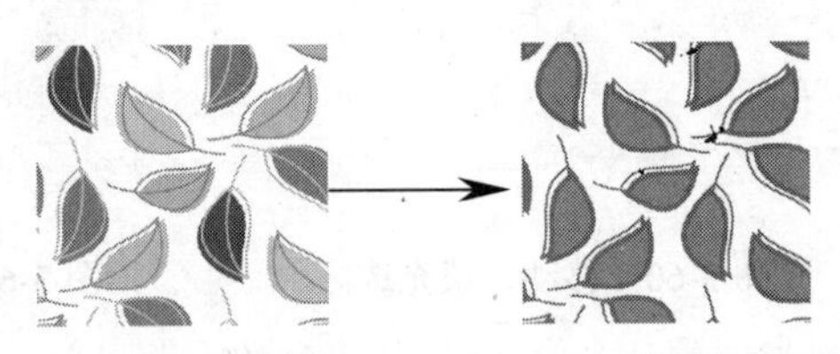
图 3-67 原图像　　图 3-68 处理后的效果

（2）打开如图 3-69 所示的“雪人.jpg”图像（立体化教学:\实例素材\第 3 章\雪人.jpg），为图像填充色彩，效果如图 3-70 所示（立体化教学:\源文件\第 3 章\雪人.jpg）。

提示：通过魔棒工具选取各个区域的图像后再填色。本练习可结合立体化教学中的视频演示进行学习（立体化教学:\视频演示\第 3 章\为“雪人”图像填充颜色.swf）。

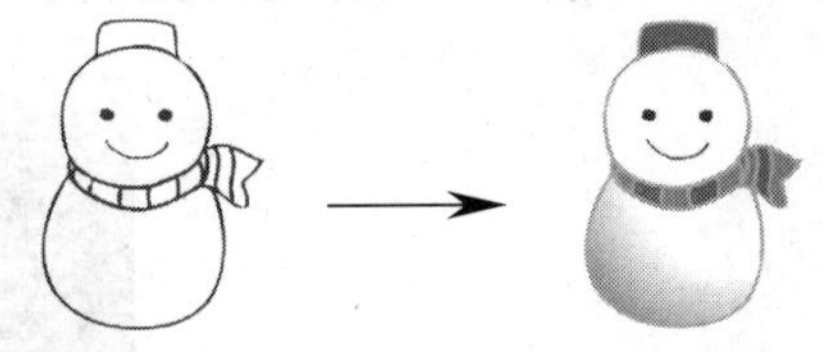
图 3-69 原图像　　图 3-70 填充效果

（3）打开“特写.jpg”（立体化教学:\实例素材\第 3 章\特写.jpg），对图像背景填充渐变色，效果如图 3-71 所示（立体化教学:\源文件\第 3 章\特写.jpg）。

提示：在渐变工具属性栏中设置“模式”为“正片叠底”，“不透明度”为“20%”。本练习可结合立体化教学中的视频演示进行学习（立体化教学:\视频演示\第 3 章\为“特写”图像填充渐变色.swf）。

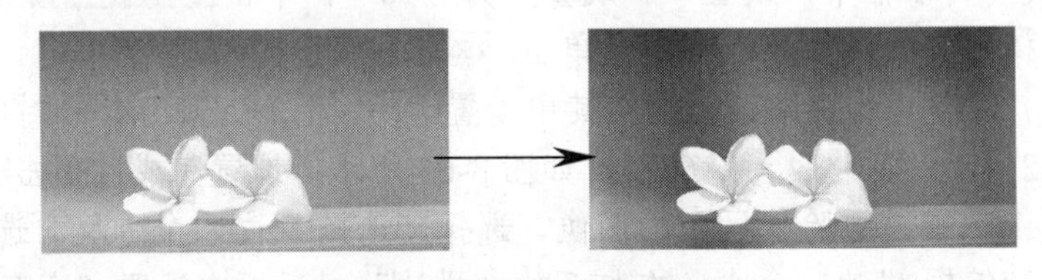
图 3-71 原图和效果图的对比

总结与选区、填充相关的操作方法

本章主要介绍了选区工具的操作，这里总结几点选区以及设置颜色的相关操作方法供读者参考和探索：

- 渐变是常使用到的工具，使用它往往能制作出意想不到的效果图像。
- 为了得到比较精确的颜色，设计师一般在设置颜色时都会在“拾色器”对话框中直接输入颜色值。
- 套索工具组中的工具特点各有不同，用户在处理图像时需选择适合的工具进行处理，以达到理想的效果。

第 4 章　编　辑　图　像

学习目标

☑ 学会移动、复制和删除图像的方法
☑ 使用裁剪工具编辑处理图像
☑ 使用抽出、液化、图案生成器和消失点图像编辑图像
☑ 使用图案生成器、抽出和图像的移动等方法编辑“西点店招贴”
☑ 综合利用图像的裁剪、选区的编辑和抽出、液化等方法编辑咖啡广告

目标任务&项目案例

移动图像　　　　粘贴图像　　　　制作产品包装盒

更换图像背景　　　　制作西点店招贴　　　　制作咖啡广告

在 Photoshop 中通过编辑图像能制作出精美的图像效果，制作上述实例主要用到了裁剪、自由变换和图像的移动等操作。本章将具体讲解图像的移动、复制、删除、变换、裁剪以及抽出、液化、图案生成器和消失点等修饰图像的方法。

4.1 移动、复制和删除图像

在使用 Photoshop 设计图像时，绝大部分操作是在编辑图像上，学会图像的编辑是学好 Photoshop 的关键和基础。在 Photoshop CS3 中对图像进行的编辑主要包括图像的移动、复制、删除、裁剪和修整图像等操作。下面将对它们的操作方法进行详细讲解。

4.1.1 移动图像

在编辑图像的过程中会经常移动图像。移动图像的操作非常简单，只需选择工具箱中的移动工具，然后在图像窗口中使用鼠标拖动需要移动的对象即可。如图 4-1 所示为移动前后的效果。在移动图像时按住 Shift 键不放，可以在水平、垂直和 45°方向上进行移动。

选择工具箱中的移动工具后，按“→”、“←”、“↑”和“↓”键可对图像在相应的方向上移动 1 个像素；如果按住 Shift 键不放，再按“→”、“←”、“↑”和“↓”键可对图像在相应的方向上移动 10 个像素。

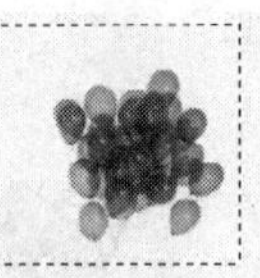

图 4-1　移动图像的前后对比效果

提示：

要将图像移动到其他图像窗口，只需将图像拖动到图标图像窗口即可。如果只是在同一图像窗口移动图像，那么原位置的图像将被删除，如果将图像移动到另外一个图像窗口，那么原位置的图像依然存在。

4.1.2 复制图像

如果图像中物体较少，需要物体填充图像时，可复制图像中相同的图像进行填充，在 Photoshop CS3 中复制图像主要有一般复制和贴入两种方式。

1. 一般复制

一般复制是将图像中选区内的物体直接进行复制，不作其他任何特殊操作，主要有以下几种方法：

- 选择工具箱中的移动工具，按住 Alt 键不放，用鼠标拖动要复制的图像到目标

位置即可，如图 4-2 所示。

- 选择工具箱中的移动工具，按住 Shift+Alt 组合键不放，用鼠标拖动要复制的图像，可以在水平、垂直和 45° 方向上复制图像。
- 在建立了选区的对象上选择“编辑|拷贝”命令或按 Ctrl+C 组合键，然后选择“编辑|粘贴”命令或按 Ctrl+V 组合键粘贴即可。

图 4-2 复制图像

2. 贴入复制

在两个图像之间进行复制时，不能使用一般复制操作。这时可使用贴入操作，贴入是将要粘贴的图像的内容粘贴到一个选区之中，选区以内的部分将被显示，选区以外的部分将被隐藏。其操作方法是：先复制要粘贴的图像，然后建立一个选区，再选择“编辑|贴入”命令即可将图像粘贴到选区内。

【例 4-1】 使用贴入制作相机屏幕中。

（1）打开“树叶.jpg”图像文件（立体化教学:\实例素材\第 4 章\树叶.jpg），按 Ctrl+A 组合键全选，如图 4-3 所示，选择“编辑|拷贝”命令。

（2）打开“相机.jpg”图像文件（立体化教学:\实例素材\第 4 章\相机.jpg），使用多边形框选工具建立选区，如图 4-4 所示。

图 4-3 选择图像

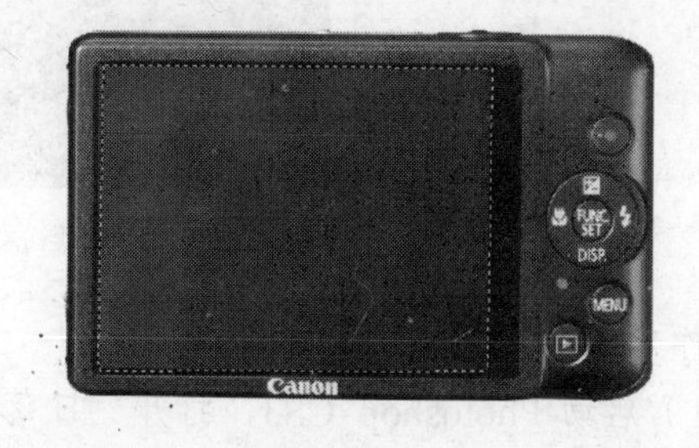

图 4-4 建立选区

（3）选择“编辑|贴入”命令，即可将图片粘贴到所建立的选区中，效果如图 4-5 所示。

提示：

此时可以使用移动工具移动粘贴后的图像，以调整被显示部分的位置。

图 4-5　贴入的效果

4.1.3　删除图像

当不需要图像中的图像时，可选择“编辑|清除”命令、按 Delete 键或选择“编辑|剪切”命令将当前选区中选中的图像内容删除，并且以白色进行填充。

提示：

“清除”命令与“剪切”命令的功能有所不同，“剪切”命令将图像删除后会将其放入剪贴板中，可供以后粘贴使用，而“清除”命令将图像删除后并不放入剪贴板中去，因此，不能进行粘贴操作。

4.1.4　应用举例——制作日落图像

使用椭圆框选工具，复制日落制作日落动态图，效果如图 4-6 所示（立体化教学:\源文件\第 4 章\日落.jpg）。

图 4-6　日落动态图像效果

操作步骤如下：

（1）启动 Photoshop CS3，打开“日落.jpg”图像（立体化教学:\实例素材\第 4 章\日落.jpg）。

（2）在工具箱中选择椭圆选区工具，在其工具属性栏中设置“羽化”值为“40px”，使用鼠标在图像的日落上绘制选区，如图 4-7 所示。

（3）在工具箱中选择移动工具，将鼠标移动到选区中，按 Alt 键的同时将图像向右上拖动，如图 4-8 所示。

（4）使用相同的方法复制图像，制作动态日落效果，按 Ctrl+D 组合键取消选区。最终效果如图 4-6 所示。

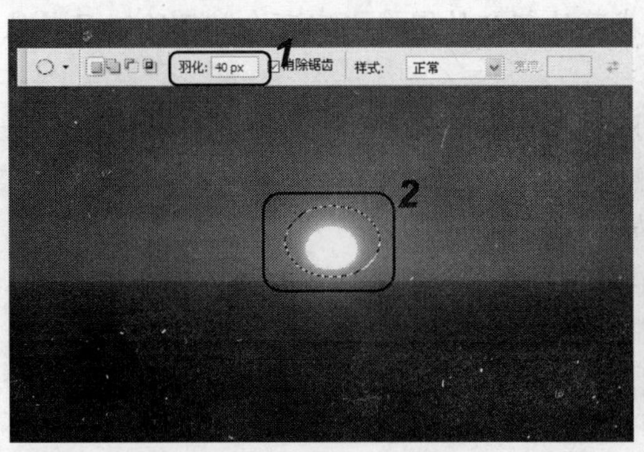

图 4-7　绘制选区

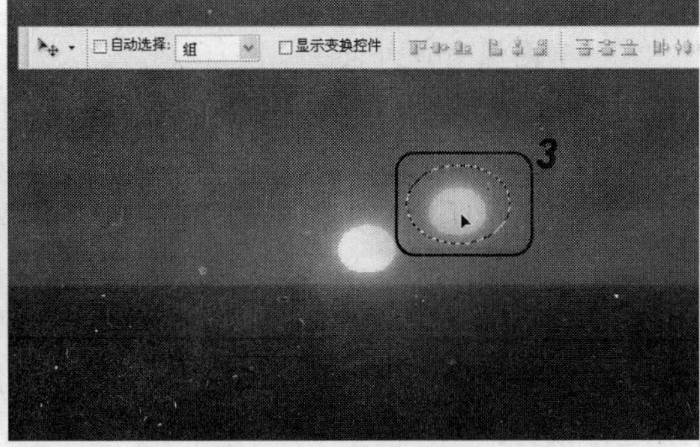

图 4-8　复制选区

4.2　裁剪和修整图像

当图像中出现了多余或无用的物体影响图像构图时，常需要将图像中的某部分图像裁剪成一个新的图像文件，此时可以使用工具箱中的裁剪和修整工具来实现。

4.2.1　裁剪图像

使用裁剪工具可以把图像中需要的部分保留下来，将其余部分裁剪掉。选择该工具后，工具属性栏如图 4-9 所示，其中各个参数的含义如下：

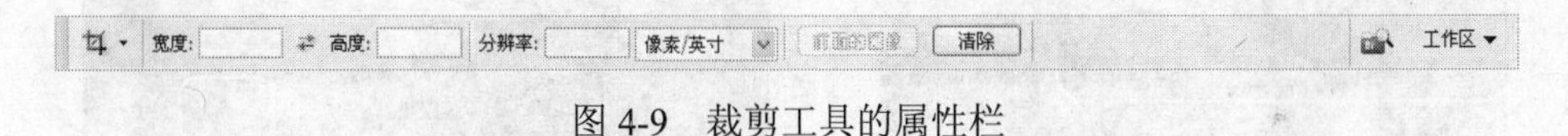

图 4-9　裁剪工具的属性栏

- **“宽度”、“高度”数值框**：用于设置裁剪后图像的宽度和高度。
- **“分辨率”数值框**：用于设置裁剪后图像的分辨率。
- 前面的图像**按钮**：单击该按钮，将设置“宽度”、“高度”和“分辨率”数值框的值作为当前图像的宽度、高度和分辨率值。
- 清除**按钮**：单击该按钮，可清除“宽度”、“高度”和“分辨率”数值框中的参数。

提示：

若不设置“宽度”、“高度”和“分辨率”的值，Photoshop 将在图像窗口中划出裁剪范围的“宽度”、“高度”作为裁剪后图像的宽度和高度，并使用当前图像文件的分辨率作为裁剪后图像的分辨率。

当选择好裁剪范围后，工具属性栏将变成如图 4-10 所示，其中各个参数的含义如下：

图 4-10　裁剪工具的属性栏

- 删除 **单选按钮**：选中该单选按钮，被裁剪的部分的图像内容将被删除。

- ⊙隐藏 **单选按钮**：选中该单选按钮，被裁剪的部分的图像内容不会被删除，只是处于图像窗口外面。
- ☑屏蔽 **单选按钮**：选中该复选框，将使用一种颜色把图像中将被裁剪掉的区域屏蔽。
- **“颜色”色块**：设置裁剪区域的屏蔽颜色。
- **“不透明度”数值框**：设置裁剪区域屏蔽颜色的透明度。
- ☑透视 **复选框**：该复选框只有选中⊙删除单选按钮时才可用。选中该复选框后，可以使用鼠标拖动裁剪范围 4 个角上的控制点，以实现对裁剪范围的任意拖动和变形。

当确定了裁剪范围后，在裁剪范围内双击鼠标、按 Enter 键或选择“图像|裁剪”命令即可进行裁剪。

【例 4-2】 裁剪“桃花.jpg”图像并调整其透视感。

操作步骤如下：

（1）打开“桃花.jpg” 图像（立体化教学:\实例素材\第 4 章\桃花.jpg）。在工具箱中选择裁剪工具，在图像窗口中拖动鼠标，绘制出裁剪范围，如图 4-11 所示。

（2）在其工具属性栏中选中☑透视复选框，然后拖动裁剪区域右下角上的控制点向下拖动，对裁剪范围进行变形，如图 4-12 所示。

图 4-11　绘制裁剪范围

图 4-12　对裁剪范围进行变形

（3）按 Enter 键，确认裁剪，裁剪效果如图 4-13 所示。

图 4-13　裁剪后的效果

4.2.2　使用“修整”命令

除了使用裁剪工具裁剪图像外，用户还可使用修整命令在不创建选取范围的情况下对图像进行修改。其方法是：选择“图像|裁剪”命令，在如图 4-14 所示的对话框中进行设置。其中各项参数含义如下：

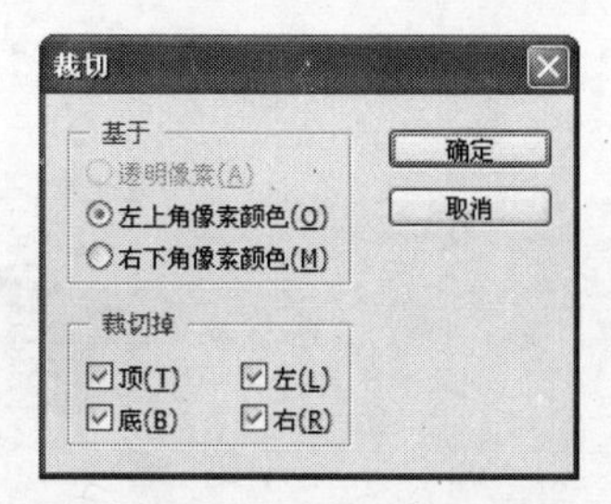

图 4-14　“裁切”对话框

- ◎透明像素(A) **单选按钮**：当图层有透明区域时，此单选按钮才可用。选中此单选按钮，将裁剪掉图像中的透明区域仅保留最小透明像素。
- ◎左上角像素颜色(O)、◎右下角像素颜色(M) **单选按钮**：用于清除图像带有的杂边。
- **“裁切掉”栏**：在该栏中有 4 个复选框，分别用于设置修剪的区域位置。

4.2.3　变换图像

若对图像中的角度不满意，可变换图像。变换图像是指对图像进行缩放、旋转、扭曲、斜切和透视等操作，在“编辑”菜单下有“自由变换”和“变换”两个命令。选择“编辑|自由变换”命令，在图层或选区上会显示一个带有 8 个控制点的矩形框，如图 4-15 所示。下面分别介绍变换图像的具体方法：

- **缩放图像**：使用鼠标拖动 8 个控制点可以对图像进行缩放操作，此方法和选择“编辑|变换|缩放”命令的效果相同，如图 4-16 所示。

图 4-15　自由变换

图 4-16　缩放变换

提示：

在进行缩放变换时按住 Shift 键不放，并拖动 4 个角上的控制点可以等比例缩放图像。

- **旋转图像**：将鼠标移动到矩形框外面，当鼠标指针变为↰形状时，按住鼠标左键不放并拖动，可以旋转图像，它与选择“编辑|变换|旋转”命令的效果相同，如图 4-17 所示。
- **斜切图像**：按住 Ctrl+Alt 组合键，拖动控制点或边可以对图像进行斜切操作，它与选择“编辑|变换|斜切”命令的效果相同，如图 4-18 所示。

图 4-17　旋转变换

图 4-18　斜切变换

- **扭曲图像**：按住 Ctrl 键，拖动 4 个角上的控制点可以对图像进行扭曲操作，它与选择“编辑|变换|扭曲”命令的效果相同，如图 4-19 所示。
- **透视图像**：按住 Shift+Ctrl+Alt 组合键，拖动 4 个角上的控制点可以对图像进行透视操作，它与选择“编辑|变换|透视”命令的效果相同，如图 4-20 所示。

图 4-19　扭曲变换

图 4-20　透视变换

技巧：

选择“编辑|变换|变形”命令，可制作出很多图像效果。

4.2.4　应用举例——制作产品包装盒

制作如图 4-21 所示的产品包装盒（立体化教学:\源文件\第 4 章\包装.psd）。使用自由变换和变换对包装盒的封顶和侧面进行变形，制作出包装盒的立体效果。

图 4-21　包装盒

操作步骤如下：

（1）选择“文件|新建”命令，新建一个 1000×800 像素、分辨率为 72 的图像，并将图像命名为“包装”。

（2）打开“包装正面.psd”图像（立体化教学:\实例素材\第 4 章\包装正面.psd），在工具箱中选择选择工具，使用鼠标将“包装正面”图像拖动到新建的“包装”图像中，如图 4-22 所示。

（3）打开“包装侧面.psd”（立体化教学:\实例素材\第 4 章\包装侧面.psd），在工具箱中选择选择工具，使用鼠标将其拖动到“包装”图像中。选择“编辑|变换|斜切”命令，将右上方和右下方控制点向上拖动，如图 4-23 所示。

图 4-22　移动图像

图 4-23　使用斜切命令

（4）选择“编辑|变换|扭曲”命令，使用鼠标拖动图像右边中间的控制点向左拖动，如图 4-24 所示，按 Enter 键确定变换。

（5）打开“包装封顶.psd”图像（立体化教学:\实例素材\第 4 章\包装封顶.psd），使用选择工具将其移动到“包装”图像中。按 Ctrl+T 组合键，对图像进行自由变换，按住 Ctrl 键不放，鼠标拖动控制点，如图 4-25 所示，双击鼠标应用变换。

图 4-24　使用扭曲命令

图 4-25　自由变换图像

4.3 图像的高级编辑

除了前面讲解编辑图像的方法外，Photoshop CS3 还自带了抽出、液化、图案生成器和消失点 4 个具有特殊功能的图像编辑工具。其中抽出能够非常方便地清除图像背景；液化可以对图像进行液化变形；图案生成器可以生成各种变化样式的拼贴图案；消失点可在图像中制作透视，下面分别对它们进行讲解。

4.3.1 图像的抽出

使用“抽出”命令可以方便地选择并清除图像的背景，从而达到选取图像的目的。其使用方法是：选择“滤镜|抽出”命令，将打开如图 4-26 所示的“抽出”对话框。其常用参数含义如下：

图 4-26　“抽出”对话框

- **边缘高光器工具**：用于勾画出需要抽出图像的边缘。
- **填充工具**：用于填充边缘高光器工具绘制出的闭合区域。
- **橡皮擦工具**：用于对选择有误的区域进行擦除。
- **缩放工具**：用于对图片进行放大和缩小操作。
- **抓手工具**：用于对图片进行移动，使用方法与工具箱中同类工具使用方法相同。
- **“工具选项”栏**：用于设置画笔的大小和颜色以及填充的颜色。若选中☑智能高光显示复选框，在描绘图像的时候，Photoshop 将自动赋予笔触大小。
- **“抽出”栏**：用于调整抽出图像后图像的平滑度。
- **“预览”栏**：在“显示”下拉列表框中可设置抽出图像外区域的显示方式，选中

☑显示高光和☑显示填充复选框，可以显示加亮边界及填充颜色。

选择对话框左边的边缘高光器工具，在预览框中沿着选择图像的边缘进行勾画，并回到起点处，使其成为一个封闭区域，再选择对话框中左边的填充工具，然后在图像窗口中勾画好的图像上单击，将其填充，如图 4-27 所示。单击确定按钮，即可得到图像的抽出效果，如图 4-28 所示，从中可以看出抽出后的图像背景为透明区域。

图 4-27　勾画需要抽出图像的范围

图 4-28　抽出后的图像

4.3.2　图像的液化

若用户想制作出扭曲效果，可使用 Photoshop 的“液化”命令，根据需要对图像进行液化变形。其方法是：打开需要液化变形的图像文件或选取需要液化的部分图像，选择“滤镜|液化”命令，打开“液化”对话框。

在该对话框的左侧包含 12 个液化工具，各液化工具的含义如下：

- **向前变形工具**：使用该工具对图像进行涂抹，可以使图像产生位移效果。
- **重建工具**：使用该工具在液化变形后的图像上进行涂抹，可以将图中的变形效果还原成原图像效果。
- **顺时针工具**：使用该工具对图像进行涂抹，可产生图像的旋转效果。
- **褶皱器工具**：使用该工具对图像进行涂抹，可使图像产生向内压缩变形的效果。
- **膨胀工具**：使用该工具对图像进行涂抹，可使图像产生向外膨胀放大的效果。
- **转换像素工具**：使用该工具对图像进行涂抹，可以使图像中的像素发生位移变形效果。
- **镜像工具**：使用该工具对图像进行涂抹，可以使图像中的图形产生复制并推挤变形的效果。
- **湍流工具**：使用该工具对图像进行涂抹，可以产生波纹效果。
- **蒙版工具**：使用该工具对图像进行涂抹，可以将图像中不需要变形的部分保护起来，这样被保护的部分将不会受到变形处理的影响。

- **解冻蒙版工具**：使用该工具可以解冻图像中的冻结部分。
- **抓手工具**：使用谝工具可以移动放大后的图像。
- **缩放工具**：使用该工具可以缩放图像。

提示：

在进行液化变形时，可单击 重建(U) 按钮来撤销最近一次变形操作，单击 恢复全部(A) 按钮可以将图像还原成未编辑的状态。

【例 4-3】 使用“液化”命令，将“苹果”图像中苹果制作出融化的效果（立体化教学:\源文件\第 4 章\苹果.jpg）。

（1）打开“苹果.jpg”图像（立体化教学:\实例素材\第 4 章\苹果.jpg）。

（2）选择“滤镜|液化”命令，在打开的“液化”对话框中单击按钮，在“工具选项”栏中设置“画笔大小”值为“330”，将鼠标光标移动到苹果下方，按住鼠标左键不放拖动鼠标进行绘制，如图 4-29 所示。

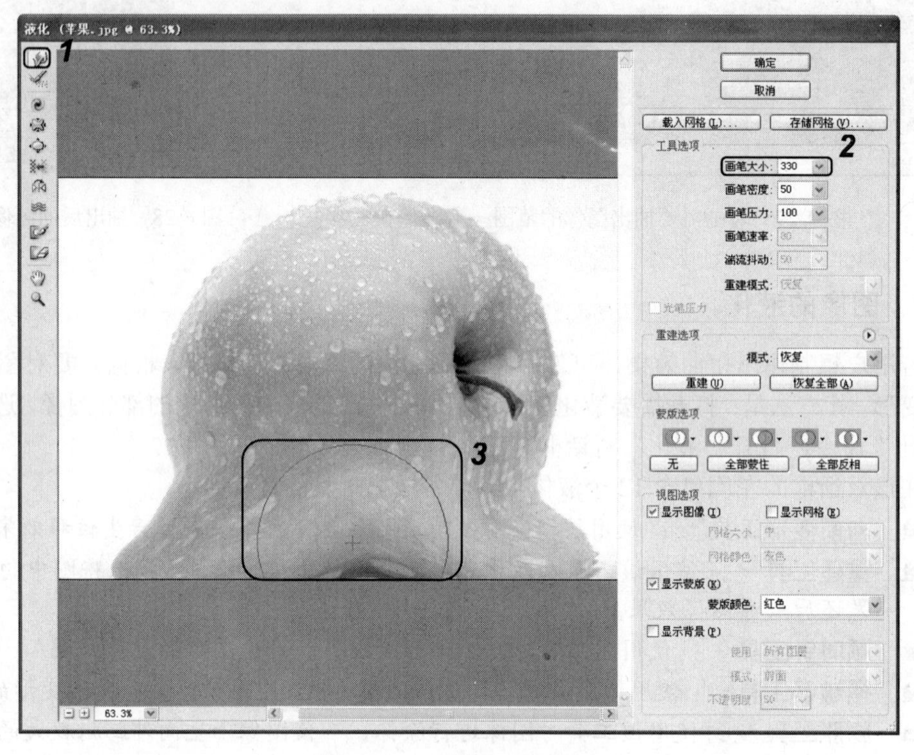

图 4-29 “液化”对话框

（3）在“液化”对话框中，设置“画笔大小”值为“145”，将鼠标光标移动到苹果下方，按住鼠标左键不放拖动鼠标进行细节优化绘制。完成后单击 确定 按钮完成操作，效果如图 4-30 所示。

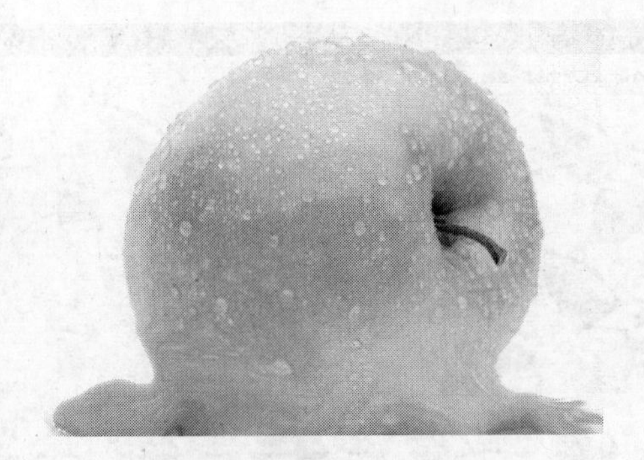

图 4-30 最终效果

4.3.3 图案制作

在实际操作中，用户也可以自行创作一些填充图案，此时可使用图案生成器制作图案，图案生成器可以根据图像中的图像生成各种变化样式拼贴图案。其使用方法是：选择“滤镜|图案生成器”命令，打开“图案生成器”对话框。在对话框中选择左侧的矩形选框工具，在预览框中拖动鼠标框选需要生成图案的部分，如图 4-31 所示。

单击 生成 按钮，即可生成图案，效果如图 4-32 所示。同时， 生成 按钮变成 再次生成 按钮。单击 再次生成 按钮，生成其他变化图案，连续单击该按钮还可以产生其他图案，直到得到满意的图案为止。当得到所需的拼贴图案后，单击 确定 按钮即可将图像文件转化成生成的图案文件。

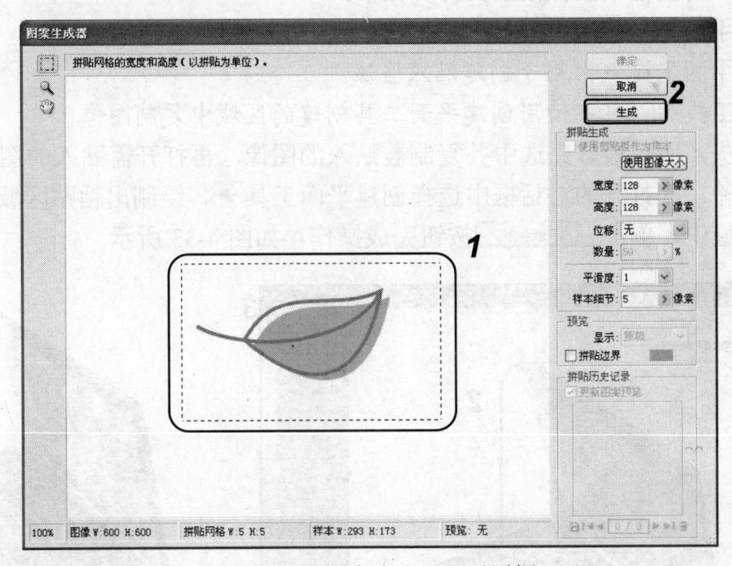

图 4-31 “图案生成器”对话框

提示：

如果需要重新获取用于生成图案的图像，在对话框右侧的“显示”下拉列表框中选择“原稿”选项，再用矩形选框工具选取图像后，单击 再次生成 按钮，即可生成一种变化图案。

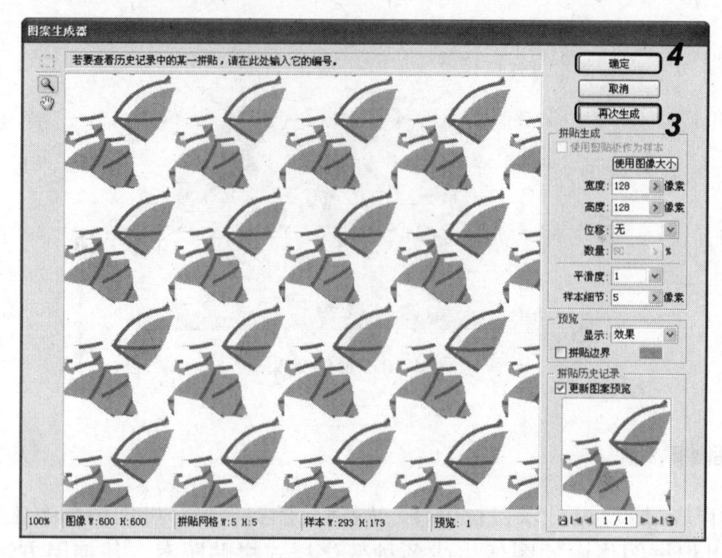

图 4-32　生成的图案

4.3.4　消失点

将一个图像贴入另一个图像时，有时会出现透视关系不正确的情况。为避免这样的情况出现，用户可使用消失点对贴入的图像进行调整，使其更加真实。其方法是：打开需要贴入的图像，选择"滤镜|消失点"命令，在打开的"消失点"对话框中进行设置。

"消失点"对话框中，各项工具含义如下：

- **编辑平面工具**：用于编辑、调整贴入区域的大小、位置。
- **创建平面工具**：用于创建贴入区域。
- **选框工具**：可在使用创建平面工具创建的区域中复制图像。

在使用消失点时，最好先选中并复制被贴入的图像，再打开需贴入的图像，选择"滤镜|消失点"命令，在打开的对话框中选择创建平面工具，绘制出粘贴区域后，将复制的图像粘贴到区域中，单击 确定 按钮完成操作，如图 4-33 所示。

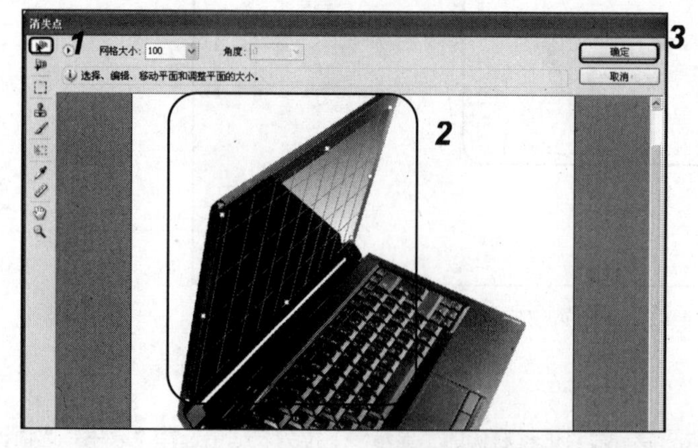

图 4-33　使用消失点处理后的图像

4.3.5　应用举例——更换照片背景

去除足球图像的背景，将其与风车图像合成为一张完整的图片，其最终效果如图 4-34 所示（立体化教学:\源文件\第 4 章\风车.psd）。

图 4-34　更换照片背景

操作步骤如下：

（1）打开“足球.jpg”图像（立体化教学:\实例素材\第 4 章\足球.jpg），选择“滤镜|抽出”命令，打开“抽出”对话框。

（2）选择对话框左边的边缘高光器工具，设置“画笔大小”值为“40”。在预览框中沿着足球图像周围进行勾画，并回到起点处，使其成为一个封闭区域。再选择对话框中左侧的填充工具，然后在图像窗口中勾画好的图像上单击，将其填充，如图 4-35 所示。单击 确定 按钮，即可得到图像的抽出效果，如图 4-36 所示。

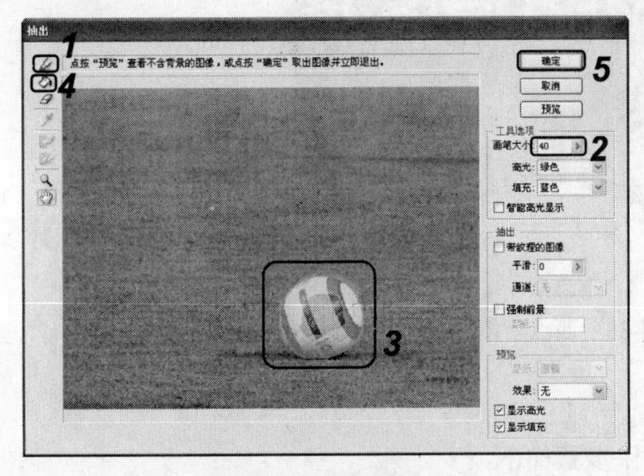

图 4-35　抽出图像

图 4-36　抽出的图像效果

（3）打开“风车.jpg”图像（立体化教学:\实例素材\第 4 章\风车.jpg），然后选择工具箱中的移动工具，将足球图像拖动到风车图像中，如图 4-37 所示。

（4）按 Ctrl+T 组合键，对足球图像进行自由变换，双击鼠标应用变换，完成操作。

图 4-37　移动足球图像到风车图像中

4.4　上机及项目实训

4.4.1　制作西点店招贴

本例将制作西点店招贴，其最终效果如图 4-38 所示（立体化教学:\源文件\第 4 章\背景.psd）。在这个练习中将使用图案生成器制作背景图像，然后打开各个西点图像，再使用抽出功能去掉每个西点图像的背景，然后将他们复制到背景图像中，使用自由变换工具改变每一个图像的大小，最后添加文字即可。通过本练习进一步熟悉使用图案生成器、抽出滤镜的方法。

图 4-38　西点店招贴

1. 制作背景图像

使用图案生成器制作背景图像，操作步骤如下：

（1）打开“背景.jpg”图像（立体化教学:\实例素材\第 4 章\背景.jpg），然后选择“滤镜|图案生成器”命令，打开“图案生成器”对话框。

（2）使用矩形选框工具 在图像中绘制一个区域作为样本，并在“位移”下拉列表框中选择“垂直”选项，其他选项保持不变，如图 4-39 所示。

图 4-39　“图案生成器”对话框

（3）单击生成按钮生成图案，若不满意，可单击再次生成按钮重新生成背景直到满意为止。单击确定按钮，如图 4-40 所示。

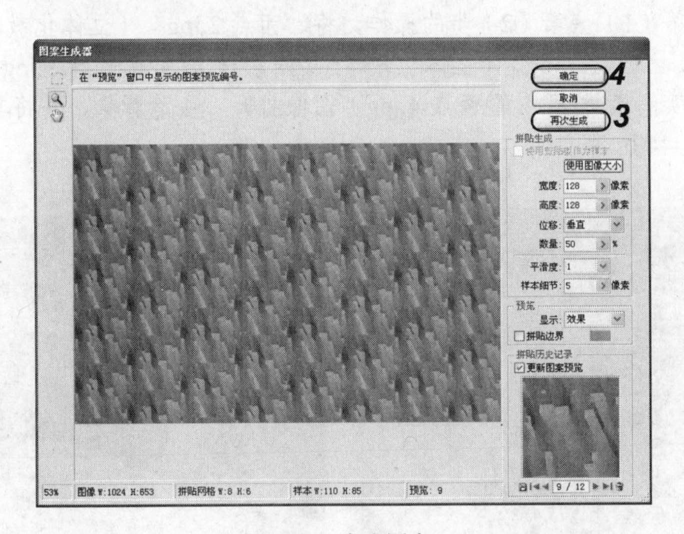

图 4-40　生成图案

（4）选择“图像|图像大小”命令，打开“图像大小”对话框，取消选中□约束比例(C)复选框，在“宽度”文本框中输入“500”，在“高度”文本框中输入“300”，如图 4-41 所示，单击确定按钮改变图像的大小。

2．处理图像

使用抽出处理，操作步骤如下：

（1）打开“西点 1.jpg”文件（立体化教学:\实例素材\第 4 章\西点 1.jpg），选择“滤镜|抽出”命令，打开“抽出”对话框，选择边缘高光器工具，沿蛋糕的边缘描绘一圈，再选择填充工具，在蛋糕中间单击，如图 4-42 所示，单击确定按钮，将图像抠出。

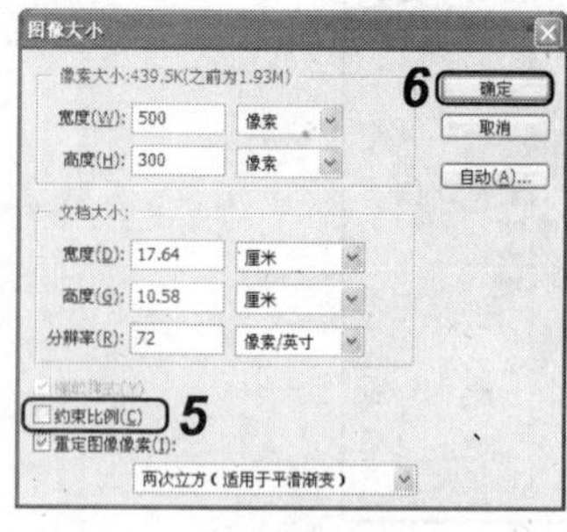

图 4-41　修改图像大小

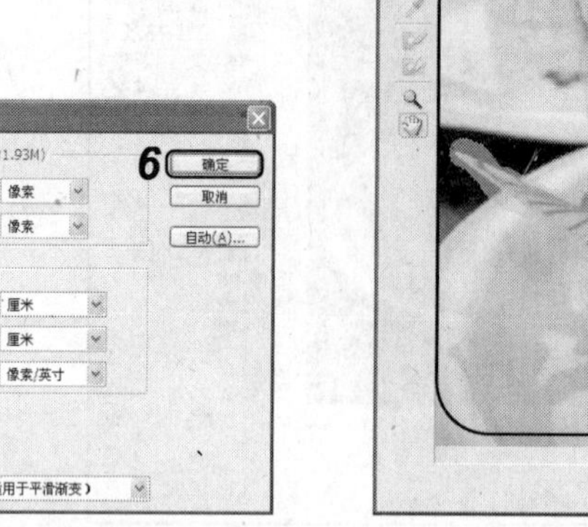

图 4-42　抽出图像

（2）选择工具箱中的移动工具将“西点 1”图像移动到“背景”图像窗口中，按 Ctrl+T 组合键，对“西点 1”进行自由变换，效果如图 4-43 所示。

（3）重复第（1）～第（2）步的操作，将“西点 2.jpg”（立体化教学:\实例素材\第 4 章\西点 2.jpg）、“西点 3.jpg”（立体化教学:\实例素材\第 4 章\西点 3.jpg）、“西点 4.jpg”（立体化教学:\实例素材\第 4 章\西点 4.jpg）图像打开，去除背景，并将其移动到“背景”图像中，如图 4-44 所示。

图 4-43　调整图像大小

图 4-44　加入其他图像

（4）打开“标题.psd”图像（立体化教学:\实例素材\第 4 章\标题.psd），选择工具箱中的移动工具将标题图像移动到“背景”图像窗口中，并调整其位置。

4.4.2　制作咖啡广告

综合利用本章和前面所学知识，制作如图 4-45 所示（立体化教学:\源文件\第 4 章\咖啡.psd）的咖啡广告。本例将用到抽出、液化以及对图像填充颜色等知识，通过本练习用户可更加熟练地掌握液化和填充颜色的操作。

图 4-45　咖啡广告效果

本练习可结合立体化教学中的视频演示进行学习（立体化教学:\视频演示\第 4 章\制作咖啡广告.swf）。主要操作步骤如下：

（1）打开“咖啡.jpg”图像（立体化教学:\实例素材\第 4 章\咖啡.jpg），在工具箱中选择矩形框选工具。使用鼠标在图像中绘制一个矩形选区，如图 4-46 所示。

（2）将前景色设置为黑色，选择“选择|反向”命令，反选选区。按 Alt+Delete 组合键填充选区，按 Ctrl+D 组合键取消选区。

（3）打开“咖啡杯.jpg”图像（立体化教学:\实例素材\第 4 章\咖啡杯.jpg），选择“滤镜|抽出”命令，将咖啡杯的背景删除，并使用移动工具将其移动到“咖啡”图像中。

（4）选择“滤镜|液化”命令，在打开的“液化”对话框中单击按钮，将鼠标移动到图像茶杯水面上进行涂抹。再单击按钮，在咖啡水面上顺时针画圆制作出咖啡旋转的动态效果，如图 4-47 所示，单击确定按钮。

（5）选择“文件|置入”命令，将“宣传语.psd”图像（立体化教学:\实例素材\第 4 章\宣传语.psd）置入到“咖啡”图像中。使用移动工具调整其位置，按 Enter 键确定，最终效果如图 4-48 所示。

图 4-46　建立选区　　图 4-47　使用“液化”命令　　图 4-48　置入图像后的效果图

4.5　练习与提高

（1）打开“时钟.jpg”图像（立体化教学:\实例素材\第 4 章\时钟.jpg），如图 4-49 所示。制作出如图 4-50 所示的图像（立体化教学:\源文件\第 4 章\时钟.psd）。

提示：使用椭圆选区、多边形套索工具在“柠檬.jpg”（立体化教学:\实例素材\第 4 章\柠檬.jpg）图像中选择柠檬片和柠檬叶，将其缩小并移动到“时钟”图像中进行复制操作。本练习可结合立体化教学中的视频演示进行学习（立体化教学:\视频演示\第 4 章\制作“时钟”图像.swf）

图 4-49　原始图像

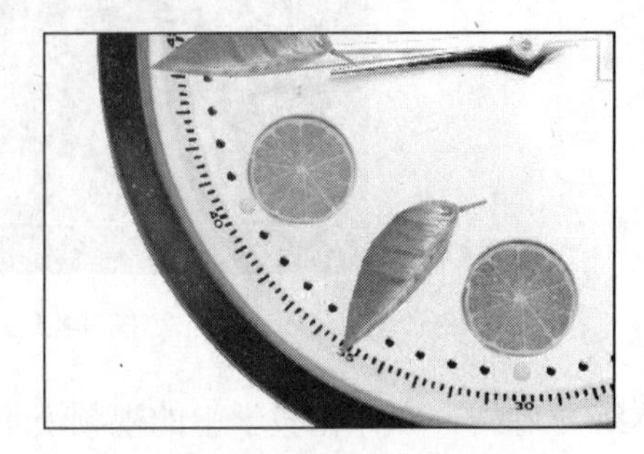

图 4-50　制作后的效果图

（2）打开“星空.jpg”图像（立体化教学:\源文件\第 4 章\星空.jpg），如图 4-51 所示。在其中制作一个星云效果如图 4-52 所示（立体化教学:\实例素材\第 4 章\星空.jpg）。

提示：使用液化，在“液化”对话框中选择顺时针旋转扭曲工具。本练习可结合立体化教学中的视频演示进行学习（立体化教学:\视频演示\第 4 章\为“星空”图像添加液化效果.swf）。

图 4-51　原始图像

图 4-52　制作后的效果图

总结图像调整以及裁剪的技巧

本章主要介绍了图像的调整、裁剪、液化、抽出以及图像生成器的操作使用方法，这里总结以下几点供读者参考和探索：

- 合理利用裁剪工具能帮助用户创作出构图精巧的作品。
- 在图像的上方和下方添加纯色填充色块，可使阅览者的视觉中心移动到图像中，从而达到突出主题效果的作用。
- 使用液化能制作出许多有趣的效果，例如简单的融化效果、搅动液体的效果等。但液化效果比较消耗资源，需小心使用。
- 使用抽出滤镜，可以很方便地去除掉半透明中的背景，例如去掉玻璃杯图像中的背景。

第 5 章　绘制和修饰图像

学习目标

☑ 使用线条、椭圆、矩形和多边形等工具绘制多种形状的图形
☑ 使用形状、铅笔、修复、橡皮擦、历史记录等绘制和修饰工具
☑ 使用形状工具和椭圆工具等绘制生日卡
☑ 使用画笔工具、历史记录画笔工具、减淡工具绘制“秋天”风景画
☑ 使用直线工具、椭圆工具、自定义形状工具和画笔工具绘制“饮料屋”POP 广告
☑ 综合利用海绵工具、加深工具和仿制图章工具等调整图像阴影

目标任务&项目案例

友情卡

使用仿制图章工具

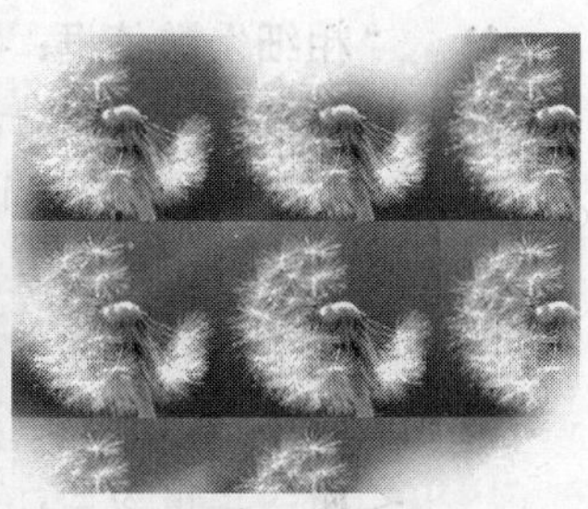

使用图案图章工具

绘制“秋天”风景画

绘制“饮料屋”POP 广告

调整图像阴影

在 Photoshop 中绘制图像是进行图像处理时经常用到的操作，制作上述实例主要用到了绘图工具、修饰工具和形状工具。本章将具体讲解使用画笔和铅笔工具、修复工具组、仿制图章和图案图章工具、橡皮擦工具组、历史记录画笔工具组、形状工具组、模糊、锐化和涂抹工具以及减淡、加深和海绵工具来绘制和修饰图像的方法。

5.1 绘制各种形状图形

在制作图像时，有时需要自行绘制形状图形以美化图像。在 Photoshop 中可绘制直线、箭头、椭圆、矩形、多边形和自定义图形等，下面将对它们的绘制方法进行讲解。

5.1.1 绘制各种线条及箭头图形

用户若要绘制线条，只需选择工具箱中的直线工具，再将鼠标移动到图形中拖动即可绘制直线。选择直线工具后，其工具属性栏如图 5-1 所示。

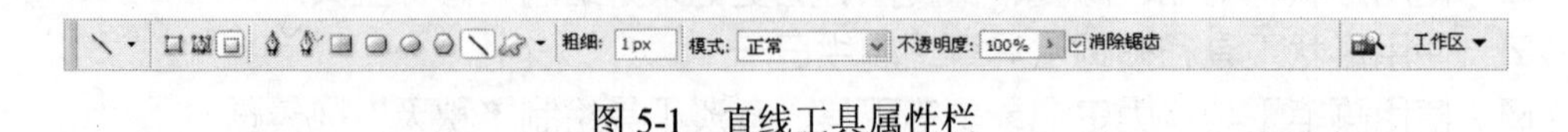

图 5-1 直线工具属性栏

直线工具属性栏中各参数含义如下：

- **按钮**：单击按钮可以创建图形图层；单击按钮可以创建工作路径；单击按钮可以创建填充区域，并以填充了前景色的形状图形显示。图层和路径的相关知识将在第 7 章和第 8 章中进行讲解。
- **“粗细”数值框**：用于设置直线的粗细值。
- **扩展按钮**：单击该按钮，打开用于设置添加箭头形状的设置框，如图 5-2 所示。选中☑起点复选框则绘制的直线起始点有箭头；选中☑终点复选框则绘制的直线终点有箭头；两个复选框都选中则绘制的直线两端都有箭头。“宽度”数值框用于设置箭头的宽度与直线宽度的比率；“长度”数值框用于设置箭头长度与直线宽度的比率；“凹度”数值框用于设置箭头最宽处的弯曲程度，其取值在-50%～50%之间，正值为凹，负值为凸。

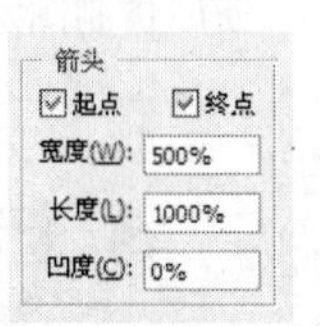

图 5-2 设置框

技巧：

在使用直线工具绘制图形时，按住 Shift 键不放可以绘制出水平、垂直或 45° 方向的直线。

【例 5-1】 在“钢琴.jpg”图像中，使用直线工具绘制一个宽度为 5 像素的双箭头。

（1）打开“钢琴.jpg”图像（立体化教学:\源文件\第 5 章\钢琴.jpg）。在工具箱中选择直线工具，在其工具属性栏中单击自定义形状工具旁的按钮，在弹出的设置框中选中☑起点和☑终点复选框，在“粗细”数值框中输入“10px”，如图 5-3 所示。

（2）将鼠标光标移动到图像中间位置的下方，按住鼠标左键不放向上拖动绘制双箭头，如图 5-4 所示。

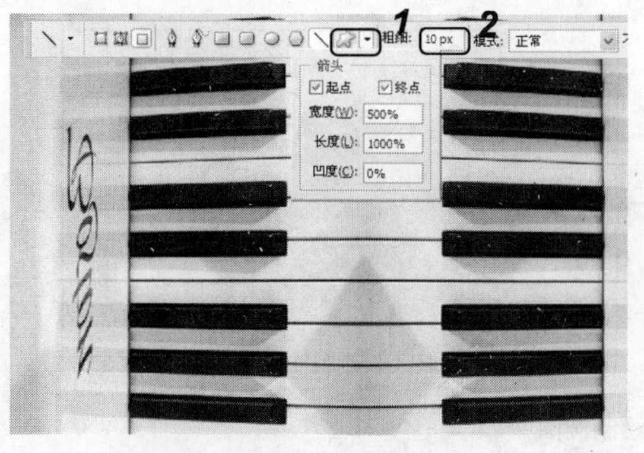

图 5-3 设置直线工具属性栏

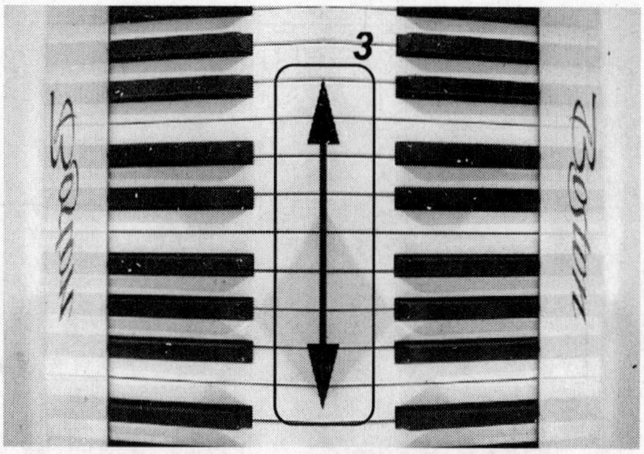

图 5-4 绘制双箭头

5.1.2 绘制椭圆和矩形图形

椭圆和矩形图形也是制图中经常会使用到的设计元素，下面将对它们的绘制方法进行详细讲解。

1．绘制椭圆

要绘制椭圆，可选择工具箱中的椭圆工具，在工具属性栏上单击形状切换工具图标右侧的扩展按钮，弹出如图 5-5 所示的设置框。

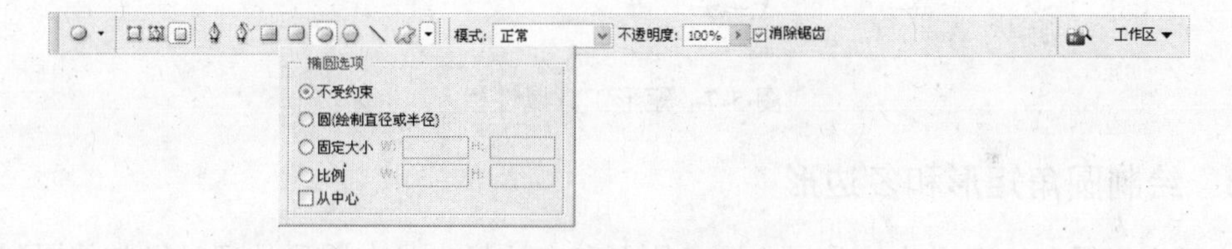

图 5-5 椭圆工具属性栏

其工具属性栏中各项参数含义如下：

- 不受约束 **单选按钮**：该单选按钮为系统的默认设置，用于绘制尺寸不受限制的矩形。
- 圆(绘制直径或半径) **单选按钮**：选中该单选按钮，可以绘制正圆形图形。
- 固定大小 **单选按钮**：选中该单选按钮，可以绘制固定尺寸的矩形，其右侧的“W”、“H”文本框分别用于输入矩形的宽度和高度。
- 比例 **单选按钮**：选中该单选按钮，可以绘制固定宽、高比的矩形，其右侧的“W”、“H”文本框分别用于输入矩形的宽度与高度之间的比值。
- 从中心 **复选框**：选中该复选框，在绘制矩形时可以从图形的中心开始绘制。

绘制椭圆的方法是：只需在工具箱中选择椭圆工具，在工具属性栏设置各参数，然后将鼠标光标移动到图像上拖动鼠标即可绘制椭圆，如图 5-6 所示。

技巧：

在使用椭圆工具绘制图形时，按住 Shift 键可以绘制正圆。

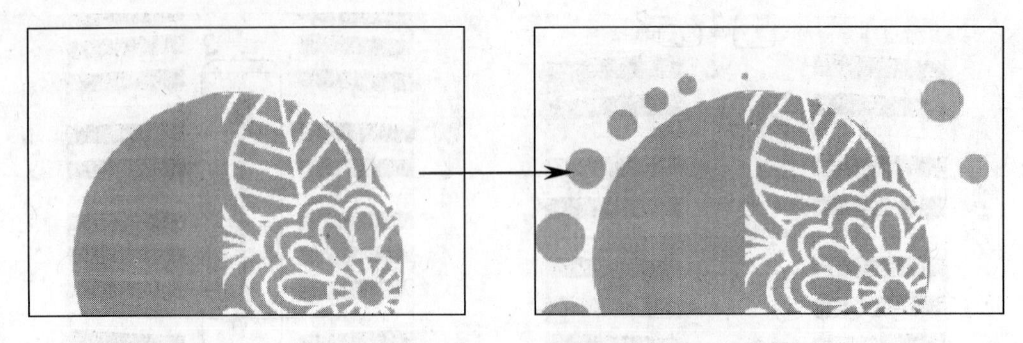

图 5-6　绘制椭圆

2．绘制矩形

绘制矩形的方法和绘制椭圆的方法基本相同。其方法是：选择工具箱中的矩形工具，在其工具属性栏上单击形状切换工具图标右侧的扩展按钮▾，弹出如图 5-7 所示的设置框，各项参数含义与椭圆工具的参数含义相同。其中，选中⊙方形单选按钮，可以绘制正方形；选中☑对齐像素复选框，在绘制矩形时可以使矩形边靠近像素边缘。

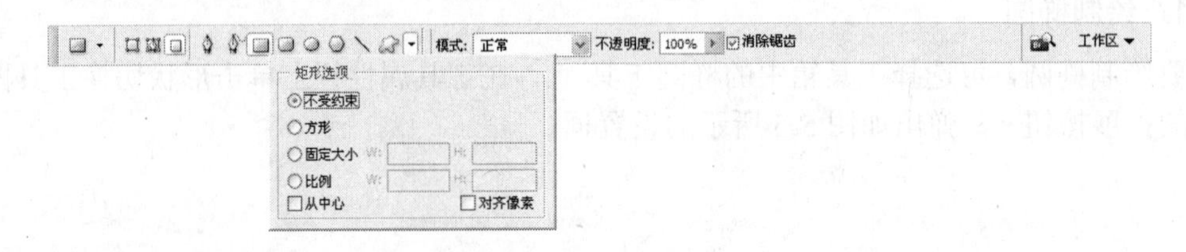

图 5-7　矩形工具属性栏

5.1.3　绘制圆角矩形和多边形

为了产生柔和、多元化的效果，圆角矩形和多边形也是在图形处理时经常使用到的设计元素，下面将分别对其绘制方法进行介绍。

1．绘制圆角矩形

选择工具箱中的圆角矩形工具，其工具属性栏如图 5-8 所示。该工具属性栏与矩形属性栏工具的基本相同，仅多了“半径”文本框，该文本框可以设置圆角矩形的 4 个角的圆弧半径。输入的数值越小，4 个角越尖锐；输入的数值越大，4 个角越圆滑。单击形状切换工具图标扩展按钮▾，弹出圆角矩形设置框，其中的各参数与矩形工具设置框中的相关参数含义相同。

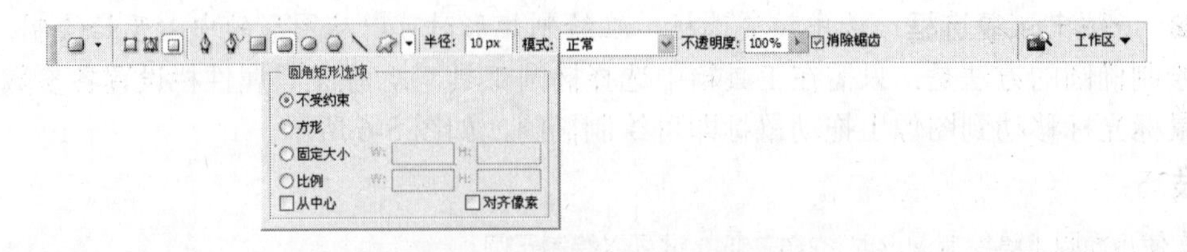

图 5-8　圆角矩形工具属性栏

2. 绘制多边形

选择工具箱中的多边形工具，单击工具属性栏中形状切换工具图标右侧的扩展按钮▾，弹出多边形选项设置框，如图 5-9 所示。其中的“边”文本框用于设置多边形的边数。

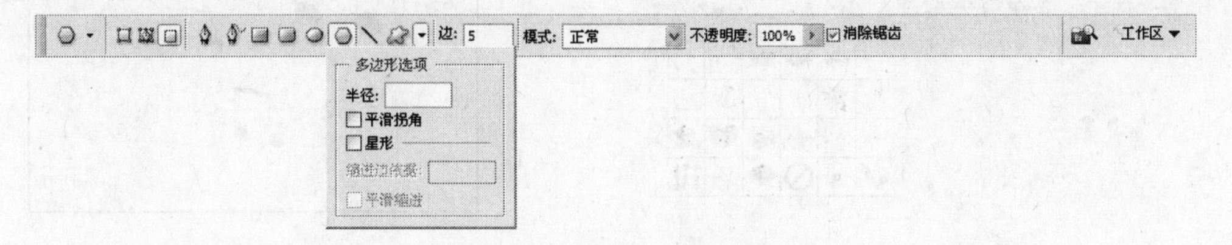

图 5-9　多边形工具属性栏

多边形工具属性栏中各项参数含义如下：

- **“半径”数值框**：可以设置多边形的中心到各顶点的距离，即确定多边形的大小。
- **☑平滑拐角复选框**：选中该复选框，可以使多边形各边之间实现平滑过渡。
- **☑星形复选框**：选中该复选框，可以绘制星形图形，下方的选项将变为可用状态。
- **“缩进边依据”数值框**：可以使多边形的各边向内凹进，形成星形图形。
- **☑平滑缩进复选框**：选中该复选框，可以使圆形凹陷代替尖锐凹陷。

5.1.4　绘制自定义形状图形

为了绘图的方便，Photoshop 还为用户提供了多个预置的图形。若想使用 Photoshop 提供的图形，用户只需选择工具箱中的自定义形状工具，再单击形状切换工具图标右侧的扩展按钮▾，弹出如图 5-10 所示设置框。其中，⊙定义的比例单选按钮用于限制自定义图形的比例，但大小可改变；⊙定义的大小单选按钮用于限制自定义图形的尺寸大小。

单击“形状”下拉列表框右侧的▾按钮，弹出下拉列表框，该列表框中预置了一些较常用的图形，用户可根据需要进行选择。

图 5-10　自定义形状工具属性栏

在使用自定义形状工具绘制图形时，选择自定义形状工具后，在其工具属性栏中单击“形状”下拉列表框右侧的▾按钮，在弹出的下拉列表框中选择需要绘制的形状，如图 5-11 所示，然后将鼠标光标移动到图像中，拖动鼠标即可绘制选择的图形，如图 5-12 所示。

提示：

默认情况下，Photoshop 不会将预设的所有图形显示在“形状”下拉列表框中。如用户找不到合适的形状，可单击“形状”下拉列表框右侧的▾按钮，在弹出下拉列表框的右边单击▶按钮，在弹出的菜单中选择“全部”命令，可将 Photoshop 中所有预设的图形载入到形状下拉列表框中。

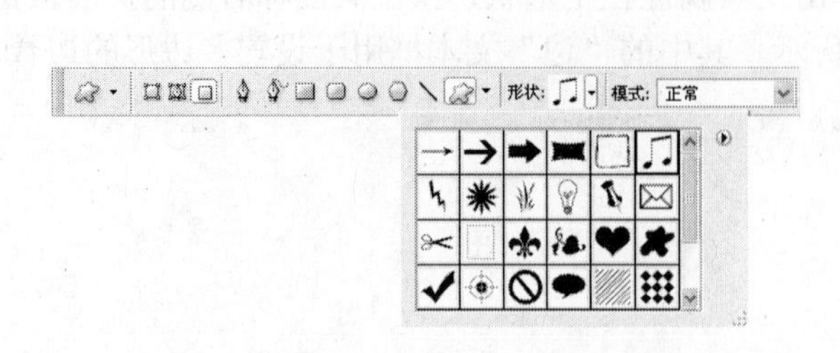

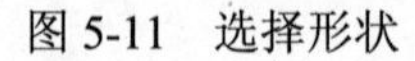

图 5-11 选择形状

图 5-12 绘制图形

5.1.5 应用举例——绘制一张生日卡

使用形状工具组中的工具绘制一张生日卡，效果如图 5-13 所示（立体化教学:\源文件\第 5 章\生日卡.psd）。

图 5-13 生日卡

操作步骤如下：

（1）选择“文件|新建”命令，打开“新建”对话框，其参数设置如图 5-14 所示。然后单击 确定 按钮，新建一个空白文件。

（2）将前景色设置为鹅黄色，按 Alt+Delete 组合键，使用前景色填充图像。

（3）选择工具箱中的椭圆工具，在其工具属性栏中单击按钮，然后将前景色设置为白色，在图像窗口的左下方按住 Shift 键拖动鼠标即可绘制一个白色圆形，如图 5-15 所示。

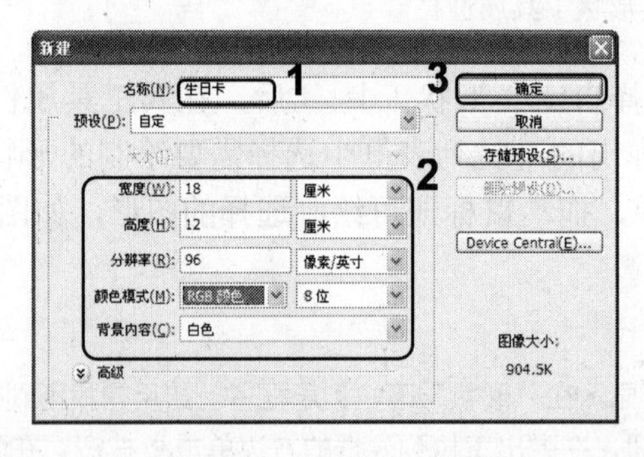

图 5-14 “新建”对话框

图 5-15 绘制圆形

（4）将前景色分别设置为玫红色、浅玫红色、粉红色和浅粉色，在图像窗口白色圆形中再绘制 4 个圆形，如图 5-16 所示。

（5）按 Ctrl+Shift+Alt+N 组合键新建图层，将前景色设置为黄色，在图像窗口右下方绘制一个圆形，如图 5-17 所示。使用吸管工具，吸取图像中的背景色，将前景色设置为鹅黄色，然后在图像窗口右下方与黄色圆形相交处绘制另一个圆形，使黄色图形呈现月牙形状，如图 5-18 所示。

图 5-16　绘制彩球

图 5-17　绘制圆形

图 5-18　绘制月牙

（6）选择工具箱中的魔棒工具，选择刚绘制的月牙图像。再选择移动工具，按住 Alt 键的同时，使用鼠标拖动复制选区，如图 5-19 所示。

（7）将前景色设置为浅黄色，按 Alt+Delete 组合键进行填充，按 Ctrl+D 组合键取消选区，如图 5-20 所示。

图 5-19　编辑选区

图 5-20　填充颜色

（8）选择工具箱中的多边形工具，在工具属性栏中单击形状切换工具图标右侧的扩展按钮，将弹出的设置框设置为如图 5-21 所示，将前景色设置为白色，在图像窗口的中下方按住 Shift 键绘制一个白色五角星形，如图 5-22 所示。

（9）使用魔棒工具选取图像窗口中的五角星形，将选区变换缩小，使用浅蓝色填充选区，如图 5-23 所示。

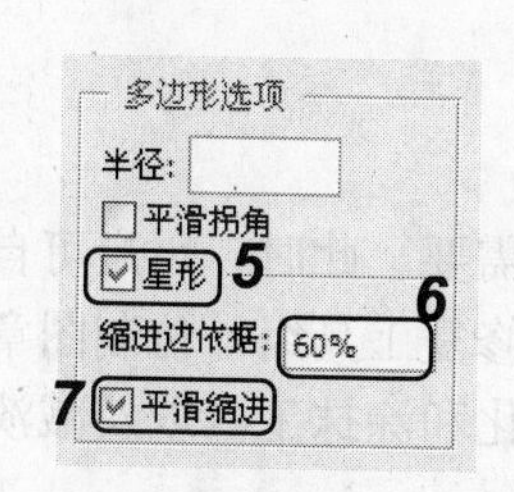

图 5-21　设置栏的设置

图 5-22　绘制五角星形

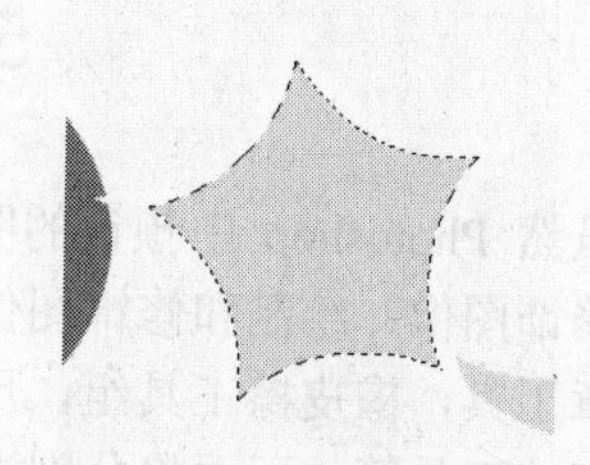

图 5-23　填充颜色

（10）按 Ctrl+D 组合键，取消选区。选择工具箱中的直线工具，将工具属性栏中的“粗细”设置为“8px”，将前景色设置为白色，在图像窗口中绘制如图 5-24 所示的线条。

（11）选择工具箱中的自定义形状工具，再单击“形状”下拉列表框右侧的▾按钮，弹出下拉列表框，单击该列表框右侧的按钮，在弹出的菜单中选择“自然”选项，在打开的 Adobe Photoshop 对话框中单击 追加(A) 按钮，如图 5-25 所示。

图 5-24　绘制线条

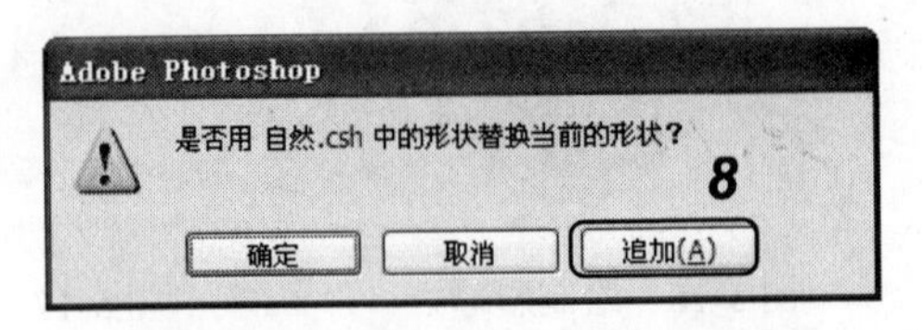

图 5-25　Adobe Photoshop 对话框

（12）返回自定形状工具属性栏，在其中单击“形状”下拉列表框右侧的▾按钮，在弹出的下拉列表框中选择“雪花”图形，如图 5-26 所示，然后在图像窗口中绘制如图 5-27 所示的一组雪花图形。

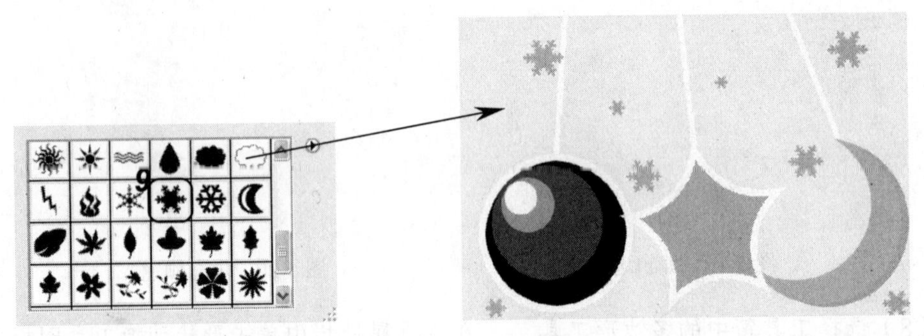

图 5-26　选择雪花图形

图 5-27　绘制图形

（13）选择“文件|置入”命令，将“祝语.psd”图像（立体化教学:\实例素材\第 5 章\祝语.psd）置入到“生日卡”图像中，并调整其大小和位置，按 Enter 键确定置入。

5.2　绘制和修饰图像

虽然 Photoshop 中预设的图形很多，但有时仍然不能满足需要。此时，用户可自行绘制和修饰图像，绘制和修饰图像时可以选择画笔和铅笔工具，修复工具组，仿制图章与图案图章工具，橡皮擦工具组，历史记录画笔工具组，模糊、锐化和涂抹工具以及减淡、加深和海绵工具等，下面将分别进行讲解。

5.2.1 画笔和铅笔工具

使用画笔和铅笔工具都可以绘制出各种形状的图形，只是使用画笔工具绘制的线条比较柔和，而使用铅笔工具绘制的线条较生硬。下面分别对其使用方法进行讲解。

1. 使用画笔工具

选择工具箱中的画笔工具，其工具属性栏如图 5-28 所示。

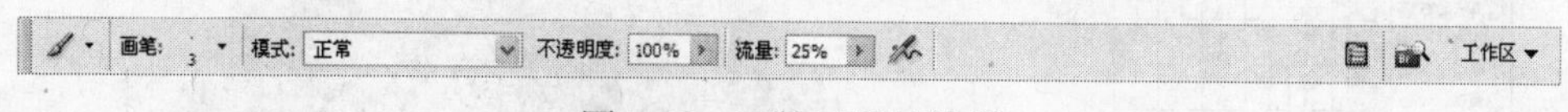

图 5-28 画笔工具属性栏

在工具属性栏中各项参数含义如下：

- **“画笔”下拉列表框**：在该下拉列表框中可以设置画笔大小和硬度。
- **“不透明度”数值框**：在其下拉列表框中可以设置画笔颜色的透明度。用户可直接输入数值，也可单击图标按钮，在打开的滑杆中拖动滑块来调节数值，值越小，画笔颜色的不透明度越低；相反，值越大，画笔颜色的不透明度越高。
- **“流量”数值框**：用于设置图像颜色的压力程度，该值越大，绘制效果越浓。
- **按钮**：单击该按钮，可打开画笔面板，如图 5-29 所示。在该面板中选择“画笔预设”选项，在其右侧的列表框中可以选择和预览画笔的样式，在下方的“主直径”栏中可以设置画笔大小；选择“画笔笔尖形状”选项，在右侧的面板中可以设置画笔笔尖的形状、硬度和间距等参数。

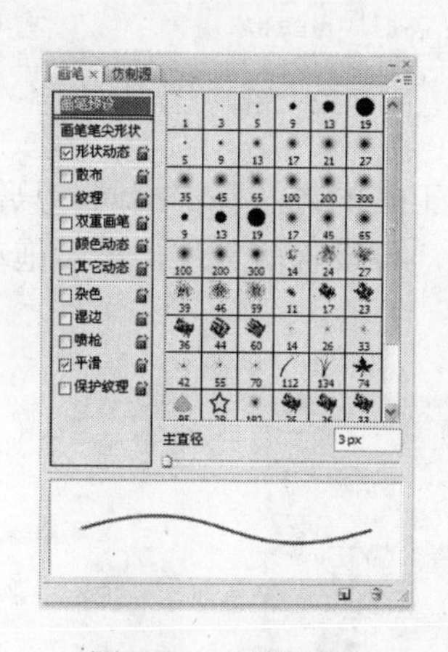

图 5-29 画笔面板

设置好画笔工具属性栏参数后，在图像窗口中拖动鼠标即可绘制所需图形。使用画笔工具绘图时一般选择柔角画笔。

【例 5-2】 使用柔角 12 像素和 9 像素的画笔为“柠檬.jpg”图像描边。

（1）打开“柠檬.jpg”图像（立体化教学:\实例素材\第 5 章\柠檬.jpg），在工具箱中选择画笔工具，在其工具属性栏中单击按钮打开画笔面板，选择“柔角”画笔，将“主直径”设为“50px”，如图 5-30 所示。

（2）将前景色设置为绿色，将鼠标移动到图像上，沿着柠檬图像边缘拖动鼠标为柠檬描边，如图 5-31 所示。

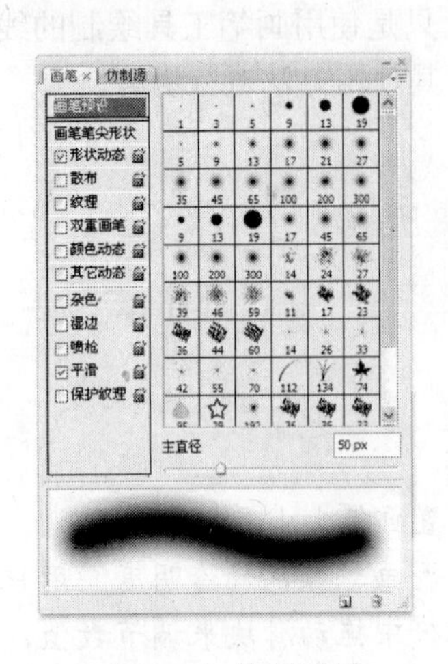

图 5-30 设置画笔

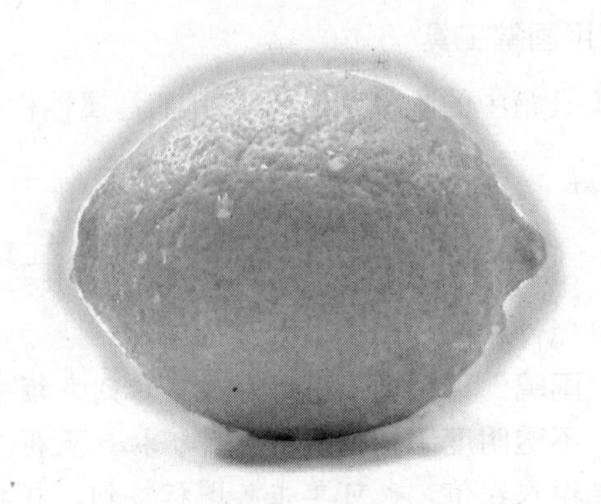

图 5-31 为图像描边

2．使用铅笔工具

选择工具箱中的铅笔工具，其工具属性栏如图 5-32 所示，其中大部分参数与画笔工具相同。☑自动抹除 复选框用于实现擦除功能，选中该复选框后，当用户在与前景色颜色相同的图像区域内描绘时，会自动擦除前景色颜色并填入背景颜色。

图 5-32 铅笔工具属性栏

使用铅笔工具的方法和画笔工具的方法基本相同，只需在工具箱中选择铅笔工具，在铅笔工具属性栏中设置其参数，再设置前景色，最后拖动鼠标绘制即可，效果如图 5-33 所示。

图 5-33 铅笔工具绘制的图形

技巧：

使用铅笔工具时，按住 Shift 键，可绘制水平或垂直方向的直线。

5.2.2　修复工具组

如果图像中有瑕疵，例如有多余的物体，但又无法使用裁剪工具时，可使用修复工具进行处理。修复工具组包括污点修复画笔工具、修复画笔工具、修补工具和红眼工具，下面将对它们的使用方法进行讲解。

1. 污点修复画笔工具

污点修复画笔工具一般用于消除图像中的斑点或小块杂物等，在工具箱中选择污点修复画笔工具，将打开如图 5-34 所示的工具属性栏。

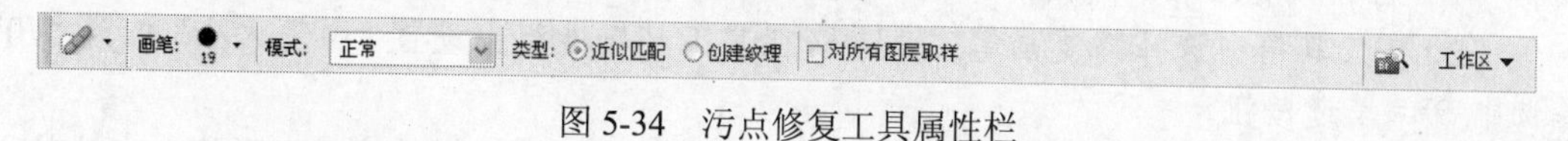

图 5-34　污点修复工具属性栏

其工具属性栏中各项参数含义如下：

- **“画笔”下拉列表框**：在该下拉列表框中可设置笔刷的直径、角度等参数。
- **“类型”选项**：该选项下有两个单选按钮，可控制修复区域修复的效果。其中选中 ◎近似匹配 单选按钮，所修复的区域将和周围区域的颜色和纹理保持一致。选中 ◎创建纹理 单选按钮，所修复的区域将和周围的颜色保持一致但纹理不同。

污点修复工具的使用方法很简单，用户只需在工具箱中选择污点修复工具，在工具属性栏中设置画笔大小，再将鼠标移动到图像中需要修复的区域边缘，连续单击鼠标修复图像即可，效果如图 5-35 所示。

图 5-35　修复图像的前后对比

2. 修复画笔工具

修复画笔工具可以清除图像中的人工痕迹，包括划痕、蒙尘及褶皱等，并同时保留阴影、光照和纹理等效果，从而使修复后的像素不留痕迹地融入图像的其余部分。选择工具箱中的修复画笔工具，将打开如图 5-36 所示的工具属性栏。

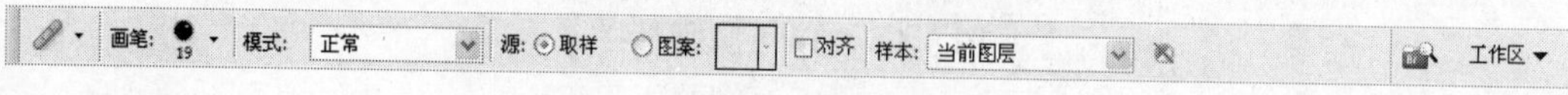

图 5-36　修复画笔工具属性栏

工具属性栏中各项参数含义如下：

- “源”选项：可以设置修复时所使用的图像来源，其中，选中⊙取样单选按钮，则修复时可定义图像中的某部分图像作为修复源；选中⊙图案单选按钮，则右侧的“图案”为可选择状态，在其中选择图案用于修复源。
- ☑对齐复选框：选中此复选框，只能修复一个固定位置的图像；如不选中则可以连续修复多个相同区域的图像。

【例5-3】使用修复画笔工具修复一幅照片，将海滩上的海螺去掉，最终效果如图5-37所示（立体化教学:\源文件\第5章\海滩.jpg）。

（1）打开“海滩.jpg”图像（立体化教学:\实例素材\第5章\海滩.jpg）。

（2）在工具箱中选择修复画笔工具，在其工具属性栏上设置“画笔大小”值为“70”并选中⊙取样单选按钮。

（3）将鼠标移到图像沙粒的位置，按住Alt键，此时鼠标指针变为⊕形状，在沙粒上单击取样，如图5-37所示。

（4）将鼠标移到海螺上，多次单击鼠标，如图5-38所示。直到海螺的部分变为与周围相同的颜色，如图5-39所示。

提示：

也可以按住Alt键在图像中取样后，在该图像窗口或其他图像窗口中拖动鼠标也可复制一个对象或多个对象。

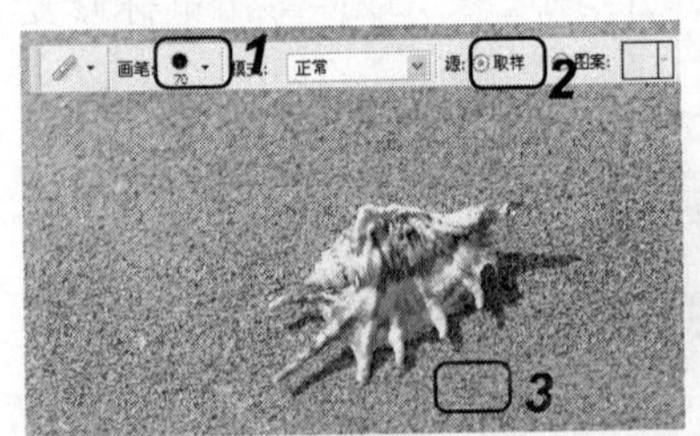

图5-37　设置工具属性栏并取样

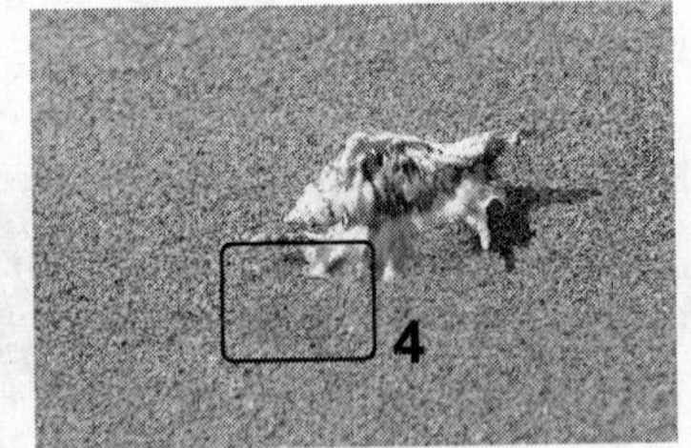

图5-38　修复图像

图5-39　修复后的图像

提示：

在修复图像时，十字光标会随鼠标的移动而移动，修复的内容即为十字光标到达的原图像的内容，为了不使该光标移动到不需要修复的图像上，可以重新按Alt键定义图像，再进行修复操作。

3．修补工具

修补工具和修复工具的效果基本相同，都可用于修复图像，但两者的使用方法却大相径庭，使用修补工具可以自由选取需要修复的图像范围。选择工具箱中的修补工具，工具属性栏如图5-40所示。

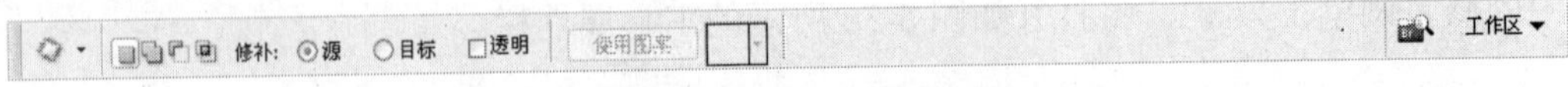

图5-40　修补工具属性栏

修补工具属性栏中各项参数含义如下：

- **“修补”选项**：该选项用于确定修补方式。其中，选中 ◎源 单选按钮，将使用拖动到的目标位置图像修补用修补工具选取的图像范围。选中 ◎目标 单选按钮，将使用修补工具选取的图像范围修补拖动到的目标位置的图像。
- [使用图案] **按钮**：该按钮只在用修补工具选取图像范围时才有效，用于对选取图像进行图案修补。

【例 5-4】 使用修补工具来处理图像，将图像中的月亮去掉，以突出晚霞主体（立体化教学:\源文件\第 5 章\晚霞.jpg）。

（1）打开“晚霞.jpg”（立体化教学:\实例素材\第 5 章\晚霞.jpg）。在工具箱中选择修补工具，将鼠标移到图像中，当鼠标指针变为形状时，在月亮附近拖动出一个区域，如图 5-41 所示。

（2）在工具属性栏中选中 ◎目标 单选按钮，将鼠标移到所选区域中，按住鼠标左键不放将该区域拖到要用于修补的图像月亮处释放鼠标，如图 5-42 所示，取消选区完成操作。

图 5-41　建立选区取样

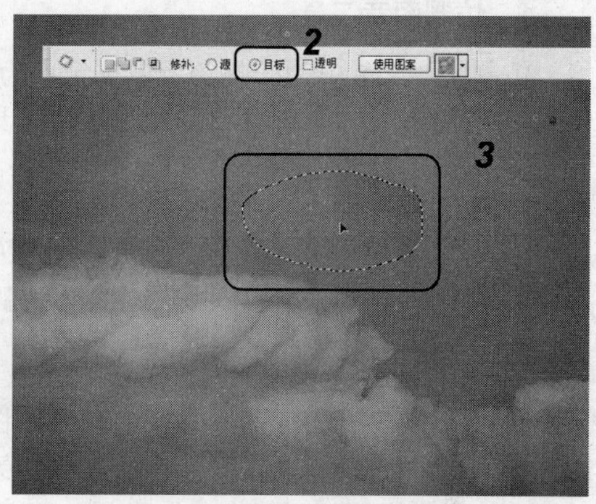

图 5-42　修复图像

4．红眼工具

在拍摄人物或动物照时，有时会因为灯光过暗而产生红眼效果。此时，用户可使用红眼工具对其进行修复。在工具箱中选择红眼工具后，将打开如图 5-43 所示的工具属性栏。

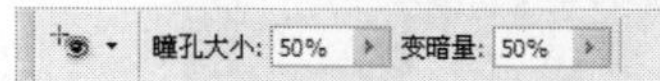

图 5-43　红眼工具属性栏

红眼工具属性栏中各参数含义如下：

- **“瞳孔大小”数值框**：用于设置瞳孔的大小。
- **“变暗量”数值框**：用于设置瞳孔的明暗程度。

红眼工具的使用方法非常简单，用户首先在工具箱中选择红眼工具，再根据被修复图像中红眼的程度，设置其工具属性栏中的“瞳孔大小”以及“变暗量”参数，最后将鼠标光标移动到瞳孔上单击即可修复红眼，如图 5-44 所示。

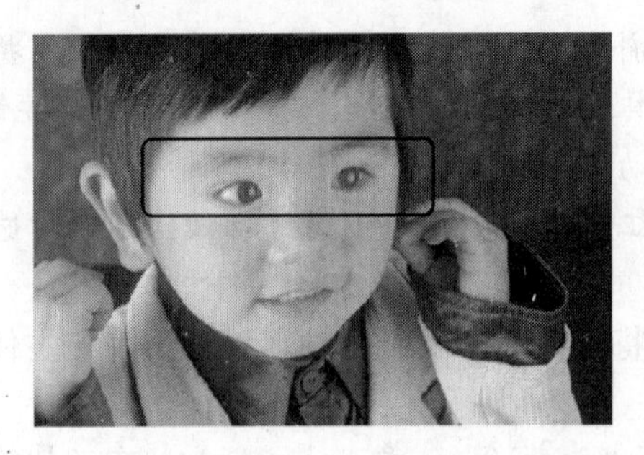
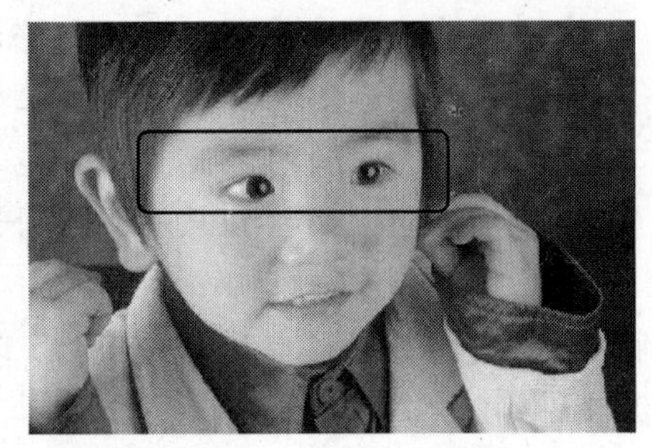

图 5-44　使用红眼工具修复红眼

5.2.3　仿制图章与图案图章工具

在制作某些特效效果需在图像中的某些地方复制图像时，可使用仿制图章与图案图章工具进行处理，下面将对其使用方法进行讲解。

1．仿制图章工具

仿制图章工具能为一幅图像以选定点为基准点，并将基准点周围的图像复制到同一图像或另一幅图像中，与前面讲的修复画笔工具的使用类似。在工具箱中选择仿制图章工具后，其工具属性栏如图 5-45 所示。

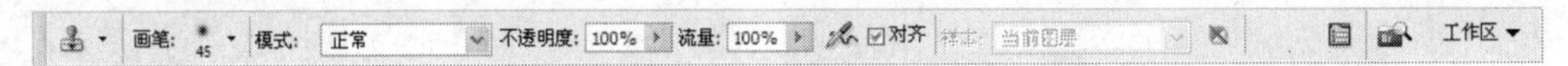

图 5-45　仿制图章工具属性栏

其中的参数与修复画笔工具的参数含义一样，这里不再赘述。如选中对齐复选框，则系统将以同一基准点对齐，即使多次复制图像，所复制出来的图像仍是同一幅图像，如图 5-46 所示；如未选中该复选框，则多次复制出来的图像将不再是同一幅图像，而是多幅以基准点为模板的相同图像，如图 5-47 所示。

提示：

使用仿制图章工具复制图像时，复制到仿制图章上的图像会一直保留在仿制图章上，可以重复使用，直到进行了另一次复制时才会将原图像覆盖。如果在图像中定义了选区，则复制仅对该选区有效。

图 5-46　选中复选框的效果

图 5-47　未选中复选框的效果

2．图案图章工具

图案图章工具的功能与仿制图章工具基本一致，但该工具不是以选定的基准点进行复

制的，而是以预先定义好的图案复制区域为对象进行复制。选择工具箱中的图案图章工具，其工具属性栏如图 5-48 所示。

图 5-48　图案图章工具属性栏

设置好工具栏中的各参数，单击按钮，在弹出的图案下拉列表框中选择一种图案，然后在图像窗口中单击并拖动鼠标即可利用该图案进行绘制。

另外，用户还可以自定义图案进行绘制，具体方法是：

打开图像，用矩形选框工具选择需要定义为图案的图像区域，如图 5-49 所示。选择“编辑|定义图案”命令，在打开的“图案名称”对话框中输入图案的名称后，单击确定按钮。在工具箱中选择图案图章工具，在其工具属性栏中的“图案”下拉列表框中可以看到定义的图案，如图 5-50 所示。单击该图形，然后新建一个图像窗口，在其中按住鼠标左键不放来回拖动，即可得到如图 5-51 所示的效果。

图 5-49　定义图像区域

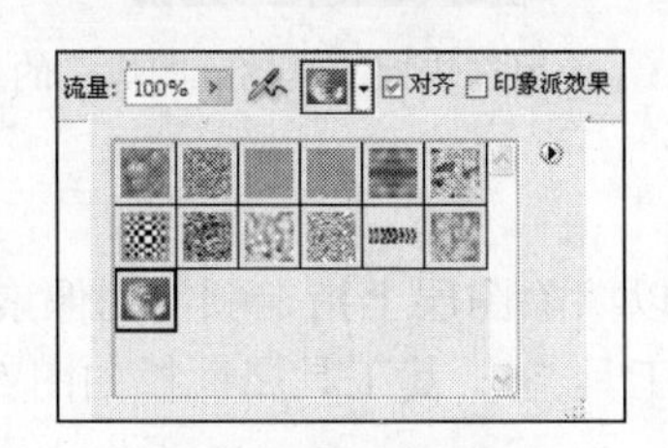

图 5-50　选择图案

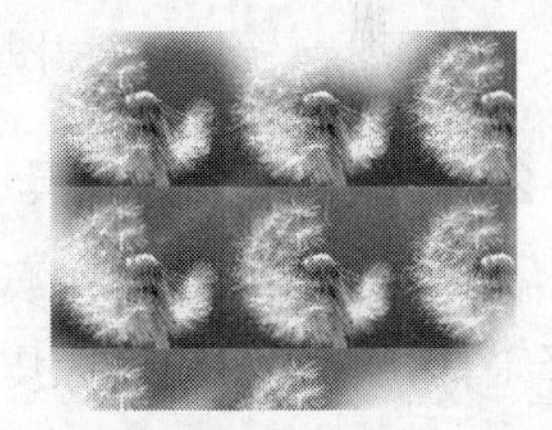
图 5-51　使用图案图章工具填充

5.2.4　橡皮擦工具组

绘制图像时，如出现绘制错误，用户可使用橡皮擦工具将绘制出错的地方擦除。根据实际情况的不同，Photoshop 提供了橡皮擦工具、背景色橡皮擦工具和魔术橡皮擦工具。下面将分别对其进行讲解。

1. 橡皮擦工具

使用橡皮擦工具在图像窗口中拖动鼠标，可以拖绘出背景色。选择工具箱中的橡皮擦工具，其工具属性栏如图 5-52 所示。

图 5-52　橡皮擦工具属性栏

工具属性栏中各项参数含义如下：

- **“模式”下拉列表框**：可以设置不同的擦除模式。其中，选择“画笔”和“铅笔”选项时，其使用方法与画笔和铅笔工具相似，选择“块”选项时，在图像窗口中可以大小固定不变的块状笔触进行擦除。
- **“不透明度”数值框**：可以设置擦除时的不透明度。
- 抹到历史记录**复选框**：选中该复选框后，可以将指定的图像区域恢复至快照或某一操作步骤下的状态。

使用橡皮擦工具擦除图像时，首先应设置背景色和擦除模式，然后将鼠标移到图像窗口需擦除的区域中按住鼠标左键不放并拖动，即可将图像颜色擦除掉并以背景色填充。如图 5-53 所示是背景色为黄绿色时用橡皮擦工具擦除图像后的效果。

提示：

> 如果不是在背景层上擦除图像的颜色，那么被擦除的区域将变成透明色；若该图层下面的图层是可见的，则下面的图层将透过透明区域显示出来，图层的相关知识将在第 7 章进行讲解。

图 5-53　使用橡皮擦工具擦除图像后的效果图

2. 背景色橡皮擦工具

使用背景色橡皮擦工具可以擦除图层上指定颜色的像素，并以透明色代替被擦除区域。选择工具箱中的背景色橡皮擦工具，其工具属性栏如图 5-54 所示。

图 5-54　背景色橡皮擦工具属性栏

属性栏中各项参数的含义如下：

- **“画笔”下拉列表框：**单击其右侧的▾图标弹出下拉菜单，其中，“直径”用于设置擦除时画笔的大小；“硬度”用于设置擦除时边缘硬化的程度；“间距”用于设置拖动鼠标擦除时笔触间的距离；“角度”和“圆度”分别用于设置笔触倾斜的角度和圆度。
- **“限制”下拉列表框：**用于选择使用背景色橡皮擦工具擦除的颜色范围。其中，“邻近”选项，表示可擦除图像中具有取样颜色的像素，但要求该部分与光标相连；“不连续”选项，表示可擦除图像中具有取样颜色的像素；“查找边缘”选项，表示在擦除与光标相连区域的同时保留图像中物体锐利的边缘。
- **“容差”数值框：**用于设置被擦除的图像颜色与取样颜色之间差异的大小，其取值范围在 0%～100%之间。输入的数值越小，被擦除的图像颜色与取样颜色越接近；如果输入较大的数值，则可以擦除较大的颜色范围。
- ☑保护前景色**复选框：**选中该复选框可以防止与前景色颜色相同的图像区域被擦除。

使用背景色橡皮擦工具可轻松地擦除图像中特定的颜色，它的使用方法与橡皮擦工具基本相同，但需要注意的是：使用背景色橡皮擦工具擦除图像时涂抹过的地方会以透明色作为背景色。

3．魔术橡皮擦工具

魔术橡皮擦工具用于擦除图层中具有相似颜色的区域，并以透明色代替被擦除区域。选择工具箱中的魔术橡皮擦工具，其工具属性栏如图 5-55 所示。

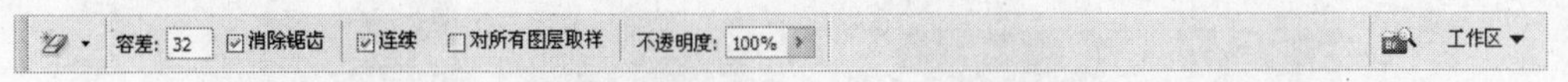

图 5-55　魔术橡皮擦工具属性栏

属性栏中各项参数含义如下：

- **“容差”数值框**：可以设置被擦除图像颜色的范围。输入的数值越大，可以擦除的颜色范围越大；输入的数值越小，被擦除的颜色与光标单击处的颜色越接近。
- ☑消除锯齿 **复选框**：选中该复选框，可以使被擦除区域的边缘变得柔和而平滑。
- ☑连续 **复选框**：选中该复选框，可以使擦除工具仅擦除与鼠标单击处相连接的区域。
- **“不透明度”数值框**：可以设置擦除图像颜色的程度。设置为 100%，被擦除的区域将变成透明色；设置为 0%，不透明度将无效，将不能擦除任何图像。

若想使用魔术橡皮擦工具删除图像，只需在工具箱中选择，在工具属性栏中设置容差等参数，再将鼠标移动到图像中需删除的颜色位置单击即可。如图 5-56 所示为设置容差为 32 时删除的图像区域，如图 5-57 所示为设置容差为 80 时删除的图像区域。

图 5-56　容差为 32 时擦除的图像

图 5-57　容差为 80 时擦除的图像

5.2.5　历史记录画笔工具组

在对图像做出了错误操作时，需要将图像恢复，用户可使用历史记录画笔工具和历史记录艺术画笔工具进行处理，下面将对它们进行讲解。

1．使用历史记录画笔工具

使用历史记录画笔工具可以在图像的某个历史状态上恢复图像，在图像的某个历史状态上着色，以取代当前图像的颜色。选择工具箱中的历史记录画笔工具，其工具属性栏如图 5-58 所示。其中各参数的含义和画笔工具的一样，这里不再赘述。

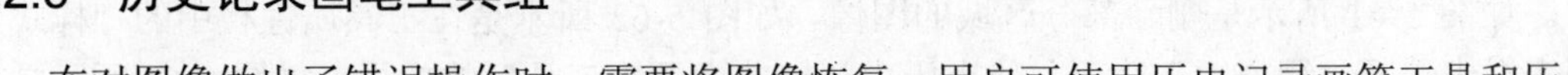

画笔: 21　模式: 正常　不透明度: 100%　流量: 100%　工作区

图 5-58　历史记录画笔工具属性栏

在工具属性栏中设置好画笔大小、模式等参数后，在“历史记录”面板中指定图像需要恢复到的某个历史状态作为绘画源，在图像中需要恢复的地方拖动鼠标即可恢复图像，图像中未被修改过的区域将保持不变。在之前被删除的区域上使用历史记录画笔工具进行涂抹，可以恢复到被擦除前的效果，如图 5-59 所示。

图 5-59　恢复图像前后的对比效果

2．使用历史记录艺术画笔工具

历史记录艺术画笔工具与历史记录画笔工具的使用方法类似，但效果有一定区别，使用历史记录艺术画笔工具恢复图像时可产生一定的艺术效果。选择工具箱中的历史记录艺术画笔工具，其工具属性栏如图 5-60 所示。

画笔： 21　模式：正常　不透明度：100%　样式：绷紧短　区域：50 px　容差：0%　工作区

图 5-60　历史记录艺术画笔工具属性栏

属性栏中各项参数含义如下：

- **“样式”下拉列表框**：在该下拉列表框中可以选择描绘的类型。
- **“区域”数值框**：用于设置历史记录艺术画笔描绘的范围。
- **“容差”数值框**：用于设置历史记录艺术画笔所描绘的颜色与所要恢复的颜色之间的差异程度。输入的数值越大，图像恢复的精确度就越低；输入的数值越小，图像恢复的精确度就越高。

选择工具箱中的历史记录艺术画笔工具，将鼠标移动到图像中拖动鼠标即可恢复图像。如图 5-61 所示是删除部分区域的图像。如图 5-62 所示是在工具属性栏中的“样式”列表框中选择“绷紧短”选项，使用历史记录艺术画笔工具后的效果。如图 5-63 所示是在工具属性栏中的“样式”列表框中选择“绷紧卷曲”选项，使用历史记录艺术画笔工具后的效果。

图 5-61　被删除部分区域的图像

图 5-62　选择“绷紧短”选项后的效果图

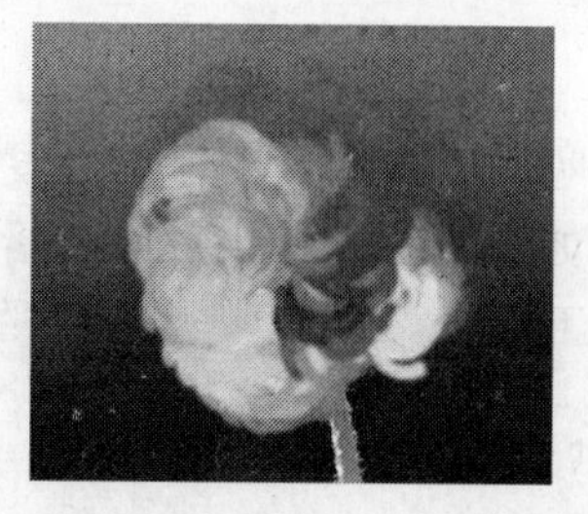

图 5-63　选择“绷紧卷曲”选项后的效果图

5.2.6　模糊、锐化和涂抹工具

模糊、锐化和涂抹工具主要用于清晰或模糊图像，下面分别对其使用方法进行讲解。

1．模糊工具

模糊工具主要通过柔化突出的色彩和僵硬边界，使图像的色彩过渡平滑，不至于显得棱角分明，从而达到模糊图像的效果。在工具箱中选择模糊工具后，其工具属性栏如图 5-64 所示。

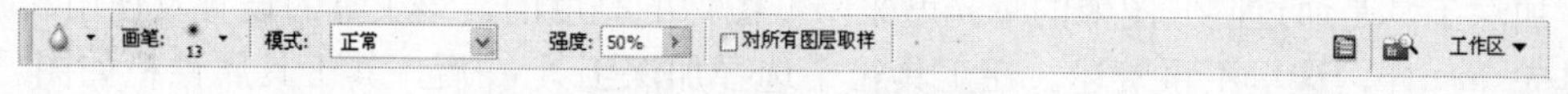

图 5-64　模糊工具属性栏

提示：

使用模糊工具在图像窗口中反复拖动即可实现对象的柔化效果，若定义了选区，则该工具只对选定的区域有效，锐化和涂抹两种工具也是如此。

2．锐化工具

锐化工具主要通过增大图像相邻像素间的色彩反差而使图像的边界更加清晰。该工具的使用方法和模糊工具相同。在工具箱中选择锐化工具后，其工具属性栏如图 5-65 所示。

图 5-65　锐化工具属性栏

3．涂抹工具

涂抹工具用于模拟用手指在未干的画布上涂抹而产生的涂抹效果，可拾取描边开始位置的颜色，并沿拖移的方向展开这种颜色。在工具箱中选择涂抹工具后，其工具属性栏如图 5-66 所示。其中的☑手指绘画复选框，用于设定是否按前景色进行涂抹。

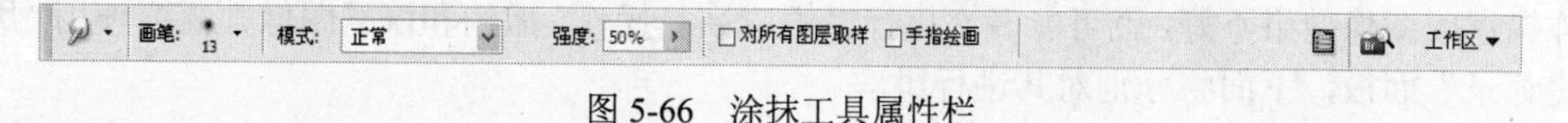

图 5-66　涂抹工具属性栏

5.2.7　减淡、加深和海绵工具

处理照片特效时经常用到减淡、加深和海绵工具，它们主要用于局部加深或局部减淡图像，下面分别对其使用方法进行介绍。

1．减淡工具

减淡工具是通过提高图像的曝光度来提高图像的亮度，使用时在图像需要亮化的区域反复拖动鼠标即可亮化图像。例如一幅图片扫描后比较暗，用减淡工具在其中拖动可以提高其亮度。在工具箱中选择减淡工具后，其工具属性栏如图 5-67 所示。

图 5-67　减淡工具属性栏

属性栏中各项参数含义如下：

- **“范围”下拉列表框**：在其下拉列表框中，选择“暗调”选项，表示仅对图像的暗色调区域进行亮化；选择“中间调”选项，表示仅对图像的中间色调区域进行亮化；选择“高光”选项，表示仅对图像的亮色调区域进行亮化。
- **“曝光度”数值框**：用于设定曝光强度。可以直接在数值框内输入数值或单击右侧的按钮，然后在弹出的滑杆上拖动滑块来调整曝光度数值。

2．加深工具

加深工具是通过降低图像的曝光度来降低图像的亮度的，该工具的设置及使用和减淡工具完全一样，这里不再赘述。在工具箱中选择加深工具后，其工具属性栏如图 5-68 所示。

图 5-68　加深工具属性栏

3．海绵工具

海绵工具主要用于加深或降低图像的色彩饱和度。在工具箱中选择海绵工具后，工具属性栏如图 5-69 所示。在“模式”下拉列表框中选择“去色”选项，表示降低图像色彩的饱和度；选择“加色”选项，则表示提高图像色彩的饱和度。

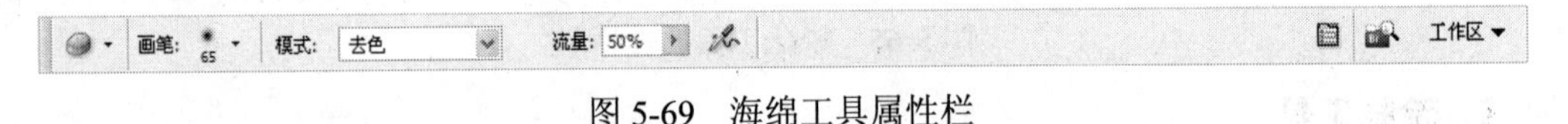

图 5-69　海绵工具属性栏

5.2.8　使用“历史记录”面板撤销或恢复图像

在实际使用 Photoshop 时，为了制作出优秀的作品，经常需要进行反复的操作。若操作错误或图像效果不好，就可能多次执行撤销或恢复操作，撤销和恢复图像都需要使用“历史记录”面板，下面将分别对其进行讲解。

1．撤销与恢复历史记录

“历史记录”面板可以记录用户对图像进行的编辑操作，如图 5-70 所示。如果“历史记录”面板没有显示在面板窗口中，可以选择“窗口|历史记录”命令打开。

1）撤销历史记录

要撤销某操作时，只需在“历史记录”面板中单击该操作的前一步操作的记录即可撤销该操作以后的所有操作，如图 5-71 所示为撤销“填充”操作后“历史记录”面板的状态。

2）恢复历史记录

当某些操作被撤销后，如果想恢复这些操作，单击要恢复的记录，即可恢复该记录之前所有被撤销的记录。

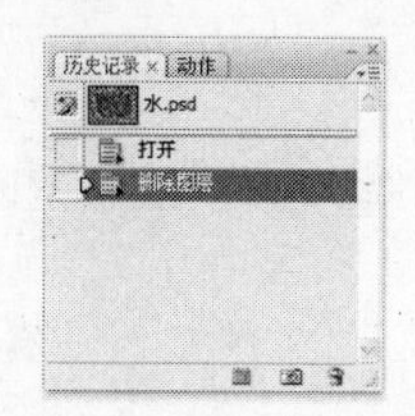

图 5-70　“历史记录”面板

图 5-71　撤销“填充”之后的操作

2．删除与清空历史记录

如果面板中的历史记录意义不大，可以将不需要的历史记录删除或清空。

1）删除历史记录

在“历史记录”面板中单击要删除的历史记录后，单击 按钮，即可将该操作及其之后的所有操作都删除。被删除后的历史记录不能被恢复。

2）清空历史记录

在实际操作时，有时需将整张图像进行重做，此时用户只需单击“历史记录”面板右上角的 按钮，在弹出的快捷菜单中选择“清除历史记录”命令，即可清除当前历史记录以外的所有记录。

提示：

Photoshop CS3 默认的历史记录条数为 20，选择“编辑|首选项|性能”命令，打开“首选项”对话框，在“历史记录状态”文本框中可修改历史记录的条数，其值越大，可以恢复的操作越多，但占用的磁盘空间越大，Photoshop 的运行速度就越慢。

3．建立新文档或新快照

通过建立新文档或新快照，用户可以在操作过程中快速恢复到某一时刻的历史状态。

建立新文档是将当前状态图像复制一份到一个新建的图像文件中。当对一个图像进行了一些操作之后，如果想尝试其他效果，此时可以建立一个新图像文件，将前面的操作保存到新图像文件中，这样后面的操作就不会影响前面的效果。建立新文档的方法是：单击“历史记录”面板中的 按钮，即可新建一个图像文件，并将当前效果复制到新图像文件中。

建立新快照是将当前状态的图像暂时保存，当对图像进行了一些操作之后，单击该快照的图标即可恢复到建立快照时的状态。建立新快照的方法是：单击“历史记录”面板中的 按钮即可建立一个新快照，在“历史记录”面板上方会增加一个快照图标，如图 5-72

所示。

图 5-72　建立新快照

提示：

快照的内容只能被暂时保存，当关闭图像文件后，快照的内容将丢失。

5.2.9　应用举例——绘制“秋天”风景画

使用画笔工具、历史记录艺术画笔工具和减淡工具等绘制“秋天”风景画，效果如图 5-73 所示（立体化教学:\源文件\第 5 章\秋天.jpg）。

图 5-73　“秋天”风景画效果

操作步骤如下：

（1）打开“秋天.jpg”（立体化教学:\实例素材\第 5 章\秋天.jpg）。选择工具箱中的历史记录艺术画笔工具。

（2）在其工具属性栏中的“画笔”下拉列表框中选择散布枫叶 74 像素画笔；在“模式”下拉列表框中选择“正常”选项；将“不透明度”设置为“80%”；在“样式”下拉列表框中选择“绷紧长”类型；将“区域”设置为“5px”；“容差”设置为“0”。

（3）在图像底部拖动鼠标，绘制出如图 5-74 所示的效果。

（4）选择工具箱中的减淡工具，在其工具属性栏中的“画笔”下拉列表框中选择柔角 100 像素画笔；在“范围”下拉列表框中选择“中间调”选项；将“曝光度”设置为“50%”。

（5）在图像两边的树叶处拖动鼠标，绘制出如图 5-75 所示的效果。

图 5-74　使用历史记录艺术画笔工具绘制的效果图

图 5-75　使用减淡工具绘制的效果图

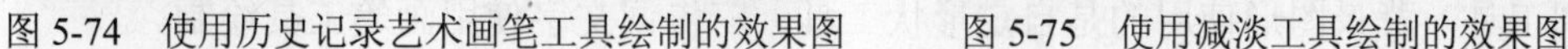

（6）将背景色设置为米黄色，选择工具箱中的橡皮擦工具，在其工具属性栏中的“画笔”下拉列表框中选择喷枪钢笔不透明描边 70 像素画笔；在“模式”下拉列表框中选择“画笔”选项；将“不透明度”设置为“100%”；将“流量”设置为“100%”。

（7）在图像左上方按住 Shift 键向下拖动鼠标，效果如图 5-76 所示效果。

（8）在橡皮擦工具的工具属性栏中的“模式”下拉列表框中选择“块”选项。

（9）在图像窗口的右上方单击 6 次，效果如图 5-77 所示。

图 5-76　使用橡皮擦工具绘制直线

图 5-77　使用橡皮擦画方块

（10）选择工具箱中的画笔工具，在其工具属性栏中的“画笔”下拉列表框中选择 6 像素画笔；在“模式”下拉列表框中选择“正常”选项；将“不透明度”设置为“100%”；将“流量”设置为“80%”。

（11）在图像窗口中的背景图像中拖动鼠标，效果如图 5-78 所示。

图 5-78　使用画笔工具后的效果图

5.3 上机及项目实训

5.3.1 绘制“饮料屋”POP 广告

本例将绘制“饮料屋”POP 广告，其最终效果如图 5-79 所示（立体化教学:\源文件\第 5 章\饮料屋.psd）。在此练习中将使用到多种绘制图像的方式，其中饮料杯使用直线工具和椭圆工具，背景图形使用的是自定形状工具，广告词文字使用画笔工具绘制。

图 5-79 “饮料屋”POP 广告

1. 绘制背景图像

使用绘图工具绘制背景图像，操作步骤如下：

（1）新建一个名为“饮料屋”，宽度为 1000 像素，高度为 800 像素，分辨率为 72 像素/英寸的空白图像文件。

（2）在工具箱中选择矩形框选工具，在图像下方拖动鼠标绘制矩形选区。

（3）选择背景图层，将前景色设置为蓝色，按 Alt+Delete 组合键，将背景图层填充为蓝色，如图 5-80 所示，按 Ctrl+D 组合键取消选区。

（4）在工具箱中选择自定义形状工具，在其工具属性栏的“形状”下拉列表框中选择“邮票 2”选项，在图像上拖动鼠标绘制边框，如图 5-81 所示。

图 5-80 填充颜色

图 5-81 绘制边框

2. 编辑图像

使用绘图工具编辑图像，操作步骤如下：

（1）在工具箱中选择椭圆工具，将前景色设置为白色。在图像下方拖动鼠标绘制

一个椭圆，如图 5-82 所示。

（2）在工具箱中选择直线工具，将其工具属性栏中的“粗细”设置为“8px”，在图像窗口中绘制两条直线，如图 5-83 所示。

图 5-82　绘制白色椭圆

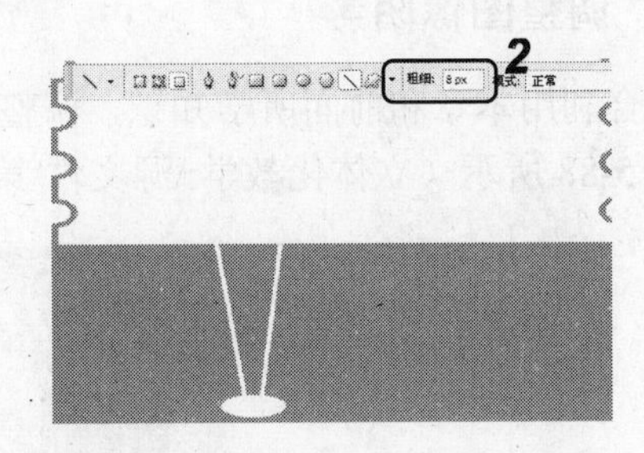

图 5-83　绘制直线

（3）再次选择椭圆工具，将前景色设置为蓝色。在图像中间拖动鼠标绘制一个椭圆，如图 5-84 所示。

（4）在工具箱中选择画笔工具，在其工具属性栏中的“画笔”下拉列表框中选择流星 29 像素画笔，“流量”设置为“80%”。在图像中单击鼠标绘制出如图 5-85 所示的流星图形。

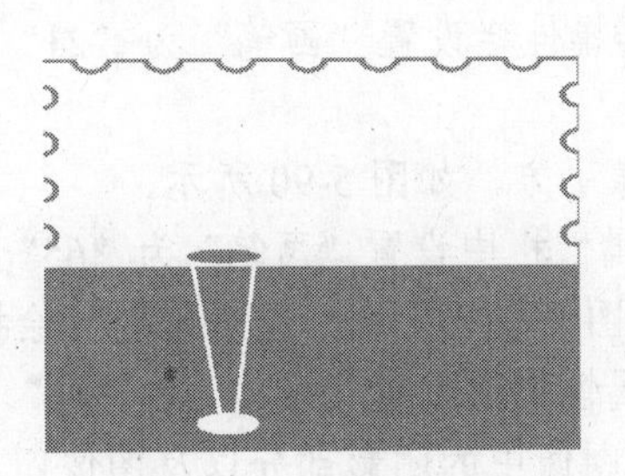

图 5-84　绘制蓝色椭圆

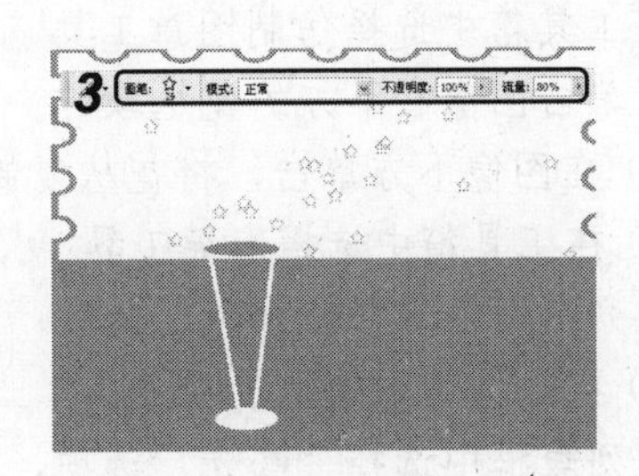

图 5-85　使用画笔工具

（5）打开“饮料.psd”图像（立体化教学:\实例素材\第 5 章\饮料.psd）。使用移动工具将其移动到“饮料屋”图像中，按 Ctrl+T 组合键调整图像大小。按 Enter 键确定变换，如图 5-86 所示。

（6）在工具箱中选择历史记录艺术画笔工具，在其工具属性栏中设置画笔为“46”大小，“样式”为“绷紧长”，“区域”为“1px”，使用鼠标在图像四周进行涂抹，效果如图 5-87 所示。

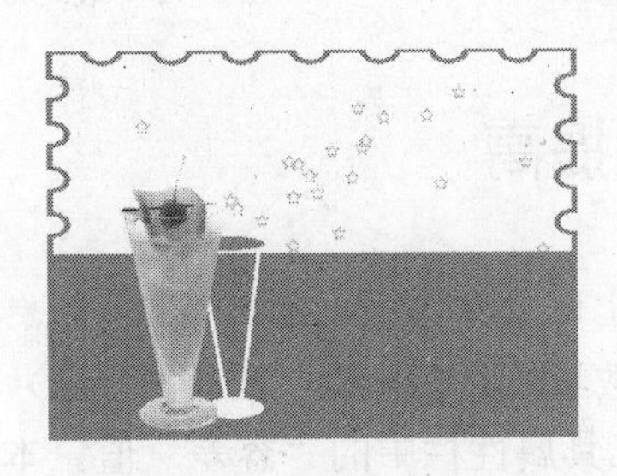

图 5-86　调整图像大小

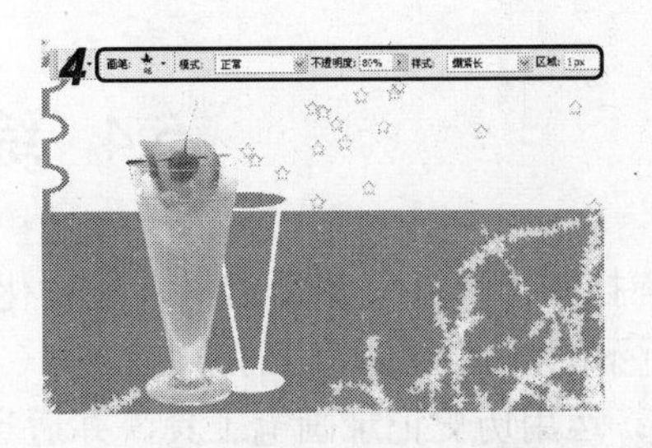

图 5-87　使用历史记录艺术画笔进行涂抹

（7）打开“饮料屋广告语.psd”图像（立体化教学:\实例素材\第 5 章\饮料屋广告语.psd），使用移动工具将其移动到“饮料屋”图像中。

5.3.2 调整图像阴影

综合利用本章和前面所学知识，调整“地中海.jpg”图像的阴影关系，完成后的最终效果如图 5-88 所示（立体化教学:\源文件\第 5 章\地中海.jpg）。

图 5-88 调整图像阴影

本练习可结合立体化教学中的视频演示进行学习（立体化教学:\视频演示\第 5 章\调整图像阴影.swf）。主要操作步骤如下：

（1）打开“地中海.jpg”图像（立体化教学:\实例素材\第 5 章\地中海.jpg），如图 5-89 所示。在工具箱中选择仿制图章工具，在其工具属性栏设置“画笔”为“21”，按 Alt 键的同时单击图像右下方的花丛取样。

（2）在图像下方单击，将花丛复制满整个图像下方，如图 5-90 所示。

（3）在工具箱中选择海绵工具，在其工具属性栏中设置“画笔”为“65”，在“模式”下拉列表框中选择“加色”选项，使用鼠标对图像中的大海、花朵等进行涂抹。

（4）在工具箱中选择加深工具，在其工具属性栏中设置“画笔”为“65”。在“范围”下拉列表框中选择“高光”选项，使用鼠标对图像中的阴影部分以及图像四周进行涂抹，最终效果如图 5-91 所示。

图 5-89 打开素材图像　　图 5-90 复制花丛　　图 5-91 最终效果图

5.4 练习与提高

（1）打开“风景”图像素材（立体化教学:\实例素材\第 5 章\风景.jpg），制作出如图 5-92 所示的具有绘画笔触的绘图效果（立体化教学:\源文件\第 5 章\风景.jpg）。

提示：运用历史记录画笔工具，并适当设置工具属性栏中的“容差”值。本练习可结合立体化教学中的视频演示进行学习（立体化教学:\视频演示\第 5 章\为“风景”图像添加绘画笔触效果.swf）。

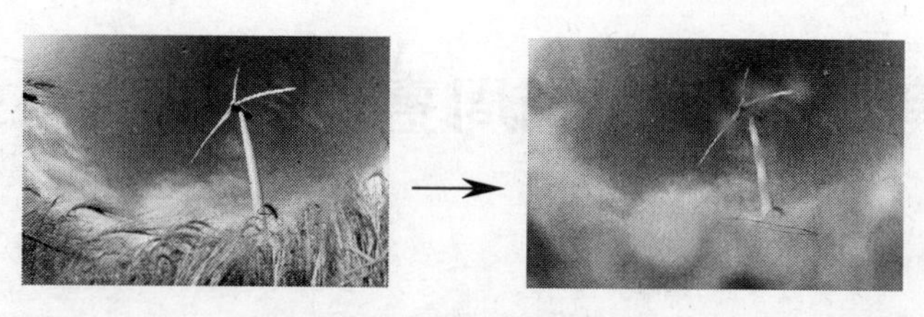

图 5-92　绘图效果前后对比

（2）打开如图 5-93 所示的“运动场.jpg”图像（立体化教学:\实例素材\第 5 章\运动场.jpg），将照片中多余的人物去除，处理后的效果如图 5-94 所示（立体化教学:\源文件\第 5 章\运动场.jpg）。

提示：使用修补工具、仿制图章工具去除人物，注意建立合适的取样点。本练习可结合立体化教学中的视频演示进行学习（立体化教学:\视频演示\第 5 章\去除“运动场”图像人物.swf）。

图 5-93　原照片

图 5-94　修饰后的照片

（3）制作如图 5-95 所示的“香水”图像（立体化教学:\源文件\第 5 章\香水.psd）。

提示：背景图形可以使用画笔工具绘制，瓶子可使用自定义形状工具绘制。

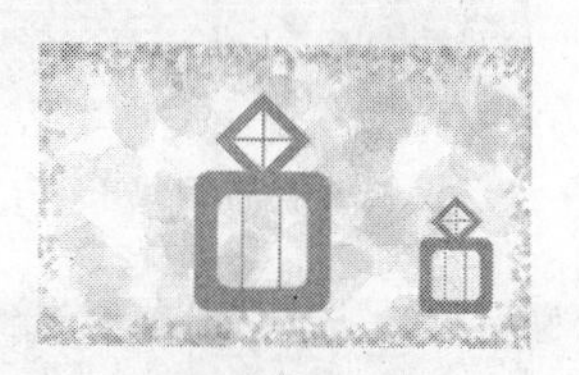

图 5-95　香水

总结 Photoshop 中提高绘图效率的方法

本章主要介绍了图像的绘制操作，要想在作品中制作出更漂亮、更丰富的图像效果，还必须学习和总结一些提高绘图效率的方法，这里总结以下几点供读者参考和探索：

- 本章介绍的绘图工具主要用于为图像添加装饰，在绘制标志等图形时还需结合后面章节将要介绍的钢笔工具的使用，才能达到灵活绘图的目的。
- 学习本章时可对照现实中的一些广告作品进行模仿绘制，并尝试用 Photoshop 绘制出类似的效果，不断地练习后便可掌握各种绘图工具的特性及操作技巧。
- 如果要用 Photoshop 进行鼠绘，可以先找一些优秀的绘画作品，然后在素描纸上将其临摹下来，其目的是为了学习造型技巧和色彩的运用能力，以培养绘图的手感，从而提高手绘能力。另外，也可使用数位板等电脑输入设备来练习和提高手绘能力。

第 6 章　调整图像色彩

学习目标

- ☑ 使用调色命令编辑图像全图的颜色
- ☑ 使用调色命令编辑图像局部的颜色
- ☑ 使用“亮度/对比度”、“色相/饱和度”命令编辑使秋天变为春天
- ☑ 使用“可选颜色”、“通道混合器”命令为图像添加怀旧效果
- ☑ 使用选区工具、调色命令为黑白图像上色
- ☑ 综合利用选区工具和“色相/饱和度”命令调整荷花色彩效果

目标任务&项目案例

调整曲线后的效果

秋天变春天

调整阴影和高光后的效果

制作怀旧效果

调整荷花色彩效果

三色效果

调整图像颜色是使用 Photoshop 处理图像中必不可少的环节，制作上述实例主要使用了选区工具和调色命令。本章将具体讲解使用色阶、曲线、色彩平衡、亮度/对比度、色相/饱和度、照片滤镜、匹配颜色、替换颜色、可选颜色、通道混合器、渐变映射、阴影/高光、阈值和色调分离等命令，制作出不同效果的图像。

6.1　色彩的基本概念

图像的色彩艳丽或色彩搭配完美往往是吸引人注意的主要因素，Photoshop 提供了强大的图像色彩调整功能，可以对有缺陷的图像进行调整和修饰，这在数码照片的处理过程中显得尤为重要。

在讲解各个色彩调整方法前，下面先介绍色彩三原色、色相、纯度、明度和对比度等色彩的基本概念。

6.1.1　色彩三原色

自然界所有的颜色都是由红、绿、蓝 3 种颜色组成的，因此人们常把这 3 种颜色称为三原色。而目前电脑中的 RGB 色彩模式也是从三原色概念衍生出来的。当这些颜色以不同波长或以混合形式出现时，眼睛便能识别出这些颜色。

6.1.2　色相

色相是指色彩的相貌，是区别色彩种类的名称。如红、紫、橙、蓝、青、绿、黄等色彩都分别代表一类具体的色相，而黑、白以及各种灰色是属于无色系的。对色相进行调整其实是指在多种颜色之间变化。

6.1.3　纯度

纯度是指色彩的纯净程度，也称饱和度。对色彩的饱和度进行调整其实是对图像的纯度进行调整。

6.1.4　明度

明度是指色彩的明暗程度，也可称为亮度。明度是任何色彩都具有的属性。白色是明度最高的颜色，因此在色彩中加入白色，可提高图像色彩的明度；黑色是明度最低的颜色，因此在色彩中加入黑色，可降低图像色彩的明度。

6.1.5　对比度

对比度是指不同颜色之间的差异。调整对比度其实是调整颜色之间的差异，提高对比度，其实是使颜色之间的差异变得更加明显。

6.2　调整全图颜色

Photoshop 中对图像的颜色进行调整一般可分为两种：全图调整和局部颜色调整。二者最大的区别是能否调整出比较细致的色彩变化。下面先来讲解操作较简单的全图颜色调整的方法。

6.2.1 使用“色阶”命令

通过调整色阶可以改变图像的明暗程度，这在处理曝光不足的照片时经常使用到。选择“图像|调整|色阶”命令，将打开如图 6-1 所示的“色阶”对话框，其各项参数的含义如下：

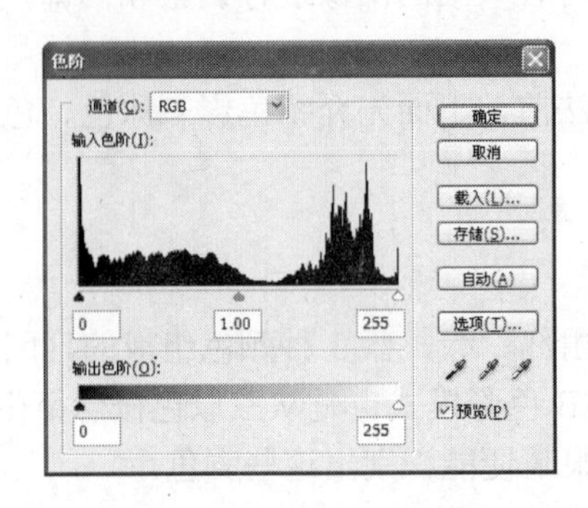

图 6-1 “色阶”对话框

- **“通道”下拉列表框**：在其下拉列表框中可以选择要查看或要调整的颜色通道，一般都选择 RGB 选项，它表示对整幅图像进行调整。
- **“输入色阶”栏**：第 1 个文本框用于设置图像的暗部色调，低于该值的像素将变为黑色，取值范围为 0～253；第 2 个文本框用于设置图像的中间色调，取值范围为 0.10～9.99；第 3 个文本框用于设置图像的亮部色调，高于该值的像素将变为白色，取值范围为 1～255。
- **直方图**：对话框的中间部分称为直方图，它与 Photoshop 的“直方图”面板中的显示是一致的。直方图最左端的滑块代表暗调，向右拖动时低于最左端的值的图像像素将变为黑色；中间的灰度滑块对应“输入色阶”的第 2 个文本框，用于调整图像的中间色调；最右端的全白滑块对应第 3 个文本框，用于调整图像的高光，向左拖动时高于最右端的值的图像像素将变为白色。
- **“输出色阶”滑块**：第 1 个文本框用于提高图像的暗部色调，取值范围为 0～255；第 2 个文本框用于降低图像的亮度，取值范围为 0～255。
- **吸管工具按钮**：用于在原图像窗口中单击选择颜色。使用黑色吸管按钮单击图像，图像上所有像素的亮度值都会减去选取色的亮度值，会使图像变暗。使用灰色吸管按钮单击图像，选取色的像素亮度将被用来调整图像所有像素的亮度。使用白色吸管按钮单击图像，图像上所有像素的亮度值都会加上该选取色的亮度值，从而使图像变亮。
- 载入(L)... **按钮**：单击该按钮可存储*.ALV 文件中的调整参数。
- 存储(S)... **按钮**：单击该按钮可载入存储的*.ALV 文件中的调整参数。
- 自动(A) **按钮**：单击该按钮 Photoshop 将应用自动颜色校正来调整图像。
- 选项(T)... **按钮**：单击该按钮将打开“自动颜色校正选项”对话框，在其中可以设置暗调、中间值的切换颜色，以及自动颜色校正的算法。

➘ ☑预览(P)**复选框**：选中该复选框后，在原图像窗口中可预览调整后的图像效果。

【例 6-1】 打开“照片”图像（立体化教学:\实例素材\第 6 章\照片.jpg），图像色彩有些灰暗，下面通过“色阶”命令对其进行调整（立体化教学:\源文件\第 6 章\照片.jpg）。

（1）打开“照片.jpg”图像，然后选择“图像|调整|色阶”命令，即可打开“色阶”对话框。

（2）单击黑色吸管，在图像窗口中最暗的图像（树枝）上选取颜色，使图像整体的对比度提高，如图 6-2 所示。

（3）拖动“输入色阶”栏下方的 3 个滑块，将输入色阶分别设置为“0、1.00、255”，单击 确定 按钮，如图 6-3 所示。

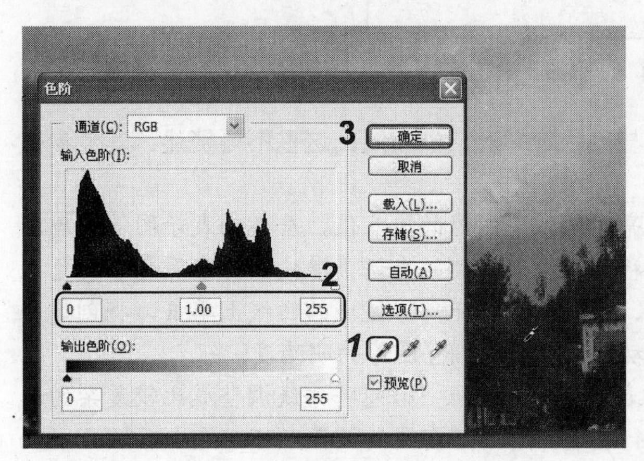

图 6-2　用黑色吸管选取颜色

图 6-3　调整后的图像效果

6.2.2　使用“自动色阶”命令

除了“色阶”命令可以调整图像颜色外，还可选择“图像|调整|自动色阶”命令来调整图像颜色（该命令无参数设置对话框），选择此命令后，Photoshop 将自动调整图像的明暗程度，去除图像中不正常的高亮区和黑暗区。

提示：

如果选择“图像|调整|自动对比度”命令，Photoshop 会自动调整图像整体的对比度；如果选择“图像|调整|自动色彩”命令，Photoshop 会自动对图像的色彩进行总体调整。这两个命令都没有参数设置对话框。

6.2.3　调整曲线

“曲线”命令可以对图像的色彩、亮度和对比度进行综合调整，它与“色阶”命令不同的是，“曲线”命令可以在从暗调到高光这个色调范围内对多个不同的点进行调整，常用于改变物体的质感。选择“图像|调整|曲线”命令，将打开如图 6-4 所示的“曲线”对话框。

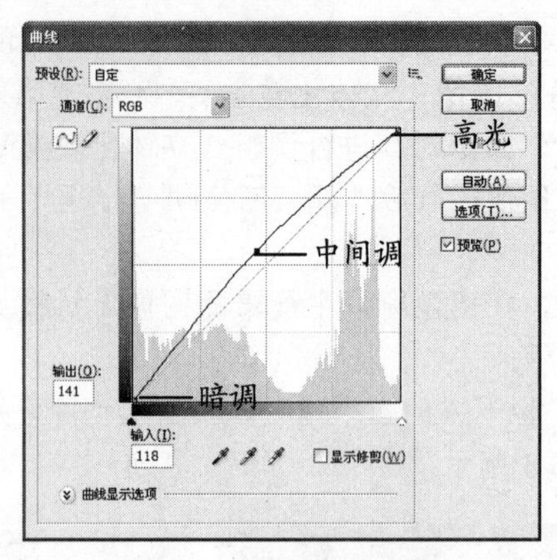

图 6-4 “曲线”对话框

“曲线”对话框中部分参数的作用与“色阶”对话框相同，这里不再赘述。其他参数的含义如下：

- **图表**：水平轴表示原来图像的亮度值，即图像的输入值，垂直轴表示图像处理后的亮度值，即图像的输出值。移动坐标轴外侧的光谱条滑块，可在黑色和白色之间进行切换。在图像上的暗调、中间调或高光部分区域的曲线上单击，将创建一个相应的调节点，然后通过拖动调节点即可调整图像的明暗度。
- **工具按钮**：该工具用来在图表中添加调节点。若想将曲线调整成比较复杂的形状，可以添加多个调节点并进行调整。对于不需要的调节点可以选中后按 Delete 键删除。
- **工具按钮**：用于在图表上随意画出需要的色调曲线，选中该按钮后后将鼠标指针移至图像中，鼠标将变成画笔形状，可用画笔绘制色调曲线。

【例 6-2】 使用“曲线”命令对“寺庙.jpg”图像进行调整，如图 6-5 所示（立体化教学:\实例素材\第 6 章\寺庙.jpg），使其景物对比感更为强烈，如图 6-6 所示（立体化教学:\源文件\第 6 章\寺庙.jpg）。

图 6-5 处理前的照片

图 6-6 处理后的照片

（1）打开“寺庙.jpg”图像，选择“图像|调整|曲线”命令，打开“曲线”对话框。

（2）在图像曲线上的暗调、中间调和高光区域分别单击添加 3 个调节点，如图 6-7 所示。

（3）单击中间调上的调节点，按住鼠标左键不放并向左上方拖动鼠标；将中间调部分

加亮，向上方拖动右上角的高光区域的调节点，增加高光区域的亮度；向下方拖动左下角的暗调区域的调节点，降低部分图像的明度，在调整过程中注意图像的变化。单击 确定 按钮，如图 6-8 所示。

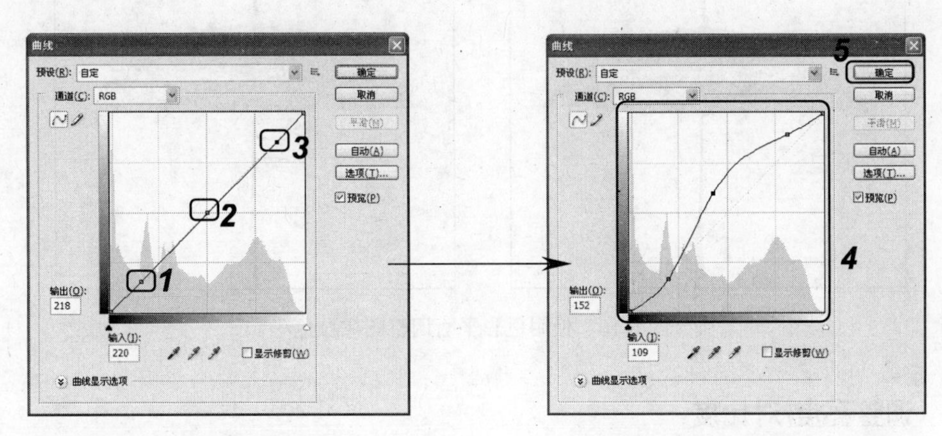

图 6-7　添加 3 个调节点　　　　图 6-8　调整调节点的位置

6.2.4　调整色彩平衡

"色彩平衡"命令可以调整图像整体的色彩，改变颜色的混合，若图像有明显的偏色，可以使用该命令来纠正。选择"图像|调整|色彩平衡"命令，将打开如图 6-9 所示的"色彩平衡"对话框，其中各项参数的含义如下：

- "色彩平衡"栏：在"色阶"后的文本框中输入数值可以将 RGB 三原色调整到 CMYK 色彩模式间对应的色彩变化范围，其取值范围为-100～100。用户也可直接拖动文本框下方的 3 个滑块的位置来调整图像的色彩。当 3 个色阶的数值都设置为"0"时，图像色彩无变化。
- "色调平衡"栏：用于选择需要着重进行调整的色彩范围，包括 阴影(S)、中间调(D) 和 高光(H) 3 个单选按钮，选中某一单选按钮后可对相应色调的颜色进行调整。
- 保持明度(V) 复选框：选中该复选框表示调整色彩时保持图像亮度不变。

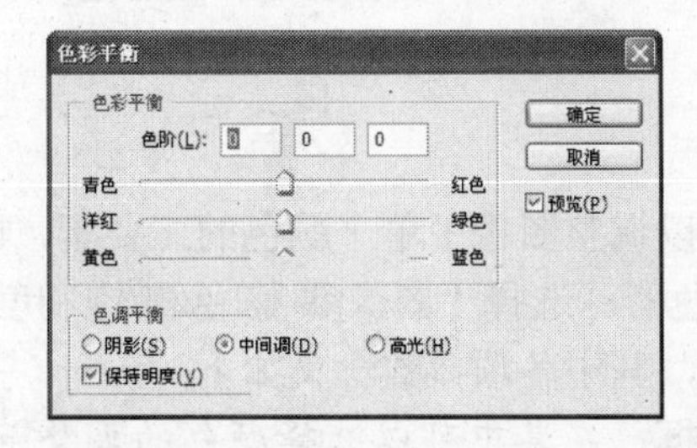

图 6-9　"色彩平衡"对话框

提示：

调整色彩时三角形滑块靠拢某种颜色表示增加该颜色，远离某种颜色表示减少该颜色。

打开"色彩平衡"对话框后，用户可根据需要调整图像的色彩部分，单击"色调平衡"

栏中的相应单选按钮，然后在“色彩平衡”栏中进行调整，最后单击确定按钮完成操作。如图 6-10 所示为使用“色彩平衡”命令调整图像前后色彩效果对比。

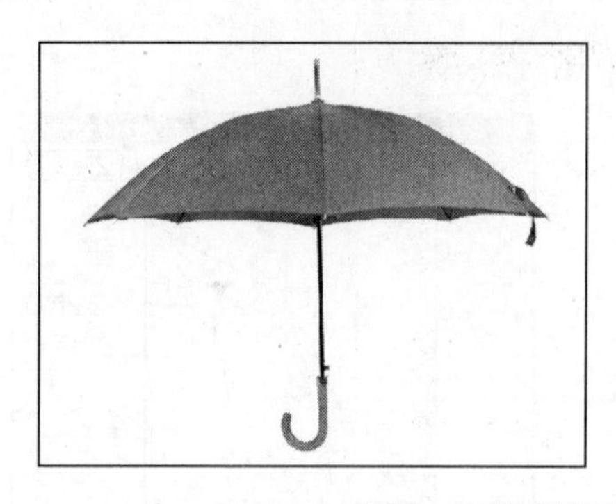
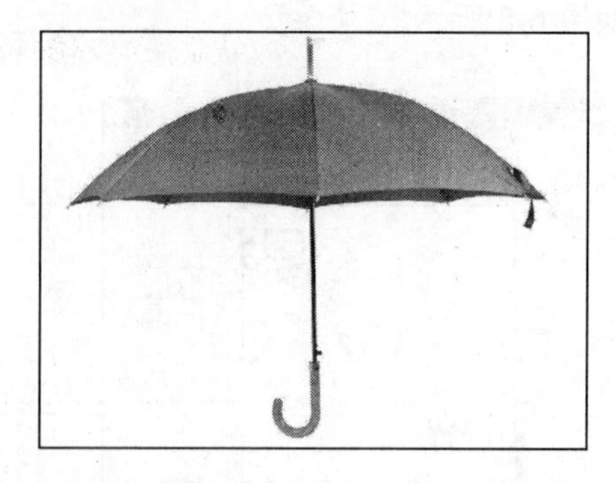

图 6-10　使用色彩平衡调整图像颜色

6.2.5　调整亮度/对比度

“亮度/对比度”命令可以调整图像的亮度和对比度，常用于处理曝光过度的照片。其使用方法和“色彩平衡”命令基本相同，选择“图像|调整|亮度/对比度”命令，打开如图 6-11 所示的“亮度/对比度”对话框，其中各项参数含义如下：

- **“亮度”数值框**：当输入数值为负时，表示降低图像的亮度；当输入的数值为正时，表示增加图像的亮度；当输入的数值为 0 时，图像无变化。
- **“对比度”数值框**：当输入数值为负时，表示降低图像的对比度；当输入的数值为正时，表示增加图像的对比度；当输入的数值为 0 时，图像无变化。

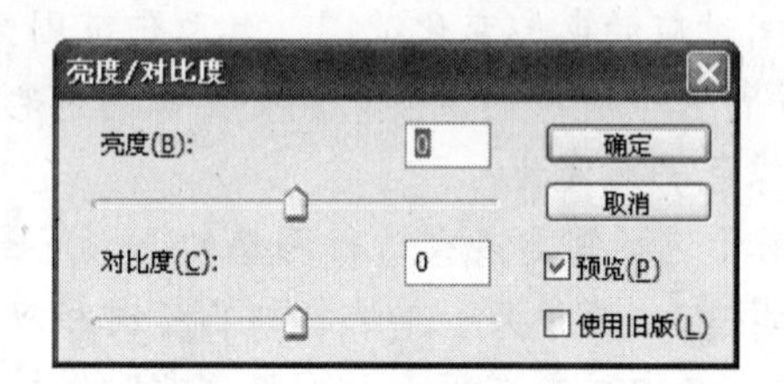

图 6-11　“亮度/对比度”对话框

6.2.6　调整色相/饱和度

“色相/饱和度”命令可以调整图像中单个颜色的三要素，即色相、饱和度和明度，常用于调整、处理比较细致的色彩。选择“图像|调整|色相/饱和度”命令，打开如图 6-12 所示的“色相/饱和度”对话框，其中各项参数含义如下：

- **“编辑”下拉列表框**：在其中可以选择颜色的调整范围。其中“全图”表示对图像中所有颜色像素起作用，其余的选项表示对图像中的某一种颜色的像素进行调整。
- **“色相”数值框**：用于修改所选颜色的色相，取值范围为-180～180。
- **“饱和度”数值框**：用于修改所选颜色的饱和度。

- **“明度”数值框**：用于修改所选颜色的亮度。
- ☑着色(O) **复选框**：选中该复选框后，可对灰色或黑白图像进行单彩色上色操作。

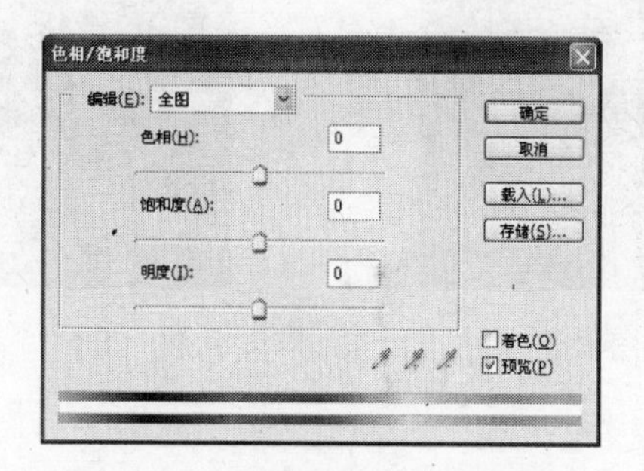

图 6-12　“色相/饱和度”对话框

技巧：

为了调整出更加准确的颜色，用户在调整色相、饱和度和明度等参数前，最好先在“编辑”下拉列表框中选择需要调整的色彩范围。

6.2.7　使用照片滤镜

不同的色温可为图像增加不同的情绪，若对整体的色温不满意，可通过照片滤镜命令进行调整，选择“图像|调整|照片滤镜”命令，打开“照片滤镜”对话框，如图 6-13 所示，其中各项参数含义如下：

- ⊙滤镜(F): **单选按钮**：选中该单选按钮，可激活单选按钮后方的下拉列表框，在该下拉列表框中可选择不同的色温选项。
- ⊙颜色(C): **单选按钮**：选中该单选按钮，可在其后的色块中根据需要自定义色温。
- **“浓度”数值框**：在其输入框中可直接输入数字设置色温的程度。

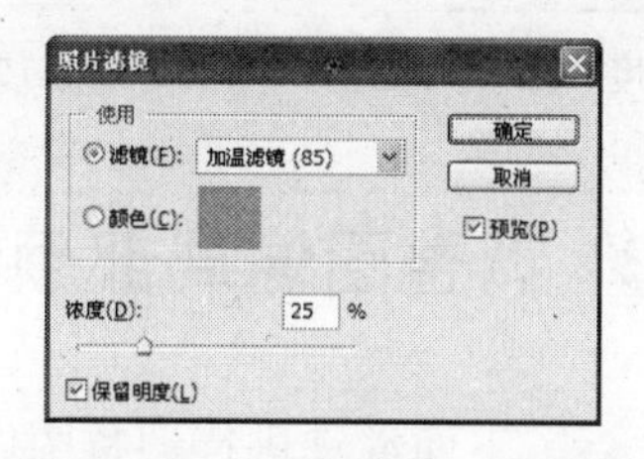

图 6-13　“照片滤镜”对话框

打开“照片滤镜”对话框，在“使用”栏中选择需要添加的色温颜色再调整浓度，最后单击 确定 按钮，即可完成操作。

6.2.8　应用举例——秋天变春天

本例将练习使用“亮度/对比度”、“色相/饱和度”等调整命令，将如图 6-14 所示的一幅秋天的景色图片（立体化教学:\实例素材\第 6 章\树叶.jpg），调整成春天的风景效果，如图 6-15 所示（立体化教学:\源文件\第 6 章\树叶.jpg）。

图 6-14　原图像

图 6-15　调整后的效果

操作步骤如下：

（1）打开“树叶.jpg”图片，选择“图像|调整|色相/饱和度”命令，打开“色相/饱和度”对话框。

（2）在“色相/饱和度”对话框的“编辑”下拉列表框中选择“全图”选项（如果只需改变某一种颜色，则选择相应的颜色选项），然后按照如图 6-16 所示进行参数设置。

（3）单击 确定 按钮，此时图像的对比度不是很好，可以对其进行调整，选择“图像|调整|亮度/对比度”命令，打开“亮度/对比度”对话框，按照如图 6-17 所示进行参数设置，单击 确定 按钮即可。

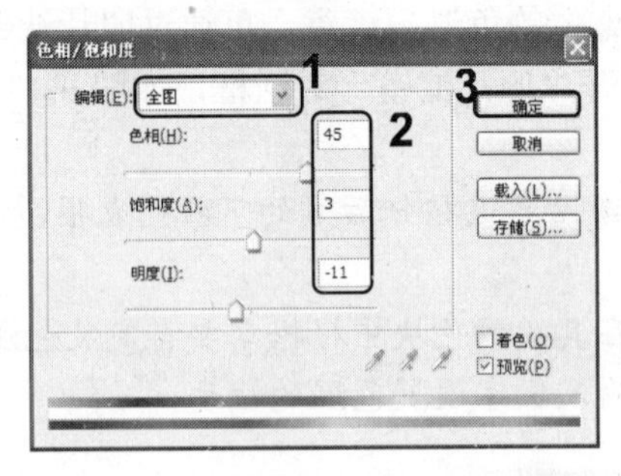

图 6-16　调整“色相/饱和度”参数

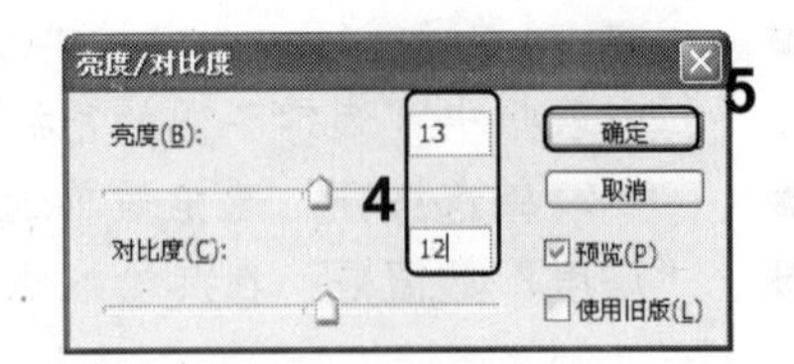

图 6-17　调整“亮度/对比度”参数

6.3　调整图像局部颜色

掌握了调整全图颜色的方法后，下面继续进行调整图像局部颜色的方法。调整图像局部颜色可使用“匹配颜色”、“替换颜色”、“可选颜色”、“通道混合器”、“渐变映射”、“阈值”、“色调分离”和“变化”等命令，或将某一类颜色替换成另一种颜色。

6.3.1　使用“匹配颜色”命令

“匹配颜色”命令可以调整图像的亮度、色彩饱和度和色彩平衡，同时还可将当前图像的颜色调整到与其他图像文件中的图像颜色相匹配。选择“图像|调整|匹配颜色”命令，打开如图 6-18 所示的“匹配颜色”对话框，其中各项参数含义如下：

➘　**“图像选项”栏**：选择匹配的原图像后，在该栏中选中 ☑中和(N) 复选框表示可自动

移去图像中的色痕；拖动“亮度”滑块可以增强或减弱图像的亮度；拖动“颜色强度”滑块可以增大或减小图像中的颜色像素值；拖动“渐隐”滑块可控制应用于匹配图像的调整量，向右移动表示增加。

- “图像统计”栏：在“源”下拉列表框中选择需要匹配的源图像，如果选择“无”选项，表示用于匹配的源图像和目标图像相同，即当前图像，也可选择其他已打开的用于匹配的源图像。选择后将在右下角的预览框中显示该图像缩略图。“图层”下拉列表框用于指定匹配图像所使用的图层。

6.3.2　使用“替换颜色”命令

“替换颜色”命令可以替换图像中某个特定范围内的颜色。选择“图像|调整|替换颜色”命令，打开如图 6-19 所示的“替换颜色”对话框。

使用“替换颜色”命令的方法是：先用吸管工具在图像预览窗口中单击选取需要替换的某一种颜色，然后在“替换”栏下方拖动 3 个滑块设置新的色相、饱和度和明度，最后调整“颜色容差”值，数值越大，表示被替换颜色的图像颜色范围越大。

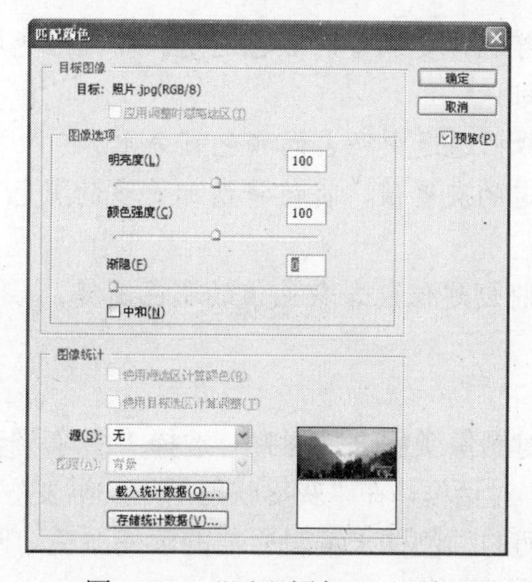

图 6-18　“匹配颜色”对话框

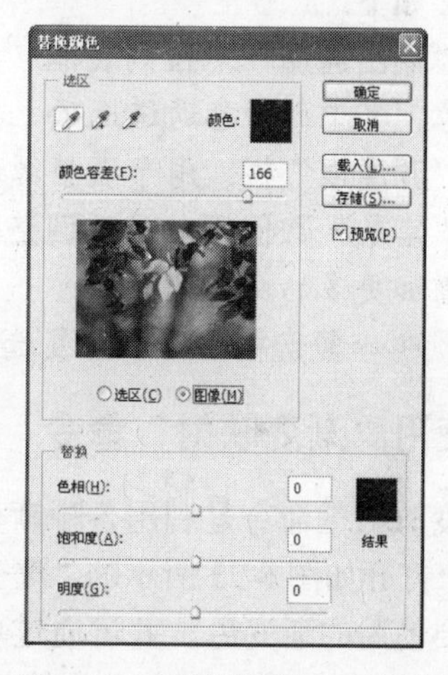

图 6-19　“替换颜色”对话框

6.3.3　使用“可选颜色”命令

“可选颜色”命令可以选择性地修改原色中印刷色的数量，但不会影响其他原色，这也是校正高端扫描仪和分色程序使用的一项技术。选择“图像|调整|可选颜色”命令，打开如图 6-20 所示的“可选颜色”对话框。

首先在“颜色”下拉列表框中选择要调整的颜色，有“红色”、“黄色”、“绿色”、“青色”、“蓝色”、“洋红”、“白色”、“中性色”和“黑色”等颜色选项，然后分别拖动“青色”、“洋红”、“黄色”和“黑色”滑块来调整 C、M、Y、K 四色的百分比值。若选中 ⊙相对(R) 单选按钮则表示按 CMYK 总量的百分比来调整颜色，若选中 ⊙绝对(A) 单选按钮则表示按 CMYK 总量的绝对值来调整颜色。

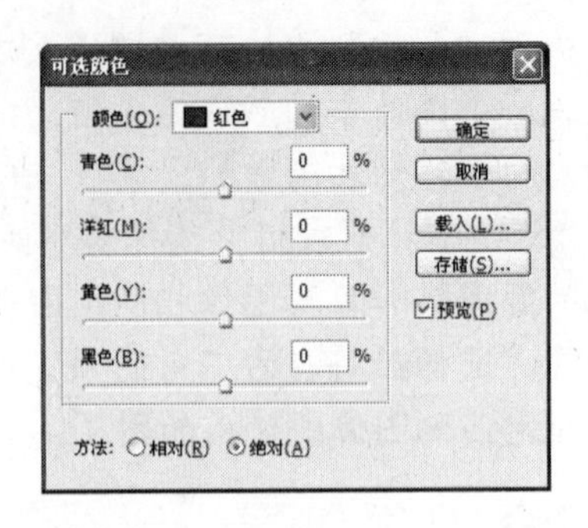

图 6-20 “可选颜色”对话框

6.3.4 使用“通道混合器”命令

“通道混合器”命令可以通过从每个颜色通道中选取其所占的百分比来创建色彩。选择“图像|调整|通道混合器”命令，打开如图 6-21 所示的“通道混合器”对话框，其中各项参数含义如下：

- **“输出通道”下拉列表框**：在其中可选择要调整的颜色通道。不同颜色模式的图像，其中的颜色通道选项也各不相同。
- **“源通道”栏**：用于调整源通道在输出通道中所占的颜色百分比。
- **“常数”数值框**：用于调整输出通道的灰度值，负值将增加更多的黑色，正值将增加更多的白色。
- ☑单色(H) **复选框**：选中该复选框后，将创建仅包含灰色值的彩色图像。

6.3.5 使用“渐变映射”命令

“渐变映射”命令是利用各种渐变颜色对图像颜色进行调整。选择“图像|调整|渐变映射”命令，打开如图 6-22 所示的“渐变映射”对话框，在“灰度映射所用的渐变”下拉列表框中选择要使用的渐变色，并可通过单击中间的颜色框来编辑所需的渐变颜色。☑仿色(D) 和 ☑反向(R) 复选框的作用与渐变工具的相应选项相同。

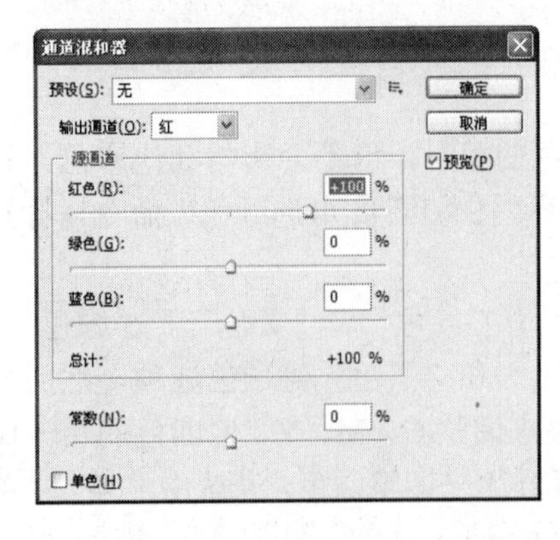

图 6-21 “通道混合器”对话框

图 6-22 使用“渐变映射”命令调整图像

6.3.6　调整阴影/高光

“阴影/高光”命令是基于暗调或高光的周围像素对图像进行增亮或变暗。适用于校正由于强逆光而形成剪影的照片，或者校正由于太接近相机闪光灯而有些发白的焦点。

选择“图像|调整|阴影/高光”命令，打开如图 6-23 所示的对话框。分别调整阴影和高光的“数量”值，即可调整光照的校正量。

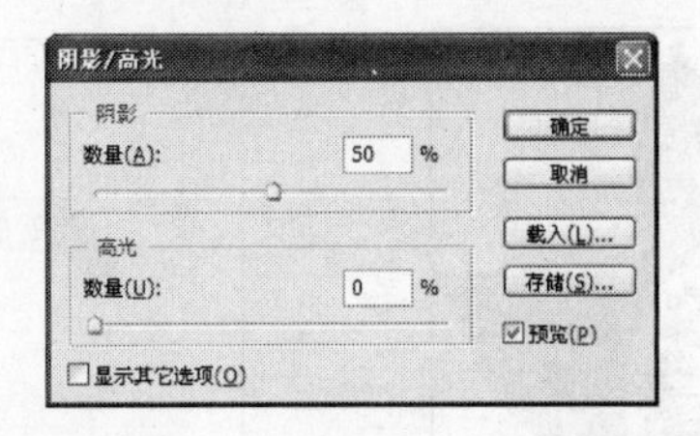

图 6-23　“阴影/高光”对话框

【例 6-3】 使用“阴影/高光”命令将如图 6-24 所示的偏暗的图像（立体化教学:\实例素材\第 6 章\阴影.jpg）进行调整，调整后的效果如图 6-25 所示（立体化教学:\源文件\第 6 章\阴影.jpg）。

（1）打开“阴影.jpg”图像，然后选择“图像|调整|阴影/高光”命令，打开“阴影/高光”对话框。

（2）在“阴影”栏的“数量”文本框中输入“70”，其他值保持不变，单击 确定 按钮即可。

图 6-24　原图像

图 6-25　调整阴影/高光后的效果

提示：

选择“图像|调整|色调均化”命令，可调整颜色并重新分配图像中各像素的亮度值，其中最暗值为黑色（或尽可能相近的颜色），最亮值为白色，中间像素则均匀分布；选择“图像|调整|反相”命令，可以反转图像的色彩，但不会丢失图像的颜色信息。这两个调整命令都无须进行参数设置。

6.3.7　使用“阈值”命令

“阈值”命令可以将一张彩色或灰度的图像调整成高对比度的黑白图像，这样便可区分出图像中的最亮和最暗的区域，以方便制作某些特殊效果。选择“图像|调整|阈值”命令，打开如图 6-26 所示的对话框，用户可以在“阈值色阶”的文本框中指定其中某个色阶作为

阈值，指定后，所有比阈值大的像素将转换为白色，比阈值小的像素将转换为黑色。

6.3.8 使用“色调分离”命令

“色调分离”命令可以指定图像中每个通道的色调级（或亮度值）的数目，然后将像素映射为最接近的匹配色调上，减少并分离图像的色调。选择“图像|调整|色调分离”命令，将打开如图 6-27 所示的“色调分离”对话框，在其中可以设置色调级数目。

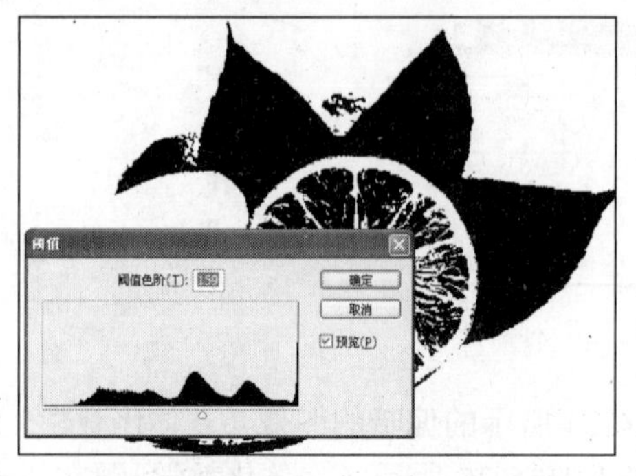

图 6-26 使用“阈值”命令调整图像

图 6-27 使用“色调分离”命令调整图像

6.3.9 使用“变化”命令

“变化”命令可以直观地调整图像的阴影、中间色调、高光和饱和度属性，方便用户对图像进行调整。选择“图像|调整|变化”命令，打开如图 6-28 所示的“变化”对话框。

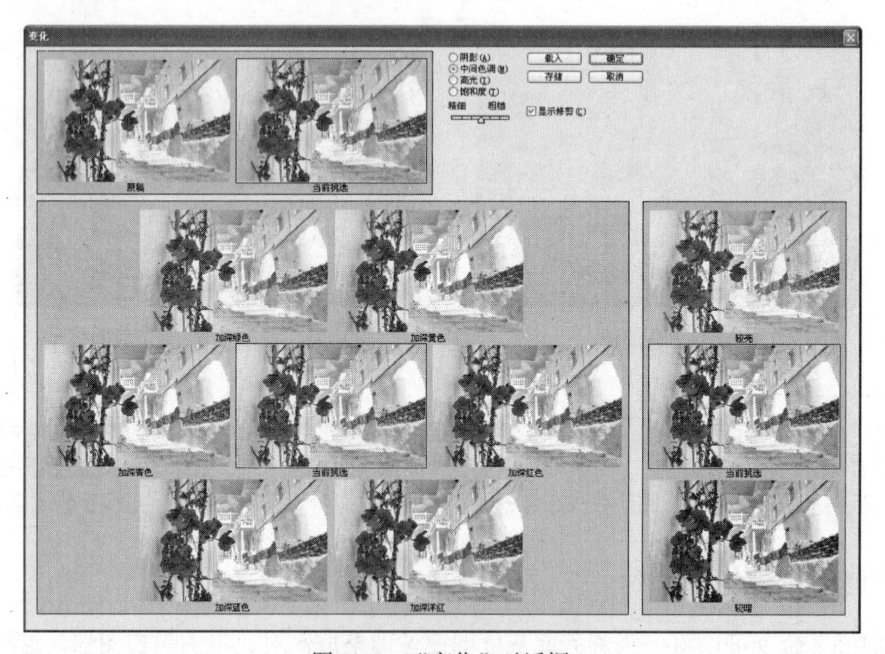

图 6-28 “变化”对话框

在“变化”对话框左上角有两个缩览图，分别用于显示调整前和调整后的图像效果。

调整图像时，首先在“变化”对话框中选择需要调整的内容，选中 ⊙阴影(A) 单选按钮表示将调节图像阴影区域；选中 ⊙中间色调(M) 单选按钮表示将调节图像中间调区域；选中 ⊙高光(I) 单选按钮表示将调节图像高光区域；选中 ⊙饱和度(T) 单选按钮表示将调整图像饱和度。选择调整内容后单击对话框下方的各个颜色预览框中的图像，可连续几次单击同一个颜色图像，以增加相应的颜色，完成后单击 确定 按钮应用效果即可。

6.3.10 应用举例——制作怀旧效果

本例将练习使用“可选颜色”、“通道混合器”等调整命令，将打开如图 6-29 所示的“怀旧照片.jpg”图像（立体化教学:\实例素材\第 6 章\怀旧照片.jpg），将图像调整为怀旧效果，最终效果如图 6-30 所示（立体化教学:\源文件\第 6 章\怀旧照片.jpg）。

图 6-29　原图像

图 6-30　调整后的效果

操作步骤如下：

（1）打开“怀旧照片.jpg”图像，选择“图像|调整|可选颜色”命令，打开“可选颜色”对话框。

（2）在“可选颜色”对话框的“颜色”下拉列表框中选择“中性色”选项，然后按照如图 6-31 所示进行设置，再单击 确定 按钮。

（3）选择“图像|调整|通道混合器”命令，在打开对话框的“输出通道”下拉列表框中选择“红”选项，然后按照如图 6-32 所示进行设置，完成后单击 确定 按钮。

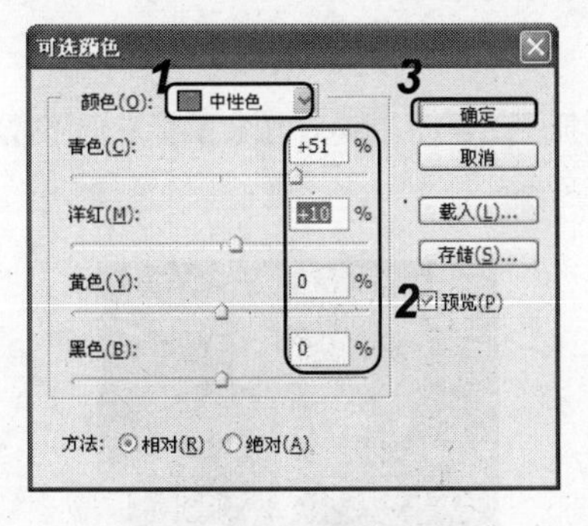

图 6-31　设置可选颜色

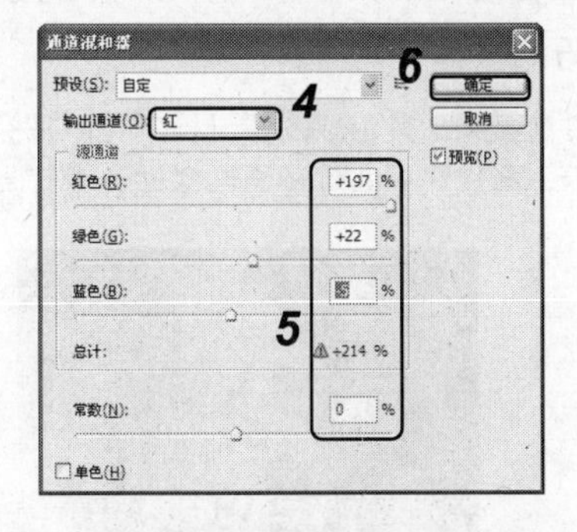

图 6-32　设置通道混合器

（4）选择“图像|调整|色相/饱和度”命令，在打开的“色相/饱和度”对话框的“编辑”下拉列表框中选择“全图”选项，在“明度”数值框中输入“21”，单击 确定 按钮，完成操作。

6.4 上机及项目实训

6.4.1 黑白照片彩色化

本练习将对如图 6-33 所示的黑白照片（立体化教学:\实例素材\第 6 章\照片上色.jpg）进行上色处理，分别对照片中的人物的各个服饰部分进行换色操作，并对背景的明暗程度进行调整，上色后的最终效果如图 6-34 所示（立体化教学:\源文件\第 6 章\照片上色.psd）。通过练习，用户可掌握部分常用的颜色调整命令。

图 6-33 原照片

图 6-34 处理后的照片效果

1. 调整背景色

使用调色命令调整背景色，操作步骤如下：

（1）打开“照片上色.jpg”图像。选择“图像|调整|亮度/对比度”命令，在打开的“亮度/对比度”对话框中按照如图 6-35 所示进行设置，从图像窗口中可以看到调整后的效果，完成后单击确定按钮。

（2）选择工具箱中的缩放工具，在图像窗口中单击放大图像显示，然后选择工具箱中的磁性套索工具，选取人物图像，如图 6-36 所示。

技巧：

用磁性套索工具选取图像过程中可以按空格键切换到抓手工具状态，按住鼠标左键不放移动图像显示，释放鼠标即可还原到磁性套索工具状态下进行选取。

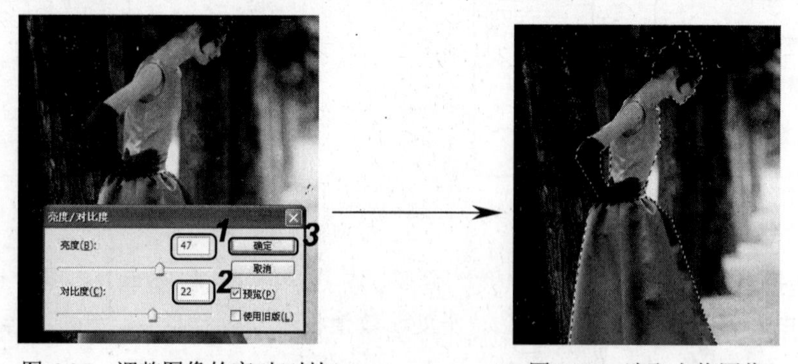

图 6-35 调整图像的亮对/对比

图 6-36 选取人物图像

（3）按 Shift+Ctrl+I 组合键反向选区，选取除人物图像外的背景图像，然后选择“图像|调整|色相/饱和度”命令，在打开的“色相/饱和度”对话框中选中☑着色(O)复选框，并按照图 6-37 所示进行设置，完成后单击 确定 按钮。

2．为人物调色

使用调色命令调整调整人物颜色，操作步骤如下：

（1）再次按 Shift+Ctrl+I 组合键反向选区，选取人物图像，将图像放大显示，在工具箱中选择磁性套索工具，在其工具属性栏中单击“从选区减去”按钮，从裙子的上端边缘开始，沿着人物图像的上半部分进行选取，如图 6-38 所示。

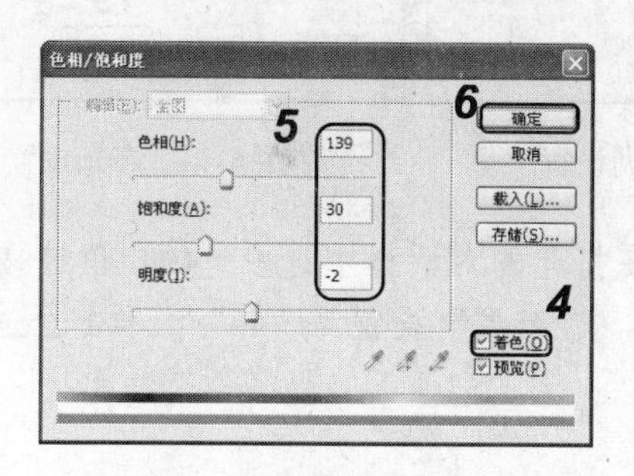

图 6-37　调整图像背景

图 6-38　将人物上半部分从选区中减去

（2）封闭选区后将得到裙子部分图像的选区，然后用同样的方法将右脚裸露的小部分从选区中减去。

（3）选择“图像|调整|色彩平衡”命令，在打开的对话框中选中⊙中间调(D)单选按钮，并进行如图 6-39 所示的参数设置。单击 确定 按钮，为裙子图像上色后的效果如图 6-40 所示。

（4）然后将图像放大，选择工具箱中的磁性套索工具，在其工具属性栏中单击“新选区”按钮，选取人物的上衣部分。

（5）选择“图像|调整|照片滤镜”命令，在打开的对话框中单击“颜色”后的颜色框，将 RGB 分别设置为“215、10、223”。“照片滤镜”对话框的设置及效果如图 6-41 所示，完成后单击 确定 按钮。

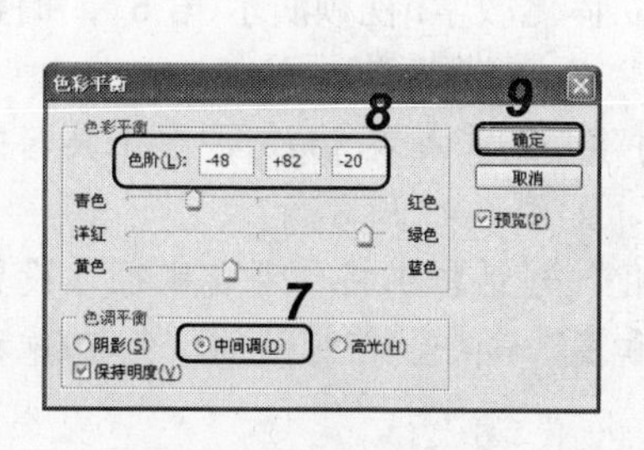

图 6-39　设置色彩平衡

图 6-40　为裙子上色后的效果

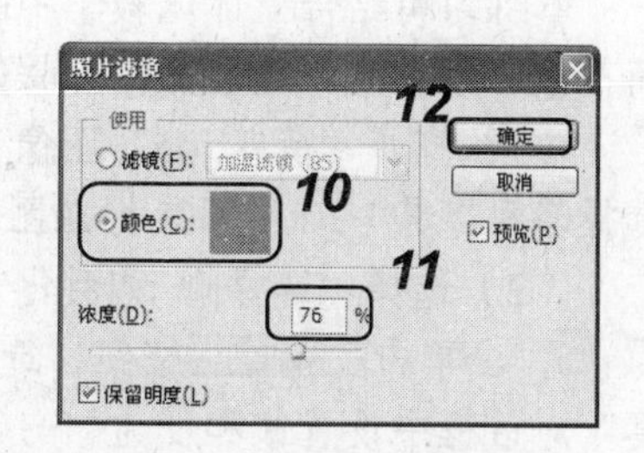

图 6-41　调整上衣的颜色

（6）用同样的方法选取人物的衣袖图像，然后选择“图像|调整|照片滤镜”命令，在打

开的对话框中按照如图 6-42 所示进行设置，完成后单击[确定]按钮。

（7）使用磁性套索工具选取人物的皮肤部分，包括脸部和右脚裸露的小部分皮肤，然后选择“图像|调整|色彩平衡”命令，对“中间调”区域按照如图 6-43 所示进行设置，对“高光”区域按照如图 6-44 所示进行设置，完成后单击[确定]按钮。

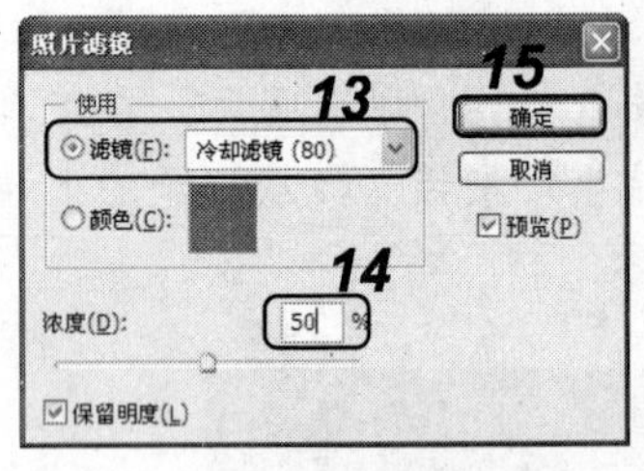

图 6-42　调整照片滤镜

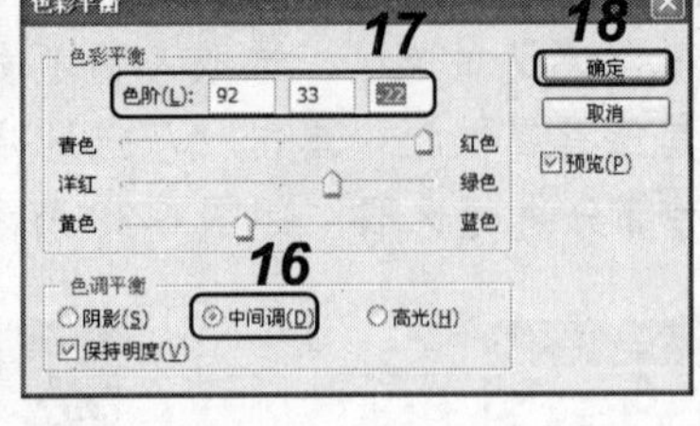

图 6-43　中间调设置

图 6-44　高光设置

（8）选择“图像|调整|照片滤镜”命令，在打开的对话框中选中 ⊙滤镜(F): 单选按钮，并在其下拉列表框中选择“加温滤镜（85）”选项，“浓度”设置为“46”。单击[确定]按钮，完成操作。

6.4.2　调整荷花色彩效果

综合利用本章和前面所学知识，打开如图 6-45 所示的图像建立选区并调整图像颜色，最终效果如图 6-46 所示（立体化教学:\源文件\第 6 章\荷花.jpg）。

图 6-45　原图像

图 6-46　水墨效果

本练习可结合立体化教学中的视频演示进行学习（立体化教学:\视频演示\第 6 章\调整荷花色彩效果）。主要操作步骤如下：

（1）打开“荷花.jpg”图像（立体化教学:\实例素材\第 6 章\荷花.jpg），在工具箱中选择套索工具，使用鼠标在图像中的荷花上建立选区，如图 6-47 所示。

（2）选择“选择|修改|羽化”命令，在打开的“羽化”对话框中将“羽化半径”设置为“5”，单击[确定]按钮。选择“图像|调整|色相/饱和度”命令，在打开的“色相/饱和度”对话框中设置饱和度为“-10”，单击[确定]按钮。

（3）选择“选择/反向”命令，反向选区。选择“图像|调整|色相/饱和度”命令，在打开的“色相/饱和度”对话框中，设置饱和度为“-90”，单击[确定]按钮。

（4）按 Ctrl+D 组合键取消选区，最终效果如图 6-48 所示。

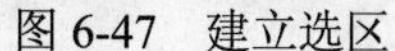

图 6-47　建立选区

图 6-48　完成效果

6.5　练习与提高

（1）打开“气球.jpg”图像（立体化教学:\实例素材\第 6 章\气球.jpg），它是一幅灰色图像，使用上机练习中类似的方法对其进行上色和色彩调整操作，完成后的效果如图 6-49 所示（立体化教学:\源文件\第 6 章\气球.jpg）。

（2）打开“海.jpg”图像（立体化教学:\实例素材\第 6 章\海.jpg），将其划分成 3 个图像颜色区域并调整颜色，如图 6-50 所示（立体化教学:\源文件\第 6 章\海.jpg）。

提示：可以通过“色彩平衡”命令将 3 个图像区域调整成其他颜色，也可以使用“色阶”、“曲线”和“变化”等调整命令实现。本练习可结合立体化教学中的视频演示进行学习（立体化教学:\视频演示\第 6 章\为“海”图像划分颜色区.swf）。

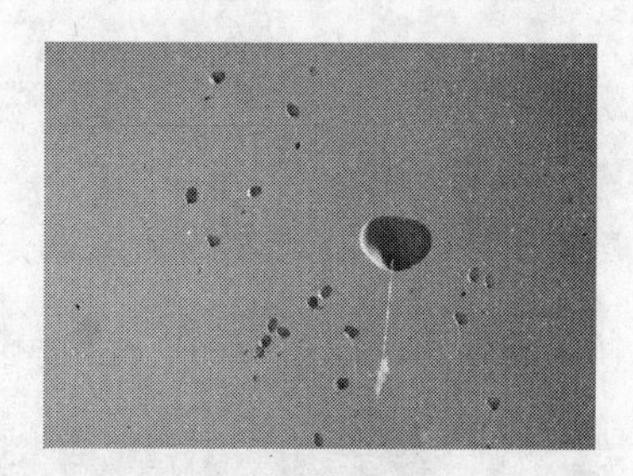

图 6-49　上色后的效果

图 6-50　三色图像效果

总结 Photoshop 中调整颜色的注意事项

本章主要介绍了图像颜色的调整方法，要想在作品中制作出更漂亮、更丰富的图像效果，还需要注意一些问题，这里总结以下几点供读者参考和探索：

- 调整图像时，一定要注意选区的选取。使用选区能帮助用户创建出更多多彩的图像效果。
- 将一幅图像中调整出不同的颜色往往能产生独特的效果。用户在进行处理前最好在脑海中勾勒出图像最后的效果。

第 7 章　应用图层编辑图像

学习目标

- ☑ 了解图层的概念
- ☑ 使用图层的基本操作编辑图像
- ☑ 使用图层的高级应用编辑图像
- ☑ 通过移动图层、复制图层、改变图层排列顺序等知识编辑“鲜花”图像
- ☑ 使用图层混合模式、调整图层为图像增加特殊效果
- ☑ 综合利用图层样式的相关操作制作网页链接按钮，并将其保存为样式

目标任务&项目案例

使用图层编辑图像

改变图层不透明度

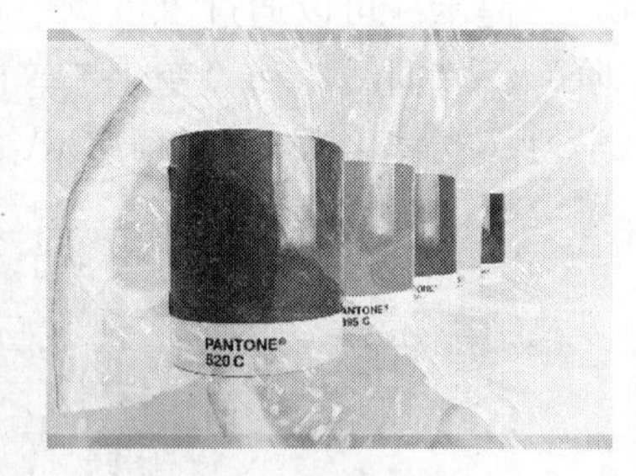

使用图层混合模式

颜色叠加效果

制作照片影集

制作木刻字

在 Photoshop 中图层的使用是必不可少的操作，制作上面的实例主要用到了图层样式、图层混合模式和调整图层等知识。本章将具体讲解图层的新建、移动、删除、合并、复制、新建调整图层、图层样式和图层样式的复制与保存等操作来编辑和修饰图像。

7.1　图层的基本应用

在 Photoshop 中，图层有着非常重要的作用。它可以让设计师们随心所欲地制作出让人惊艳的效果，下面就对图层的基本应用进行讲解。

7.1.1　什么是图层

使用图层可以在不影响图像中其他图像的情况下来处理其中的某一个图像，用户也可以将图层看成是一张张叠加起来的醋酸纸。如果最上面的图层上没有图像，就可以看到下面的图层中的图像，并可通过移动纸张的位置来改变两层图像的相对位置。图层概念的示意图如图 7-1 所示。

在 Photoshop 中，一幅作品往往是由多个图层组成的，每个图层中用于放置不同的图像，并通过这些图层的叠加来形成所需的图像效果，用户可以独立地对每一个图层中的图像进行编辑或添加图层样式等效果，且对其他图层没有任何影响。通过更改图层的顺序和属性，可改变图像的合成效果。

通过图层上的透明区域可以看到下面的图层

图 7-1　图层概念示意图

7.1.2　“图层”面板

“图层”面板用于显示和编辑当前图像窗口中的所有图层，打开一幅含有图层的图像，按 F7 键，打开“图层”面板，如图 7-2 所示。每个图层左侧都有一个缩略图像，背景层位于最下方，上面依次是各个透明图层，通过图层的叠加形成了一幅完整的图像。

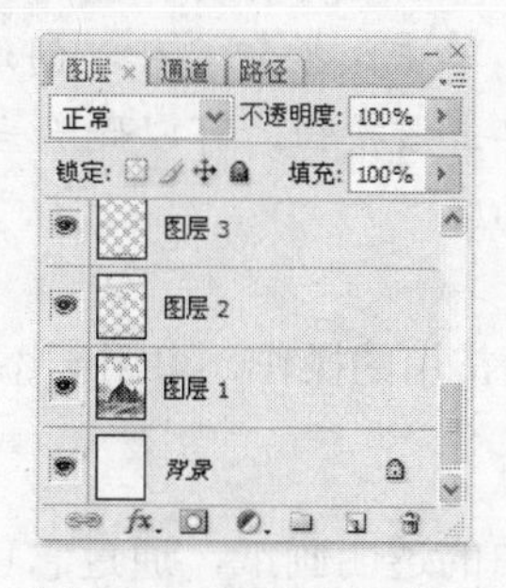

图 7-2　“图层”面板

提示：

背景图层相当于绘图时最下层不透明的画纸，一幅图像只能有一个背景图层，背景图层可以与普通图层相互转换。

“图层”面板中各个参数和按钮的作用如下：

- **“面板菜单”按钮**：单击该按钮，将弹出下拉菜单，主要用于新建、删除、链接以及合并图层等操作。
- **混合模式下拉列表框** 正常 ：用于设置当前图层与它下一图层叠合在一起的混合效果，共有 23 种模式，相关设置将在 7.2 节中进行讲解。
- **“不透明度”数值框**：用于设置当前图层的不透明度。
- **“填充”数值框**：用于设置当前图层内容的填充不透明度。
- **锁定透明像素按钮**：单击该按钮后，将锁定当前图层的透明区域，使透明区域不能被编辑。
- **锁定图像像素按钮**：单击该按钮后，将锁定图像像素，即当前图层和透明区域不能进行绘图等图像编辑操作。
- **锁定位置按钮**：单击该按钮后，将锁定图层的移动功能，即不能对当前图层进行移动操作，常用于固定图层位置。
- **全部锁定按钮**：单击该按钮后，将锁定图层及图层副本的所有编辑操作，即对当前图层进行的所有编辑均无效。
- **图标**：用于显示或隐藏图层。当在图层左侧显示此图标时，表示图像窗口将显示该图层的图像。单击此图标，图标消失并隐藏该图层的图像。
- **当前图层**：在“图层”面板中以蓝色条显示的图层为当前图层。单击相应的图层即可改变当前图层。
- **“链接图层”按钮**：单击该按钮可将多个图层链接在一起。
- **“添加图层样式”按钮** fx：用于为当前图层添加图层样式效果，单击该按钮，将弹出下拉菜单，从中可以选择相应的命令为图层增加特殊效果。
- **“添加图层蒙版”按钮**：单击该按钮，可以为当前图层添加图层蒙版。
- **“创建调整图层”按钮**：用于创建调整图层，单击该按钮，可在弹出的下拉菜单中选择所需的调整命令。
- **“创建新组”按钮**：单击该按钮，可以创建新的图层组，它可以包含多个图层，并可将这些图层作为一个对象进行查看、复制、移动和调整顺序等操作。
- **“创建新图层”按钮**：单击该按钮，可以创建一个新的空白图层。
- **“删除图层”按钮**：单击该按钮，可以删除当前图层。

7.1.3 新建图层

新建图层是进行图像处理时最常用的操作，可用于添加、处理图像或实验图像效果。

1．新建空白图层

空白图层就好比一张完全空白的透明画纸，通过它可看到下面图层的内容。一般在绘

制图像或添加效果之前都需要新建一个空白图层。新建空白图层的方法有以下几种：

- 在“图层”面板中单击面板底部的“创建新图层”按钮，即可在当前图层之上新建一个空白图层“图层 1”，如图 7-3 所示。
- 选择“图层|新建|图层”命令，或按 Shift+Ctrl+N 组合键新建图层。
- 单击“图层”面板右上角的按钮，在弹出的菜单中选择“新建图层”命令，将打开如图 7-4 所示的“新建图层”对话框。在其中设置“名称”、“颜色”、“模式”和“不透明度”等参数，单击确定按钮即可。

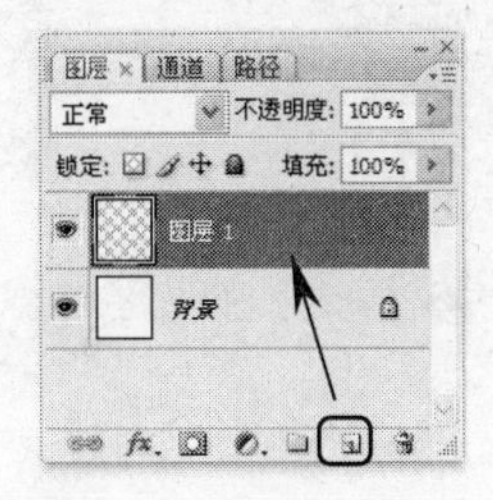

图 7-3　新建空白图层

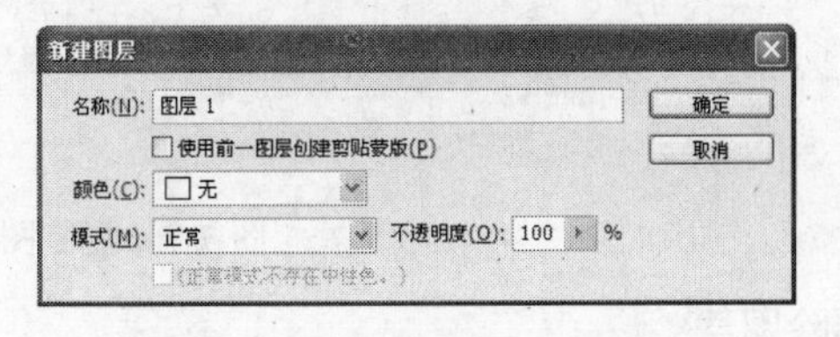

图 7-4　“新建图层”对话框

2. 新建复制和剪切的图层

新建复制和剪切的图层是指将图像中的部分选取图像通过复制或剪切操作来创建新图层，新建的图层中将包括被复制或剪切的图像。

其方法是：在当前图像窗口中的其他图层中选取图像后，选择“图层|新建|通过拷贝的图层”或“图层|新建|通过剪切的图层”命令。通过复制创建新图层时，原图层将保留图像，而通过剪切创建新图层时，原图层是不会保留剪切的图像的。需注意的是：使用“通过剪切的图层”命令剪切图层时需先建立选区，“剪切”命令才可用。如图 7-5 和图 7-6 所示分别为拷贝和剪切的图层。

图 7-5　通过拷贝的图层

图 7-6　通过剪切的图层

提示：

新建图层后双击“图层”面板中图层的名称部分，图层名呈可编辑状态，此时可输入新的图层名称。

7.1.4　复制和删除图层

除了 7.1.3 节介绍的编辑方法外，图层还有其他的一些编辑方法，下面分别介绍复制和删除图层。

1．复制图层

除了使用命令的方法复制图层外，还可直接在“图层”控制面板中复制图层。其方法是：在“图层”面板中选中需要复制的图层，按住鼠标左键不放，将其拖动到面板底部的“创建新图层”按钮上，当鼠标光标变成形状时释放鼠标，即可复制一个该图层的副本到原图层的上方，如图 7-7 所示。

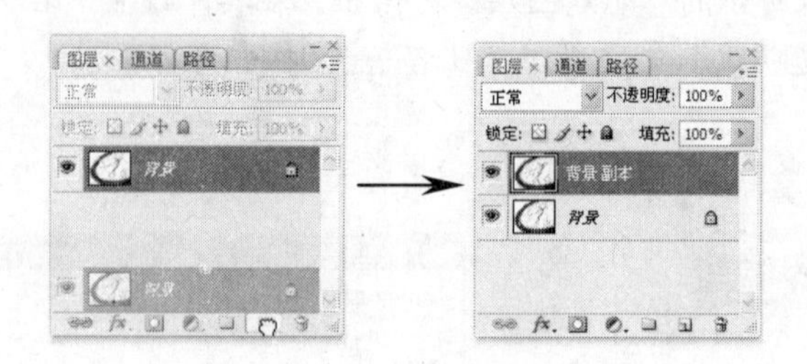

图 7-7　复制图层

2．删除图层

“图层”面板中图层过多不利于操作，用户可删除不需要的图层，删除后图层中的图像也将随之被删除。删除图层有以下几种方法：

- 在“图层”面板中选中需要删除的图层，单击面板底部的“删除图层”按钮。
- 在“图层”面板中将需要删除的图层拖动到“删除图层”按钮上。
- 选中要删除的图层，选择“图层|删除|图层”命令。
- 在“图层”面板中右击需要删除的图层，在弹出的快捷菜单中选择“删除图层”命令。

7.1.5　移动图层的排列顺序

在“图层”面板中，所有的图层都是按一定顺序进行排列的，图层的排列顺序决定了一个图层显示在其他图层的上方或者下方。

移动图层顺序的方法是：在“图层”面板中单击需要移动的图层，按住鼠标左键不放，将其拖动到需要调整到的下一图层上，当出现一条双线时释放鼠标，即可将图层移到需要的位置，如图 7-8 所示。

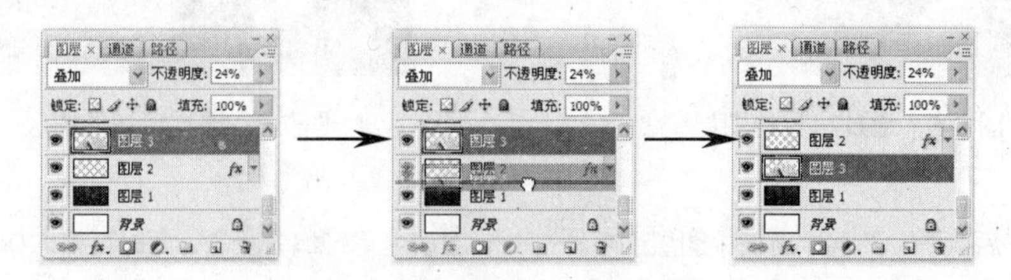

图 7-8　移动图层的排列顺序

提示：

在默认情况下不能移动背景图层，若要移动背景图层的位置，要先将背景图层转换为普通图层，其方法是：在“图层”面板中双击背景图层，在打开的对话框中单击 确定 按钮即可。

7.1.6　链接图层

编辑图层时如果需要同时对多个图层进行移动等编辑操作，可将需要编辑的图层进行链接。

链接图层的方法是：在“图层”面板中按住 Ctrl 键的同时单击图层，同时选择两个或两个以上的图层，单击“图层”控制面板下方的 按钮，当被选中图层名称右边都出现了 图标，表示选中图层已经被链接，如图 7-9 所示。图层被链接后，再次单击链接图标 ，即可取消链接。

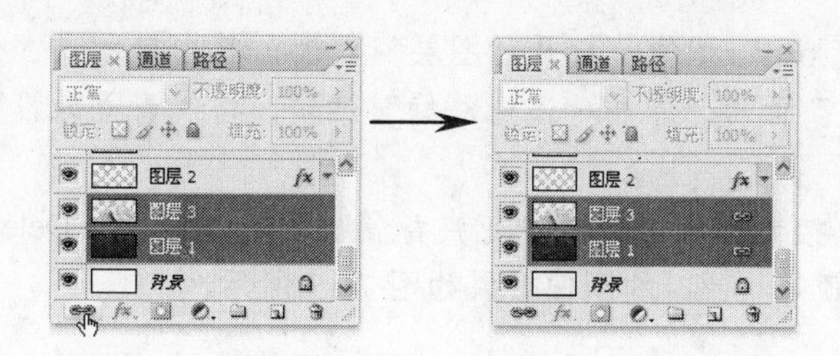

图 7-9　链接图层

提示：

链接图层后选择“图层|将图层与选区对齐”命令，可以对所有链接图层中的图像进行左对齐、顶对齐等操作。

7.1.7　合并图层

合并图层可以将几个图层合并成一个图层，这样可以减小文件大小，或为了方便对这些图层进行编辑。另外，在完成作品的制作后如果要存储为除 PSD 和 TIF 格式外的其他文件格式（如 JPG 等），就必须先将所有图层进行合并。

在“图层”菜单中提供了“向下合并”、“合并可见图层”、“拼合图层”等合并命令，选择相应的命令便可合并相关的图层，各命令的作用如下：

- **“向下合并”命令**：用于将当前图层与其下的一个图层进行合并。
- **“合并可见图层”命令**：用于将“图层”面板中所有显示的图层进行合并，而被隐藏的图层将不合并。
- **“拼合图层”命令**：用于将图像窗口中所有的图层进行合并，并放弃图像中隐藏的图层。

7.1.8　应用举例——体验图层的作用

本例将打开如图 7-10 所示的“鲜花.psd”图像（立体化教学:\实例素材\第 7 章\鲜花.psd），通过复制、删除和移动图层等操作将其修改成如图 7-11 所示的效果（立体化教学:\源文件\第 7 章\鲜花.psd）。

通过此次练习，可以使读者进一步认识图层在图像处理中的作用，并掌握图层的查看、显示或隐藏、复制和移动等基本操作。

图 7-10　原图像

图 7-11　对图层进行编辑后的图像效果

操作步骤如下：

（1）打开“鲜花.psd”图像。打开“图层”面板，其中显示了 5 个图层。

（2）打开“色板”面板，单击“浅青豆绿”色块，将浅青豆绿设置为当前前景色，如图 7-12 所示。

（3）在“图层”控制面板中选择“花卉背景”图层，按 Alt+Delete 组合键将图像背景填充为“浅青豆绿”颜色，此时的图像效果如图 7-13 所示。

图 7-12　选择前景色　　　　图 7-13　填充背景层

（4）在“图层”面板中选中“向日葵 1”图层，按住鼠标左键不放，将其拖动到面板底部“创建新图层”按钮上后释放鼠标，复制生成“向日葵 1 副本”图层。然后选择工具箱中的移动工具，将“向日葵 1 副本”图层中的图像向左侧移动，效果如图 7-14 所示。

（5）在“图层”面板中按 Ctrl 键的同时，选中“标题”图层和“向日葵 1 副本”图层，再单击“图层”控制面板下方的按钮，将这两个图层链接为一组，如图 7-15 所示。

图 7-14　复制并移动复制图层中的图像

图 7-15　链接图层

（6）选择工具箱中的移动工具，在图像窗口中拖动鼠标，将文字标题和“向日葵 1 副本”图层中的图像向上方拖动，效果如图 7-16 所示。

（7）在“图层”面板中选中“色阶 1”调整图层（调整图层的相关知识将在 7.2 节中进行讲解），按住鼠标左键不放，将其拖动到“标题”图层上方，当出现一条双线时释放鼠标，如图 7-17 所示。

图 7-16　移动链接图层

图 7-17　移动图层

（8）选择“图层|合并可见图层”命令，将所有图层合并为一个图层，如图 7-18 所示。

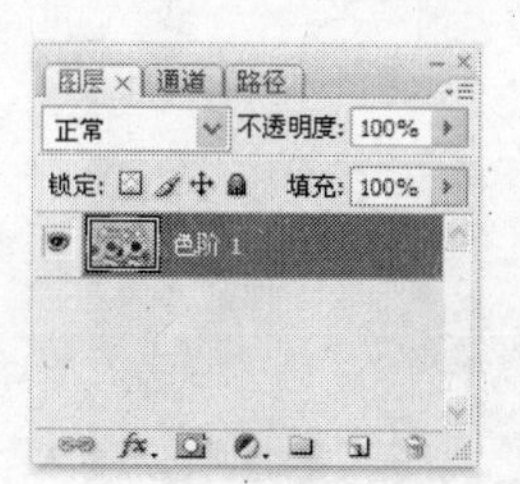

图 7-18　合并所有图层

7.2　图层的高级应用

在 Photoshop 中，图层的作用非常重要，除了前面已经介绍的基本功能外，还可以通过设置不透明度以产生透明效果；设置混合模式，以实现该图层与其下面图层的颜色的色彩混合。下面将对图层的高级应用进行介绍。

7.2.1　调整图层的不透明度

在处理图像时，通常会将图像的不透明度降低以制作一些特殊效果。调整图层不透明度的方法是：在“图层”面板中选择需调整不透明度的图层，在面板右上方的“不透明度”数值框中输入数值进行设置。当图层的不透明度小于 100%时，将显示出该图层下面的图像，不透明度的值越小，就越透明。当不透明度的值为 0%时，该图层将不会显示，完全显示其下面图层的内容。如图 7-19 所示为设置不同不透明度值时图像所显示的效果。

图 7-19　不同不透明度值显示的效果

7.2.2　设置图层的混合模式

图层的混合模式决定了当前图层中的图像如何与下层图像的颜色进行色彩混合，为图层设置图层混合模式可产生很多奇异的效果。

设置图层混合模式的方法是：在“图层”面板中选中需设置图层混合模式的图层，再在面板左上方的图层混合模式下拉列表框 正常 中选择所需的混合模式即可，如图 7-20 所示。图 7-21 和图 7-22 所示为图层在“正常”模式和“点光”模式的效果。

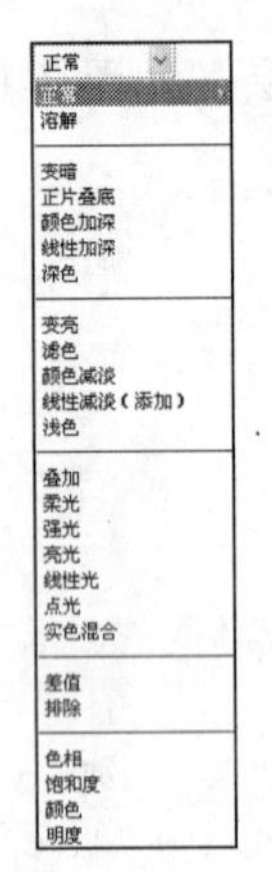

图 7-20　图层混合模式列表框

图 7-21　图层的正常模式显示效果

图 7-22　图层的点光模式显示效果

7.2.3　调整图层

直接使用调色命令能很快地调整图像的颜色，但执行确定操作后，调整的图像将不易被修改。为了避免这样的情况发生，用户可使用调整图层对图像调色。单击“图层”面板下方的 按钮，在弹出的快捷菜单中选择相应的命令即可为图像添加一个调整图层。调整图层的作用是调整其下面所有图层的图像效果，包括图像的颜色、亮度/对比度和色彩饱和度等。

单击“图层”面板下方的 按钮，弹出如图 7-23 所示的快捷菜单，选择其中任意一个命令即可打开一个与该命令相对应的对话框，在该对话框中进行设置后，单击 确定 按钮即可在“图层”面板中添加一个调整图层，如图 7-24 所示为添加“亮度/对比度”调整图层前后的效果。

- 纯色...
- 渐变...
- 图案...
- 色阶...
- 曲线...
- 色彩平衡...
- 亮度/对比度...
- 色相/饱和度...
- 可选颜色...
- 通道混合器...
- 渐变映射...
- 照片滤镜...
- 反相
- 阈值...
- 色调分离...

图 7-23　调整图层快捷菜单

图 7-24　添加“亮度/对比度”调整图层前后的效果

7.2.4　应用举例——为图片增加特殊效果

打开“杯子”图像，通过为图层设置图层混合模式、添加调整图层的方法为图像增加特效，最终效果如图 7-25 所示（立体化教学:\源文件\第 7 章\杯子.psd）。

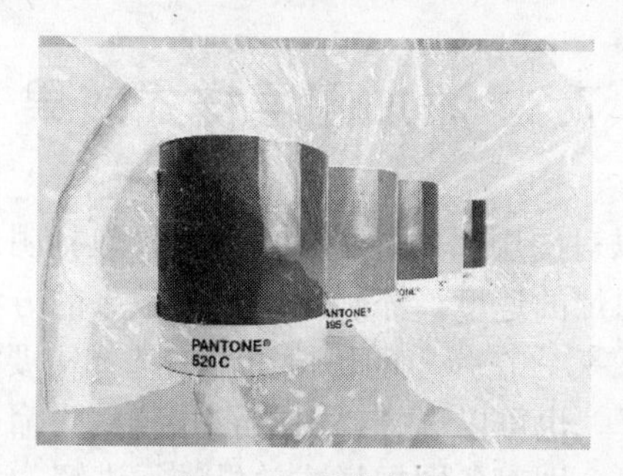

图 7-25　最终效果

操作步骤如下：

（1）打开“杯子.psd”（立体化教学:\实例素材\第 7 章\杯子.psd），如图 7-26 所示。

（2）按 F7 键，打开“图层”面板。在其中选中“图层 1”图层，在图层混合模式下拉列表框中选择“强光”选项，如图 7-27 所示。

图 7-26　打开图像

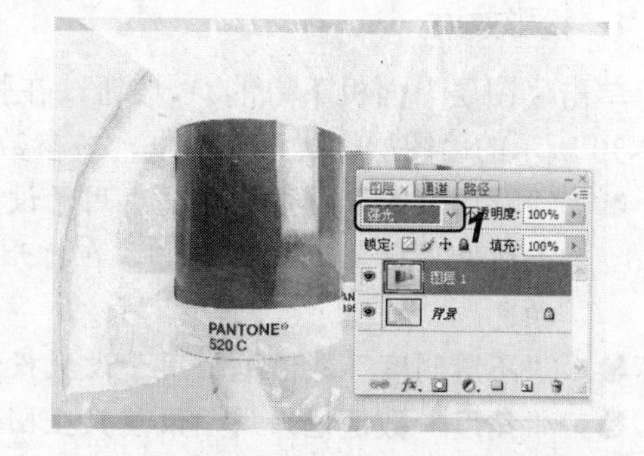

图 7-27　为图层设置图层混合模式

（3）在“图层”面板下方单击 按钮，在弹出的快捷菜单中选择“曲线”命令，如

图 7-28 所示。在打开的“曲线”对话框中，按住鼠标左键不放拖动曲线，单击 确定 按钮，如图 7-29 所示。

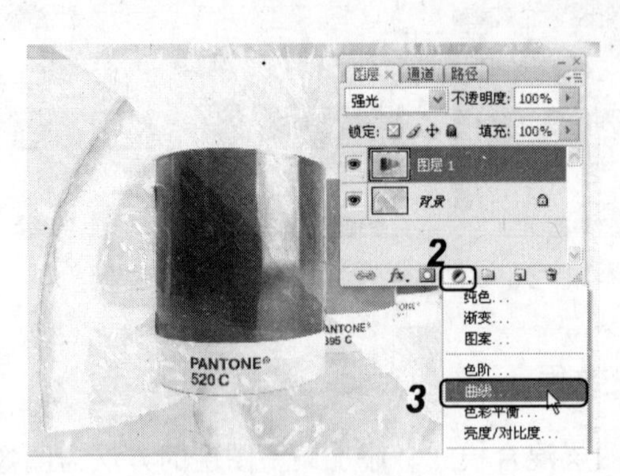

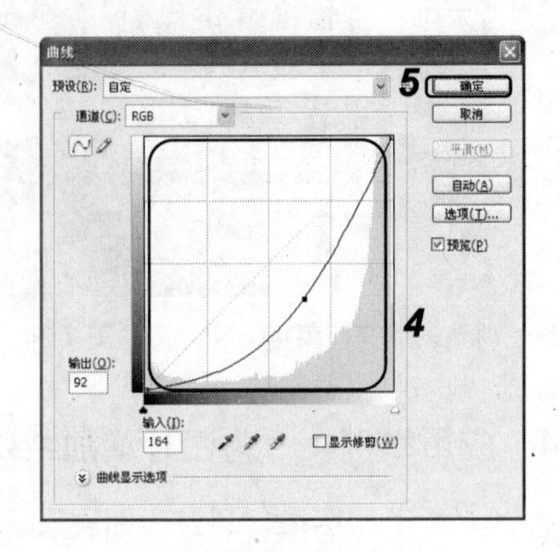

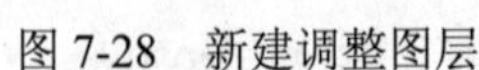
图 7-28　新建调整图层

图 7-29　调整曲线

7.3　添加图层样式效果

在 Photoshop 中还可以对图层添加各种样式效果，包括阴影、发光、斜面和浮雕等，使用这些效果能提高处理图片的速度。添加图层样式效果的方法是：单击“图层”面板下方的“添加图层样式”按钮 fx，在弹出的快捷菜单中选择需要添加的效果命令，然后在打开的对话框中进行参数设置。也可以选择“图层|图层样式”命令，在其子菜单中选择相应的图层样式效果命令。下面分别对各图层样式效果进行讲解。

7.3.1　阴影效果

添加阴影效果可以增强图像的立体感及透视效果。在 Photoshop 中提供了投影和内阴影两种阴影效果。其中“投影”可以为图层添加投影效果，“内阴影”可在图层边缘的内部增加阴影，产生凹陷效果。

1．投影效果

单击“图层”面板下方的 fx 按钮，在弹出的快捷菜单中选择“投影”命令，打开如图 7-30 所示的“图层样式”对话框，各参数含义如下：

- **“混合模式”下拉列表框**：用于设置添加的阴影与原图层中图像合成的模式，单击该选项后面的色块，在打开的“选择阴影颜色”对话框中可以设置阴影的颜色。
- **“不透明度”数值框**：用于设置投影的不透明程度。
- **“角度”数值框**：用于设置产生阴影的角度，可以直接输入角度值，也可以拖动指针进行旋转来设置角度值。
- ☑使用全局光(G) **复选框**：选中该复选框后，图像中的所有图层效果使用相同的光线照入角度。

- “距离”数值框：用于设置暗调的偏移量，值越大偏移量就越大。
- “扩展”数值框：用于设置阴影的扩散程度。
- “大小”数值框：用于设置阴影的模糊程度，数值越大越模糊。
- “等高线”下拉列表框：用于设置阴影的轮廓形状，可以在其下拉列表框中进行选择。
- ☑消除锯齿(L)复选框：用于设置阴影的边缘是否具有抗锯齿波的效果。
- “杂色”数值框：用于设置使用噪声点的百分比来对阴影进行填充。

设置完成后，单击 确定 按钮，即可为图层添加投影效果。如图 7-31 所示为对葡萄所在图层添加投影后的效果。

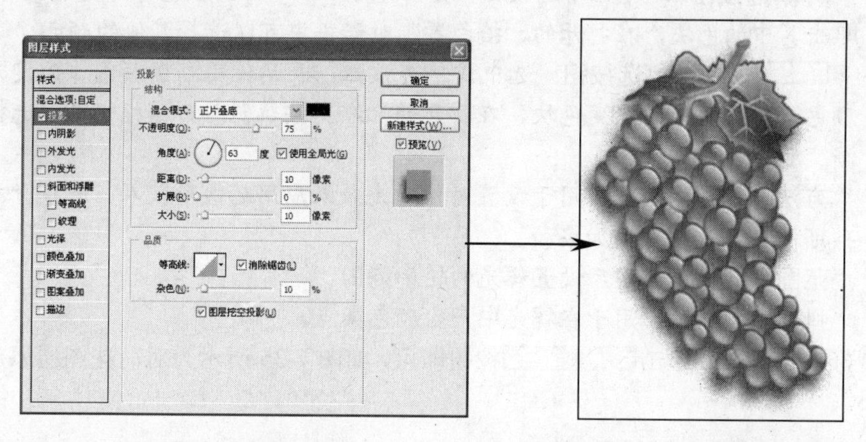

图 7-30　设置投影效果　　　　图 7-31　添加投影效果

2. 内阴影效果

单击“图层”面板下方的 fx. 按钮，在弹出的快捷菜单中选择“内阴影”命令，打开如图 7-32 所示的“图层样式”对话框，其中的各项参数设置与“投影”效果的设置完全相同。如图 7-33 所示为对枫叶所在图层添加内阴影后的效果。

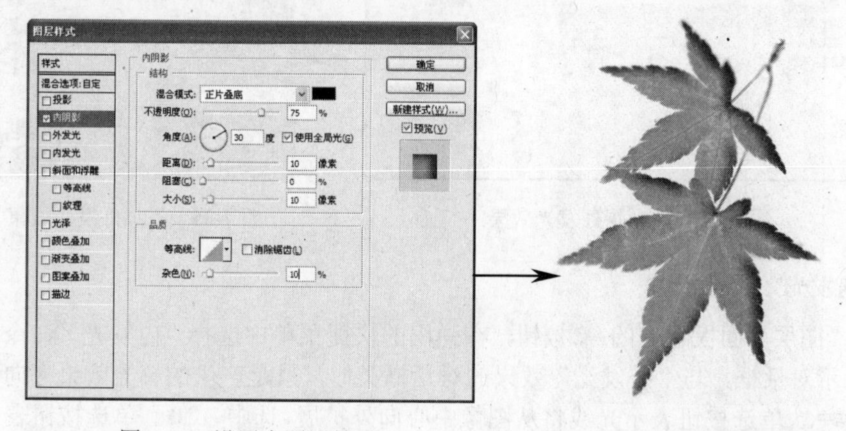

图 7-32　设置内阴影效果　　　　图 7-33　添加内阴影效果

7.3.2 发光效果

在制作一些梦幻效果时，可使用发光效果。Photoshop 提供了外发光和内发光两种发光效果。其中“外发光”效果可以在图像边缘的外部添加发光效果，“内发光”效果可以在图像边缘的内部添加发光效果。

1. 外发光效果

单击“图层”面板下方的 fx. 按钮，在弹出的快捷菜单中选择“外发光”命令，打开如图 7-34 所示的“图层样式”对话框，各参数含义如下：

- **单选按钮**：选中该单选按钮，表示使用一个单一的颜色作为发光效果的颜色，单击其中的色块，在打开的“拾色器”对话框中可以选择其他的颜色。
- **单选按钮**：选中该单选按钮，表示使用渐变颜色作为发光效果的颜色，单击其中的渐变色块，在打开的“渐变编辑器”对话框中可以选择其他的渐变颜色。
- **“方法”下拉列表框**：用于设置对外发光效果应用的柔和技术，选择“柔和”选项可使外发光效果更加柔和。
- **“范围”数值框**：用于设置辉光的轮廓范围。
- **“抖动”数值框**：用于在辉光中产生颜色杂点。

设置好各项参数后单击 确定 按钮即可，如图 7-35 所示为对荷花图层添加外发光后的效果。

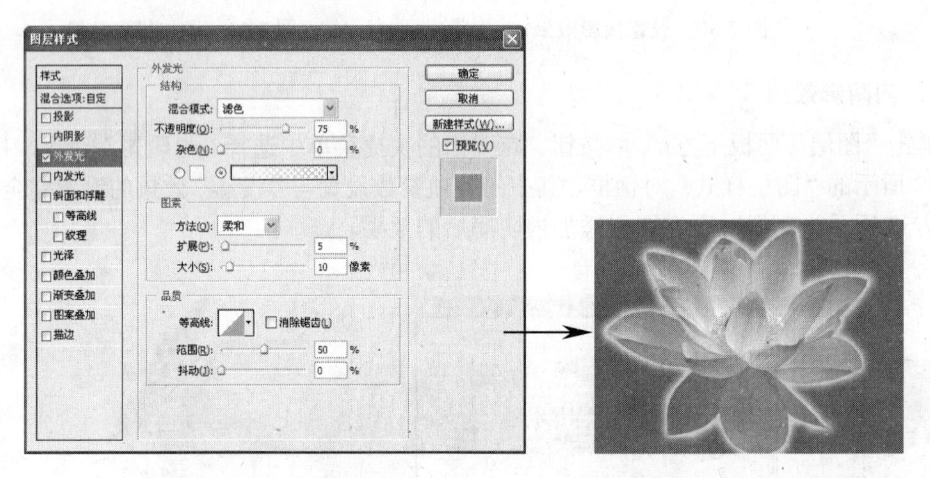

图 7-34 设置外发光效果　　图 7-35 添加外发光效果

2. 内发光效果

单击“图层”面板下方的 fx. 按钮，在弹出的快捷菜单中选择“内发光”命令，打开如图 7-36 所示对话框，与“外发光”效果的对话框类似，只是产生的辉光效果方向不同。其中选中 居中(E) 单选按钮表示光线将从图像中心向外扩展，选中 边缘(G) 单选按钮表示光线将从边缘内侧向中心扩展。如图 7-37 所示为对蝴蝶图层添加内发光后的效果。

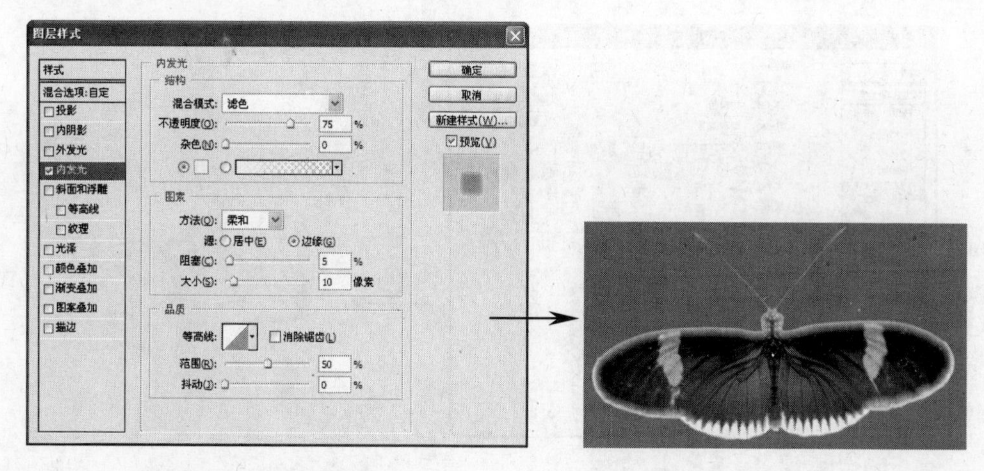

图 7-36　设置内发光效果　　　　图 7-37　添加内发光效果

7.3.3　斜面和浮雕效果

在制作一些需要清晰轮廓感的图像，如按钮、铜像等效果时可使用浮雕效果。单击“图层”面板下方的 fx. 按钮，在弹出的快捷菜单中选择“斜面和浮雕”命令，打开如图 7-38 所示“图层样式”对话框，各参数含义如下：

- **“样式”下拉列表框**：用于选择斜面和浮雕的具体形态，其中包含“外斜面”、“内斜面”、“浮雕效果”、“枕状浮雕”和“描边浮雕”5 个选项。
- **“方法”下拉列表框**：有 3 个选项，其中“平滑”选项可以使图层产生一种平滑的浮雕效果；“雕刻清晰”选项可以使图层产生一种硬的雕刻效果；“雕刻柔和”选项可以使图层产生一种软的雕刻效果。
- **“深度”数值框**：用于控制斜面和浮雕效果的深浅程度，其取值在 0%～1000%之间。深度设置的值越大，浮雕效果越明显。
- **“方向”栏**：有两个单选按钮。其中 ⊙上 单选按钮表示高光区在上，阴影区在下；⊙下 单选按钮表示高光区在下，而阴影区在上。
- **“角度”数值框**：用于设置光线照射的角度，从而设置高光和阴影的位置。其右侧的 ☑使用全局光(G) 复选框表示对图像中的图层效果设置相同的光线照射角度。
- **“高度”数值框**：用于设置光源的高度。
- **“高光模式”下拉列表框**：用于设置高光区域的色彩混合模式。其右侧的颜色方框用于设置高光区域的颜色，其下侧的“不透明度”用于设置高光区域的不透明度。
- **“阴影模式”下拉列表框**：用于设置阴影区域的色彩混合模式。其右侧的颜色方框用于设置阴影区域的颜色，其下侧的“不透明度”用于设置阴影区域的不透明度。

设置完成后，单击 确定 按钮即可，如图 7-39 所示为花图层添加斜面和浮雕后的效果。

提示：

在“图层样式”对话框“样式”栏的 ☑斜面和浮雕 复选框下有 □等高线 和 □纹理 复选框。这两个复选框可对图层的纹理浮雕效果进行更细致地调整。

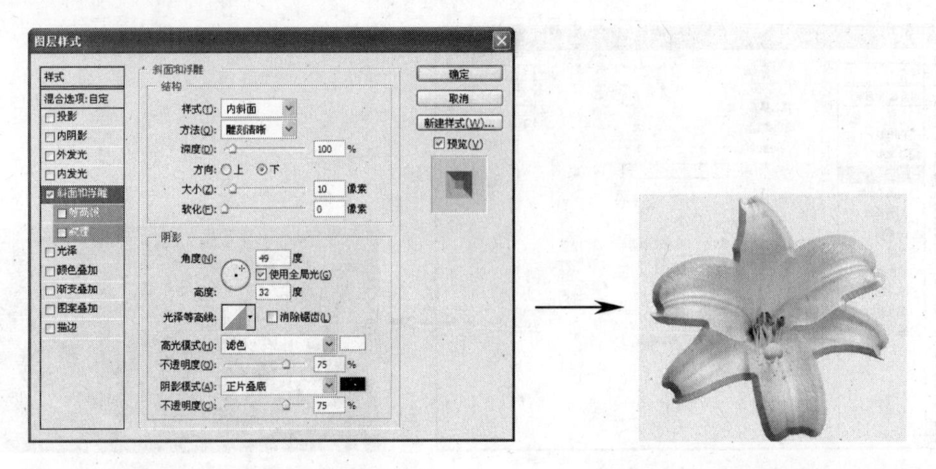

图 7-38 设置斜面和浮雕效果　　　　图 7-39 添加斜面和浮雕后效果

7.3.4 光泽效果

当图像中有多个对象时，若想要突出其中的某个对象，可使用图层的光泽效果，方法是：单击“图层”面板下方的 fx. 按钮，在弹出的快捷菜单中选择“光泽”命令，打开如图 7-40 所示的“图层样式”对话框，其中的各项参数与其他样式中同名参数的含义相同。

设置好参数后，单击 确定 按钮即可，为花图层添加光泽后的效果如图 7-41 所示。

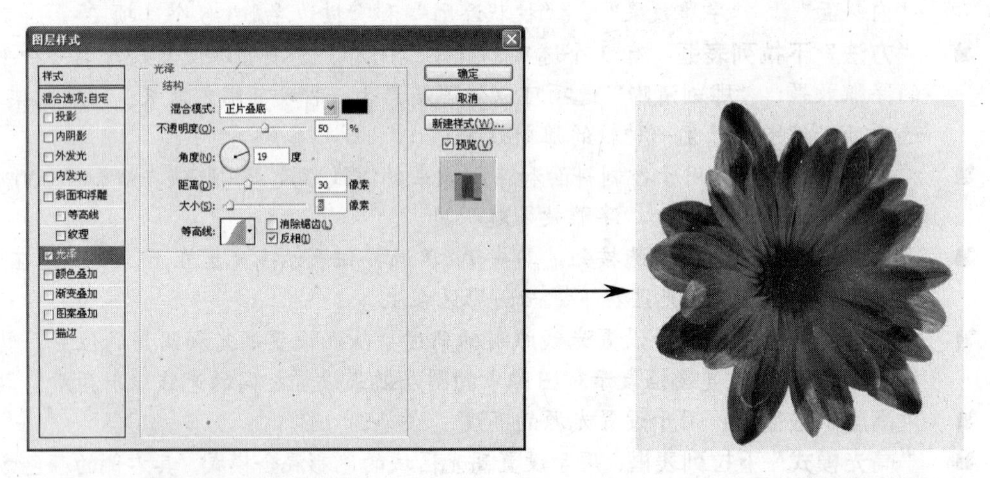

图 7-40 设置光泽效果　　　　图 7-41 添加光泽效果

7.3.5 叠加效果

叠加效果能为图像快速添加 Photoshop 预设的效果。叠加效果包括颜色叠加、渐变叠加和图案叠加 3 种，下面分别进行介绍。

1. 颜色叠加效果

单击“图层”面板下方的 fx. 按钮，在弹出的快捷菜单中选择“颜色叠加”命令，打开如图 7-42 所示的“图层样式”对话框。

在“混合模式”下拉列表框中选择叠加颜色的混合模式，单击其后的色块可设置叠加的颜色，在“不透明度”数值框中可设置颜色叠加的不透明值，设置完成后的效果如图 7-43 所示。

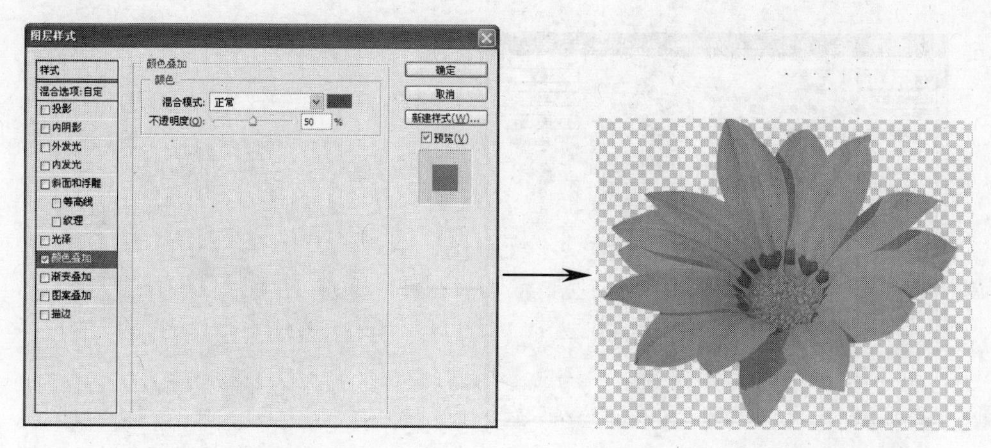

图 7-42　设置颜色叠加效果　　　　图 7-43　添加颜色叠加效果

2．渐变叠加效果

单击“图层”面板下方的 fx. 按钮，在弹出的快捷菜单中选择“渐变叠加”命令，系统将打开如图 7-44 所示的“图层样式”对话框，各参数含义如下：

- **“渐变”下拉列表框**：用于选择渐变的颜色，与渐变工具相应选项完全相同。
- **“样式”下拉列表框**：可从其中选择渐变的样式，包括“线性”渐变、“径向”渐变、“角度”渐变、“对称的”渐变及“菱形”渐变。
- **“缩放”数值框**：用于设置渐变色之间的融合程度，数值越小，融合程度越低。

执行“渐变叠加”命令产生的渐变叠加效果如图 7-45 所示。

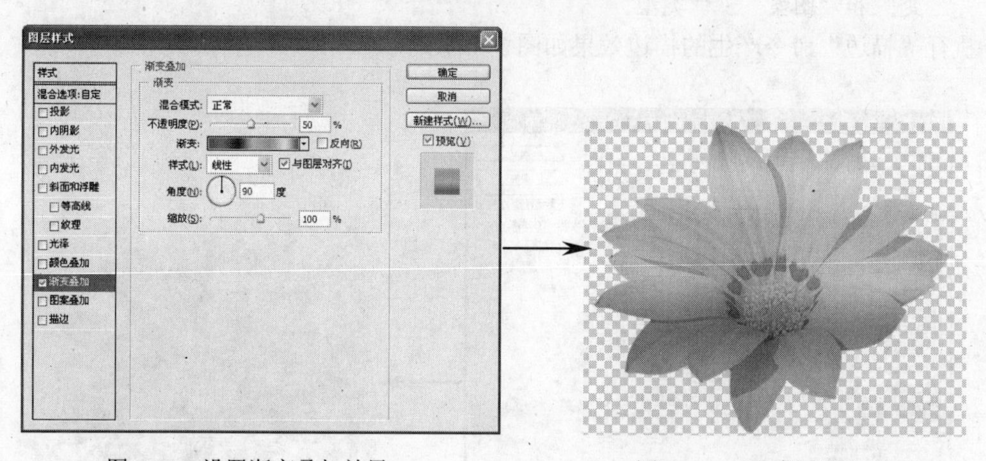

图 7-44　设置渐变叠加效果　　　　图 7-45　添加渐变叠加效果

3．图案叠加效果

单击“图层”面板下方的 fx. 按钮，在弹出的快捷菜单中选择“图案叠加”命令，系统将打开如图 7-46 所示的“图层样式”对话框。其中“图案”下拉列表框用于选择叠加的图案，“缩放”数值框用于设置叠加图案的大小。执行“图案叠加”命令产生的图案叠加效果如图 7-47 所示。

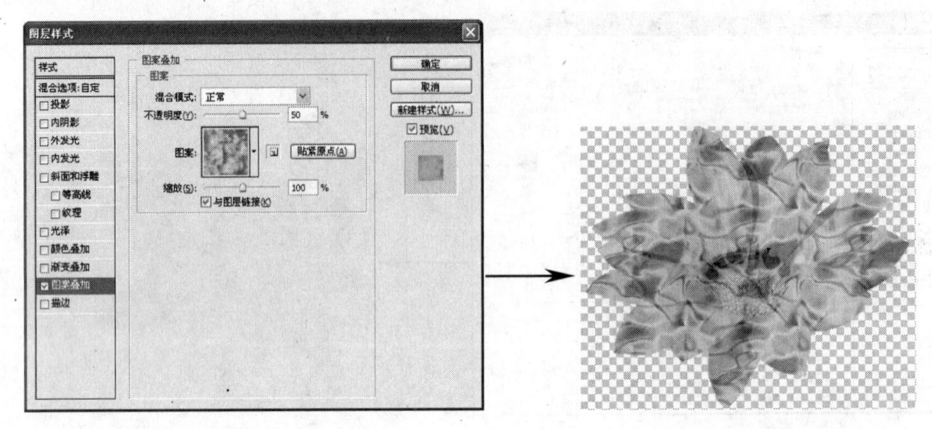

图 7-46　设置图案叠加效果　　　　图 7-47　添加图案叠加效果

7.3.6　描边效果

虽然使用编辑菜单也能完成描边操作，但会出现不便修改、不易编辑的情况，而使用描边样式效果可避免这种情况。单击“图层”面板下方的 fx. 按钮，在弹出的快捷菜单中选择“描边”命令，系统将打开如图 7-48 所示的“图层样式”对话框，各参数含义如下：

- **“位置”下拉列表框**：用于设置描边的位置，包括“外部”、“内部”和“居中”3 个选项。
- **“填充类型”下拉列表框**：用于设置描边填充的内容类型，包括“颜色”、“渐变”和“图案”3 种类型。

执行“描边”命令产生的描边效果如图 7-49 所示。

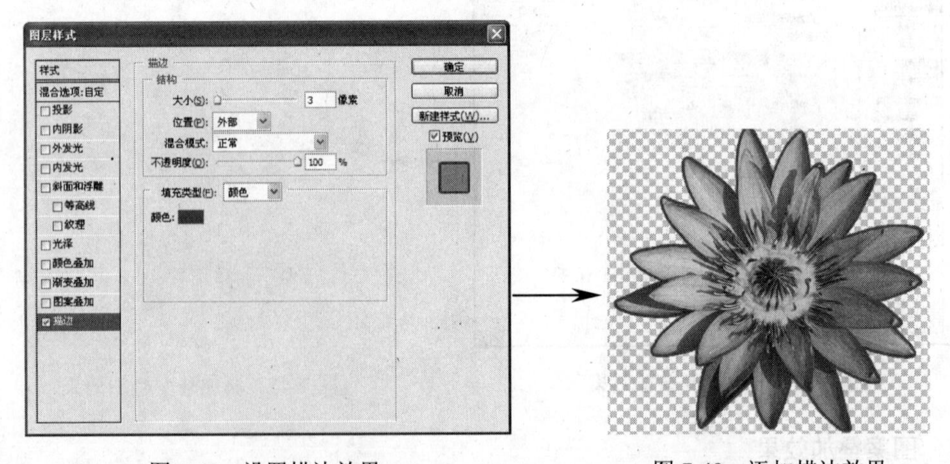

图 7-48　设置描边效果　　　　图 7-49　添加描边效果

提示：

可以为一个图层同时添加多种图层样式，只需在“图层样式”对话框中选中其他样式的复选框，即可为图层增加一个样式效果。

7.3.7　图层样式的复制与保存

当制作好一个图层样式后，在制作其他图像时也可能需要相同的图层样式，这时可以将该图层样式复制到其他图层上，或将其保存到“样式”面板中，在制作其他图像时直接调用即可。下面将分别对图层样式的复制和保存进行讲解。

1．复制图层样式

复制图层样式可大大提高图像编辑的速度。复制图层样式的方法是：在“图层”面板中具有图层样式的图层上单击鼠标右键，在弹出的快捷菜单中选择“拷贝图层样式”命令，如图 7-50 所示；再在需要使用相同图层样式的图层上单击鼠标右键，在弹出的快捷菜单中选择“粘贴图层样式”命令即可，如图 7-51 所示。

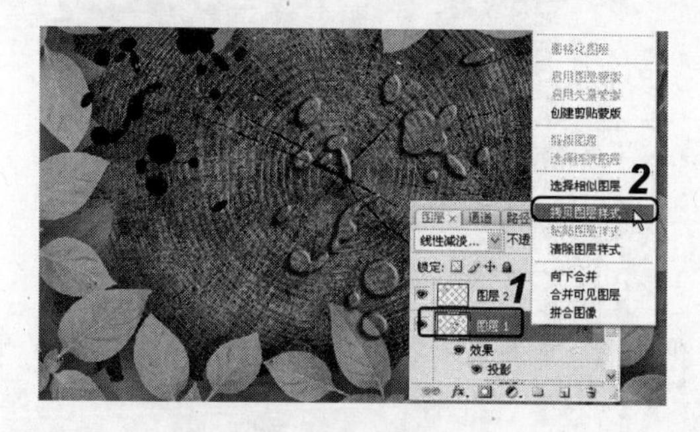

图 7-50　复制图层样式

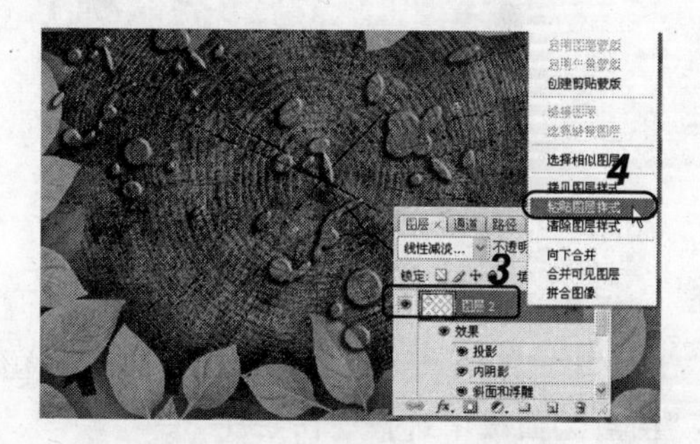

图 7-51　粘贴图层样式

2．保存图层样式

如果某些图层样式经常会被使用到，用户可将其保存在“样式”面板中，这样以后还需要相同的样式时，只需在“样式”面板中单击相应的样式图标即可。

将制作好的图层样式保存在“样式”面板的方法主要有以下几种：

- 在“图层”面板中选择需要保存图层样式的图层，将鼠标移动到“样式”面板的空白处，此时鼠标指针会变为形状，如图 7-52 所示，单击鼠标打开如图 7-53 所示的“新建样式”对话框，在“名称”文本框中输入样式的名称并单击 确定 按钮即可。
- 在“图层”面板中选择具有图层样式的图层，再单击“样式”面板中右上角的按钮，在弹出的快捷菜单中选择“新建样式”命令，打开“新建样式”对话框。
- 在制作样式时单击“图层样式”对话框右侧的 新建样式(W)... 按钮，打开“新建样式”对话框。

提示：

若想使用保存的图层样式，只需在“图层”控制面板中选择需应用样式的图层，再在“样式”面板中单击样式图标即可。

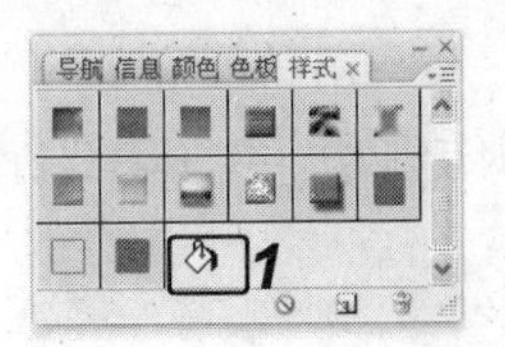

图 7-52 “样式”面板

图 7-53 “新建样式”对话框

7.3.8 应用举例——制作照片影集图像

打开“照片影集”图像，如图 7-54 所示。为各照片添加图层样式，加强图像质感。最终效果如图 7-55 所示（立体化教学:\源文件\第 7 章\照片影集.psd）。

图 7-54 照片影集原图

图 7-55 照片影集最终效果

操作步骤如下：

（1）打开“照片影集.psd”图像（立体化教学:\实例素材\第 7 章\照片影集.psd），在“图层”面板中选择“图层 1”。

（2）单击“图层”面板下方的 fx. 按钮，在弹出的快捷菜单中选择“投影”命令，在打开的“图层样式”对话框中设置不透明度、距离、扩展和大小等参数，如图 7-56 所示，单击 确定 按钮。

（3）继续单击“图层”面板下方的 fx. 按钮，在弹出的快捷菜单中选择“内阴影”命令，在打开的“图层样式”对话框中设置不透明度、角度、距离、阻塞和大小等参数，如图 7-57 所示，单击 确定 按钮。

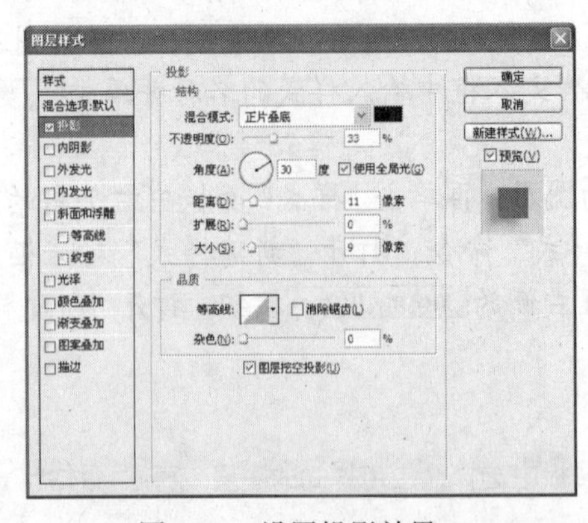

图 7-56 设置投影效果

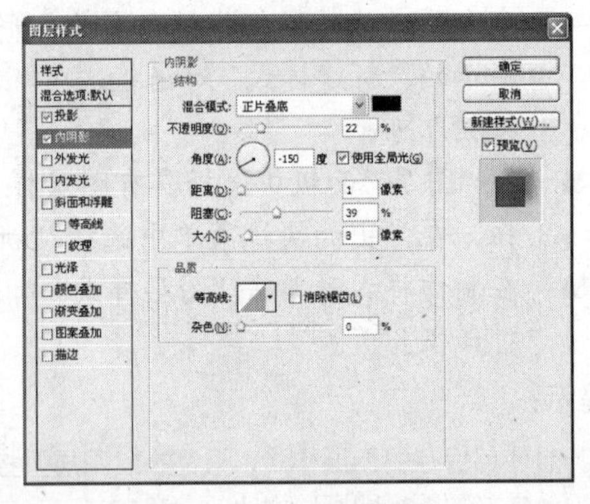

图 7-57 设置内阴影效果

（4）在“图层”面板中右击“图层 1”，在弹出的快捷菜单中选择“拷贝图层样式”命令。

（5）在“图层”面板中右击“图层 2”，在弹出的快捷菜单中选择“粘贴图层样式”命令，将图层 1 的图层样式复制到图层 2 中。使用相同的方法，将图层 1 的图层样式复制到图层 3 中。

7.4　上机及项目实训

7.4.1　制作水滴字效果

利用图层样式制作一个如图 7-58 所示（立体化教学:\源文件\第 7 章\按钮.psd）的网页链接按钮，并将其保存为样式。

图 7-58　网页链接按钮

1．绘制形状

新建文件并绘制图形，操作步骤如下：

（1）新建一个图像文件，设置画面的大小为 200×60 像素，并设置背景色为白色。

（2）在工具箱中选择圆角矩形工具，在工具属性栏中单击按钮，在图像窗口中绘制一个圆角矩形，如图 7-59 所示。

2．设置图层样式

使用图层样式处理图像并保存样式，操作步骤如下：

（1）单击“图层”面板下方的 fx. 按钮，在弹出的快捷菜单中选择“投影”命令，打开如图 7-60 所示的“图层样式”对话框，这里采用系统默认的设置，不做任何修改。

图 7-59　绘制圆角矩形

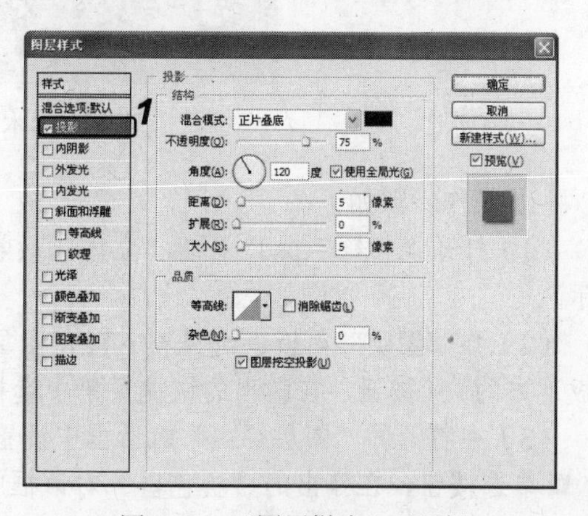

图 7-60　“图层样式”对话框

（2）在“图层样式”对话框的“样式”栏中选中☑渐变叠加复选框，打开如图 7-61 所示的“图层样式”对话框，在“渐变”下拉列表框中选择第 5 个选项，再在“缩放”数值框中设置值为“44”，单击新建样式(W)...按钮。

（3）在弹出的“新建样式”对话框的“名称”文本框中输入“按钮”，单击确定按钮，如图 7-62 所示。返回“图层样式”对话框中单击确定按钮。

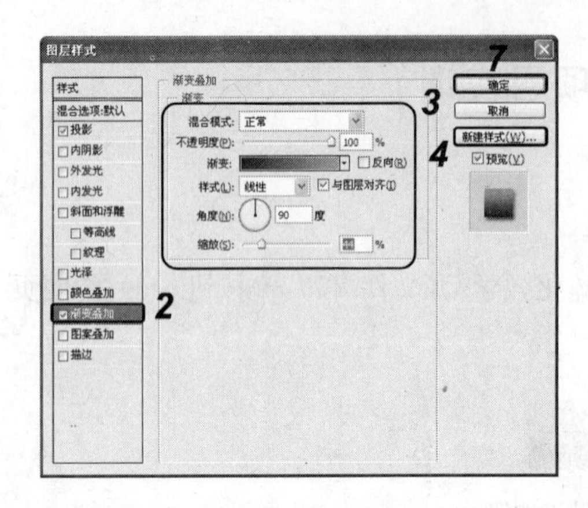

图 7-61　添加“渐变叠加”效果

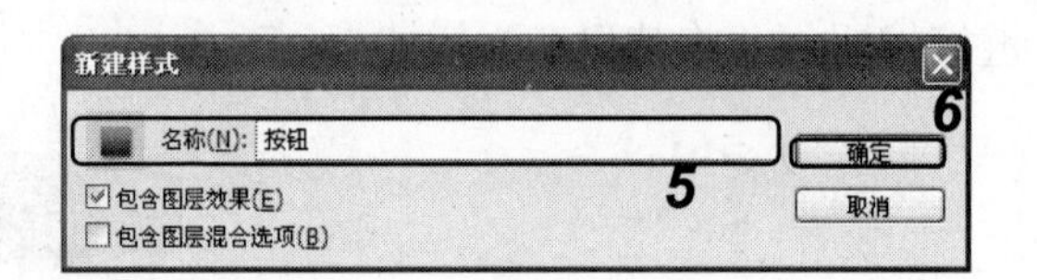

图 7-62　设置新建样式的名称

7.4.2　制作木刻字

综合利用本章和前面所学知识，将“木刻字”图像中的文字制作成木刻效果，完成后的最终效果如图 7-63 所示（立体化教学:\源文件\第 7 章\木刻字.psd）。

图 7-63　木刻字效果

主要操作步骤如下：

（1）打开“木刻字.psd”图像（立体化教学:\实例素材\第 7 章\木刻字.psd），如图 7-64 所示。

（2）在“图层”面板中选择 WATER 图层。将“填充”设置为“0%”，单击“图层”面板下方的 fx. 按钮，在弹出的快捷菜单中选择“内发光”命令。

（3）在打开的“图层样式”对话框中设置“混合模式”、“不透明度”等参数，并选中◉■单选按钮，在弹出的“拾色器”对话框中选择黑色，设置如图 7-65 所示。

（4）在“图层样式”对话框的“样式”列表框中选中☑斜面和浮雕复选框，并设置“样

式、“方法”、“深度”、“大小”和“软化”等参数，如图 7-66 所示。然后单击 确定 按钮完成操作。

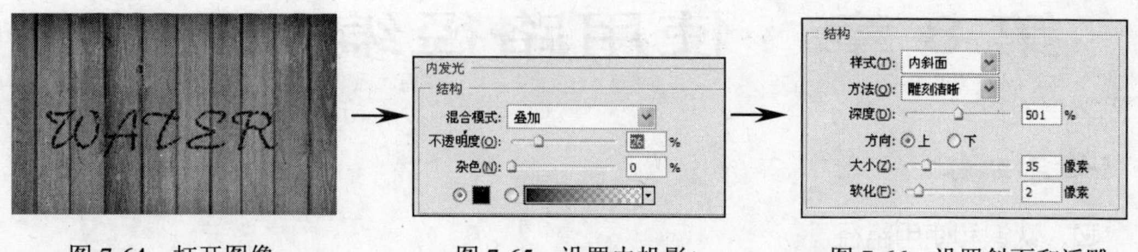

图 7-64　打开图像　　图 7-65　设置内投影　　图 7-66　设置斜面和浮雕

7.5　练习与提高

（1）制作如图 7-67 所示的水晶字（立体化教学:\源文件\第 7 章\水晶字.psd）。

提示：使用图层特效（立体化教学:\视频演示\第 7 章\制作水晶字.swf）。

（2）打开“君子好逑汤”图像（立体化教学:\实例素材\第 7 章\君子好逑汤.psd），制作如图 7-68 所示的“君子好逑汤”宣传单（立体化教学:\源文件\第 7 章\君子好逑汤.psd）。

提示：需要综合使用图层的混合模式、图层样式以及调整图层等。本练习可结合立体化教学中的视频演示进行学习（立体化教学:\视频演示\第 7 章\制作“君子好逑汤”宣传单.swf）。

图 7-67　水晶字

图 7-68　君子好逑汤

总结 Photoshop 中使用图层和图层样式的技巧

本章主要介绍了图层和图层样式的使用，课后还必须学习和总结一些快速使用图层样式的方法，这里总结以下几点供读者参考和探索：

- 如果图像中图层很多，一定要为图层命名，这样有利于编辑。
- 如果能使用调整图层调整图像颜色时，尽量使用调整图层。
- 将常用的图层样式保存，方便以后调用。
- 在网上浏览时，若遇到了好的图层样式素材，建议下载到电脑中收藏，以便日后使用。

第 8 章　使用路径编辑图像

学习目标

- ☑ 认识和使用路径
- ☑ 使用钢笔工具、自由钢笔工具和形状工具创建路径
- ☑ 使用节点和路径选择工具编辑路径
- ☑ 使用钢笔工具绘制环保标志
- ☑ 使用形状工具和画笔描边等方法绘制地毯
- ☑ 综合利用钢笔工具、画笔描边制作霓虹灯效果

目标任务&项目案例

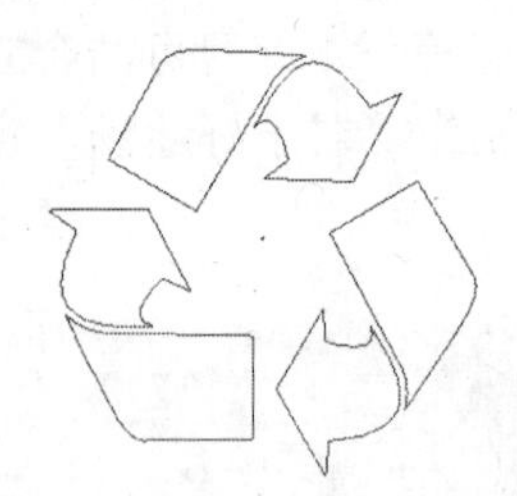

绘制环保标志

选区转化为路径

绘制梦幻心

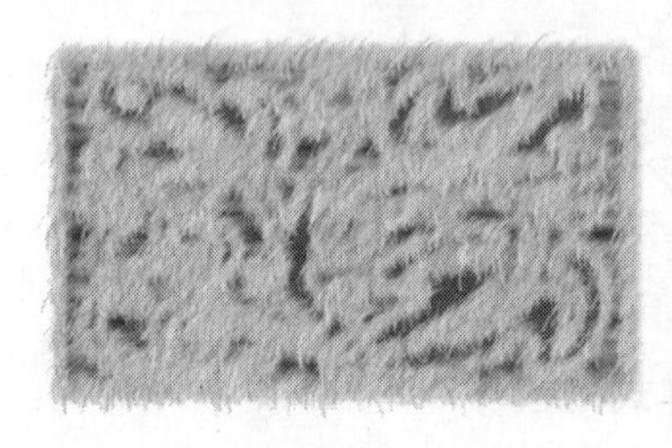

制作地毯

制作霓虹灯效果

绘制风景照

制作上述实例主要用到了钢笔工具、画笔描边以及填充等知识。本章将具体讲解使用钢笔工具、自由钢笔工具和形状工具并结合画笔描边、将路径转化为选区、将选区转化为路径和使用前景色进行填充等知识来绘制和修饰图像的方法。

8.1　认识与使用路径

路径是由多条矢量线条构成的图形，是定义和编辑图像区域的最佳方式之一。使用路径可以精确定义一个区域，并可以将其保存以便重复使用。下面将对路径的使用、编辑等操作进行讲解。

8.1.1　路径的基本元素

路径是由多个节点的矢量线条构成的图像，更确切地说，路径是由贝塞尔曲线构成的图形。与其他矢量图形软件相比，Photoshop 中的路径是不可打印的矢量形状，它们主要用于勾画图像区域（对象）的轮廓。用户可以对路径进行填充和描边（填充和描边是针对一个选择的图层，而不是链接本身），还可以将其转换成选区。

一条路径主要由线段、锚点以及控制句柄等构成，如图 8-1 所示。其含义如下：

- **线段**：一条路径是由多条线段依次连接而成的，线段分为直线段和曲线段两种。
- **锚点**：路径中每条线段两端的点是锚点，由小正方形表示，黑色实心的小正方形表示该锚点为当前选择的定位点。定位点有平滑点和拐点两种，平滑点是平滑连接两个线段的定位点；拐点是非平滑连接两个线段的定位点。
- **控制柄**：当选择一个锚点后，会在该锚点上显示 0～2 条控制柄，拖动控制柄一端的小圆点可以修改与之关联的线段的形状和曲率。

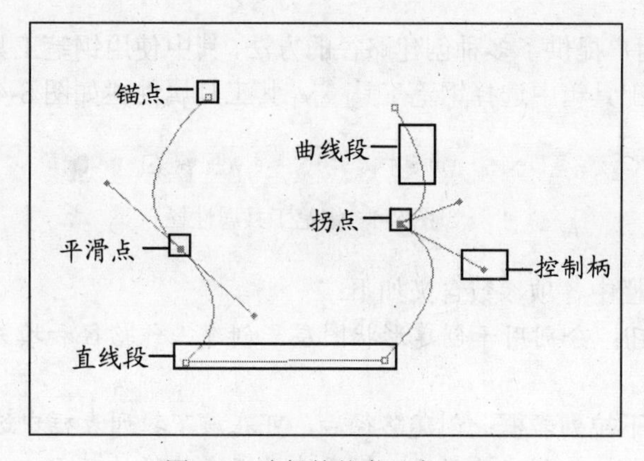

图 8-1　路径的基本元素

8.1.2　认识“路径”面板

在“路径”面板中可以对路径执行填充、描边以及转换为选区等操作，在“图层”面板组中单击“路径”标签或选择“窗口|路径”命令即可打开“路径”面板，如图 8-2 所示，面板以列表的形式列出了当前图像的所有路径，包括名称和缩略图。单击路径面板右上角的按钮▾≡可以弹出路径快捷菜单，如图 8-3 所示。

图 8-2 “路径”面板

图 8-3 路径快捷菜单

“路径”面板中各项参数含义如下：

- **当前路径**：面板中以蓝色条显示的路径为当前活动路径，用户所执行的操作都是在当前路径下进行的。
- **路径缩略图**：用于显示该路径的缩略图，可以查看路径的大致样式。
- **路径名称**：显示该路径的名称，用户可以对其进行修改。
- **“填充路径”按钮**：单击该按钮，在选择的图层上用前景色填充该路径。
- **“描边路径”按钮**：单击该按钮，在选择的图层上用前景色为该路径描边。
- **“将路径转为选区”按钮**：单击该按钮，可以将当前路径转换成选区。
- **“将选区转为路径”按钮**：单击该按钮，可以将当前选区转换成路径。
- **“新建路径”按钮**：单击该按钮，将建立一个新路径。
- **“删除路径”按钮**：单击该按钮，将删除当前路径。

8.1.3 使用钢笔工具创建路径

Photoshop 为用户提供了多种创建路径的方法，其中使用钢笔工具可以直接创建直线路径和曲线路径。在工具箱中选择钢笔工具，其工具属性栏如图 8-4 所示。

图 8-4 钢笔工具属性栏

钢笔工具属性栏中各项参数含义如下：

- **按钮**：分别用于创建形状图层、创建工作路径和填充区域，其作用与形状工具类似。
- **“样式”下拉列表框**：创建路径后，可在该下拉列表框中选择填充的图形样式。
- **“颜色”色块**：创建路径后，用于选择填充路径的颜色。

使用钢笔工具不但能绘制直线还能绘制曲线，下面将分别讲解其绘制方法。

1. 使用钢笔工具绘制直线路径

使用钢笔工具绘制直线路径非常简单，选择工具箱中的钢笔工具，在图像中适当位置单击鼠标创建直线路径的起点。然后移动鼠标至另一位置处单击，即可在起点与该位置处之间创建一条直线路径。将鼠标再次移到第 3 个位置处单击，就可在单击处与上一线段的终点间建立一条直线路径。重复该操作即可创建一条由多条直线段构成的折线路径，最后将鼠标移到路径的起点处，此时鼠标光标变为形状，单击鼠标即可创建一条封闭的路

径，如图 8-5 所示。

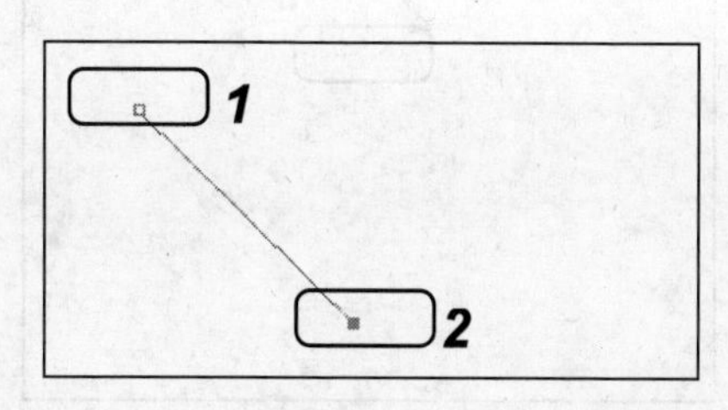

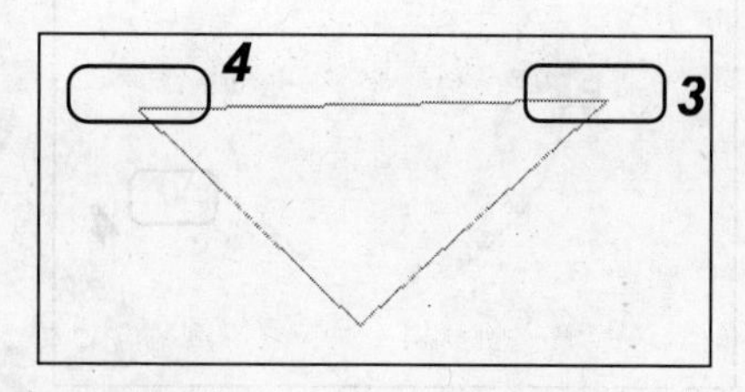

图 8-5　创建直线路径

提示：

在使用钢笔工具创建直线路径时，按住 Shift 键，单击鼠标可以创建水平、垂直或 45° 方向的直线路径。

2．使用钢笔工具绘制曲线路径

使用钢笔工具绘制曲线路径比绘制直线稍复杂，其方法是：选择钢笔工具后，在图像中路径的起点位置按住鼠标左键不放并拖动，可以从起点处建立一条控制句柄，释放鼠标左键，再将鼠标移到另一位置处后单击即可在两点之间创建一条曲线路径，重复上面的操作即可创建一条由多条曲线段构成的路径，最后将鼠标移到路径的起点处，当鼠标光标变为形状时单击鼠标，即可创建一条封闭的路径。

【例 8-1】 使用钢笔工具创建一条心形路径。

（1）在工具箱中选择钢笔工具，在图像中间偏上的位置处单击鼠标，创建路径起点，然后将鼠标移动到起点右侧一段距离后，按住鼠标左键不放，并向左下方拖动，创建一条曲线段，如图 8-6 所示。

（2）将鼠标移动到起点下方一段距离的位置处，按住鼠标左键不放，并向右拖动，创建第 2 条曲线段，如图 8-7 所示。

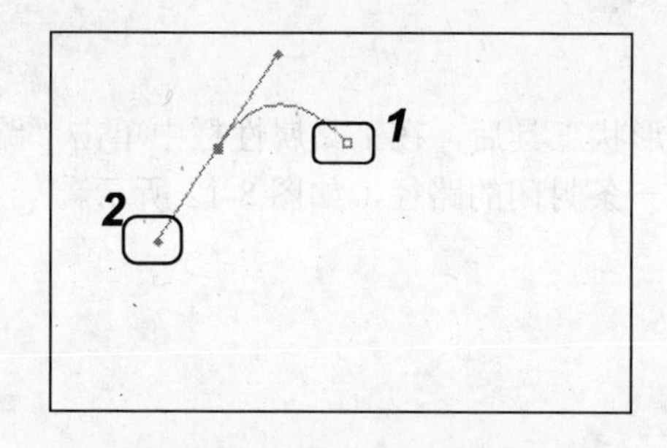

图 8-6　创建第 1 条曲线段

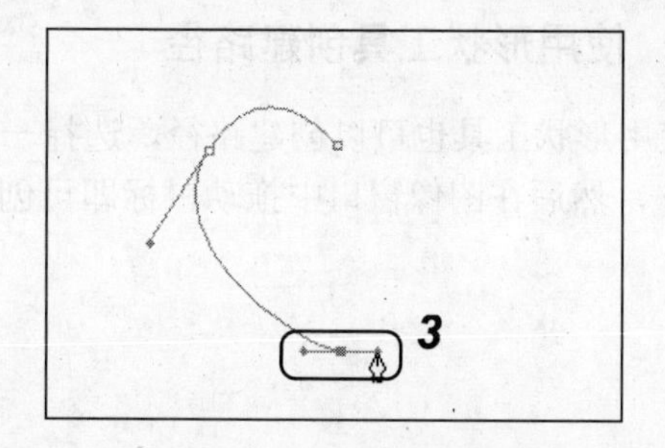

图 8-7　创建第 2 条曲线段

（3）将鼠标移动到起点右侧一段距离的位置处，按住鼠标左键不放，并向左上方拖动，创建第 3 条曲线段，如图 8-8 所示。

（4）将鼠标移动到起点处，当鼠标光标变为形状时，单击鼠标即可创建一条心形路径，如图 8-9 所示。

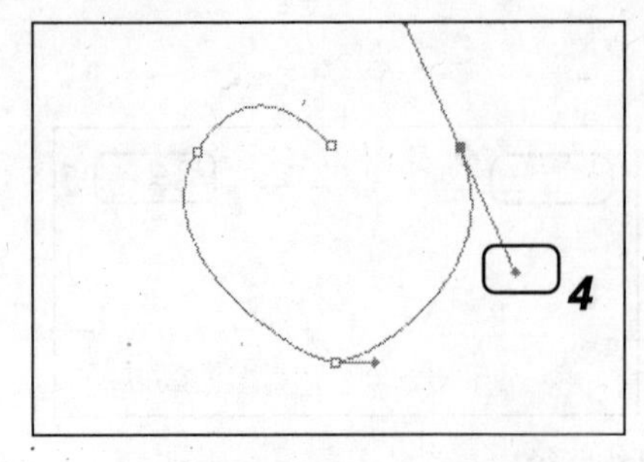

图 8-8　创建第 3 条曲线段

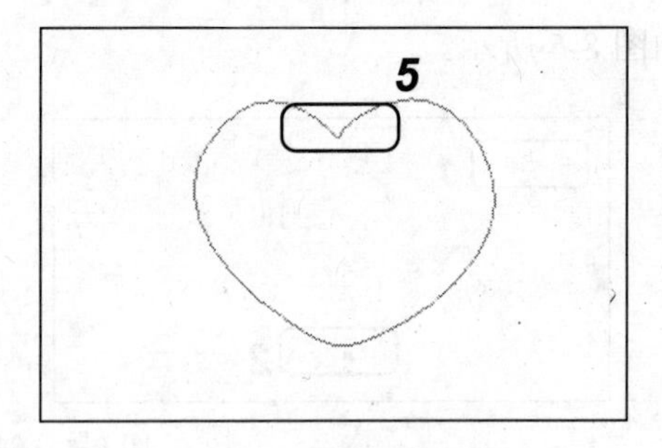

图 8-9　创建心形路径

8.1.4　使用自由钢笔工具创建路径

使用自由钢笔工具可以沿鼠标移动的轨迹自动生成路径，或沿图像的边缘自动产生路径。

其方法是：选择工具箱中的自由钢笔工具，然后在图像窗口中按住鼠标左键不放并自由拖动，即可沿鼠标的移动轨迹绘制一条路径，如图 8-10 所示。选中工具属性栏中的☑磁性的复选框，然后在图像的边缘处单击鼠标，并沿着图像的边缘移动鼠标，即可沿图像的边缘自动产生一条路径，如图 8-11 所示。

图 8-10　使用自由钢笔工具创建路径

图 8-11　沿图像的边缘自动产生路径

8.1.5　使用形状工具创建路径

使用形状工具也可以创建路径，选择一个形状工具后，在工具属性栏中单击“路径”按钮，然后在图像窗口中拖动鼠标即可创建一条封闭的路径，如图 8-12 所示。

图 8-12　使用形状工具创建路径

8.1.6　使用节点转换等工具调节路径形状

创建路径后，如果要进行形状的调整，使其更加美观，此时可使用节点转换等工具进行调整。下面将分别讲解使用节点调整路径形状的方法。

1. 使用添加锚点工具

为更加精确地调整路径，使用添加锚点工具可以给已经创建的路径添加锚点。其使用方法是：在工具箱中选择添加锚点工具后，在已经创建的路径上单击即可，如图 8-13 所示。

2. 使用删除锚点工具

过度的锚点可能造成路径形状出现错误，此时可使用删除锚点工具将路径中的锚点删除。其使用方法是：在工具箱中选择删除锚点工具后，鼠标在路径中需要删除的锚点上单击即可，如图 8-14 所示。

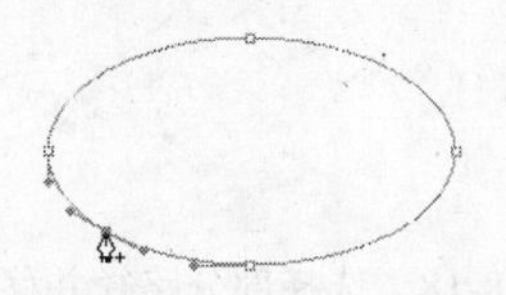

图 8-13　添加路径锚点

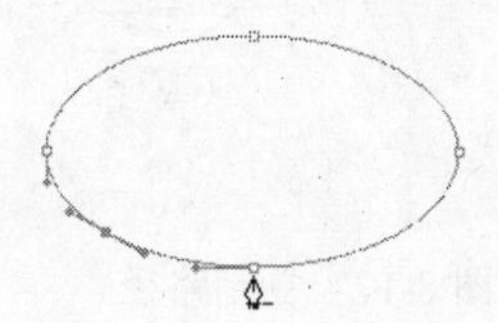

图 8-14　删除路径锚点

3. 使用转换点工具

为了编辑的方便，有时需要将平滑点转换成拐点或将拐点转换为平滑点，此时，可使用转换点工具。其方法是：选择工具箱中的转换点工具，然后在路径上的一个锚点处向外拖动鼠标后，即可重新产生与原方向相反、长度相同的控制柄，并将该锚点转换为平滑点，如图 8-15 所示；如果拖动一个锚点的控制柄可以将该锚点转换为拐点，如图 8-16 所示。

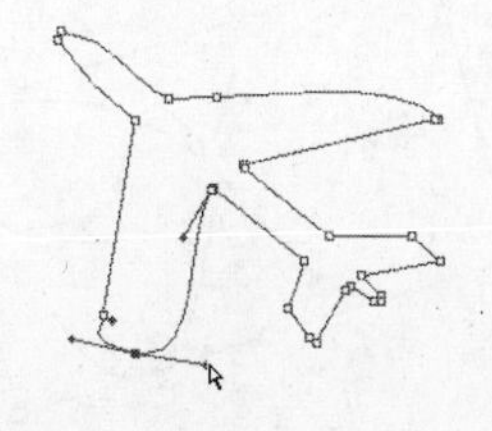

图 8-15　将锚点转换为平滑点

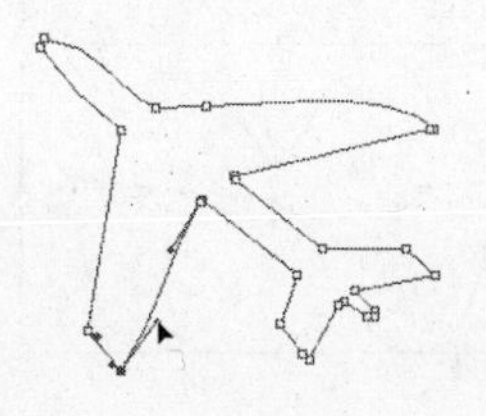

图 8-16　将锚点转换为拐点

8.1.7　使用路径选择工具编辑路径

除了使用节点调整编辑路径外，用户还可使用路径选择工具选择路径，并对其进行编辑修改。下面将介绍使用路径选择工具编辑路径的方法。

1. 路径选择工具

使用路径选择工具可以选择和移动整个路径。其方法是：选择工具箱中的路径选择工具，将鼠标光标移动到路径中单击即可选中整个路径，在其上按住鼠标左键不放并拖动便可以移动路径。如果在移动的同时按住 Alt 键不放，可以复制路径，如图 8-17 所示。

2. 直接选择工具

使用直接选择工具可以移动路径中的一部分路径，使原来的路径产生变形。其方法是：在工具箱中选择该路径工具后，在路径中框选需要移动的部分路径，然后按住鼠标左键不放并拖动即可移动并变换路径，如图 8-18 所示，被选中的部分路径中的锚点为黑色实心点，未被选中的路径锚点为空心。

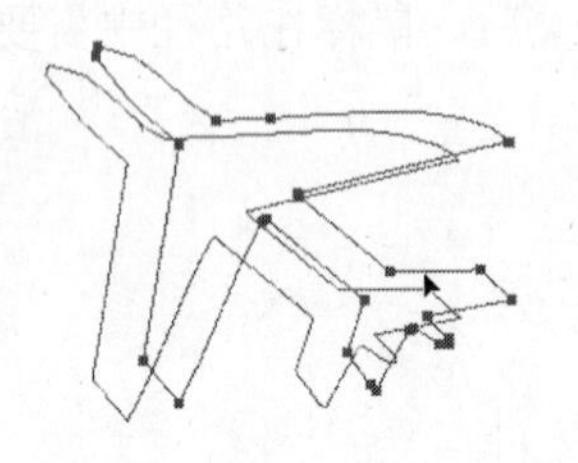

图 8-17　复制路径

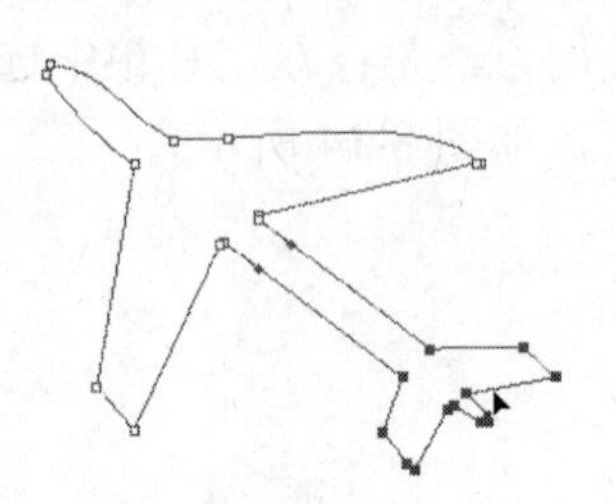

图 8-18　选择部分路径并移动

8.1.8　使用变换路径对路径进行变形

在实际操作中，经常需要将路径进行变形、旋转等。当在图像窗口中有路径显示时，在“编辑”菜单中有“自由变换路径”和“变换路径”两个命令。选择“编辑|自由变换路径”命令，在路径上会显示一个带有 8 个控制点的矩形框，如图 8-19 所示。

- **旋转路径**：将鼠标移动到矩形框外面，当鼠标光标变为↰形状时，按住鼠标左键不放并拖动可以旋转路径，这与执行“编辑|变换路径|旋转”命令的效果相同，如图 8-20 所示。

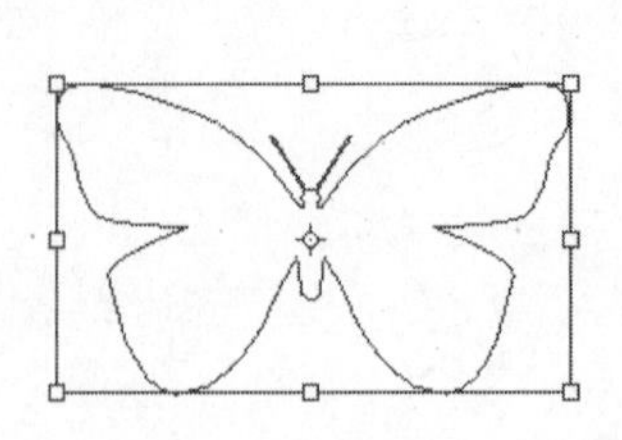

图 8-19　自由变换路径

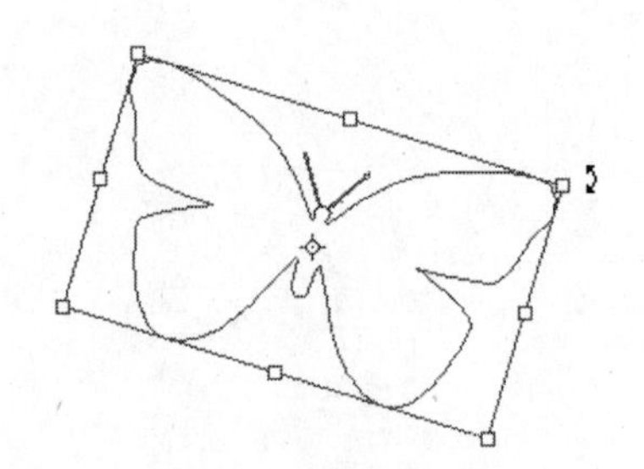

图 8-20　旋转变换

- **缩放路径**：使用鼠标拖动 8 个控制点可以对路径进行缩放操作，这与执行“编辑|变换路径|缩放”命令的效果相同，如图 8-21 所示。
- **扭曲路径**：按住 Ctrl 键，拖动 4 个角上的控制点可以进行扭曲操作，这与执行“编辑|变换路径|扭曲”命令的效果相同，如图 8-22 所示。

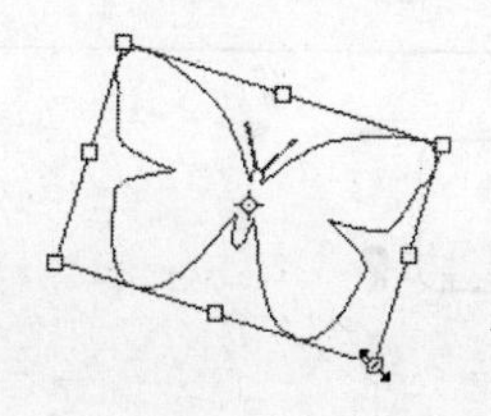

图 8-21　缩放变换

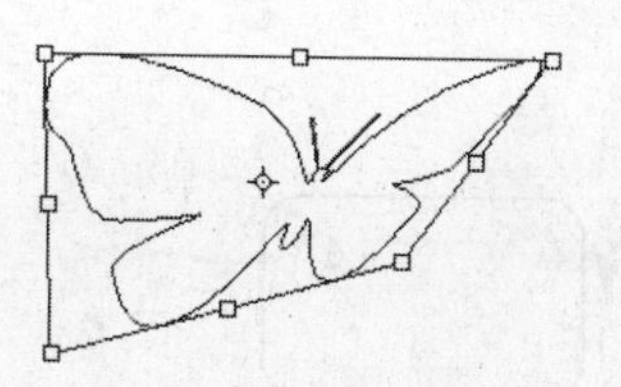

图 8-22　扭曲变换

提示：

在进行缩放时按住 Shift 键不放，并拖动 4 个角上的控制点可以等比例缩放路径。

- **斜切路径**：按住 Ctrl+Alt 组合键，拖动控制点或边可以进行斜切操作，这与执行“编辑|变换路径|斜切”命令的效果相同，如图 8-23 所示。
- **透视路径**：按住 Shift+Ctrl+Alt 组合键，拖动 4 个角上的控制点可以进行透视操作，这与执行“编辑|变换路径|透视”命令的效果相同，如图 8-24 所示。

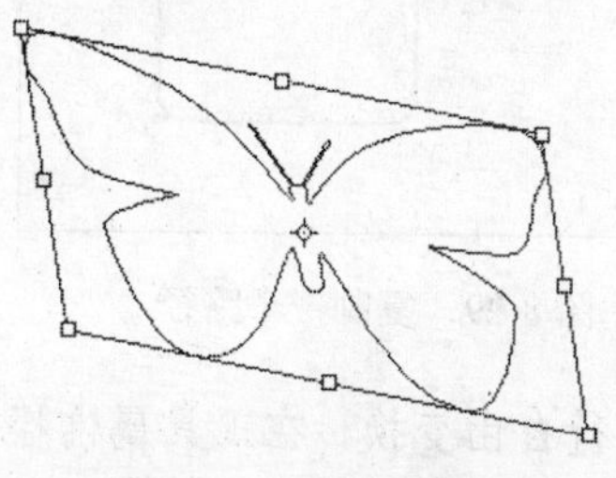

图 8-23　斜切变换

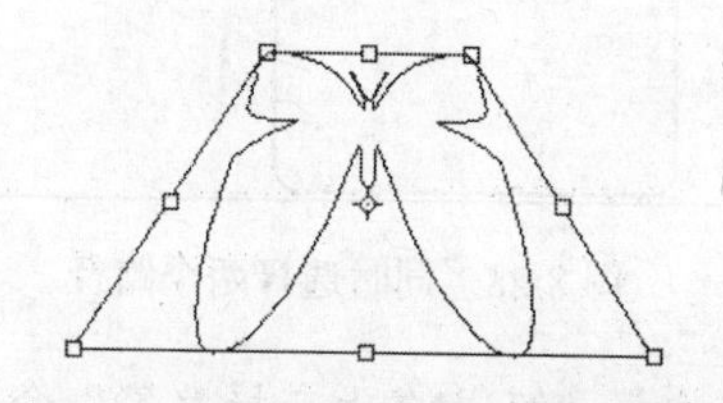

图 8-24　透视变换

8.1.9　应用举例——绘制标志路径

绘制如图 8-25 所示（立体化教学:\源文件\第 8 章\标志.psd）的环保标志的路径。

图 8-25　环保标志

操作步骤如下：

（1）新建一个 400×300 像素的图像，在工具箱中选择钢笔工具，在图像窗口的左下方绘制一个如图 8-26 所示的图形。

（2）在该图形的上方再绘制一个箭头图形，如图 8-27 所示。

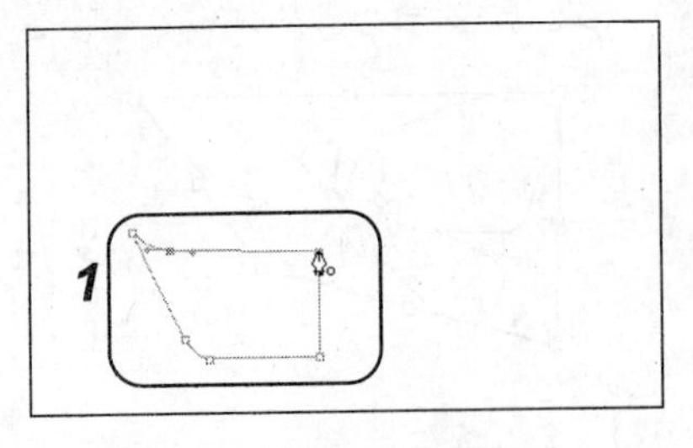

图 8-26　绘制一条封闭路径

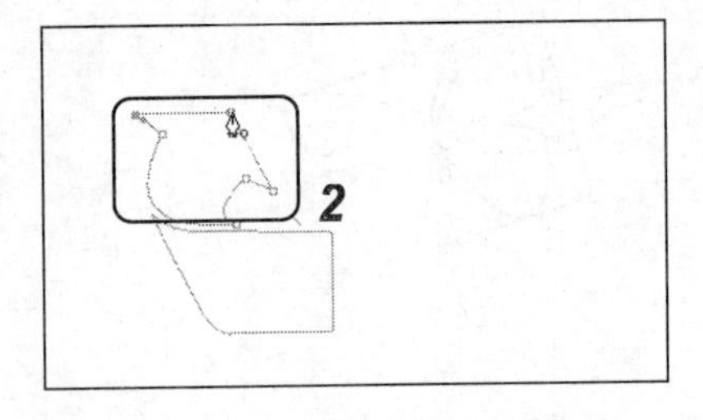

图 8-27　绘制一个箭头图形

（3）在工具箱中选择路径选择工具，在图像窗口中拖动绘制出一个矩形框，如图 8-28 所示，选择全部路径。

（4）按住 Alt 键不放，然后用鼠标拖动复制出一个路径，如图 8-29 所示。

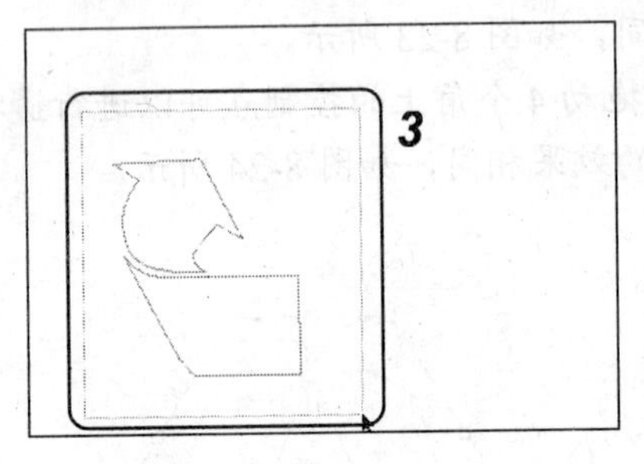

图 8-28　同时选择两个路径

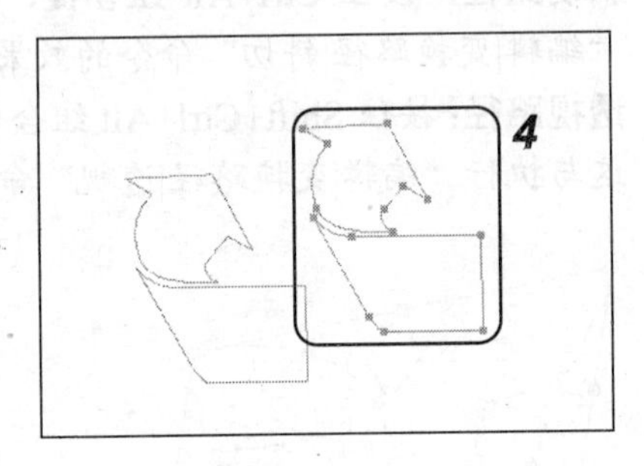

图 8-29　复制一个路径

（5）选择“编辑|自由变换路径”命令，对路径进行自由变换。在工具属性栏中的“旋转”数值框中输入“120”，并将其移动到如图 8-30 所示的位置，在路径上双击应用变换路径。

（6）使用相同的方法，再复制一个路径，在路径上双击鼠标应用变换路径。完成后的效果如图 8-31 所示。

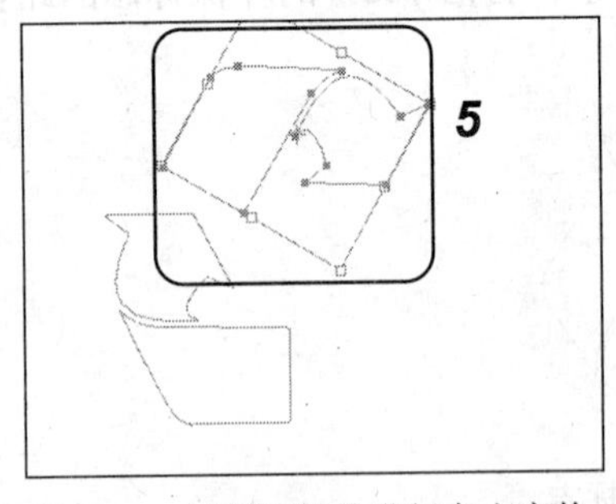

图 8-30　复制路径并进行自由变换

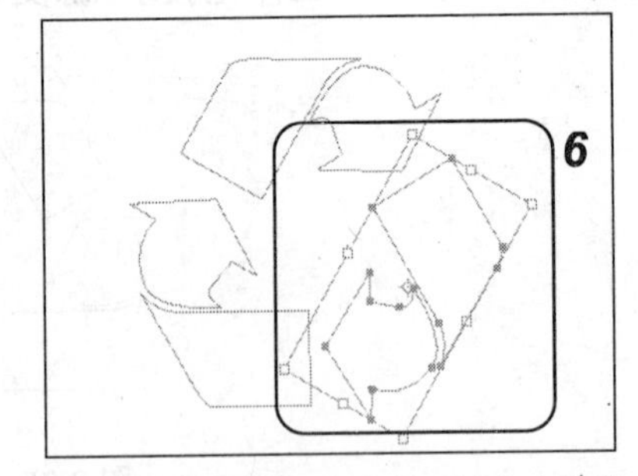

图 8-31　再次复制路径并进行自由变换

8.2 路径的应用

学会绘制路径之后，还需学习对路径进行基本的操作。使用套索工具、魔棒工具等选

取工具建立选区虽然很方便，但是要建立一些较为复杂而精确的选区是非常困难的。而使用路径就可以解决这个问题，因为路径可以进行精确地定位和调整，且适用于不规则的、难以使用其他工具进行选择的区域。

8.2.1　路径的基本操作

路径的基本操作包括查看路径、复制路径、重命名路径、删除路径以及输出路径。下面将分别进行介绍。

1．查看路径

如果“路径”面板中有多条路径，当需要查看其中的一条路径时，只需单击要查看的路径，即可在图像窗口中显示该路径。

2．复制路径

通过复制路径可以为路径制作一个副本，这样在处理副本时就不会因失误而无法恢复。在“路径”面板中将要复制的路径拖动到面板底部的按钮上即可复制路径。

3．重命名路径

在路径面板中双击将要重命名的路径，这时原路径名将以反白显示，输入路径的新名称即可。

4．删除路径

在路径面板中选择需要删除的路径，然后单击路径面板中的按钮，在打开的提示对话框中单击 是(Y) 按钮即可。也可以按住鼠标左键不放将要删除的路径直接拖动到按钮上，然后释放鼠标即可。

5．输出路径

可以将 Photoshop 中的路径输出为 Adobe Illustrator 的格式（.ai 文件），这样就可以使用 Adobe Illustrator 或其他矢量图形软件进行处理。

【例 8-2】 将 Photoshop 中的路径输出为 Illustrator 的格式的文件。

操作步骤如下：

（1）选择“文件|导出|路径到 Illustrator”命令，打开如图 8-32 所示的“导出路径”对话框。

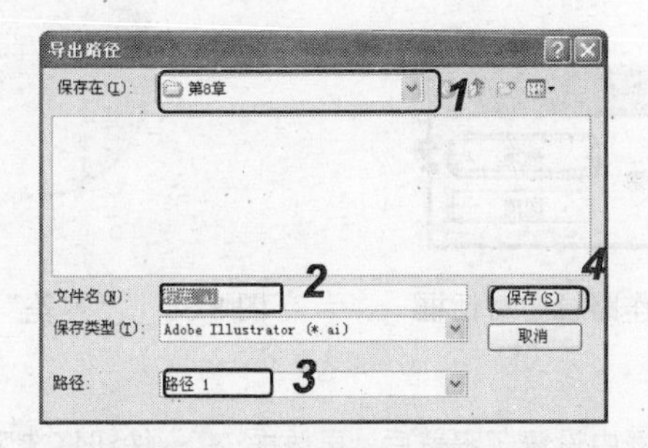

图 8-32　“导出路径”对话框

（2）在“保存在”下拉列表框中选择将路径输出到的目标文件夹；在“文件名”文本框中输入导出路径的名称，在“路径”下拉列表框中选择要导出的路径，然后单击保存(S)按钮即可。

8.2.2 路径和选区的转换

用路径工具可以很精确地创建路径，但对于一些比较复杂的图像形状，使用钢笔工具描绘过于繁琐，此时更简便的方法就是利用路径和选区的互换。另外，路径是一个选区的轮廓边缘线，只有将路径转换成选区后，才能制作出这些特殊效果。

1. 选区转换为路径

将选区转换为路径的方法很简单，只需先在图像中创建一个选区，如图8-33所示。然后单击“路径”面板中的按钮，即可将选区边框转化为路径曲线，效果如图8-34所示，同时路径面板中将自动出现工作路径。

图8-33 创建选区

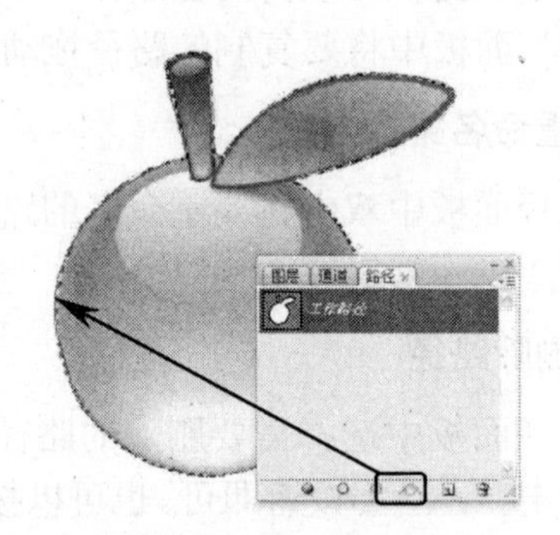

图8-34 将选区转化为路径的效果及面板变化

此外，用户也可单击“路径”面板中的按钮，在弹出的快捷菜单中选择“建立工作路径”命令，在打开的“建立工作路径”对话框中设置产生路径的容差，如图8-35所示，容差设置得越大，生成的路径就越平滑，如图8-36所示为“容差”为10时产生的路径。

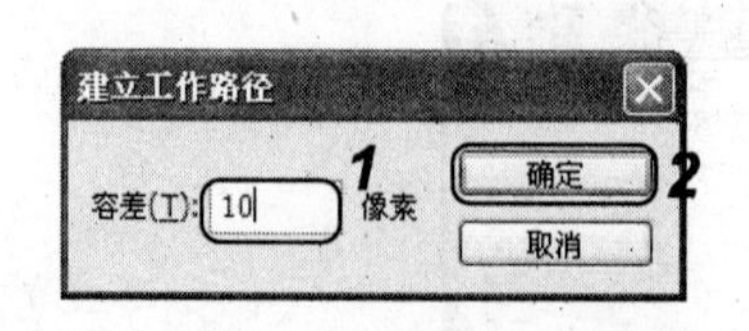

图8-35 “建立工作路径”对话框

图8-36 “容差”为10时产生的路径

提示：

在“建立工作路径”对话框中设置了容差后，再单击按钮将选区转换为路径，就可以使用该容差建立路径。

2. 由路径创建选区

要将路径转化为选区，就是使用钢笔抠图。转化时用户需先绘制一条路径，如图 8-37 所示。然后单击“路径”面板中的◌按钮，即可将路径转化为选区，效果如图 8-38 所示。

图 8-37　转化前的路径

图 8-38　将路径转化为选区的效果

单击“路径”面板中的▾≡按钮，在弹出的快捷菜单中选择“建立选区”命令，打开如图 8-39 所示的“建立选区”对话框，在其中设置产生选区的羽化半径、是否消除锯齿等参数，如图 8-40 所示为设置“羽化半径”为 10 后创建的选区并进行填充后的效果。

提示：

按住 Ctrl 键不放，在“路径”面板中单击要转换为选区的路径，也可将路径转换为选区。当在“建立选区”对话框中进行设置后，以后再使用该方法建立选区都会使用相同的设置进行创建。

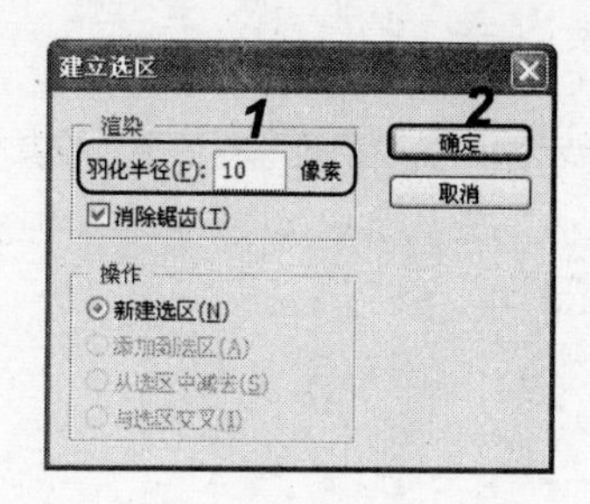

图 8-39　“建立选区”对话框

图 8-40　设置羽化半径并进行填充后的效果

8.2.3　填充和描边路径

在路径创建并编辑完成后，都需要对其进行填充和描边路径等操作，使其成为具有各种效果的图形。下面将介绍填充和描边路径的方法。

1. 填充路径

填充路径是指用指定的颜色、图案或历史记录的快照填充路径内的区域。在进行路径填充前，先要设置好前景色或背景色，再在“路径”面板中选中将要填充的路径，如图 8-41 所示。单击“路径”面板右上方的▾≡按钮，在弹出的快捷菜单中选择“填充路径”命令，在打开如图 8-42 所示对话框的“使用”下拉列表框中选择相应选项进行填充，如图 8-43 所示为在“使用”下拉列表框中选择“颜色”选项后的填充效果。

图 8-41 选中将要填充的路径

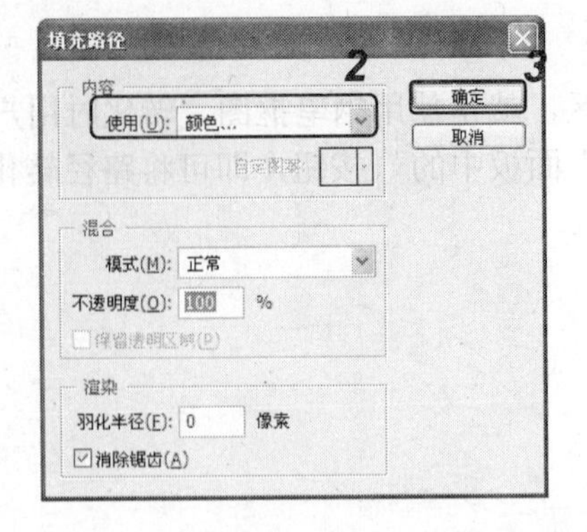

图 8-42 “填充路径”对话框

图 8-43 填充路径后的效果

提示：

在“使用”下拉列表框中选择“前景色”或“背景色”选项可以分别使用前景色或背景色填充路径。单击路径面板的“用前景色填充路径”按钮 ，可以直接使用前景色填充路径。

2. 描边路径

使用画笔、铅笔、橡皮擦和图章等工具等都可以描绘路径。其方法是：设置好前景色，再选择用于描边的工具，如铅笔工具 ，在其工具属性栏中的“画笔”列表框中选择笔触的大小。在“路径”面板中选中要描边的路径，然后单击“路径”面板上的 按钮即可，效果如图 8-44 所示。

提示：

按下 Alt 键的同时单击 按钮，将打开如图 8-45 所示的“描边路径”对话框，在其中可以选择描边使用的工具。

图 8-44 描边后的效果

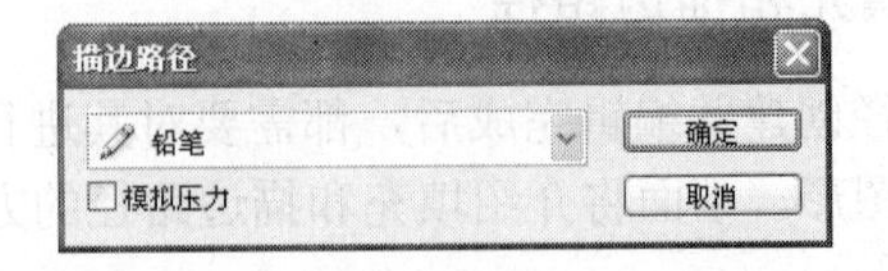

图 8-45 “描边路径”对话框

8.2.4 应用举例——绘制梦幻心

本例将使用“路径”面板中已创建好的路径，对“蛋糕”图像进行编辑，完成后效果如图 8-46 所示（立体化教学:\源文件\第 8 章\蛋糕.psd）。

图 8-46　最终效果图

操作步骤如下：

（1）打开“蛋糕.psd”（立体化教学:\实例素材\第 8 章\蛋糕.psd），将前景色设置为黄色。在“图层”面板中单击其下方的按钮，新建图层 1，如图 8-47 所示。

（2）打开“路径”面板，在其中选择“路径 1”，单击面板下方的按钮。使用前景色进行填充路径，如图 8-48 所示。

图 8-47　新建图层

图 8-48　使用前景色填充路径

（3）在工具箱中选择钢笔工具，在其工具属性栏中选择按钮，使用鼠标在图像中绘制路径，如图 8-49 所示。

（4）单击“路径”面板下方的按钮，使用画笔为路径描边，如图 8-50 所示。

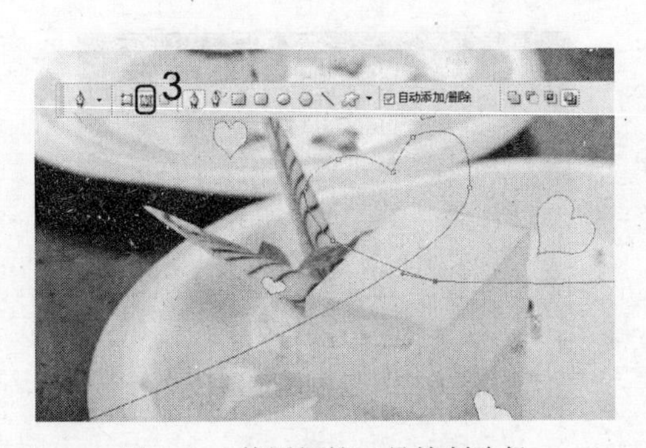

图 8-49　使用钢笔工具绘制路径

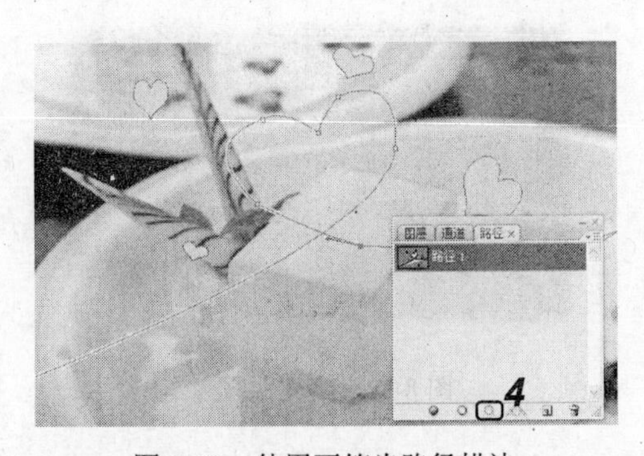

图 8-50　使用画笔为路径描边

8.3 上机及项目实训

8.3.1 使用路径制作地毯

本例将使用路径的填充和描边制作如图 8-51 所示的地毯（立体化教学:\源文件\第 8 章\地毯.psd），先使用填充路径功能制作地毯的图案，再使用描边路径功能制作地毯的毛。

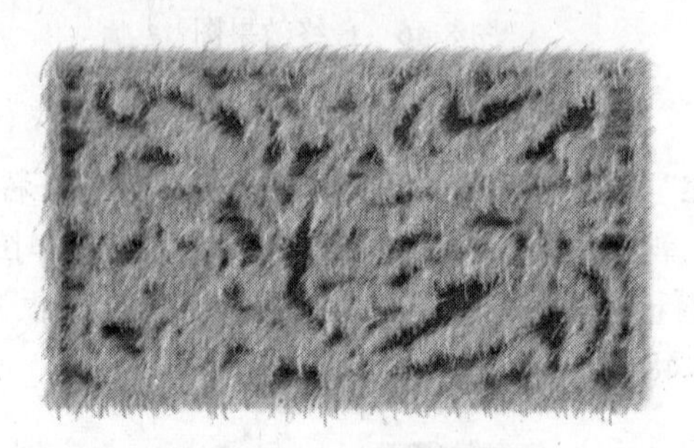

图 8-51 最终效果

1. 制作地毯图案

使用填充路径功能制作地毯图案，操作步骤如下：

（1）新建一个大小为 500×300 像素，颜色模式为 RGB 颜色的图像文件。

（2）选择工具箱中的矩形选框工具，在工具属性栏中的“羽化”数值框中输入“5”，然后在图像窗口中绘制一个矩形选区。

（3）设置前景色为“R: 10、G: 125、B: 10”，按 Alt+Delete 组合键填充前景色，如图 8-52 所示。按 Ctrl+D 组合键取消选区。

（4）选择工具箱中的自定形状工具，在工具属性栏中单击按钮，单击“形状”后面的按钮在弹出的下拉列表框中选择形状，在图像窗口中拖动鼠标绘制一个路径，如图 8-53 所示。

图 8-52 填充选区

图 8-53 绘制图案路径

（5）单击“路径”标签，打开“路径”面板，单击右上角的按钮，在弹出的快捷菜单中选择“填充路径”命令，打开“填充路径”对话框。

（6）在“使用”下拉列表框中选择“图案”选项，在“自定图案”下拉列表框中选择选项，在“羽化半径”文本框中输入“5”，如图 8-54 所示。单击确定按钮进行填充，效果如图 8-55 所示。

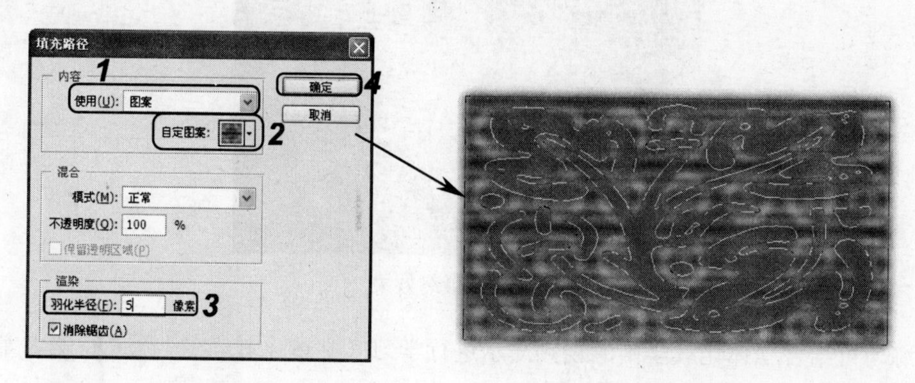

图 8-54　“填充路径”对话框　　　　图 8-55　填充后的效果

2. 制作地毯的毛

使用描边路径功能绘制地毯的毛，操作步骤如下：

（1）在工具箱选择画笔工具，在工具属性栏中单击“画笔”后面的按钮，在弹出的面板中选择“沙丘草”选项，然后在“主直径”文本框中输入“20px”，在“模式”下拉列表框中选择“亮光”选项，如图 8-56 所示。

（2）设置前景色为“R：200、G：120、B：0”，单击“路径”面板中的按钮，进行描边，效果如图 8-57 所示。

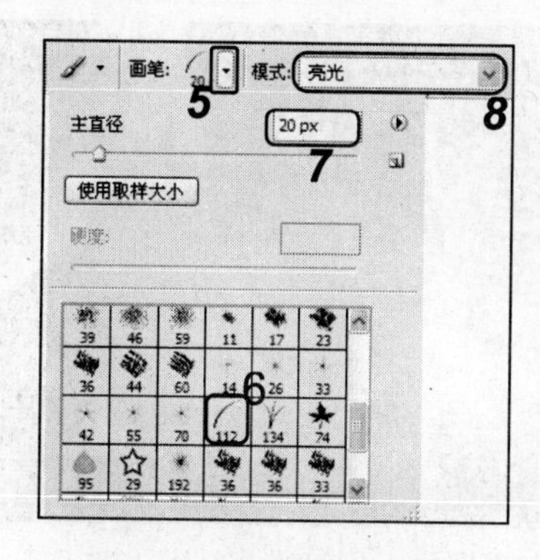

图 8-56　设置描边画笔

图 8-57　描边后的效果

（3）单击按钮，增加毛的数量，然后将画笔的主直径修改为“30”，单击按钮，增加一些长一点的毛。在“路径”面板中的空白位置单击，取消路径的显示完成操作。

8.3.2　制作霓虹灯效果

综合利用本章和前面所学知识，为“星空”图像添加霓虹灯效果，此效果的制作可使用户更加熟练地使用路径，完成后的最终效果如图 8-58 所示（立体化教学:\源文件\第 8 章\

星空.psd）。

图 8-58　最终效果

本练习可结合立体化教学中的视频演示进行学习（立体化教学:\视频演示\第 8 章\制作霓虹灯效果.swf）。主要操作步骤如下：

（1）打开“星空.jpg”图像（立体化教学:\实例素材\第 8 章\星空.jpg）。

（2）在工具箱中选择钢笔工具，在其工具属性栏中单击。使用鼠标在图像中绘制路径，如图 8-59 所示。

（3）将前景色设置为“紫色”，在工具箱中选择画笔工具。在其工具属性栏中设置画笔大小为 9 像素。

（4）打开“路径”面板，在其中单击按钮，使用画笔描边路径。

（5）将前景色设置为“白色”，再在画笔工具的工具属性栏中设置画笔大小为 5 像素。在“路径”面板中单击按钮，使用画笔描边路径，如图 8-60 所示。

图 8-59　绘制路径　　　　图 8-60　使用画笔描边路径

8.4　练习与提高

（1）使用路径制作如图 8-61 所示的小兔子（立体化教学:\源文件\第 8 章\兔子.psd）。

提示：先绘制如图 8-62 所示的路径，再对路径进行描边，然后使用油漆桶工具进行填色。

图 8-61　小兔子图像

图 8-62　小兔子路径

（2）使用路径制作如图 8-63 所示的图像（立体化教学:\源文件\第 8 章\风光.psd）。

提示：先绘制各部分的路径，然后进行路径的填充，填充太阳和云时需要设置适当的羽化值。草的制作方法与上机练习中制作地毯的毛的方法相同。本练习可结合立体化教学中的视频演示进行学习（立体化教学:\视频演示\第 8 章\制作“风光”图像.swf）。

（3）使用钢笔工具绘制如题 8-64 所示的图像（立体化教学:\源文件\第 8 章\西服.psd），并为其填充颜色。

图 8-63　风光最终效果

图 8-64　西服最终效果

经验技巧 总结路径的使用技巧

本章主要介绍了路径的操作方法，这里总结以下几点路径的使用方法和技巧以及注意事项，供读者参考和学习：

- 使用路径进行绘制时，可以配合使用快捷键及时对路径进行编辑。
- 在使用路径描边或使用前景色进行填充时，一定要先在“图层”面板中创建新图层，否则，填充后无法对图像进行修改。
- 路径可转化为选区，所以适用于选区的操作对路径基本都适用。

第 9 章　应用文本丰富图像

学习目标

☑ 使用文字工具输入文字
☑ 设置文字、编辑文字格式
☑ 使用直排文字工具、“变形文字”对话框制作扇面
☑ 使用直排文字工具、横排文字工具和横排文字蒙版工具制作旅游宣传单
☑ 使用路径工具、直排文字工具制作贺卡

目标任务&项目案例

使用直排文字工具

沿路径排列文字

制作扇面

制作旅游宣传单

制作贺卡

制作公章

添加文字能够让图像更具有实际意义，制作上述实例主要用到了文字工具、“字符”面板和“变形文字”对话框。本章将具体讲解使用直排文字工具、横排文字工具、直排文字蒙版工具、横排文字蒙版工具、“字符”面板和“变形文字”对话框来输入和编辑文字的方法。

9.1　使用文字工具

添加文字在图像的处理中起着非常重要的作用，也是广告宣传创作中必不可少的一步。使用文字工具可以直接在图像中输入文字、段落并可以对文字进行变形处理。其中路径文字可以是沿路径排列文字或在封闭的路径中输入文字。下面将对文字工具的使用方法进行介绍。

9.1.1　文字工具组

要使用文字工具输入文字，需选择合适的文字工具。右键单击工具箱中的T工具，将弹出文字工具组中的其他工具，分别为横排文字工具T、直排文字工具IT、横排文字蒙版工具和直排文字蒙版工具。其中，横排和直排文字工具分别用于输入横排和直排文字，横排和直排文字蒙版工具分别用于创建横排和直排文字选区。

文字工具的工具属性栏基本相同，如图 9-1 所示的是横排文字工具的工具属性栏。

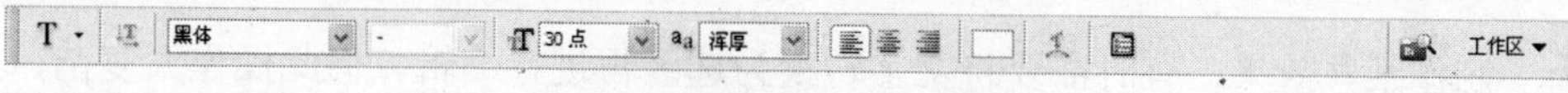

图 9-1　横排文字工具属性栏

其中各项参数的含义如下：

- 按钮：可以将当前正在编辑的文本在水平排列状态和垂直排列状态之间进行转换。
- **字体下拉列表框**黑体：用于设置文字的字体。单击其右侧的按钮，在其下拉列表框中可以选择需要的字体。
- **字体大小下拉列表框**30点：用于设置文字字体的大小。单击其右侧的按钮，在打开的下拉列表框中可选择字体大小，也可直接输入字体大小的值。
- **字体样式下拉列表框**浑厚：用于设置是否消除文字锯齿以及以消除方式。在其中提供了“无”、“锐利”、“犀利”、“浑厚”和“平滑” 5 个选项。
- **对齐按钮**：用于设置文字的对齐方式，分别为左对齐、居中对齐和右对齐。当文字为直排状态时，这 3 个按钮变为，分别为上对齐、居中对齐和下对齐。
- **字体颜色色块**：用于显示和设置文字的颜色。单击可以打开“选择文本颜色”对话框，从中选择字体的颜色。
- 按钮：用于创建变形文字，单击可以打开“变形文字”对话框。
- 按钮：单击该图标，可以打开“字符”和“段落”面板，用于设置字符和段落的属性。

9.1.2　输入横排或直排文字

在 Photoshop 中，有时需要在处理好的图像上添加一些文字，图文并茂，这时可以使用文字工具组中的工具直接在图像窗口中输入文字或文字选区，制作出预想的效果。

选择横排文字工具或直排文字工具，在其工具属性栏中设置完相关参数后，再在图像中单击即可输入文字。如图 9-2 所示分别为使用横排文字工具和直排文字工具输入文字的效果。

图 9-2　输入横排文字和直排文字的效果

9.1.3　输入横排或直排文字选区

为了制作某些效果，有时需要将文字转换为选区再进行编辑。但此操作太复杂，此时用户可选择横排文字蒙版工具或直排文字蒙版工具进行输入。在文字输入完成后，输入的文字将直接被转化为选区。如图 9-3 所示为使用横排文字蒙版工具和直排文字蒙版工具输入文字的效果。

图 9-3　使用横排文字蒙版工具和直排文字蒙版工具的效果

9.1.4　添加段落文字

有时会遇到需要在图像中输入大量文字的情况，使用文字工具直接输入不便于文字编辑，此时用户可以添加段落文字图层来进行处理。

其方法是：选择工具箱中的文字工具，然后在工具属性栏中设置字体、字体大小等参数。将鼠标光标移动到图像上，当鼠标光标变成形状时，按住鼠标左键不放并拖动鼠标，在图像窗口中添加一个文字输入框，如图 9-4 所示，在文字输入框的左上角有一个闪烁的光标，在光标后输入文字，当输入的文字到达文字框的边缘时，文字会自动换到下一行，如图 9-5 所示。

图 9-4　拖出文字输入框

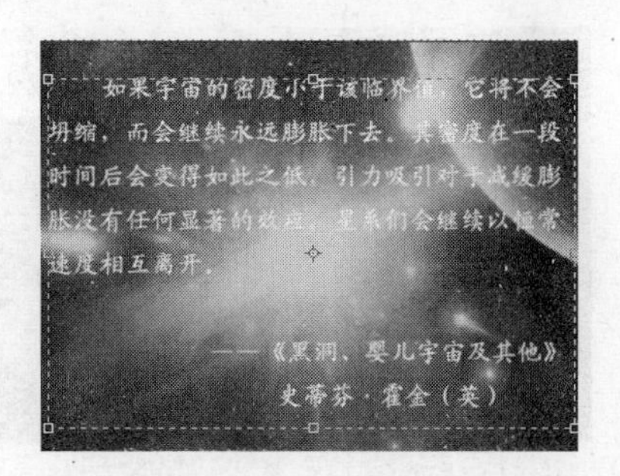

图 9-5　输入段落文字

9.1.5　沿路径排列的文字

使用路径文字可以使文字沿着路径的方向排列，这在美化图像时经常被用到。添加路径文字的方法是：先绘制一条路径，再选择工具箱中的横排文字工具T，然后将鼠标光标移动到路径上，当鼠标光标变为形状时单击鼠标，然后输入文字即可。

【例 9-1】 利用沿路径排列的文字制作一个弧形文字。

（1）打开“大海.jpg”图像（立体化教学:\实例素材\第 9 章\大海.jpg），在工具箱中选择钢笔工具，在图像窗口中绘制一条路径，如图 9-6 所示。

（2）在工具箱中选择横排文字工具T，然后在工具属性栏中设置字体、字体大小等参数。

（3）将鼠标光标移动到路径上，当鼠标光标变为形状时单击鼠标，并输入文字“大海的气息”，如图 9-7 所示。

图 9-6　绘制路径

图 9-7　输入文字

提示：

选择工具箱中的路径选择工具，将其移动到文字上并拖动，可以移动文字在路径上的位置。

9.1.6　路径内部文字

经常会看到有些文字是按一个图形进行排列的，若使用手动进行排列，操作繁琐且效率不高。此时可考虑使用路径内部文字的方法进行编辑，输入文字的范围只能在封闭路径内。其方法是：先绘制一条封闭路径，在工具箱中选择文字工具，然后将鼠标光标移动到封闭路径内部，当鼠标光标变为形状时单击鼠标，输入文字即可。如图 9-8 所示为使用路径内部文字的效果。

图 9-8　使用路径内部文字效果

9.1.7　应用举例——制作创意书签

打开“书签.psd”图像（立体化教学:\实例素材\第 9 章\书签.psd），如图 9-9 所示。使用文字工具进行编辑，效果如图 9-10 所示（立体化教学:\源文件\第 9 章\书签.psd）。

图 9-9　原图像

图 9-10　完成后的效果

操作步骤如下：

（1）打开“书签.psd”图像，在工具箱中选择横排文字工具 T，在其工具属性栏中设置字体、字体大小、颜色分别为“华文行楷、80 点、黑色”。

（2）使用鼠标在图像左下角单击输入“味”字，如图 9-11 所示。使用鼠标在工具箱中的其他工具上单击取消文字的编辑状态。

（3）在工具箱中选择直排文字工具 IT，在其工具属性栏中设置字体、字体大小分别为“方正彩云简体、18 点”。使用鼠标在图像左下角单击输入“品味”，如图 9-12 所示。

图 9-11　使用横排文字工具输入

图 9-12　使用直排文字工具输入

（4）在工具箱中选择横排文字工具[T]，在其工具属性栏中设置字体、字体大小分别为“黑体、9 点”，使用鼠标在图像下方拖动绘制一个文本框，如图 9-13 所示。将鼠标移动到文本框中单击，输入文本如图 9-14 所示。

图 9-13　绘制文本框

图 9-14　输入文字

9.2　设置文字的格式

为了使图像更加美观，在编辑文字时最好设置文字格式，包括选择文字、设置字符格式和段落格式，以产生错落感，增强视觉冲击力。下面将介绍设置文字格式的方法。

9.2.1　选择文字

要对文字进行编辑、修改或设置属性，都需要先选择文字。其方法是：选择工具箱中的横排或直排文字工具，然后在要选择的文字的开始位置单击并按住鼠标左键不放拖动至结束位置释放鼠标，即可将开始位置和结束位置之间的文字选中，被选中的文字将以补色显示，如图 9-15 所示。如果要选择段落文字中的文字，也应先选择横排或直排文字工具，在段落文字中要选择的文字的开始位置单击并按住鼠标左键不放并拖动即可，效果如图 9-16 所示。

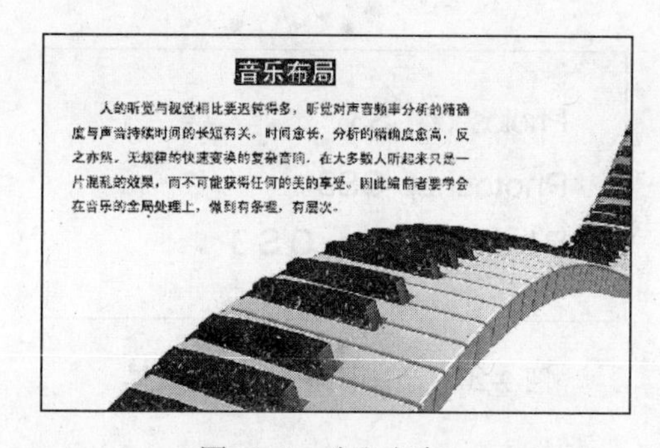

图 9-15　选取文字

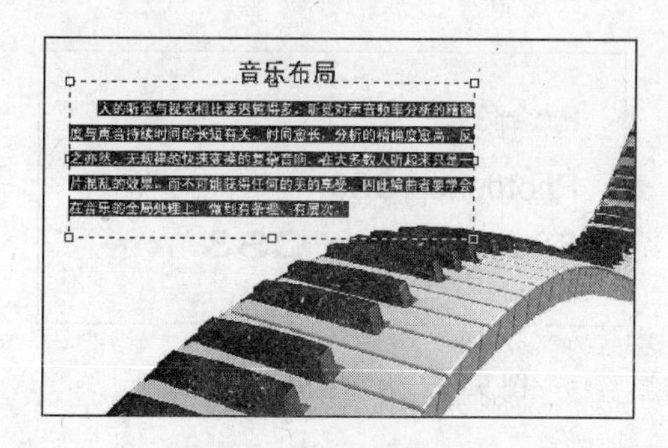

图 9-16　选取段落文字

9.2.2　设置字符格式

设置文字的字符格式包括设置文字的字体、颜色、大小和字符间距等属性。选中需要设置字符格式的文字，然后单击工具属性栏中的▤按钮，或选择“窗口|字符”命令，打开如图 9-17 所示的“字符”面板。其中各项参数的含义如下：

- **字体下拉列表框** 楷体_GB2312：用于设置文字的字体。
- **字号下拉列表框** 36点：用于设置字体的大小，可以单击右侧的按钮，在打开的下拉列表框中选择字体大小。
- **行间距下拉列表框** (自动)：用于设置文字的行间距，设置的数值越大，行间距越大；数值越小，行间距越小。选择“（自动）”选项时将自动调整行间距。
- **垂直缩放比例数值框** 100%：用于设置文字的垂直缩放比例，如图 9-18 所示为设置不同的垂直缩放比例后的效果。

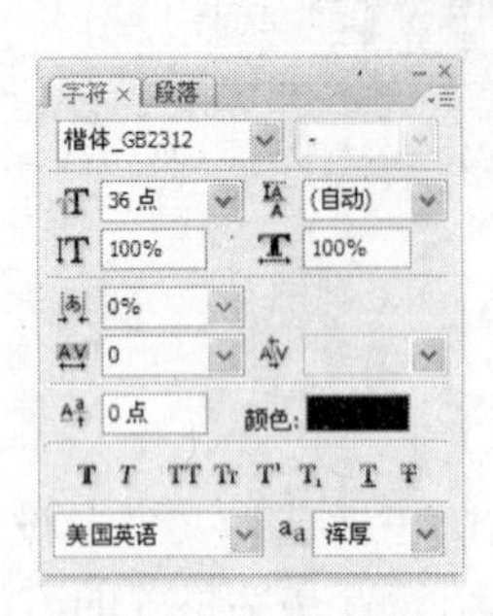

图 9-17 “字符”面板

图 9-18 不同的垂直缩放比例效果

- **水平缩放文本框** 100%：用于设置文字的水平缩放比例，如图 9-19 所示为设置不同的水平缩放比例后的效果。
- **设置所选字符的比例间距下拉列表框** 0%：以百分比的方式设置两个字符之间的字间距。
- **设置所选字符的字距调整下拉列表框** 0：当选择了部分文字后，该下拉列表框才有效，用于改变选择的文字之间的字间距，如图 9-20 所示为设置不同字间距后的效果。

图 9-19 水平缩放比例效果

图 9-20 设置不同字间距的效果

- **设置两个字符间的字距微调下拉列表框** 0：当输入光标插入到文字当中时，该下拉列表框有效，用于设置光标两侧的文字之间的之间距。如图 9-21 所示为设置 C 和 S 之间不同字间距后的效果。
- **基线偏移数值框** 0点：用于设置文字的基线偏移量，输入正数文字往上移，输入负数文字往下移，如图 9-22 所示为设置不同基线偏移量后的效果。
- **颜色色块** 颜色:：单击后面的颜色框，在打开的“选择文本颜色”对话框中可以设置文字的颜色。

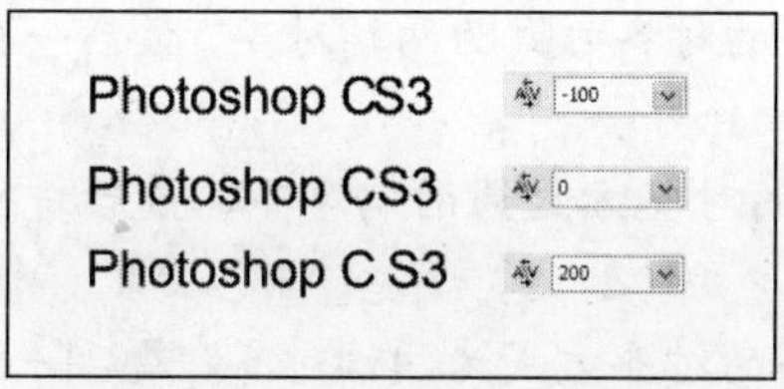

Photoshop CS3　-100
Photoshop CS3　0
Photoshop C S3　200

图 9-21　设置光标两侧字间距的效果

Photoshop CS^3　10 点
Photoshop CS3　0 点
Photoshop CS$_3$　-10 点

图 9-22　设置基线偏移后的效果

- **文字格式按钮** T T TT Tт T¹ T₁ T T：这 8 个按钮分别用于设置文字为“粗体”、“斜体”、“将小写字母转化为大写”、“将小写字母转化为小型大写”、“上标”、“下标”、“下划线”和“删除线”，效果如图 9-23 所示。

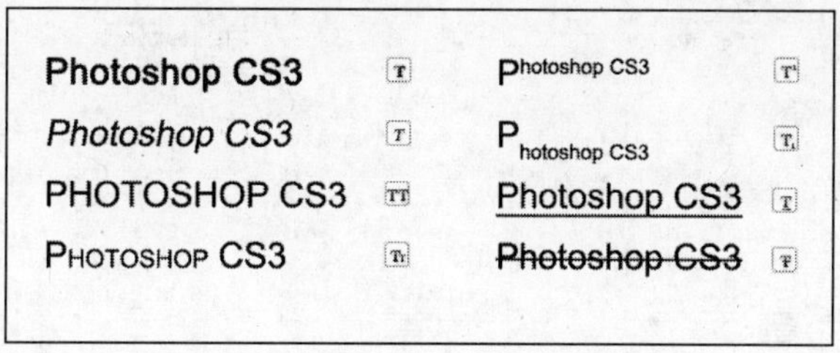

Photoshop CS3　P$^{hotoshop\ CS3}$
Photoshop CS3　P$_{hotoshop\ CS3}$
PHOTOSHOP CS3　Photoshop CS3
PHOTOSHOP CS3　~~Photoshop CS3~~

图 9-23　设置文字格式后的效果

9.2.3　设置段落格式

文字的段落格式包括对齐方式、缩进方式、避头点和间距组合等。其设置方法是：选择工具箱中的文字工具，然后将光标置于需要设置段落格式文本中，在工具属性栏中单击按钮，然后单击“段落”标签，或选择“窗口|段落”命令，打开如图 9-24 所示的“段落”面板。

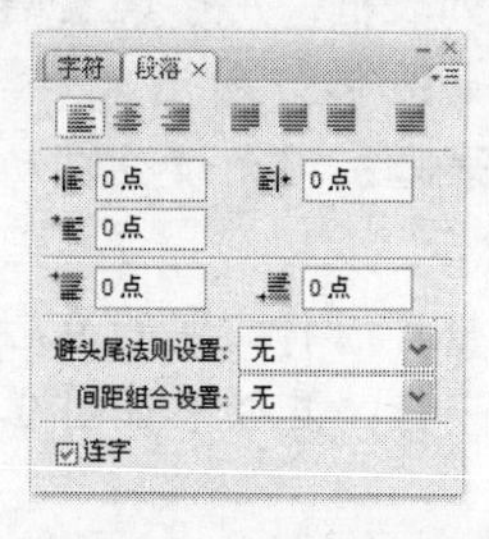

图 9-24　“段落”面板

其中各项参数的含义如下：

- **左对齐按钮**：设置段落文字的对齐方式为左对齐。
- **居中对齐按钮**：设置段落文字的对齐方式为居中对齐。
- **右对齐按钮**：设置段落文字的对齐方式为右对齐。
- **最后一行左对齐按钮**：设置段落文字的对齐方式为两端对齐，最后一行对齐左边。

- **最后一行中间对齐按钮**▤：设置段落文字的对齐方式为两端对齐，最后一行对齐中间。
- **最后一行右对齐按钮**▤：设置段落文字的对齐方式为两端对齐，最后一行对齐右边。
- **最后一行两端对齐按钮**▤：设置段落文字的对齐方式为两端对齐，最后一行也两端对齐。

使用不同文字对齐方式的效果如图 9-25 所示。

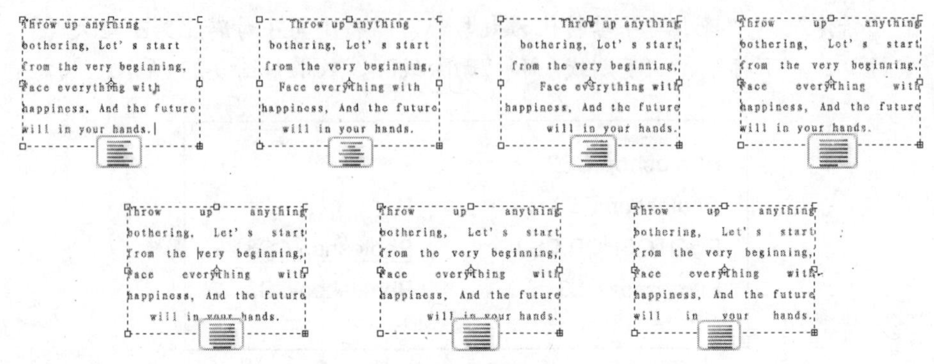

图 9-25　使用不同文字对齐方式的效果

- **左缩进数值框** 0点 ：设置文字左缩进值。
- **右缩进数值框** 0点 ：设置文字右缩进值。
- **首行缩进数值框** 0点 ：设置文字首行缩进值。
- **段前添加空格数值框** 0点 ：设置段前距。
- **段后添加空格数值框** 0点 ：设置段后距。

使用缩进的效果如图 9-26 所示。

- **"避头尾法则设置"下拉列表框**：用于设置避免第一行显示标点符号的规则。使用不同避头尾法则的效果如图 9-27 所示。
- **"间距组合设置"下拉列表框**：用于设置自动调整字间距时的规则。使用不同间距组合的效果如图 9-28 所示。
- ☑连字 **复选框**：选中该复选框可以将文字的最后一个外文单词拆开，形成连字符号，使剩余的部分自动换到下一行，其效果如图 9-29 所示。

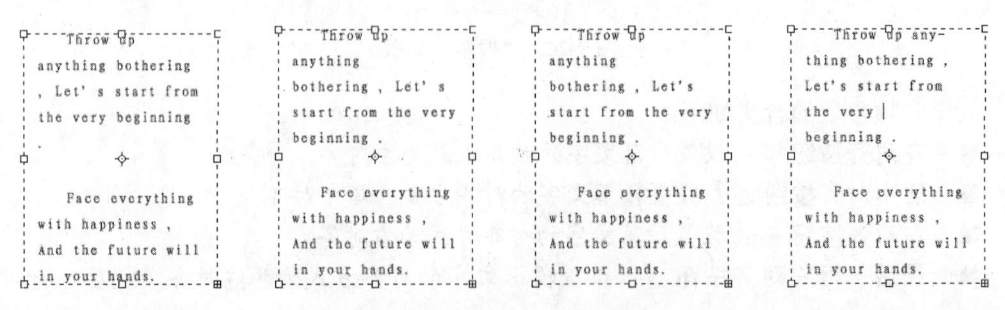

图 9-26　设置缩进　　图 9-27　设置避头尾　　图 9-28　设置间距组合　　图 9-29　设置连字

9.2.4　设置文字的变形效果

为了制作一个特殊的文字效果，用户可对输入后的文字添加变形效果。其方法是：选择需变形的文字，再单击工具属性栏中的按钮将打开“变形文字”对话框，在“样式”下拉列表框中选择一种变形样式即可设置文字的变形效果，在此设置弯曲比例为 23%，单击确定按钮完成设置，如图 9-30 所示。

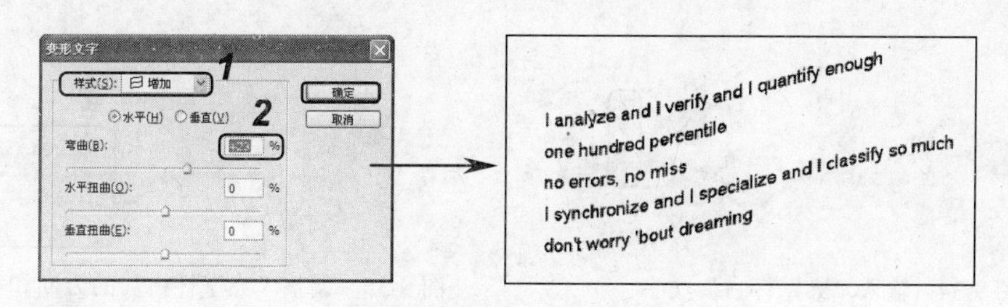

图 9-30　设置文字的变形效果

9.2.5　应用举例——制作一幅扇面

使用变形文字制作一幅扇面，其效果如图 9-31 所示（立体化教学:\源文件\第 9 章\扇面.psd）。

图 9-31　扇面最终效果

操作步骤如下：

（1）新建一个图像文件，设置画面的尺寸为 800×390 像素，并保存为“扇面.psd”。使用选区工具绘制一个如图 9-32 所示的扇形选择区域。

（2）选择“文件|打开”命令，打开“山水画.jpg”文件（立体化教学:\实例素材\第 9 章\山水画.jpg），按 Ctrl+A 组合键全选，再按 Ctrl+C 组合键复制。

（3）切换到“扇面.psd”图像，选择“编辑|贴入”命令，将山水画粘贴到选择区域中，效果如图 9-33 所示。

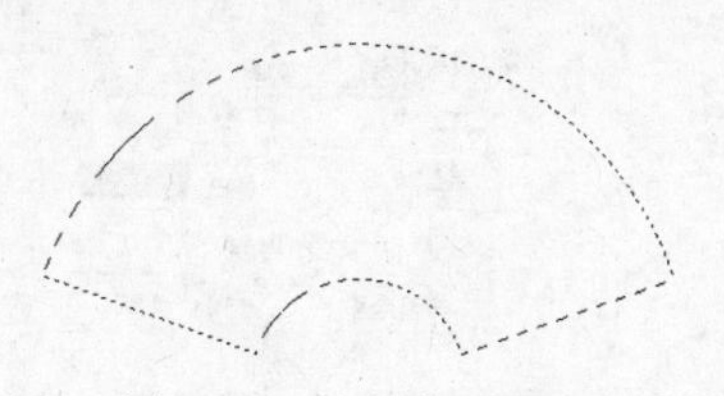

图 9-32　绘制扇形选区

图 9-33　制作扇面背景

（4）在工具箱中选择直排文字工具 T，在其工具属性栏中设置字体为“方正黄草简体”，字体颜色设置为“R：255、G：0、B：0”。

（5）在图像窗口中的右侧单击鼠标并输入文字“赤壁怀古”，然后在工具箱中选择任意工具，效果如图 9-34 所示。

（6）按 Ctrl+T 组合键，然后旋转文字的方向并放大文字，如图 9-35 所示。

图 9-34 输入“赤壁怀古”文字

图 9-35 调整“赤壁怀古”的方向和大小

（7）再次选择工具箱中的直排文字工具 T，在工具属性栏中设置字体为“方正黄草简体”，字体大小设置为“12”，字体颜色设置为“R：40、G：50、B：0”。

（8）在图像窗口中单击鼠标，输入“赤壁怀古”的正文内容，如图 9-36 所示。

（9）在直排文字工具属性栏中单击 按钮，在打开“变形文字”对话框的“样式”下拉列表框中选择“扇形”选项，选中 ◎水平(H) 单选按钮，在“弯曲”文本框中输入“+65”，如图 9-37 所示。单击 确定 按钮，关闭“变形文字”对话框。

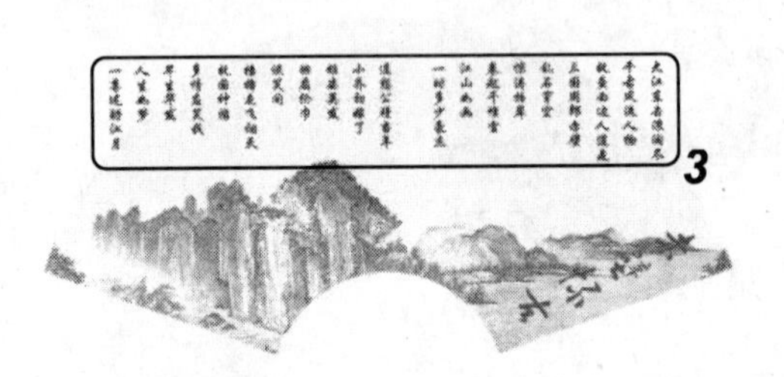

图 9-36 输入“赤壁怀古”的正文内容

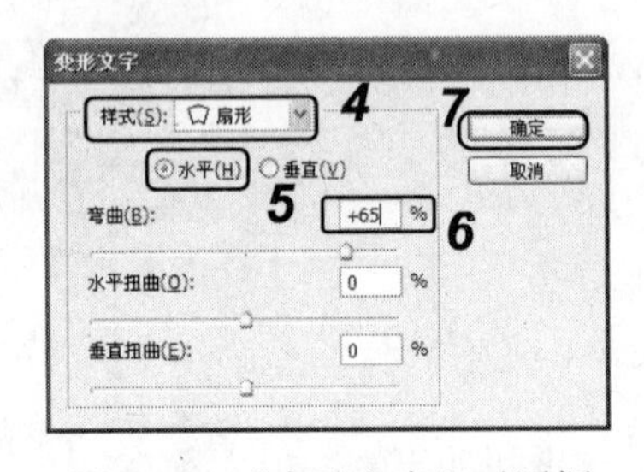

图 9-37 “变形文字”对话框

（10）选中全部文字，如图 9-38 所示。在“字符”面板中的“行间距”下拉列表框中选择“14 点”选项，如图 9-39 所示。

图 9-38 选择文字

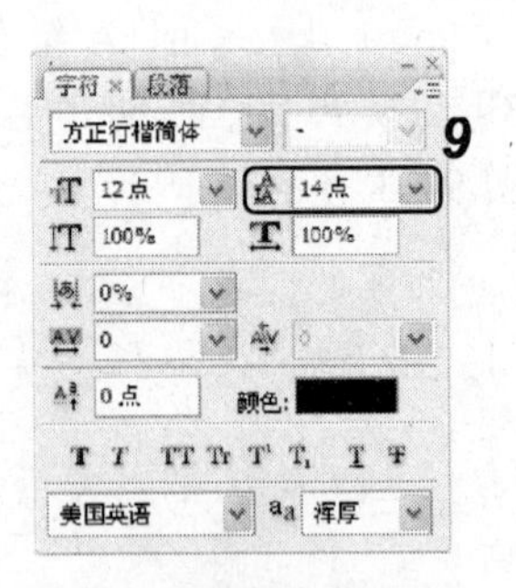

图 9-39 调整行间距

（11）在工具箱中选择移动工具，调整文字的位置。

9.3　上机及项目实训

9.3.1　制作旅游宣传单

本例将绘制旅游宣传单，最终效果如图 9-40 所示（立体化教学:\源文件\第 9 章\巴厘岛.psd）。本练习中将使用文字的输入、设置以及编辑方法，可以使用户熟练悉并掌握文字编辑的方法。

图 9-40　旅游宣传单

1．输入设置文字

使用文字工具输入并设置文字，操作步骤如下：

（1）打开“巴厘岛.jpg”图像（立体化教学:\素材\第 9 章\巴厘岛.jpg），选择工具箱中的横排文字工具T，并在工具属性栏中设置字体为“方正黄草简体”，字号为“30 点”，颜色设置为“白色”。

（2）在图像中间位置单击，此时单击处会出现一个闪烁的文字输入光标，输入“自得其乐——”文本。

（3）按 Enter 键换行，连续按 Space 键插入空格，直至该行文字后退到合适位置，输入“心随我动”文本，按 Ctrl+Enter 组合键完成此次文字内容的输入，如图 9-41 所示。拖动鼠标选择输入的文本，打开“字符”面板，在“设置所选字符的字距调整”数值框中将字距调整为“30”，如图 9-42 所示。

图 9-41　输入文字

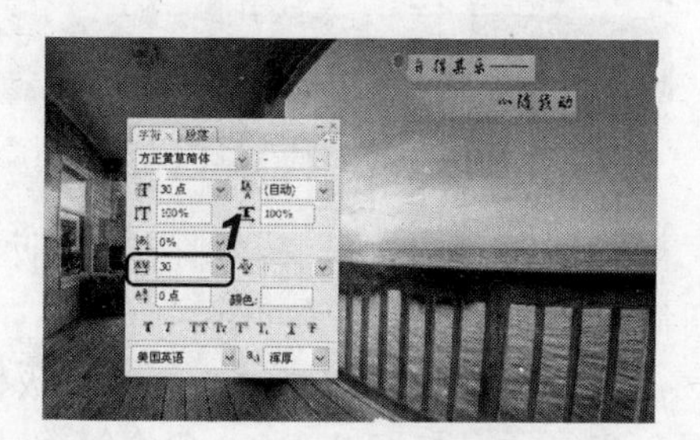

图 9-42　设置文字

（4）选择横排文字工具T，在其工具箱中设置字体为“黑体”，字号为“14 点”。将鼠标移动到图像左下角单击并输入联系方式，如图 9-43 所示。按 Ctrl+Enter 组合键完成此次文字内容的输入。

（5）选择横排文字工具T，在其工具属性栏中设置字体大小为“20 点”。将鼠标移动到图像中绘制一个文本框，输入如图 9-44 所示的文字。

图 9-43　输入联系方式

图 9-44　输入段落文字

2．编辑文字

使用文字工具和变形文字命令绘制饮料杯，操作步骤如下：

（1）在工具箱中选择直排文字工具IT，在其工具属性栏中设置字体为“汉仪细中圆简”，设置字体大小为“48 点”。将鼠标移动到图像左侧单击输入如图 9-45 所示的文本。

（2）选中输入的文字，在直排文字工具属性栏中单击按钮，打开“变形文字”对话框，在其中的“样式”下拉列表框中选择“凸起”选项，选中⊙垂直(V)单选按钮，设置“弯曲”数值为“+15”，如图 9-46 所示，单击 确定 按钮。

图 9-45　输入直排文字

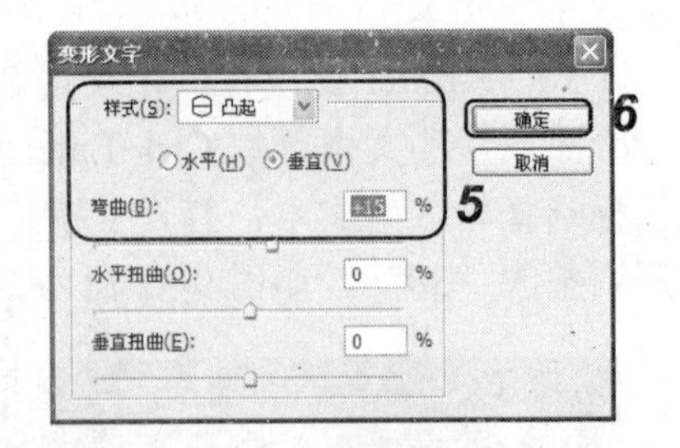

图 9-46　设置变形字体

（3）在工具箱中选择横排文字蒙版工具，并在工具属性栏中设置字体为“汉仪细中圆简”，字号为“30 点”。

（4）在图像上方单击进入文字蒙版输入状态，然后输入“6 月正式起航~~~”文本，如图 9-47 所示。按 Ctrl+Enter 组合键确认，得到需要的文字选区，然后新建一个图层，使用黄色填充文字选区。

（5）选择工具箱中的矩形选框工具，将选区向右上方移动，新建“图层 2”，设置前景色为白色，按 Alt+Delete 组合键填充选区，按 Ctrl+D 组合键取消选区，在“图层”控制面板中将“图层 2”移动到“图层 1”下方，效果如图 9-48 所示。

图 9-47　使用横排文字蒙版工具

图 9-48　填充选区

9.3.2　制作贺卡

综合利用本章和前面所学知识，制作一张贺卡，完成后的最终效果如图 9-49 所示（立体化教学:\源文件\第 9 章\贺卡.psd）。

图 9-49　贺卡效果

本练习可结合立体化教学中的视频演示进行学习（立体化教学:\视频演示\第 9 章\制作贺卡.swf）。主要操作步骤如下：

（1）打开“贺卡.psd”图像（立体化教学:\实例素材\第 9 章\贺卡.psd），选择工具箱中的钢笔工具，在图像窗口右侧的灯笼上绘制一条路径，如图 9-50 所示。

（2）选择工具箱中的直排文字工具，在工具属性栏中设置字体为“隶书”，字体大小设置为“36 点”，字体颜色设置为“R: 255、G: 255、B: 0”。

（3）在图像窗口中的路径上单击鼠标，并输入文字“柳岸雨浓千树绿”，如图 9-51 所示。

（4）按 Ctrl+A 组合键全选文字，然后在“字符”面板中设置字间距为“710”，如图 9-52 所示。

（5）在“图层”面板中拖动“柳岸雨浓千树绿”图层到按钮上，复制出一个“柳岸雨

浓千树绿 副本”图层。

（6）选择“编辑|变换路径|水平翻转”命令，将“柳岸雨浓千树绿 副本”图层中的路径水平翻转，并将其移动到左侧的灯笼上。

（7）选择工具箱中的直排文字工具T，单击左侧灯笼上的路径文字，再按 Ctrl+A 组合键全选文字，然后输入文字“桃园春暖万枝红”，如图 9-52 所示。

（8）选择横排文字工具T，在其工具属性栏中设置字体为“黑体”，字号为“24 点”，在图像窗口中间拖动鼠标创建一个文本框，然后输入需要的文字，即可得到最终的效果。

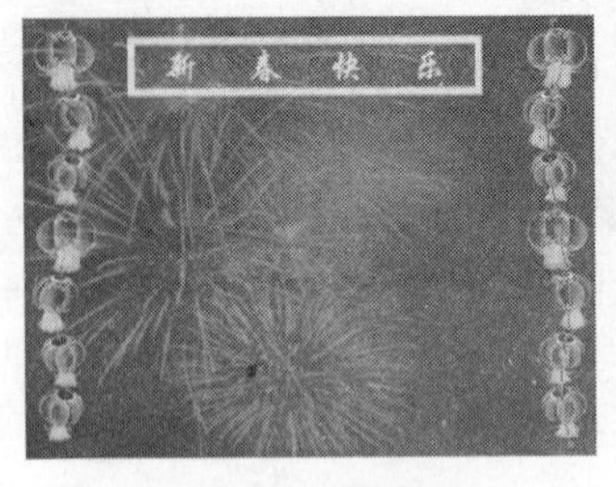

图 9-50　绘制路径

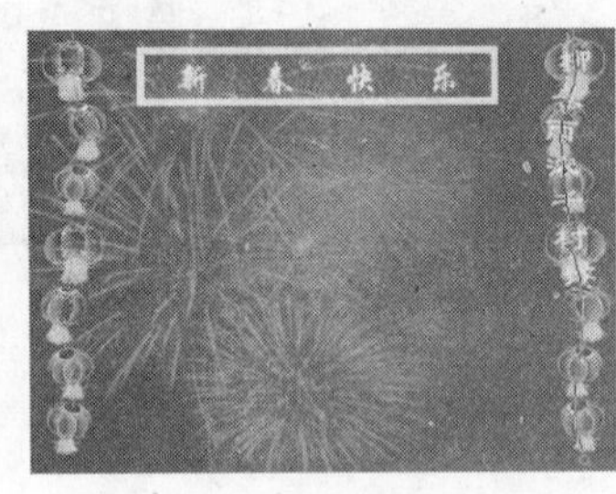

图 9-51　输入路径文字

图 9-52　修改路径文字

9.4　练习与提高

（1）制作如图 9-53 所示的公章（立体化教学:\源文件\第 9 章\公章.psd）。

提示：弧形文字可以使用路径文字或使用文字变形来制作。

（2）制作如图 9-54 所示的“雪花的快乐”图像（立体化教学:\源文件\第 9 章\雪花的快乐.psd）。

提示：标题使用路径文字或文字变形来制作，内容使用路径内部文字来制作（立体化教学:\实例素材\第 9 章\雪景.jpg）。本练习可结合立体化教学中的视频演示进行学习（立体化教学:\视频演示\第 9 章\雪景.swf）。

图 9-53　公章

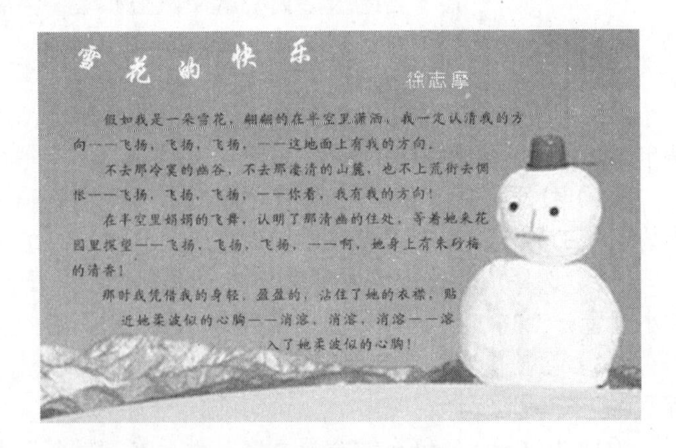

图 9-54　雪花的快乐

（3）制作如图 9-55 所示的“陋室铭”图像（立体化教学:\源文件\第 9 章\陋室铭.psd）。

提示：标题使用直排文字制作，内容使用段落文本制作，并使用文字变形功能将段落文本变形（立体化教学:\实例素材\第 9 章\草屋.jpg）。

图 9-55　陋室铭

经验技巧　总结 Photoshop 中使用文字工具的技巧

本章主要介绍了文字工具的使用和编辑方法，要想在作品中绘制出更漂亮、更丰富的图像效果，课后还必须学习和总结一些使用文字工具的技巧，这里总结以下几点供读者参考：

- 由于 Photoshop 的字体列表框中的字体为 Windows 系统所含字体，因此，为了制作出更精美的图像，用户需增加、更新字体库。
- 在制作如商品简介、海报等作品时，会使用大量的文字。此时，用户一定要将文字按一定的规格排列整齐以方便浏览。
- 在进行图文混排时，用户需注意选择合适的字体以及字体大小。
- 由于用户输入文字时，会默认生成文字图层，而文字图层又会使很多操作不能执行，所以需将文字图层栅格化，即将文字图层转化为普通图层。其方法是：在"图层"面板中单击鼠标右键，在弹出的快捷菜单中选择"栅格化图层"命令。

第 10 章　使用滤镜编辑图像（上）

学习目标

☑ 学习使用像素化和锐化滤镜组修饰图像的方法
☑ 学习使用扭曲滤镜组修饰图像的方法
☑ 学习使用杂色和模糊滤镜组修饰图像的方法
☑ 学习使用渲染和画笔描边滤镜组修饰图像的方法
☑ 学习使用素描滤镜组修饰图像的方法
☑ 使用添加杂色、光照效果和彩色画笔滤镜组制作房地产广告
☑ 综合利用马赛克滤镜、查找边缘滤镜、渐变映射和色阶等方法制作线框字

目标任务&项目案例

水墨相框

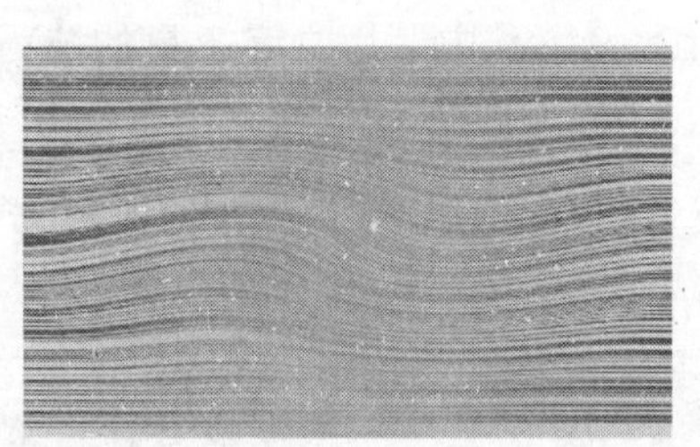
木纹效果

制作网点相框

制作房地产广告

制作线框字

制作动感视觉效果

在 Photoshop 中使用滤镜能制作出很多漂亮的效果，制作上述实例主要用到了各滤镜组。本章将具体讲解使用像素化、锐化、扭曲、杂色、模糊、渲染、画笔描边和素描等滤镜组修饰图像的方法。

10.1　滤镜的基础知识

在 Photoshop 中，滤镜是图像处理的“灵魂”，它可以用于编辑当前可见图层或图像选区，如果没有图像选区，则将对整幅图像应用滤镜效果。要灵活运用 Photoshop CS3 中的滤镜命令，先要了解其基本操作、使用规则和一般的滤镜设置，下面将分别进行讲解。

10.1.1　滤镜的基本操作

大多数的滤镜对话框都相似，其使用方法也大致相同。在“滤镜”菜单中选择相应的滤镜组，在弹出的子菜单中选择所需的滤镜命令，然后在打开的对话框（有些滤镜没有对话框）中设置参数，最后单击[确定]按钮即可执行所设置的滤镜命令。

在 Photoshop 中选择“滤镜”菜单项，弹出如图 10-1 所示的“滤镜”子菜单，该子菜单中提供了 14 组滤镜样式，每组滤镜的子菜单中又包含了几种不同的滤镜命令。

注意：

如果“滤镜”子菜单中大部分的滤镜菜单呈灰度显示，可能原因是该图像不是 RGB 模式，可以选择“图像|模式”命令来将其转换为 RGB 模式。

【例 10-1】 打开如图 10-2 所示的“风光.jpg”图像（立体化教学:\实例素材\第 10 章\风光.jpg），为图像添加高斯模糊滤镜效果。

操作步骤如下：

（1）打开“风光.jpg”图像，选择“滤镜|模糊|高斯模糊”命令，打开“高斯模糊”对话框，如图 10-3 所示。

（2）使用鼠标拖动模糊像素下方的滑块或直接在数值框中输入所需的数值，如设置为“3.8”。其效果在上方的预览框中可以看到，单击[确定]按钮，即可执行所设置的模糊效果，如图 10-4 所示。

上次滤镜操作(F)　Ctrl+F
转换为智能滤镜
抽出(X)...　Alt+Ctrl+X
滤镜库(G)...
液化(L)...　Shift+Ctrl+X
图案生成器(P)...　Alt+Shift+Ctrl+X
消失点(V)...　Alt+Ctrl+V
风格化
画笔描边
模糊
扭曲
锐化
视频
素描
纹理
像素化
渲染
艺术效果
杂色
其它
Digimarc

图 10-1　“滤镜”子菜单

图 10-2　原图像

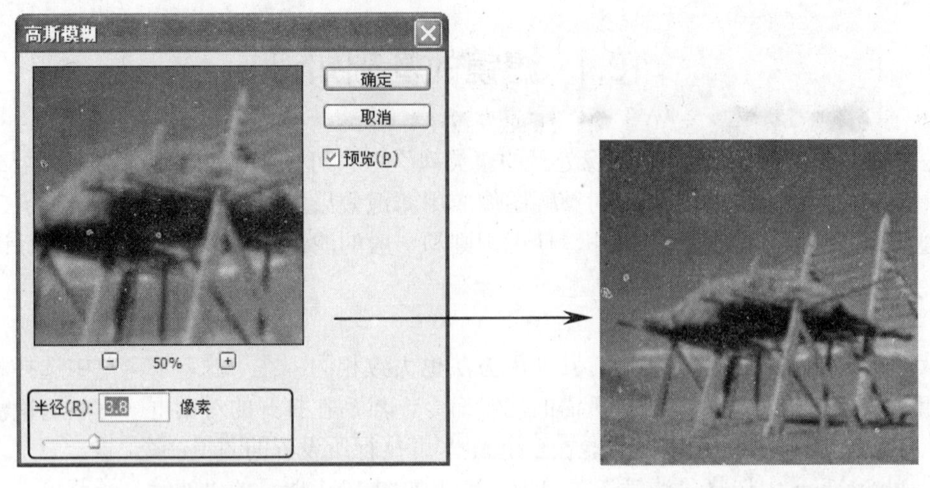

图 10-3 “高斯模糊”对话框　　图 10-4 使用高斯模糊后的效果

提示：

将鼠标指针移到预览框中，当指针将变成形状时，按住鼠标左键不放并拖动可以移动图像，观看预览图像的其他部分。也可将鼠标指针移到原图中，此时鼠标指针将变成形状，单击图像某部分，该部分将立即在预览框中显示出来。

10.1.2 滤镜使用规则

要想制作出所需的滤镜图像效果，就要了解并掌握滤镜的使用和操作方法，用户在使用滤镜菜单制作图像效果时，需要注意以下几点使用规则。

- 滤镜对图像的处理是以像素为单位进行的，即使是同一张图像在进行同样的滤镜参数设置时，也会因为图像的分辨率不同而造成处理后的效果不同。
- 当图像的分辨率较高时，应用滤镜会占用较大的内存空间，从而使运行速度变慢。
- 当对图像的某一部分使用了滤镜后，往往会留下锯齿，这时可以对该边缘进行羽化操作，使图像的边缘过渡平滑。

10.1.3 使用“滤镜库”滤镜

“滤镜库”滤镜可以浏览 Photoshop CS3 中常用的滤镜对话框，在该对话框中提供了“风格化”、“画笔描边”和“扭曲”等 6 组滤镜，并可对同一幅图像应用多个滤镜的堆栈效果进行预览。

使用“滤镜库”滤镜的方法是：打开需要处理的图像，选择“滤镜|滤镜库”命令，打开“滤镜库”对话框，单击“画笔描边”左侧的按钮，可以展开该组滤镜，其中显示了常用的滤镜缩略图，同时该按钮转换成形状，单击“喷色描边”滤镜缩略图，如图 10-5 所示，即可应用该滤镜效果。

图 10-5　“喷色描边”对话框

在图 10-5 所示的对话框右侧的相应参数设置选项中可以设置所需的参数，如果需要同时使用多个滤镜命令，可单击对话框右下角的新建效果图层按钮，在原效果图层上再新建一个效果图层，选择相应的滤镜命令后便可应用其他的滤镜效果，从而实现多个滤镜的堆栈效果。如果不需要应用某个滤镜效果，可以选中相应的效果图层，再单击下方的删除效果图层按钮将其删除，完成后单击确定按钮即可。

提示：

在“滤镜库”对话框中单击按钮可以隐藏中间的滤镜组列表框，同时该按钮将变为形状，再次单击该按钮便可将滤镜组列表框显示出来。

10.2　像素化和锐化滤镜组

像素化滤镜组的原理是将图像中相似的颜色转化成单元格而使图像分块或平面化，其使用方法是：选择“滤镜|像素化”命令，其中包括 7 种滤镜效果。锐化滤镜组主要通过增强图像中相邻像素之间的对比度来使图像轮廓分明，减弱图像的模糊程度。其使用方法是：选择“滤镜|锐化”命令，在其子菜单中提供了“USM 锐化”、“进一步锐化”、“锐化”、“锐化边缘”和“智能锐化”等 5 个滤镜命令，下面分别进行讲解。

10.2.1　彩块化

“彩块化”滤镜可以通过将图像中的颜色分组和改变像素来形成与图像相似的颜色像素块，它强调的是原色与相近颜色，但不改变原图像轮廓，类似模糊的效果。该滤镜没有设置对话框，直接选择命令即可。如图 10-6 为使用彩块化滤镜前后的对比。

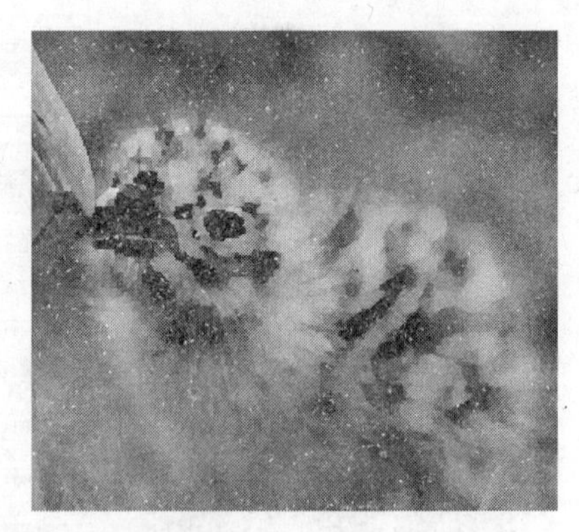

图 10-6　使用彩块化滤镜前后的对比

10.2.2　彩色半调

“彩色半调”滤镜可以将图像分成圆形网格，然后向其内部填充像素，模拟在图像的每个通道上使用放大的半调网屏效果。其中“最大半径”文本框用来设置栅格的大小，取值范围为 4～127 像素；“网角（度）”栏用来设置屏蔽度数，共有 4 个通道，分别代表填入颜色之间的角度。如图 10-7 所示为使用色彩变调滤镜前后对比。

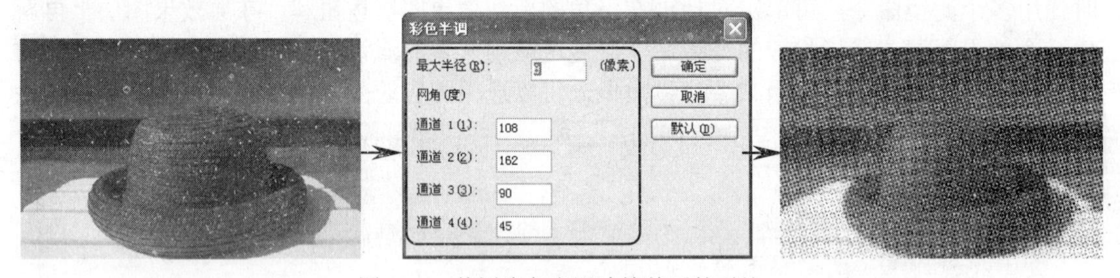

图 10-7　使用彩色半调滤镜前后的对比

10.2.3　晶格化

“晶格化”滤镜能将图像中相近的像素集中到一个像素的多边形网格中，使像素结为纯色多边形，使图像产生类似冰块的块状效果。使用方法是：打开需要处理的图像，选择“滤镜|像素化|晶格化”命令，打开“晶格化”对话框，其中的“单元格大小”文本框用于控制色块的大小，取值范围为 3～300。如将“单位格大小”文本框设置为“18”，效果如图 10-8 所示。

10.2.4　点状化

“点状化”滤镜可以将图像随机分散成点状，并在点与点之间产生空隙，然后用背景色填充该空隙，生成点画派效果。其使用方法是：打开需处理的图像，选择“滤镜|像素化|点状化”命令，打开“点状化”对话框，将“单元格大小”文本框设置为“0”，效果如图 10-9 所示。

图 10-8　“晶格化”对话框

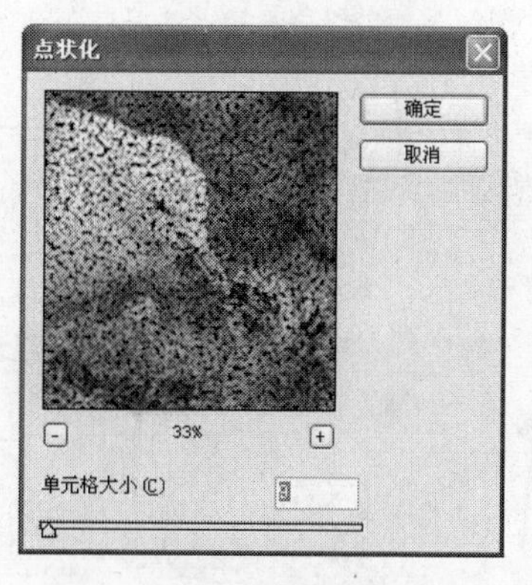

图 10-9　“点状化”对话框

10.2.5　碎片

“碎片”滤镜是将图像的像素复制 4 遍，然后将它们平均移位并降低不透明度，从而产生不聚焦效果。该命令没有对话框，如图 10-10 所示为使用碎片滤镜前后的对比效果。

图 10-10　使用碎片滤镜前后的对比

10.2.6　铜版雕刻

“铜版雕刻”滤镜能随机将图像转换为黑白区域的图案或彩色图像中完全饱和颜色的随机图案。即在图像中随机分布各种不规则的线条和虫孔斑点，产生镂刻的版画效果。其使用方法是：打开需进行处理的图像，选择“滤镜|像素化|铜版雕刻”命令，打开“铜版雕刻”对话框。在“类型”下拉列表框中选择需要的线条和虫孔斑点，如选择“粗细点”选项，再单击 确定 按钮，效果如图 10-11 所示。

10.2.7　马赛克

“马赛克”滤镜效果能使图像中相似像素结为方形块，使方形块中的像素颜色相同，产生马赛克效果。其使用方法为：打开需要进行处理的图像，选择“滤镜|像素化|马赛克”命令，打开“马赛克”对话框。其中“单元格大小”文本框用来设置相同色素方形块的大小，取值范围为 2～200。进行设置后的图片效果如图 10-12 所示。

提示：

"单元格大小"文本框的参数设置得太大会使图像失去很多细节，导致图片失真，所以一定要根据具体情况进行设置。

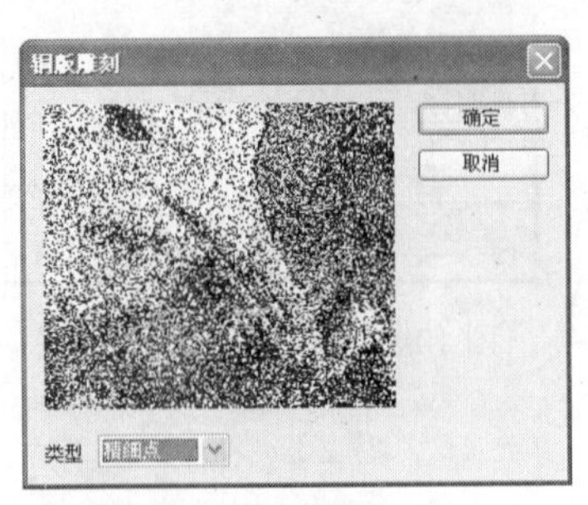

图 10-11 "铜板雕刻"对话框

图 10-12 "马赛克"对话框

10.2.8 USM 锐化

"USM 锐化"滤镜可以在图像边缘的两侧分别制作一条明线或暗线来调整边缘细节的对比度，使图像边缘轮廓锐化。选择"滤镜|锐化|USM 锐化"命令，打开如图 10-13 所示的"USM 锐化"对话框，其中各项参数含义如下：

- **"数量"数值框**：用于调节图像锐化的程度。该值越大，锐化效果越明显。
- **"半径"数值框**：用于设置图像轮廓周围锐化范围。该值越大，锐化的范围越广。
- **"阈值"数值框**：用于设置锐化的相邻像素的差值。只有对比度差值高于此值的像素才会得到锐化处理。

10.2.9 进一步锐化

该滤镜和"锐化"滤镜作用相似，只是锐化效果更加强烈。其使用方法是：选择"滤镜|锐化|进一步锐化"命令，此滤镜命令无参数对话框，使用后效果如图 10-14 所示。

图 10-13 "USM 锐化"对话框

图 10-14 使用进一步锐化滤镜后的效果

10.2.10　锐化

该滤镜可以增加图像像素之间的对比度，使图像清晰化。其效果和进一步锐化基本相同，其使用方法是：选择“滤镜|锐化|锐化”命令，此滤镜命令无参数对话框。

10.2.11　锐化边缘

该滤镜用于锐化图像的边缘，使不同颜色之间的分界更加明显。其使用方法是：选择“滤镜|锐化|锐化”命令，此滤镜命令无参数对话框。

10.2.12　智能锐化

使用智能锐化能对图形进行较细致地处理，如移去模糊、设置锐化程度等。其方法是：选择“滤镜|锐化|智能锐化”命令，打开如图 10-15 所示的“智能锐化”对话框。

图 10-15　“智能锐化”对话框

10.2.13　应用举例——制作“抽丝相框”

使用“碎片”滤镜、“锐化”滤镜，制作抽丝相框效果如图 10-16 所示（立体化教学:\源文件\第 10 章\抽丝相框.psd）。

图 10-16　抽丝相框效果

操作步骤如下：

（1）打开“抽丝相框.jpg”图像（立体化教学:\实例素材\第 10 章\抽丝相框.jpg）。

（2）在“图层”面板下方单击按钮，新建图层 1，如图 10-17 所示。按 Ctrl+A 组合键全选图像。

（3）选择“编辑|描边”命令，在打开的对话框中设置“宽度、颜色”分别为“20px、白色”，选中⊙内部(I)单选按钮。最后单击确定按钮，如图 10-18 所示。

图 10-17　新建图层

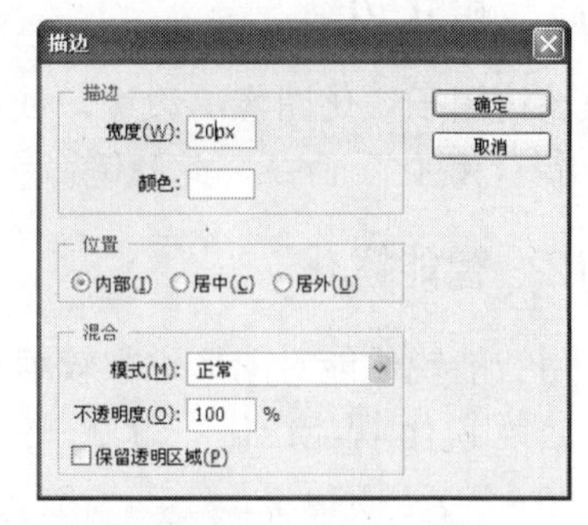

图 10-18　“描边”对话框

（4）选择“滤镜|像素化|碎片”命令，再按 3 次 Ctrl+F 组合键。重复应用滤镜，如图 10-19 所示。

（5）选择“滤镜|锐化|锐化”命令，再按 3 次 Ctrl+F 组合键。重复应用滤镜，如图 10-20 所示，按 Ctrl+D 组合键取消选区。

图 10-19　应用碎片滤镜

图 10-20　应用锐化滤镜

10.3　扭曲滤镜组

扭曲滤镜组主要应用于平面图像的扭曲处理，使其产生旋转、挤压和水波等变形效果，其中包括 12 种滤镜效果，下面将分别进行讲解。

10.3.1　切变

“切变”滤镜可以在垂直方向上按设置的弯曲路径来扭曲图像。其使用方法为：选择“滤镜|扭曲|切变”命令。在打开“切变”对话框的曲线上单击并拖动，调整其效果，如图 10-21 所示为使用“切变”滤镜的方法。

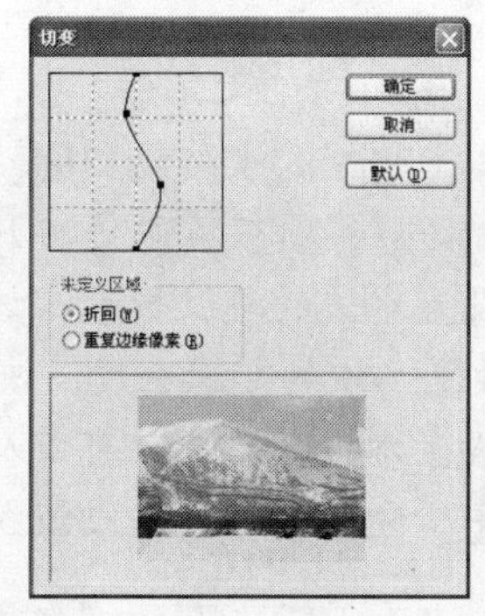

图 10-21　使用切变滤镜的前后效果

10.3.2　挤压

“挤压”滤镜可以使全部图像或选区图像产生向外或向内的挤压变形效果。选择“滤镜|扭曲|挤压”命令，打开如图 10-22 所示对话框，其中“数量”文本框用于调整挤压程度，其取值范围为-100%～+100%，取正值时使图像向内收缩，取负值时使图像向外膨胀。

10.3.3　旋转扭曲

“旋转扭曲”滤镜可产生旋转风轮效果，旋转中心为物体的中心，常用于制作漩涡效果。选择“滤镜|扭曲|旋转扭曲”命令，打开如图 10-23 所示对话框。其中“角度”文本框的值为正时，图像顺时针旋转扭曲；为负时逆时针旋转扭曲。

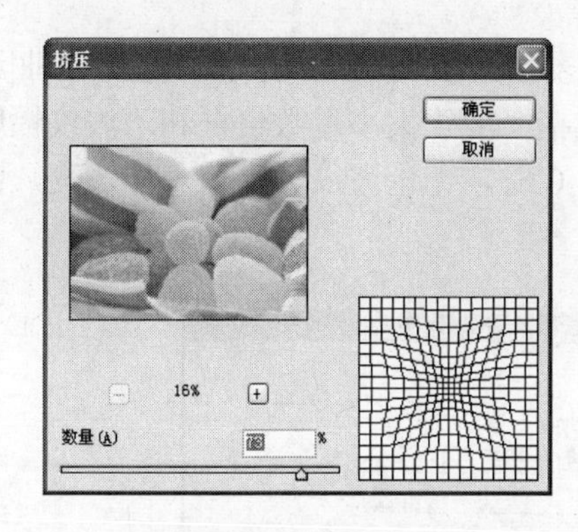

图 10-22　“挤压”对话框

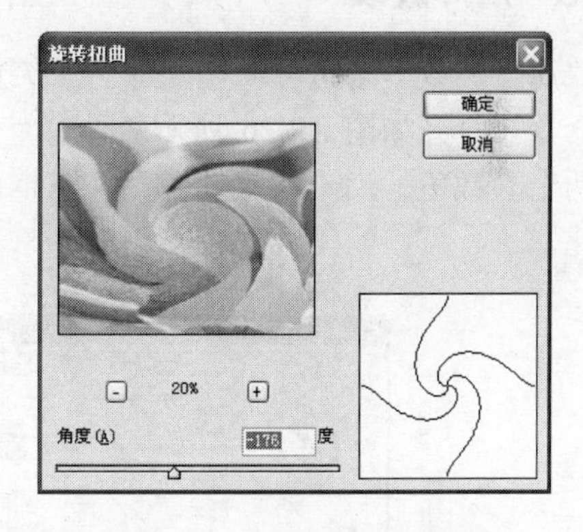

图 10-23 .“旋转扭曲”对话框

10.3.4　极坐标

“极坐标”滤镜可以将图像从直角坐标系转化成极坐标系或从极坐标系转化成直角坐标系，产生一种图像极端变形效果。选择“滤镜|扭曲|极坐标”命令，打开如图 10-24 所示对话框，其中各项参数含义如下：

- 平面坐标到极坐标(R) 单选按钮：表示将图像从直角坐标系转化到极坐标系。
- 极坐标到平面坐标(P) 单选按钮：表示将图像从极坐标系转化到直角坐标系。

10.3.5 水波

"水波"滤镜可产生类似水面上起伏的水波纹和旋转效果。选择"滤镜|扭曲|水波"命令，打开如图 10-25 所示对话框，其中各项参数含义如下：

- **"数量"数值框**：用于设置水波的波纹数量。该值越大，产生的水波越多。
- **"起伏"数值框**：用于设置水波的起伏程度。该值越大，产生的水波效果越明显。
- **"样式"数值框**：用于设置水波的形态。可以从其下拉列表中选择水波的样式，有"围绕中心"、"从中心向外"和"水池波纹"3 个选项。

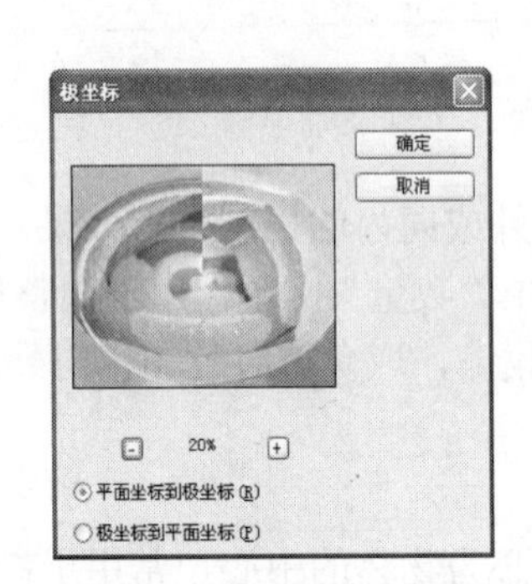

图 10-24 "极坐标"对话框

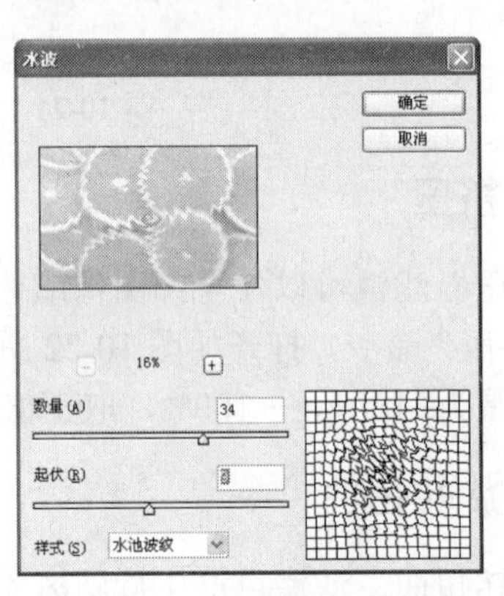

图 10-25 "水波"对话框

10.3.6 海洋波纹

"海洋波纹"滤镜可以使图像产生类似海洋表面的波纹效果。选择"滤镜|扭曲|海洋波纹"命令，打开如图 10-26 所示对话框。其中包括"波纹大小"数值框和"波纹幅度"数值框两个参数值。当"波纹幅度"文本框的值为 0 时，无论波纹大小值怎样改变，图像都无变化。

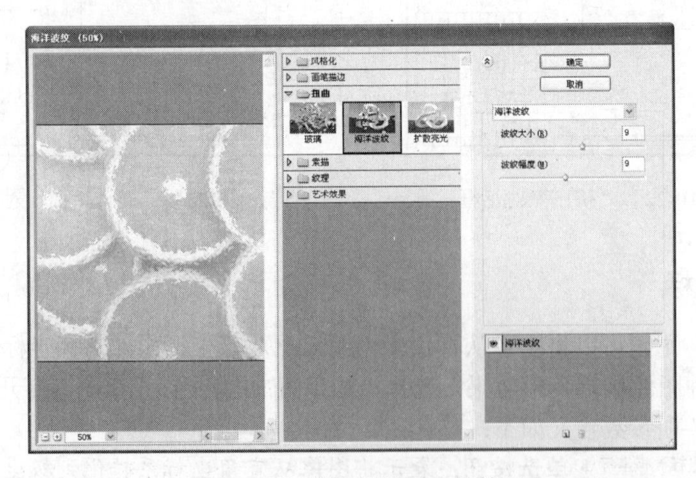

图 10-26 "海洋波纹"对话框

10.3.7　玻璃

“玻璃”滤镜可以产生一种透过玻璃观察图片的效果。选择“滤镜|扭曲|玻璃”命令，打开如图 10-27 所示对话框，其中各项参数含义如下：

- **“扭曲度”数值框**：用于调整图像扭曲变形的程度，该值越大，扭曲越厉害。
- **“平滑度”数值框**：用于调整玻璃的平滑程度。该值越大，玻璃效果越平滑。
- **“纹理”下拉列表框**：用于设置纹理类型，包括“块状”、“画布”、“磨砂”和“小镜头”4 种纹理类型。

10.3.8　球面化

“球面化”滤镜模拟将图像在球面上进行扭曲和伸展，从而产生球面化效果。选择“滤镜|扭曲|球面化”命令，打开如图 10-28 所示对话框，其中各项参数含义如下：

- **“数量”数值框**：用于设置球面化效果的程度。
- **“模式”下拉列表框**：用于设置图像同时在水平和垂直方向上球面化，还是在水平或垂直方向上进行单向球面化。

图 10-27　“玻璃”对话框

图 10-28　“球面化”对话框

10.3.9　应用举例——制作“水墨相框”

使用“碎片”滤镜、“海洋波纹”滤镜制作水墨相框效果如图 10-29 所示（立体化教学:\源文件\第 10 章\水墨相框.jpg）。

图 10-29　水墨相框效果

操作步骤如下：

（1）打开“水墨相框.jpg”图像（立体化教学:\实例素材\第 10 章\水墨相框.jpg）。

（2）在工具箱中选择矩形选框工具⬚，使用鼠标在图像上绘制一个矩形选区，如图 10-30 所示。选择“选择|反向”命令，反选选区。

（3）将前景色设置为“黑色”，按 Alt+Delete 组合键填充选区，如图 10-31 所示。

图 10-30　建立选区

图 10-31　填充选区

（4）选择“滤镜|扭曲|海洋波纹”命令，在打开的对话框中设置“波纹大小”、“波纹幅度”参数，单击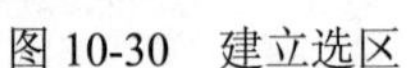按钮，如图 10-32 所示。

（5）选择“滤镜|像素化|碎片”命令，按 3 次 Ctrl+F 组合键反复应用滤镜。按 Ctrl+D 组合键取消选区。

图 10-32　设置海洋波纹参数

10.4　杂色和模糊滤镜组

杂色滤镜组主要用来为图像添加杂点或去除图像中的杂点，选择“滤镜|杂色”命令，即可选择杂色滤镜组。模糊滤镜组主要通过削弱相邻间像素的对比度，使相邻像素间过渡平滑，从而产生边缘柔和及模糊的效果，选择“滤镜|模糊”命令，即可打开模糊滤镜组。

下面将分别对其进行讲解。

10.4.1　中间值

“中间值”滤镜可以采用杂点和其周围像素的折中颜色来平滑图像中的区域。选择“滤镜|杂色|中间值”命令，打开如图 10-33 所示对话框，其对话框中的“半径”数值框用于设置中间值效果的平滑距离。

10.4.2　去斑

“去斑”滤镜通过对图像或选区内的图像进行轻微的模糊和柔化来达到掩饰图像中细小斑点以及消除轻微折痕的效果。常用于修复老照片中的斑点，选择“滤镜|杂色|去斑”命令即可使用祛斑滤镜。

10.4.3　添加杂色

“添加杂色”滤镜可以随机地向图像添加混合杂点，即添加一些细小的颗粒状像素。常用于添加杂点纹理效果。选择“滤镜|杂色|添加杂色”命令，打开如图 10-34 所示对话框，其中各项参数含义如下：

- **“数量”数值框**：用于调整杂点的数量，该值越大，效果越明显。
- **“分布”栏**：用于设定杂点的分布方式。若选中 ⊙平均分布(U) 单选按钮，则颜色杂点统一平均分布；若选中 ⊙高斯分布(G) 单选按钮，则颜色杂点按高斯曲线分布。
- ☑单色(M) **复选框**：选中该复选框后，可设置添加的杂点是彩色的还是灰色的，杂点只影响原图像像素的亮度而不改变其颜色。

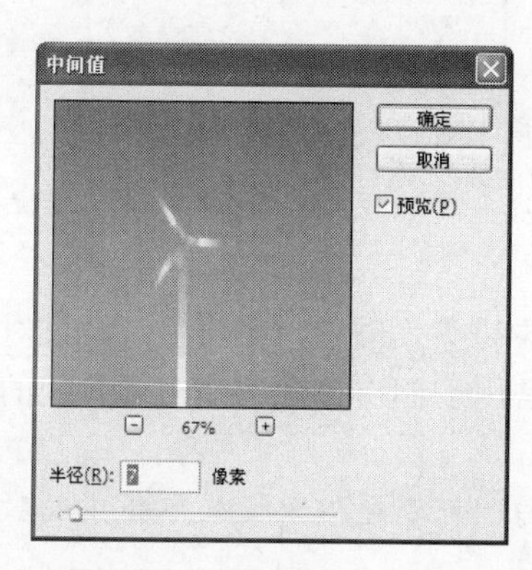

图 10-33　“中间值”对话框

图 10-34　“添加杂色”对话框

10.4.4　蒙尘与划痕

“蒙尘与划痕”滤镜主要是通过将图像中有缺陷的像素融入周围的像素中，达到除尘和涂抹的目的，常用于对扫描图像中的蒙尘和划痕进行处理。选择“滤镜|杂色|蒙尘与划痕”命令，打开如图 10-35 所示对话框，其中各项参数含义如下：

- **“半径”数值框**：用于调整清除缺陷的范围。该值越大，图像中颜色像素之间的融合范围越大。
- **“阈值”数值框**：用于确定要进行像素处理的阈值，该值越大，图像所能容许的杂色就越多，去杂效果越弱。

10.4.5 径向模糊

“径向模糊”滤镜用于产生旋转模糊效果。选择“滤镜|模糊|径向模糊”命令，打开如图 10-36 所示对话框，其中各项参数含义如下：

- **“数量”数值框**：用于调节模糊效果的强度，值越大，模糊效果越强。
- **“中心模糊”预览框**：用于设置模糊从哪一点开始向外扩散，在预览图像框单击一点即可从该点开始向外扩散。
- **“模糊方法”栏**：选中 ⊙旋转(S) 单选按钮时，将产生旋转模糊效果；选中 ⊙缩放(Z) 单选按钮时，将产生放射模糊效果，被模糊的图像从模糊中心处开始放大。
- **“品质”栏**：用于调节模糊质量，包括 ⊙草图(D)、⊙好(G) 和 ⊙最好(B) 3 个单选按钮。

图 10-35 “蒙尘与划痕”对话框

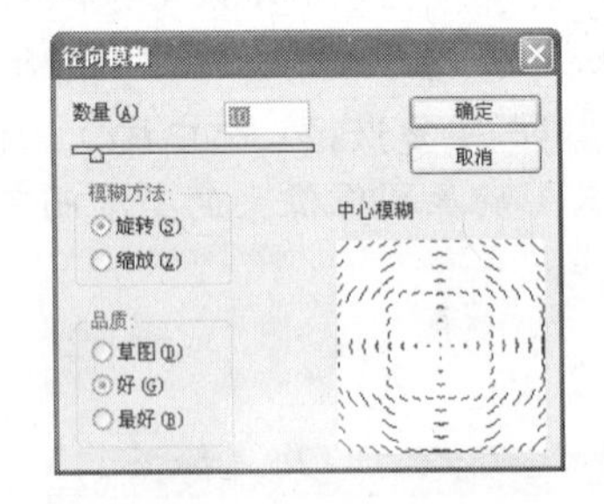

图 10-36 “径向模糊”对话框

10.4.6 动感模糊

“动感模糊”滤镜可以使静态的图像产生运动的动态效果，它实质上是通过对某一方向上的像素进行线性位移来产生运动模糊效果的。常用于制作奔驰的汽车和奔跑的人物等图像，其中各项参数含义如下：

- **“角度”数值框**：用于控制运动模糊的方向，可以通过改变文本框中的数字或直接拖动指针来调整。
- **“距离”数值框**：用于控制像素移动的距离，即模糊强度。该值越大，图像模糊的程度越大。

使用“动感模糊”滤镜的方法是：打开需要处理的图像，使用选框工具将需要进行模糊的地方选中。选择“滤镜|模糊|动感模糊”命令，在打开的“动感模糊”对话框中进行设置，完成后单击 确定 按钮，如图 10-37 所示。

图 10-37 使用动感模糊滤镜的前后效果

10.4.7 高斯模糊

“高斯模糊”滤镜可以将图像以高斯曲线的形式对图像进行选择性模糊，产生浓厚的模糊效果。选择“滤镜|模糊|高斯模糊”命令，打开如图 10-38 所示对话框，其中的“半径”文本框用来调节图像的模糊程度，值越大，图像的模糊效果越明显。

10.4.8 镜头模糊

“镜头模糊”滤镜可以模仿镜头的方式对图像进行模糊。选择“滤镜|模糊|镜头模糊”命令，打开如图 10-39 所示对话框，其中各项参数含义如下：

- “深度映射”栏：该栏主要用于调整镜头模糊的远近。通过拖动“模糊焦距”文本框下方的滑块，可以改变模糊镜头的焦距。
- “光圈”栏：该栏主要用于调整光圈的形状和模糊范围的大小。
- “镜面高光”栏：该栏主要用于调整模糊镜面的亮度强弱。
- “杂色”栏：用于设置模糊过程中所添加的杂点的多少和分布方式。该栏与添加杂色滤镜的相关参数设置相同。

图 10-38 “高斯模糊”对话框

图 10-39 “镜头模糊”对话框

10.4.9 应用举例——木纹效果

下面将使用“添加杂色”、“动感模糊”和“旋转扭曲”滤镜制作木纹效果，其效果如图 10-40 所示（立体化教学:\源文件\第 10 章\木纹效果.psd）。

图 10-40 木纹效果

操作步骤如下：

（1）新建一个 500×300 像素的图像，并将其命令为“木纹效果”。

（2）在“图层”面板中新建图层 1。将前景色设置为白色，按 Alt+Delete 组合键使用前景色填充图像。

（3）选择“滤镜|杂色|添加杂色”命令，在打开的对话框中设置“数量”参数为“300”，并选中 ⊙平均分布(U) 单选按钮和 ☑单色(M) 复选框，单击 确定 按钮，如图 10-41 所示。

（4）选择“滤镜|模糊|动感模糊”命令，在打开的对话框中设置“角度”和“距离”参数为“0”和“538”，单击 确定 按钮，如图 10-42 所示。

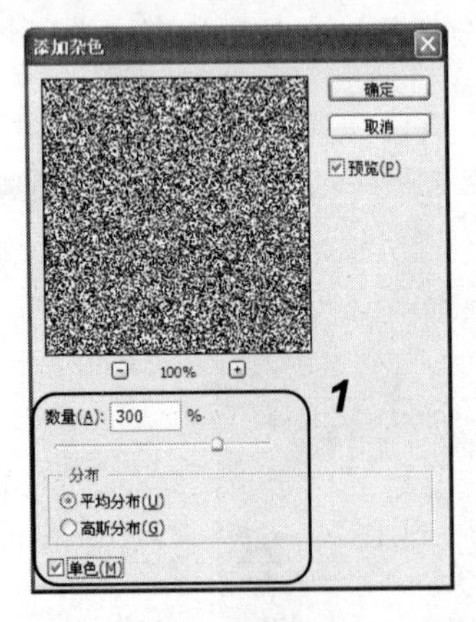

图 10-41 设置添加杂色参数

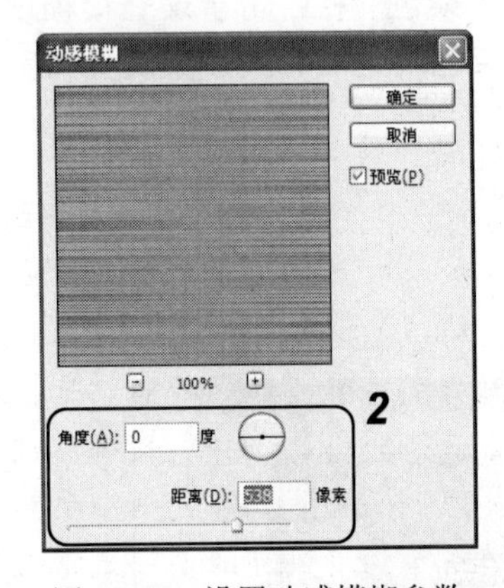

图 10-42 设置动感模糊参数

（5）选择“滤镜|扭曲|旋转扭曲”命令，在打开的对话框中设置“角度”参数为“55”，单击 确定 按钮，如图 10-43 所示。

（6）选择“图像|调整|色相/对比度”命令，在打开的对话框中，选择 ☑着色(O) 复选框再设置“色相”、“明度”参数，单击 确定 按钮，如图 10-44 所示。

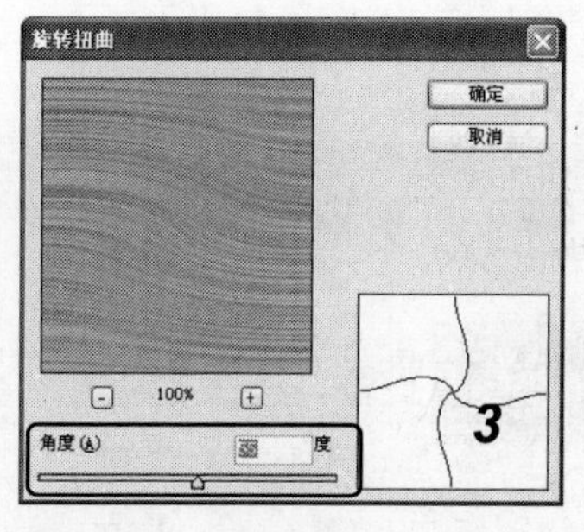

图 11-43　“旋转扭曲”对话框

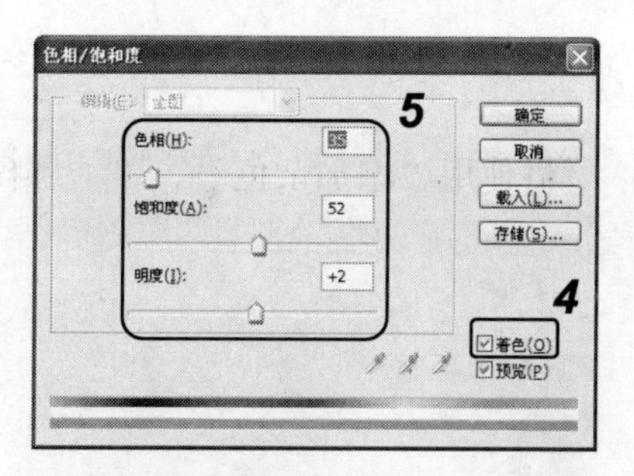

图 10-44　“色相/饱和度”对话框

（7）选择“图像|调整|亮度/对比度”命令，在打开的“亮度/对比度”对话框中设置“亮度”、“对比度”分别为“-15”、“+87”，单击 确定 按钮完成操作。

10.5　渲染和画笔描边滤镜组

渲染滤镜组主要用来模拟光线照明效果，它可以模拟不同的光源效果。选择“滤镜|渲染”命令，即可选择渲染滤镜组。画笔描边滤镜组主要是以不同的画笔笔触或油墨效果来对图像进行处理，从而产生手绘的图像效果。选择“滤镜|画笔描边”命令，即可打开画笔描边滤镜组。

10.5.1　云彩

“云彩”滤镜可以在图像的前景色和背景色之间随机地抽取像素，再将图像转换为柔和的云彩效果，选择“滤镜|渲染|云彩”命令，可应用云彩滤镜，如图 10-45 所示。

10.5.2　光照效果

“光照效果”滤镜的功能相当强大，其对话框中的设置参数也比较多，用户可以在其中设置光源的“样式”、“类型”、“强度”和“光泽”等，然后根据这些设定产生光照效果，模拟三维光照，常用于装饰方面的效果图。选择“滤镜|渲染|光照效果”命令，打开如图 10-46 所示对话框，其中各项参数含义如下：

- **“样式”下拉列表框**：在该下拉列表框中可以选择光源的样式，系统提供了 10 多种样式，能模拟各种舞台光源效果，用户还可以保存和删除其中的光源样式。
- **“光照类型”下拉列表框**：该项在选中 ☑开 复选框后才可在其下拉列表框中选择光照的类型。其中包括“平行光”、“点光”和“全光源”3 种灯光类型，拖动其下方的滑块可以调节光照效果。
- **“强度”栏**：拖动其下方的滑块可以控制光的强度，其取值范围为-100～100，该值越大，光亮越强。单击其右侧的颜色图标，在弹出的“选择光照颜色”对话框中可以设置灯光的颜色。
- **“聚焦”栏**：拖动其下方的滑块可以调节椭圆区内光线的照射范围。
- **“光泽”栏**：拖动其下方的滑块可以设置反光物体的表面光洁度。滑块从“杂边”

端到“发光”端，光照效果越来越强。

图 10-45　使用云彩滤镜后的效果

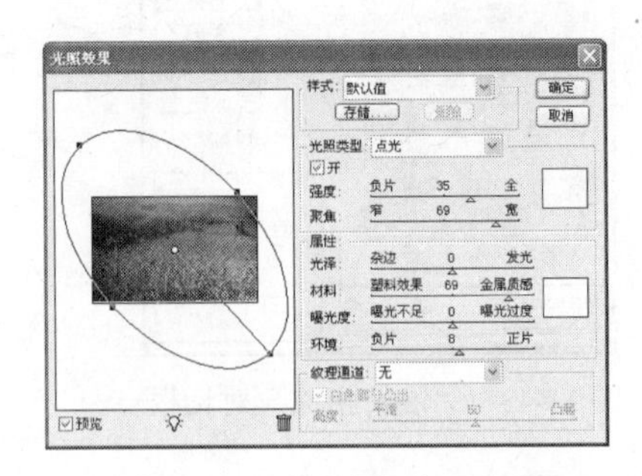

图 10-46　“光照效果”对话框

- **“材料”栏**：用于设置在灯光下图像的材质，该项决定反射光色彩是反射光源的色彩还是反射物本身的色彩。拖动滑块从“塑料效果”端滑到“金属质感”端，反射光线颜色从光源颜色过渡到反射物颜色。
- **“曝光度”栏**：拖动其下方的滑块可以控制照射光线的明暗度。
- **“环境”栏**：用于设置灯光的扩散效果。单击其右侧的颜色图标，在打开的“选择环境色”对话框中可以设置灯光的颜色。
- **“纹理通道”下拉列表框**：在其下拉列表框中可以选择“红”、“绿”和“蓝”3种颜色，用于在图像中添加纹理产生浮雕效果。若选中“无”以外的选项，则☑白色部分凸出复选框变为不可设置状态。
- **“高度”栏**：用于设置图像浮雕效果的深度。其中，纹理的凸出部分用白色显示，凹陷部分用黑色显示。拖动滑杆从“平滑”端到“凸起”端，浮雕效果相应地将从浅到深。
- **预览框**：当选择所需的光源样式后，单击预览框中的光源焦点即可以确定当前光源，在光源框上按住鼠标左键不放并拖动可以调节该光源位置和范围，拖动光源中间的节点可以移动光源的位置。拖动预览框底部的💡图标到预览框中即可添加新的光源。将预览框中光源的焦点拖到其下方的🗑图标上可以删除该光源。

10.5.3　纤维

“纤维”滤镜可以根据当前的前景色和背景色来生成类似纤维的纹理效果。选择“滤镜|渲染|纤维”命令，打开如图 10-47 所示的对话框，其中各项参数含义如下：

- **“差异”数值框**：用于调整纤维的颜色的变化。该值越大，前景色和背景色分离越明显。
- **“强度”数值框**：用于设置纤维的密度，该值越大，纤维效果越精细。
- [随机化] **按钮**：每次单击该按钮，将随机地产生不同的纤维效果。

10.5.4　镜头光晕

“镜头光晕”滤镜能产生类似强光照射在镜头上所产生的光照效果，还可以人工调节光照的位置、强度和范围等。选择“滤镜|渲染|镜头光晕”命令，打开如图 10-48 所示的对

话框，其中各项参数的含义如下：

- “光晕中心”预览框：使用鼠标在预览框中单击即可确定当前的光照位置，还可以将其移到不同的位置。
- “亮度”数值框：用来调节光照的强度和范围，该值越大，光照的强度越强，范围越大。
- “镜头类型”栏：用于设置镜头的类型，包括 ⊙50-300 毫米变焦(Z)、⊙35 毫米聚焦(K)、⊙105 毫米聚焦(L)和 ⊙电影镜头(M) 4 个单选按钮。

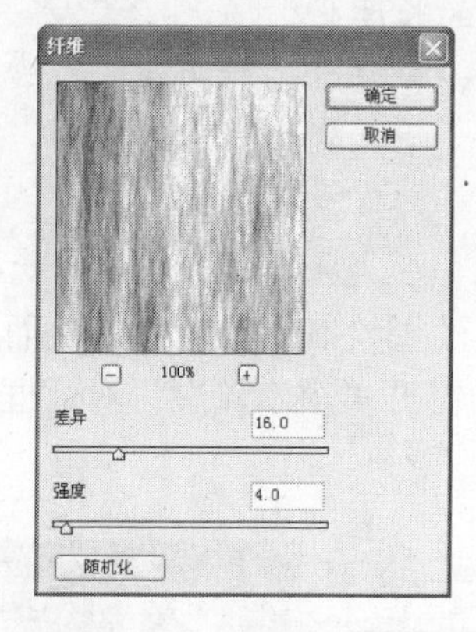

图 10-47　“纤维”对话框

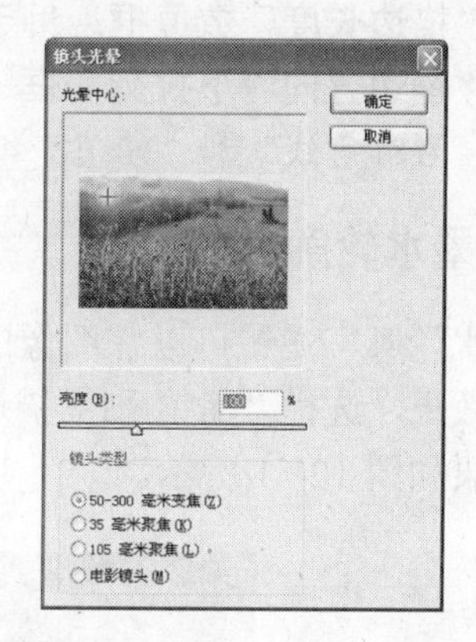

图 10-48　“镜头光晕”对话框

10.5.5　喷溅

“喷溅”滤镜可以使图像产生类似笔墨喷溅的效果。选择“滤镜|画笔描边|喷溅”命令，打开如图 10-49 所示对话框，其中各项参数含义如下：

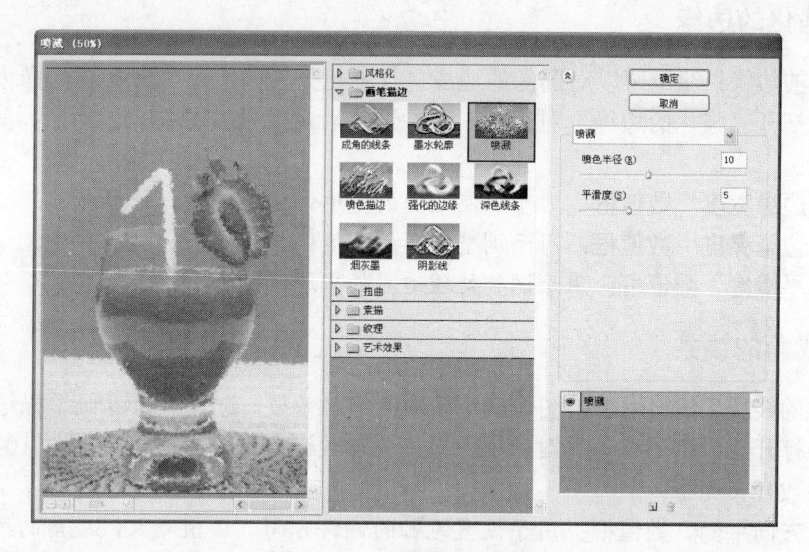

图 10-49　“喷溅”对话框

- “喷色半径”数值框：用于控制喷溅的范围，该值越大，喷溅范围越大。

- “平滑度”数值框：用于调整喷溅效果的轻重或光滑度，该值越大，喷溅浪花越光滑，但喷溅浪花也会越模糊。

10.5.6 喷色描边

“喷色描边”滤镜和“喷溅”滤镜效果相似，此外它还能产生斜纹飞溅效果。选择“滤镜|画笔描边|喷色描边”命令，打开“喷色描边”对话框，进行设置后，效果如图 10-50 所示，对话框中各项参数含义如下：

- “描边长度”数值框：用于设置喷色描边笔触的长度。
- “描边方向”下拉列表框：用于设置喷色方向，包括“左对角线”、“水平”、“右对角线”和“垂直”4 个方向选项。

10.5.7 墨水轮廓

“墨水轮廓”滤镜可以在图像的颜色边界部分模拟油墨绘制图像轮廓，从而产生钢笔油墨风格效果，选择“滤镜|画笔描边|墨水轮廓”命令，打开“墨水轮廓”对话框，进行设置后的效果如图 10-51 所示。

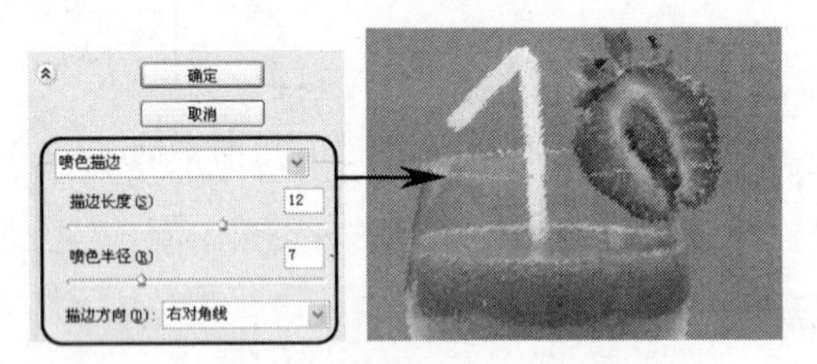

图 10-50 使用喷色描边后的效果

图 10-51 使用墨水轮廓后的效果

10.5.8 强化的边缘

“强化的边缘”滤镜可以对图像的边缘进行强化处理。选择“滤镜|画笔描边|强化的边缘”命令，打开“强化的边缘”对话框，进行设置后，效果如图 10-52 所示，其中各项参数含义如下：

- “边缘宽度”数值框：用于控制边缘的宽度。该值越大，边界越宽。
- “边缘亮度”数值框：用于调整边界的亮度。该值越大，边缘越亮。
- “平滑度”数值框：用于调整处理边界的平滑度。

10.5.9 成角的线条

“成角的线条”滤镜可以使图像产生倾斜的笔触效果。选择“滤镜|画笔描边|成角的线条”命令，打开“成角的线条”对话框，对相关参数进行设置后，效果如图 10-53 所示，其中各项参数含义如下：

- “方向平衡”数值框：用于设置笔触的倾斜方向。该值越大，成角的线条越长。
- “描边长度”数值框：用于控制勾绘笔画的长度。该值越大，笔触线条越长。
- “锐化程度”文本框：用于控制笔锋的尖锐程度。该值越小，图像越平滑。

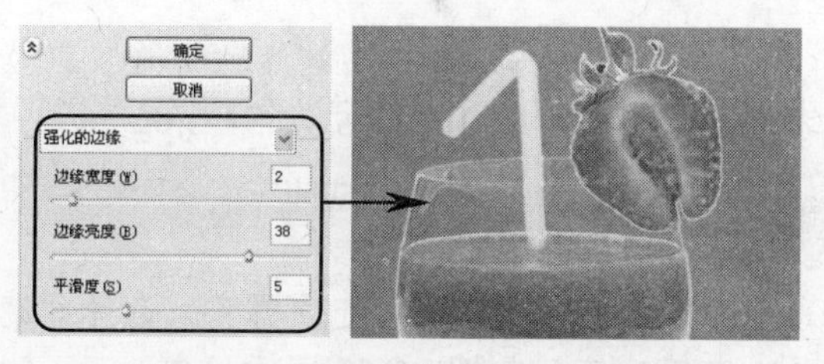

图 10-52　使用强化边缘后的效果

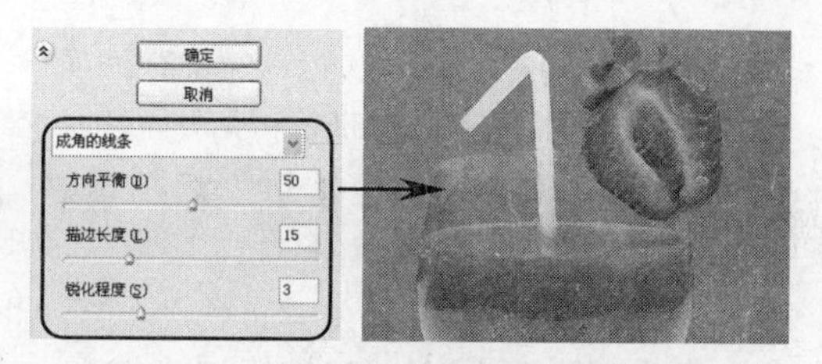

图 10-53　使用成角的线条后的效果

10.5.10　深色线条

“深色线条”滤镜是通过使用黑色线条来绘制图像中的暗部区域，用白色线条来绘制图像中的明亮区域，从而产生很强的黑色阴影效果。选择“滤镜|画笔描边|深色线条”命令，打开“深色线条”对话框，对相关参数进行设置后，效果如图 10-54 所示，其中各项参数含义如下：

- **“平衡”数值框**：用于调整笔触的方向大小。该值越大，黑色笔触越多。
- **“黑色强度”数值框**：用于控制黑色阴影的强度。该值越大，变黑的区域越多。
- **“白色强度”数值框**：用于控制白色区域的强度。该值越大，变亮的区域越多。

10.5.11　阴影线

“阴影线”滤镜可以将图像以交叉网状的笔触来显示。选择“滤镜|画笔描边|阴影线”命令，打开“阴影线”对话框，对相关参数进行设置后，效果如图 10-55 所示。

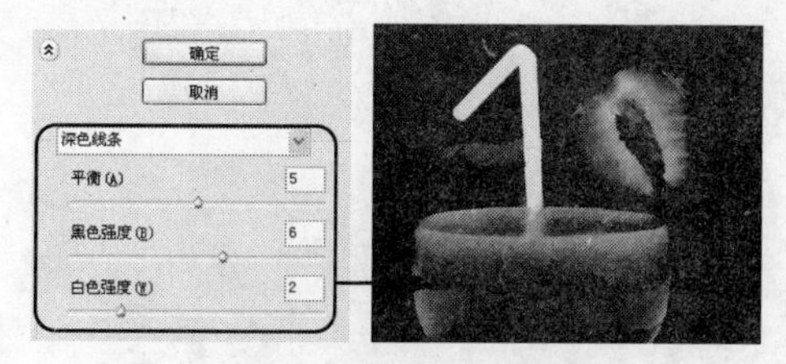

图 10-54　使用深色线条后的效果

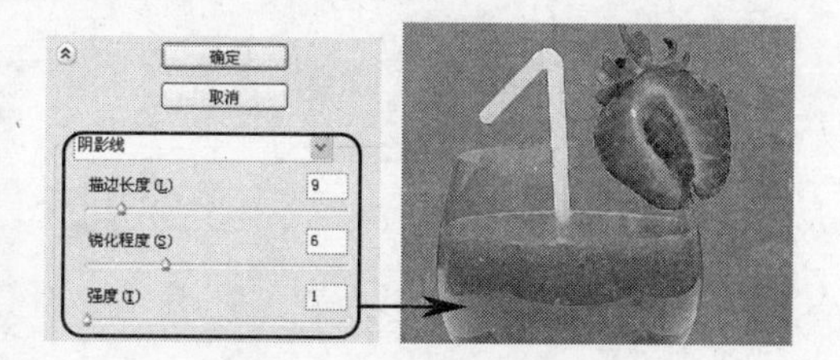

图 10-55　使用阴影线后的效果

10.5.12　应用举例——制作古典相框

下面将使用“强化边缘”、“碎片”和“锐化”等滤镜制作古典相框，其效果如图 10-56 所示（立体化教学:\源文件\第 10 章\古典相框.jpg）。

图 10-56　古典相框

操作步骤如下：

（1）打开“古典相框.jpg”图像（立体化教学:\实例素材\第 10 章\古典相框.jpg）。

（2）在工具箱中选择矩形选框工具[]，使用鼠标在图像上绘制一个矩形选区，如图 10-57 所示。选择“选择|反向”命令，反选选区。

（3）将前景色设置为“白色”，按 Alt+Delete 组合键使用前景色进行填充。选择“滤镜|像素化|碎片”命令，按 5 次 Ctrl+F 组合键再次应用滤镜，如图 10-58 所示。

图 10-57　建立选区

图 10-58　使用碎片滤镜后的效果

（4）选择“滤镜|画笔描边|强化的边缘”命令，在打开的对话框中设置“强化宽度、边缘亮度和平滑度”等参数，单击 确定 按钮，如图 10-59 所示。

（5）选择“滤镜|锐化|锐化”命令，按两次 Ctrl+F 组合键再次应用滤镜。按 Ctrl+D 组合键取消选区。

图 10-59　应用滤镜后的效果

10.6　素描滤镜组

素描滤镜组一般用于为图像添加各种纹理效果，使图像产生素描的艺术效果。选择“滤镜|素描”命令，即可打开素描滤镜组。

10.6.1　便条纸

“便条纸”滤镜可以使图像以前景色和背景色混合产生凹凸不平的草纸画效果，其中前景色作为凹陷部分，而背景色作为凸出部分。选择“滤镜|素描|便条纸”命令，打开“便条纸”对话框，对相关参数进行设置后效果如图 10-60 所示，其中各项参数含义如下：

- **“图像平衡”数值框**：用于调整前景色和背景色之间的面积大小。
- **“粒度”数值框**：用于调整图像产生颗粒的多少。
- **“凸现”数值框**：用于调节浮雕的凹凸程度。该值越大，浮雕效果越明显。

10.6.2　半调图案

“半调图案”滤镜可以使用前景色和背景色将图像以网点效果显示。选择“滤镜|素描|半调图案”命令，打开“半调图案”对话框，对相关参数进行设置后效果如图 10-61 所示，其中各项参数含义如下：

- **“大小”数值框**：用于设置网点的大小。该值越大，其网点越大。
- **“对比度”数值框**：用于设置前景色的对比度。该值越大，前景色的对比度越强。
- **“图案类型”下拉列表框**：用于设置图案的类型，有“网点”、“圆形”和“直线”3 个选项可供选择。

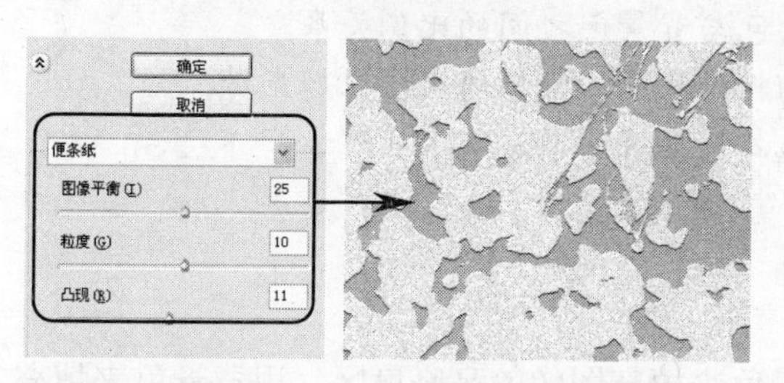

图 10-60　使用便条纸后的效果

图 10-61　使用半调图案后的效果

10.6.3　图章

“图章”滤镜可以使图像产生类似生活中的印章效果。选择“滤镜|素描|图章”命令，打开“图章”对话框，对相关参数进行设置后效果如图 10-62 所示，其中各项参数含义如下：

- **“明/暗平衡”数值框**：用于设置前景色与背景色的混合比例。当值为 0 时，图像将显示为背景色；当值大于 50 时，图像将以前景色显示。
- **“平滑度”数值框**：用于调节图章效果的锯齿程度。该值越大，图像越光滑。

10.6.4　基底凸现

“基底凸现”滤镜主要用来模拟粗糙的浮雕效果。选择“滤镜|素描|基底凸现”命令，打开“基底凸现”对话框，对相关参数进行设置后效果如图 10-63 所示，其中各项参数含义如下：

- **“细节”文本框**：设置基底凸现效果的细节部分。该值越大，图像凸现部分刻画越细腻。
- **“平滑度”文本框**：设置基底凸现效果的光洁度。该值越大，凸现部分越平滑。
- **“光照”下拉列表框**：在其中可以选择基底凸现效果的光照方向。

技巧：

在制作一些金属字效果，如金属字时，经常会使用到“基底凸现”滤镜。

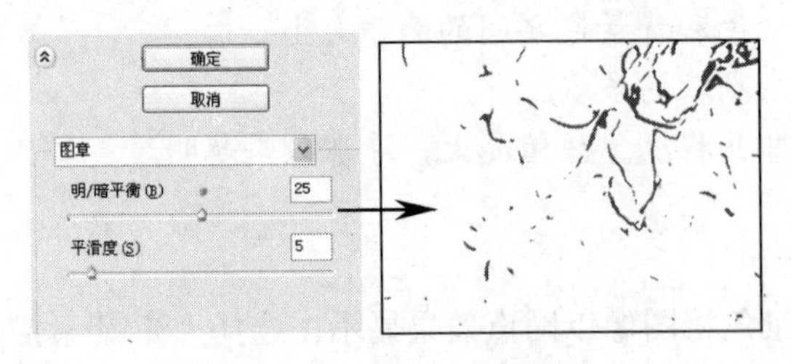

图 10-62　使用图章后的效果

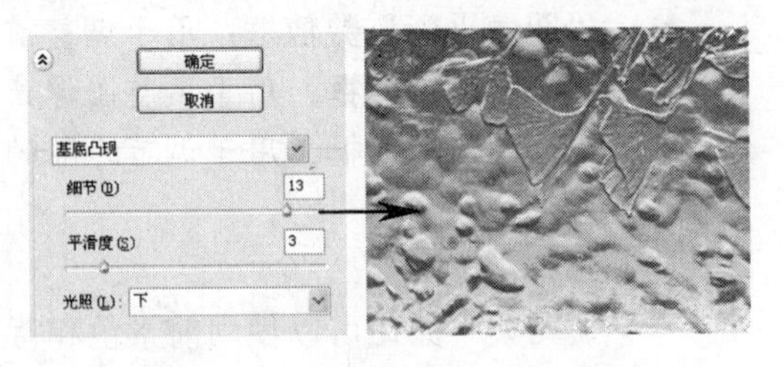

图 10-63　使用基底凸现后的效果

10.6.5　塑料效果

“塑料效果”滤镜可以产生一种塑料浮雕效果，且图像以前景色和背景色填充。选择“滤镜|画笔|塑料效果”命令，打开“塑料效果”对话框，对相关参数进行设置后效果如图 10-64 所示，其中各项参数含义如下：

- **“图像平衡”数值框**：用于调节前景色与背景色之间的比例关系。
- **“平滑度”数值框**：用于调节图像的粗糙程度，数值越大图像越光滑。
- **“光照”下拉列表框**：在其中可以选择光照的方向，有“上”、“下”、“左”和“右”等 8 个方位选项。

10.6.6　影印

“影印”滤镜可以模拟影印效果，用前景色来填充图像的高亮度区，用背景色来填充图像的暗区。选择“滤镜|画笔|影印”命令，打开“影印”对话框，对相关参数进行设置后效果如图 10-65 所示，其中各项参数含义如下：

- **“细节”数值框**：用于调节图像变化的层次。
- **“暗度”数值框**：用于调节图像阴影部分黑色的深度。

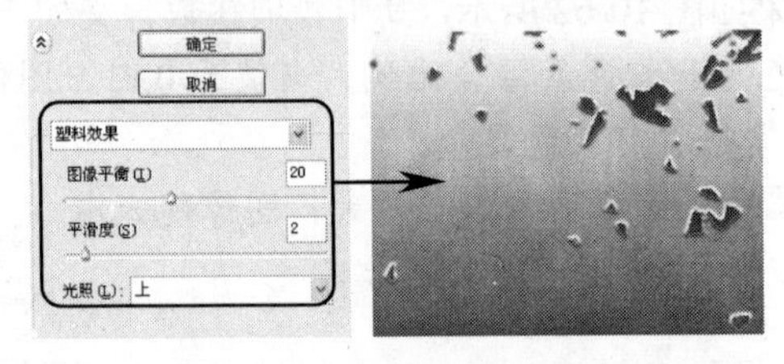

图 10-64　使用塑料效果后的效果

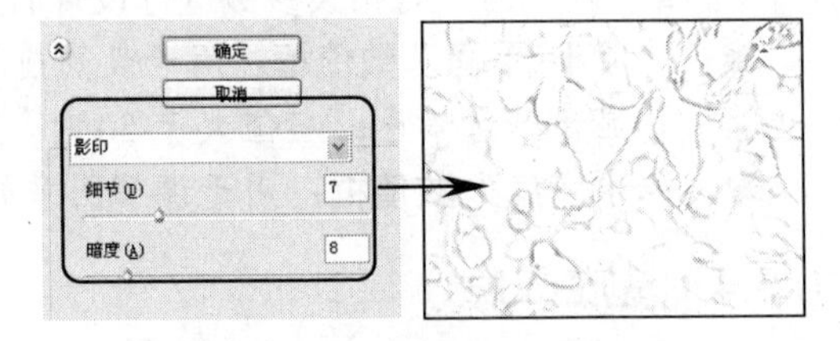

图 10-65　使用影印后的效果

10.6.7　水彩画纸

“水彩画纸”滤镜能制作出类似在潮湿的纸上绘图而产生画面浸湿的效果。选择“滤镜|画笔|水彩画纸”命令，打开“水彩画纸”对话框，对相关参数进行设置后效果如图 10-66 所示，其中各项参数含义如下：

- **“纤维长度”数值框**：用于控制边缘扩散程度、笔触的长度。该值越大，纤维笔刷越长。
- **“亮度”数值框**：用于调整图像画面的亮度。该值越大，图像越亮。

➘ **“对比度”数值框**：用于调整图像与笔触的对比度。该值越大，图像明暗程度越明显。

10.6.8 炭笔

“炭笔”滤镜可以将图像以类似炭笔画的效果显示。前景色代表笔触的颜色，背景色代表纸张的颜色。在绘制过程中，阴影区域用黑色对角炭笔线条替换。选择“滤镜|画笔|炭笔”命令，打开“炭笔”对话框，对相关参数进行设置后效果如图 10-67 所示，其中各项参数含义如下：

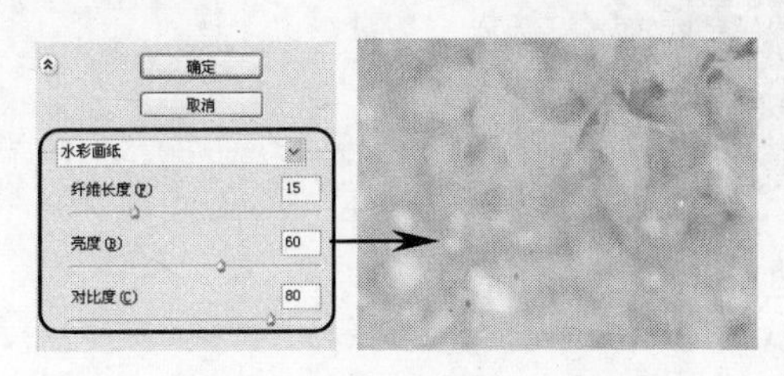

图 10-66　使用水彩画纸后的效果

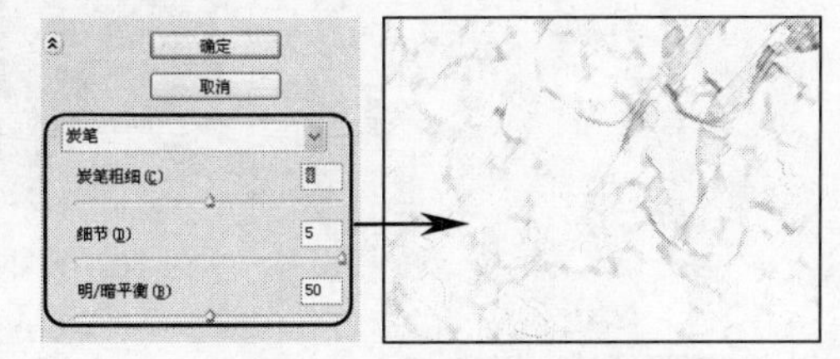

图 10-67　使用炭笔后的效果

➘ **“炭笔粗细”数值框**：用于设置笔触的粗细。该值越大，炭笔笔触越粗。

➘ **“细节”数值框**：用于设置图像细节的保留程度。该值越大，炭笔刻画越细腻。

➘ **“明/暗平衡”数值框**：用于控制前景色与背景色的混合比例。

10.6.9 网状

“网状”滤镜将使用前景色和背景色填充图像，在图像中产生一种网眼覆盖效果。选择“滤镜|画笔|网状”命令，打开“网状”对话框，对相关参数进行设置后效果如图 10-68 所示，其中各项参数含义如下：

➘ **“浓度”数值框**：用于设置网眼的密度。

➘ **“前景色阶”数值框**：用于设置前景色的层次。值越大，实色块越多。

➘ **“背景色阶”数值框**：用于设置背景色的层次。

10.6.10 铬黄渐变

“铬黄渐变”滤镜可以模拟液态金属效果。选择“滤镜|画笔|铬黄渐变”命令，打开“铬黄渐变”对话框，对相关参数进行设置后效果如图 10-69 所示。其中“细节”数值框用来设置模拟液态细节部分的模拟程度，该值越大，铬黄效果越细致；“平滑度”数值框用来设置渐变的柔和和程度。

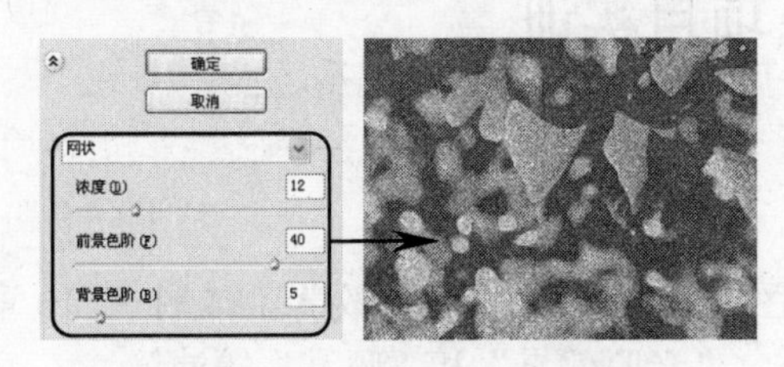

图 10-68　使用网状后的效果

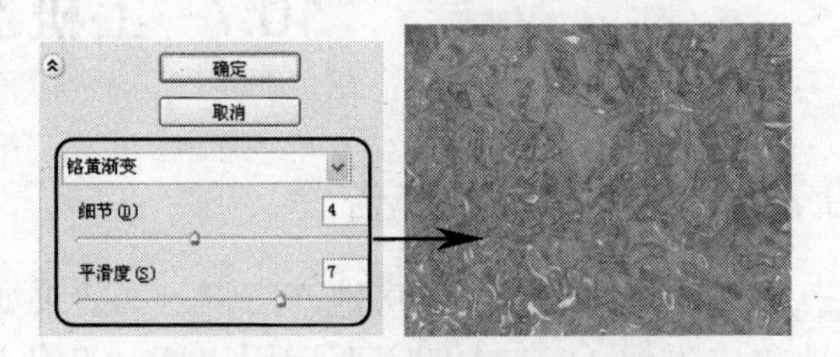

图 10-69　使用铬黄渐变后的效果

10.6.11 应用举例——制作网点相框

下面将使用“半调色彩”和“锐化”等滤镜制作网点相框，其效果如图 10-70 所示（立体化教学:\源文件\第 10 章\网点相框.jpg）。

图 10-70　网点相框

操作步骤如下：

（1）打开“网点相框.jpg”图像（立体化教学:\实例素材\第 10 章\网点相框.jpg）。

（2）在工具箱中选择矩形选框工具⬚，使用鼠标在图像上绘制一个矩形选区，如图 10-71 所示。选择“选择|反向”命令，反选选区。

（3）选择“滤镜|素描|半调图案”命令，在打开的对话框中设置“大小、对比度”等参数，如图 10-72 所示。

图 10-71　建立选区

图 10-72　设置半调图案参数

（4）选择“滤镜|锐化|锐化”命令，按 3 次 Ctrl+F 组合键重复应用该滤镜。按 Ctrl+D 组合键取消选区。

10.7 上机及项目实训

10.7.1 制作房地产广告

本例将练习制作一则房地产广告，其效果如图 10-73 所示（立体化教学:\源文件\第 10 章\房地产广告.psd），本例主要运用“添加杂色”、“光照效果”和“喷溅”等滤镜。

图 10-73　房地产广告

1. 制作主体部分

要制作本例的房地产广告，先来制作其主体部分，包括背景、导入建筑、画框和人物图像等。操作步骤如下：

（1）新建一个图像文件，其宽度和高度分别设置为 8.4 厘米和 5 厘米，分辨率为 250 像素/厘米，再将背景填充为“浅绿色”。

（2）选择“滤镜|杂色|添加杂色”命令，打开“添加杂色”对话框，在其中选中 高斯分布(G) 单选按钮，将“数量”设置为“6”，如图 10-74 所示，单击 确定 按钮。

（3）新建一个图层，使用钢笔工具在背景下方绘制一个封闭路径，将其转换为选区，再将其填充为“嫩绿色”，如图 10-75 所示。

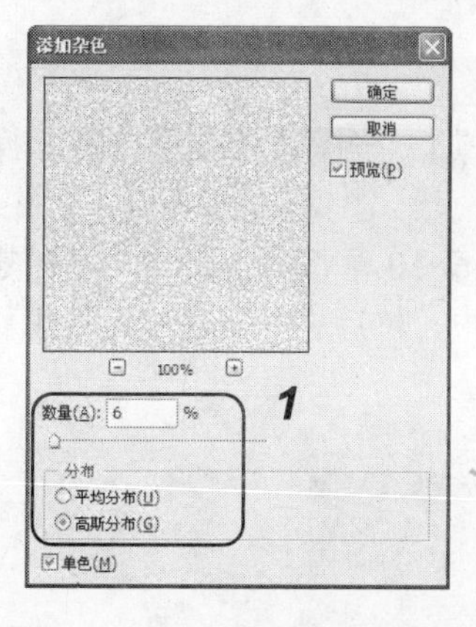

图 10-74　“添加杂色”对话框

图 10-75　绘制并填充选区

（4）打开“建筑.jpg”图像（立体化教学:\实例素材\第 10 章\建筑.jpg），再选择“滤镜|渲染|光照效果”命令，打开“光照效果”对话框，使用鼠标在其左侧的预览框中设置光照效果，再拖动“强度”栏下方的滑块，如图 10-76 所示，单击 确定 按钮。

（5）使用鼠标将“建筑.jpg”图像移到背景窗口中，调整其大小和位置，如图 10-77 所示。

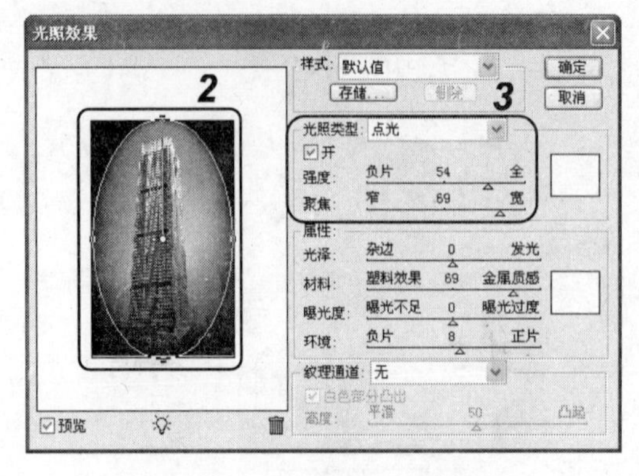

图 10-76 “光照效果”对话框

图 10-77 将“建筑.jpg”图像移到背景窗口中

（6）打开如图 10-78 所示的“画框.jpg”图像（立体化教学:\实例素材\第 10 章\画框.jpg），再将其移到背景窗口中，再将“建筑.jpg”图像放置在其中，如图 10-79 所示。

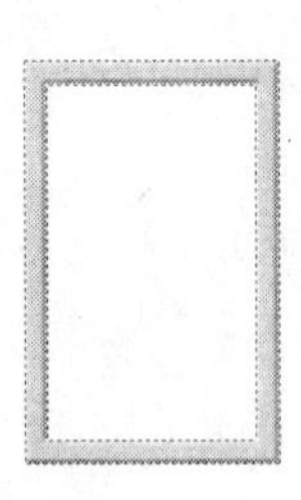

图 10-78 打开“画框.jpg”图像

图 10-79 将建筑图像放置在画框中

2．制作后期部分

在制作完成房地产广告的主体部分后，下面将为其添加一些图片和文字内容。操作步骤如下：

（1）打开“室外.jpg”图像（立体化教学:\实例素材\第 10 章\室外.jpg），再创建图像选区，如图 10-80 所示，再将选区内的图像移到背景窗口中，然后在“图层”面板中将“不透明度”设置为“34%”，如图 10-81 所示。

图 10-80 打开“室外.jpg”图像

图 10-81 设置图层面板

（2）将“室外.jpg”图像复制并缩小，再将其水平翻转，如图 10-82 所示。选择“滤

镜|素描|水彩画纸"命令，打开"水彩画纸"对话框，设置其"纤维长度"、"高度"和"对比度"，单击 确定 按钮，如图 10-83 所示。

图 10-82　缩小图像

图 10-83　设置水彩画纸

（3）打开如图 10-84 所示的"树枝.jpg"图像（立体化教学:\实例素材\第 10 章\树枝.jpg），创建树枝的选区，再将其移到背景窗口中，如图 10-85 所示。

图 10-84　打开"树枝.jpg"图像

图 10-85　调整树枝的图像位置

（4）选择工具箱中的文字工具 T，在背景窗口中输入标语，在其属性栏中将其字体设置为"方正粗宋简体"，字号设置为"11"，颜色设置为"黄色"，再为其描宽度为"3 像素"的红色边，效果如图 10-86 所示。

（5）使用文字工具输入"名家"和简述的内容，其中"名"的字体为"汉仪清韵体简"，"家"的字体为"汉仪柏青体"，"简述"的字体设置为"黑体"，如图 10-87 所示。

（6）使用文字工具在背景下方输入房地产商家的联系方式和广告语，其中"联系方式"的字体为"黑体"，"广告语"的字体为"华康综艺"，颜色填充为"白色"，再描"红色"的边，完成本例的制作。

图 10-86　输入标语

图 10-87　输入房地产的名称和简述

10.7.2 制作线框字

综合利用本章和前面所学知识，制作线框字，完成后的最终效果如图 10-88 所示（立体化教学:\源文件\第 10 章\线框字.psd）。

图 10-88 线框字效果

本练习可结合立体化教学中的视频演示进行学习（立体化教学:\视频演示\第 10 章\制作线框字.swf）。主要操作步骤如下：

（1）新建一个 800×500 像素，分辨率为 300 像素的文件，分别将前景色和背景色设置为“黑色”和“白色”，按 Alt+Delete 组合键进行填充。

（2）在工具箱中选择横排文字蒙版工具，在其工具属性栏中设置字体为“Arial”，字体大小为“40”，使用鼠标在图像上单击并输入“FLOWER”，按 Ctrl+Delete 组合键使用背景色进行填充，如图 10-89 所示。

（3）取消选区，选择“滤镜|像素化|马赛克”命令，在打开的对话框中设置“单元格大小”为“10”，单击 确定 按钮。

（4）选择“滤镜|风格化|查找边缘”命令，选择“图像|调整|色阶”命令，在打开的“色阶”对话框中设置“输入色阶”的参数，单击 确定 按钮，如图 10-90 所示。

（5）将前景色设置为红色，选择“图像|调整|渐变映射”命令，打开“渐变映射”对话框，在其中单击 确定 按钮。

（6）将背景图层转化为普通图层。在工具箱中选择魔棒工具，在其工具属性栏中取消选中 □连续 复选框，在图像空白处单击，按 Delete 键删除选区中的图像。按 Ctrl+D 组合键取消选区。

（7）在魔棒工具属性栏中选中 ☑连续 复选框，按 Shift 键的同时，使用鼠标在线框字中单击，建立选区再按 Alt+Delete 组合键，使用前景色进行填充按 Ctrl+D 组合键取消选区，如图 10-91 所示。

（8）打开“线框字.jpg”图像（立体化教学:\实例素材\第 10 章\线框字.jpg），使用移动工具将制作的线框字移动到打开的图像中，生成“图层 1”。将“图层 1”的“不透明度”设置为“50%”。

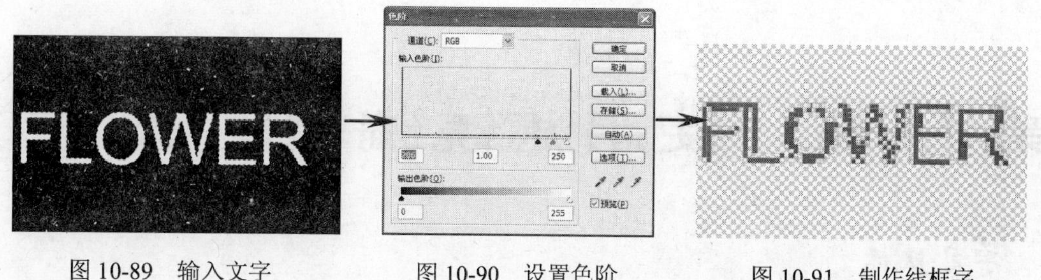

图 10-89　输入文字　　图 10-90　设置色阶　　图 10-91　制作线框字

10.8　练习与提高

（1）利用本章所学习的滤镜效果制作动感视觉效果，其效果如图 10-92 所示（立体化教学:\源文件\第 10 章\可乐.psd）。

提示：打开“可乐.jpg”（立体化教学:\实例素材\第 10 章\可乐.jpg）图像，创建可乐选区，并移到“墙.jpg”（立体化教学:\实例素材\第 10 章\墙.jpg）图像中，将可乐图像复制一个图层，使用“动感模糊”滤镜将其模糊，再使用文字工具输入文字，并描上红色的边。

（2）制作一个健身房的宣传单，其效果如图 10-93 所示（立体化教学:\源文件\第 10 章\健身房广告.psd）。

提示：使用矩形选框工具创建一个矩形选区并填充从绿色到浅绿色的渐变效果，使用“水波”滤镜为其添加水波效果，再打开素材（立体化教学:\实例素材\第 10 章\健美.jpg、健美 1.jpg、叶子.jpg），放置在适当的位置，最后使用文字工具输入相应文字。本练习可结合立体化教学中的视频演示进行学习（立体化教学:\视频演示\第 10 章\制作健身房宣传单.swf）。

图 10-92　动感视觉效果

图 10-93　健身房宣传单效果

总结 Photoshop 中使用滤镜时候的注意事项

本章主要介绍了滤镜的使用，这里总结以下几点使用滤镜的注意事项，供读者参考：

- 对文字不能使用滤镜，若想对文字使用滤镜需先将其栅格化。
- 相同的图像其分辨率不同也会出现效果不同的情况。
- 在图像分辨率或尺寸较大时，应用滤镜效果会使电脑运行比较缓慢，需要耐心等待。

第 11 章　使用滤镜编辑图像（下）

学习目标

☑ 使用纹理滤镜组编辑图像
☑ 使用艺术效果滤镜组编辑图像
☑ 使用风格化滤镜组编辑图像
☑ 使用其他滤镜组编辑图像
☑ 使用拼贴滤镜制作海报
☑ 综合利用添加杂色、晶格化和照亮边缘制作裂纹效果

目标任务&项目案例

制作网页广告

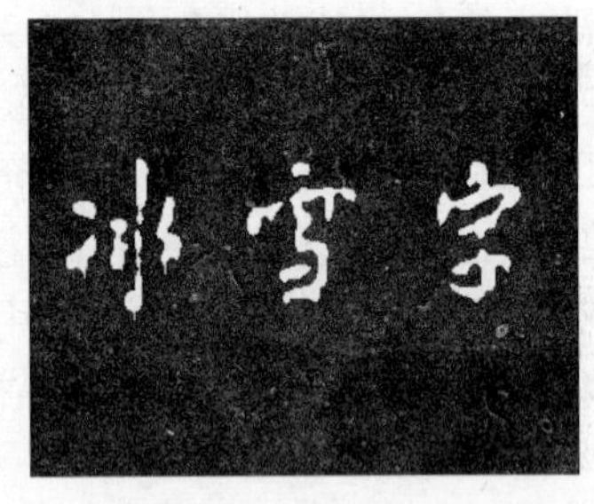

制作冰雪字

制作方格桌布效果

制作海报

制作裂纹效果

杂志封面效果

在 Photoshop 中制作特效时，经常会用到滤镜。制作上述实例主要用到了纹理滤镜组和艺术效果滤镜组等。本章将具体讲解使用纹理滤镜组、艺术效果滤镜组、风格化滤镜组和其他滤镜组修饰图像的方法。

11.1　纹理滤镜组

纹理滤镜组可以为图像添加立体感或赋予材质的纹理效果。选择“滤镜|纹理”命令，即可打开纹理滤镜组。下面将对纹理滤镜组中的滤镜进行讲解。

11.1.1　拼缀图

“拼缀图”滤镜可以将图像分割成数量不等的小方块，用每个方块内的像素平均颜色作为该方块的颜色，模拟一种建筑拼贴瓷砖的效果，类似生活中的拼图效果。选择“滤镜|纹理|拼缀图”命令，打开“拼缀图”对话框，对相关参数进行设置后，效果如图 11-1 所示，其中各项参数含义如下：

- **“方形大小”数值框**：用于调整方块的大小。该值越小，方块越小，图像越精细。
- **“凸现”数值框**：用于设置拼贴瓷片的凹凸程度。该值越大，纹理凹凸程度越明显。

11.1.2　染色玻璃

“染色玻璃”滤镜可以在图像中产生不规则的玻璃网格，每格的颜色由该格的平均颜色来显示。选择“滤镜|纹理|染色玻璃”命令，打开“染色玻璃”对话框，对相关参数进行设置后，效果如图 11-2 所示，其中各项参数含义如下：

- **“单元格大小”数值框**：用于设置玻璃网格的大小。该值越大，图像的玻璃网格越大。
- **“边框粗细”数值框**：用于设置格子边框的宽度。该值越大，网格的边缘越宽。
- **“光照强度”数值框**：用于设置照射格子的虚拟灯光强度。该值越大，图像中间的光照越强。

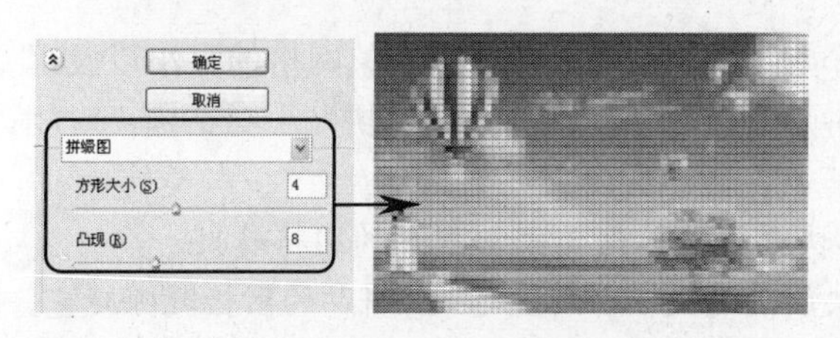

图 11-1　使用拼缀图后的效果

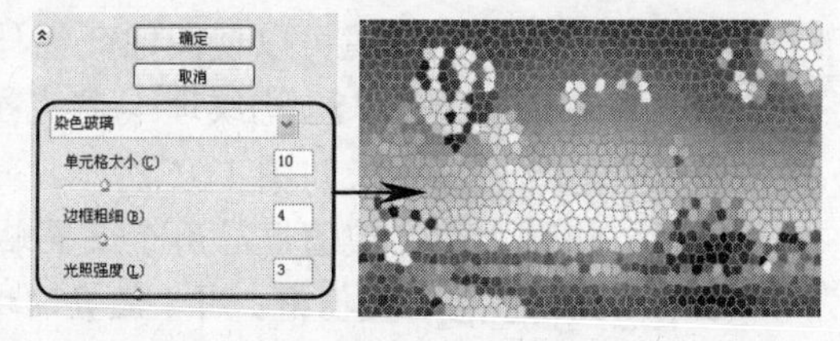

图 11-2　使用染色玻璃后的效果

11.1.3　纹理化

“纹理化”滤镜可以为图像添加“砖形”、“粗麻布”、“画布”和“砂岩”等纹理效果，还可以调整纹理的大小和深度。选择“滤镜|纹理|纹理化”命令，打开“纹理化”对话框，对相关参数进行设置后，效果如图 11-3 所示，其中各项参数含义如下：

- **“纹理”下拉列表框**：提供了“砖形”、“粗麻布”、“画布”和“砂岩”4 种纹理类型。另外，用户还可选择“载入纹理”选项来装载自定义的以 PSD 文件格式存放的纹理模板。

- **“缩放”数值框**：用于调整纹理的尺寸大小。该值越大，纹理效果越明显。
- **“凸现”数值框**：用于调整纹理产生的深度。该值越大，图像的纹理深度越深。
- **“光照”下拉列表框**：提供了“上”、“下”、“左”和“右”等 8 个方向的光照效果。

11.1.4 颗粒

“颗粒”滤镜可以在图像中随机加入不规则的颗粒来产生颗粒纹理效果。选择“滤镜|纹理|颗粒”命令，打开“颗粒”对话框，对相关参数进行设置后，效果如图 11-4 所示，其中各项参数含义如下：

- **“强度”数值框**：用于设置颗粒密度，其取值范围为 0～100。该值越大，图像中的颗粒越多。
- **“对比度”数值框**：用于调整颗粒的明暗对比度，其取值范围为 0～100。
- **“颗粒类型”下拉列表框**：用于设置颗粒的类型，包括“常规”、“柔和”和“喷洒”等 10 种类型。

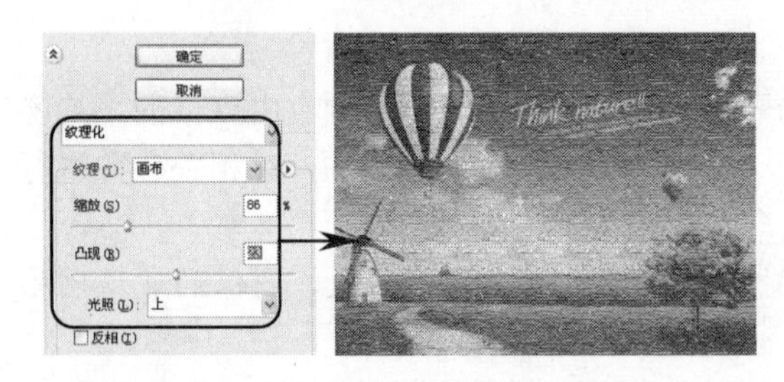

图 11-3 使用纹理化后的效果

图 11-4 使用颗粒后的效果

11.1.5 马赛克拼贴

“马赛克拼贴”滤镜可以使图像产生马赛克网格效果，还可以调整网格的大小以及缝隙的宽度和深度。选择“滤镜|纹理|马赛克拼贴”命令，打开“马赛克拼贴”对话框，对相关参数进行设置后，效果如图 11-5 所示，其中各项参数含义如下：

- **“拼贴大小”数值框**：用于设置贴块大小。该值越大，拼贴的网格越大。
- **“缝隙宽度”数值框**：用于设置贴块间隔的大小。该值越大，拼贴的网格缝隙越宽。
- **“加亮缝隙”数值框**：用于设置间隔加亮程度。该值越大，拼贴缝隙的明度越高。

11.1.6 龟裂缝

“龟裂缝”滤镜可以使图像产生龟裂纹理，从而制作出具有浮雕的立体图像效果。选择“滤镜|纹理|龟裂缝”命令，打开“龟裂缝”对话框，对相关参数进行设置后，效果如图 11-6 所示，其中各项参数含义如下：

- **“裂缝间距”数值框**：用于设置裂纹间隔距离。该值越大，纹理间的间距越大。
- **“裂缝深度”数值框**：用于设置裂纹深度。该值越大，纹理的裂纹越深。

➘ “裂缝亮度”数值框：用于设置裂纹亮度。该值越大，纹理裂纹的颜色越亮。

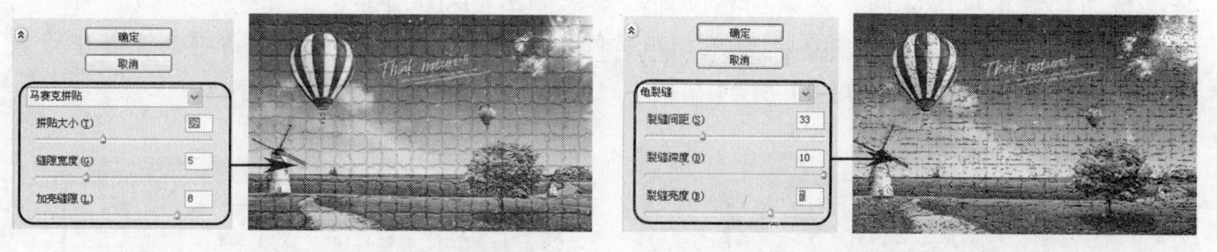

图 11-5　使用马赛克拼贴后的效果　　　　图 11-6　使用龟裂缝后的效果

11.1.7　应用举例——制作少儿英语学校广告

下面制作一幅弹出式广告，其效果如图 11-7 所示（立体化教学:\源文件\第 11 章\弹出式广告.psd），背景主要运用了“添加杂色”和“马赛克拼贴”滤镜效果。

图 11-7　弹出式广告效果

操作步骤如下：

（1）新建一个宽度和高度分别为 16 厘米和 15 厘米，分辨率为 150 像素/厘米的图像窗口，再将背景图层填充为浅绿色。

（2）选择“滤镜|杂色|添加杂色”命令，打开“添加杂色”对话框，在其中设置“数量”为“12.5”，选中 ◉平均分布(U) 单选按钮，如图 11-8 所示，单击 确定 按钮。

（3）选择“滤镜|纹理效果|马赛克拼贴”命令，打开“马塞克拼贴”对话框，设置其“拼贴大小”、“缝隙宽度”和“加亮缝隙”，如图 11-9 所示，单击 确定 按钮。

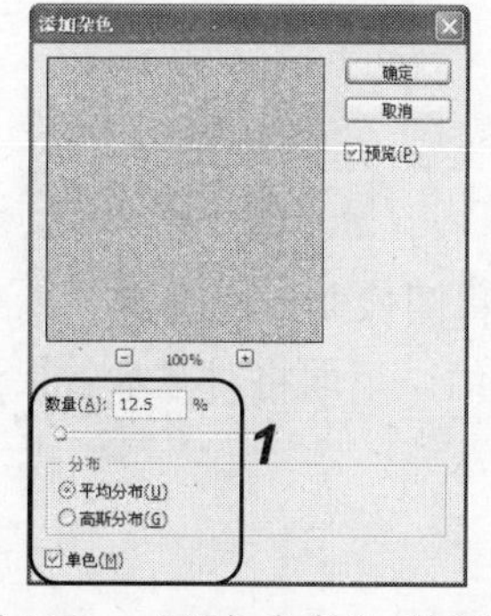

图 11-8　“添加杂色”对话框

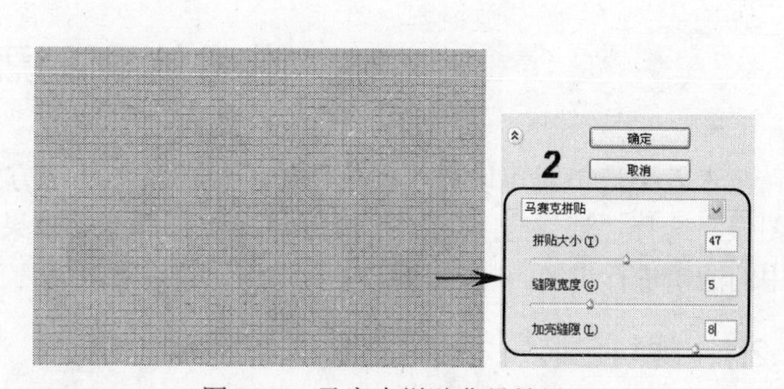

图 11-9　马赛克拼贴背景效果

（4）打开“女孩.jpg”（立体化教学:\实例素材\第 11 章\女孩.jpg）和“男孩.jpg”图像（立

体化教学:\实例素材\第 11 章\男孩.jpg），使用魔棒工具将其中的人物选中，再使用移动工具将其移到背景窗口中，调整其大小和位置，效果如图 11-10 所示。

（5）使用文字工具在背景上输入相应的文字，打开“图层样式”对话框，在其中设置“投影”图层样式，如图 11-11 所示。

图 11-10　调整女孩和男孩图像

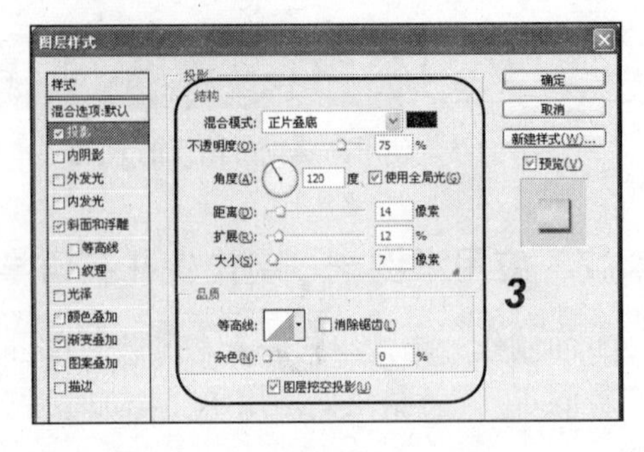

图 11-11　设置投影图层样式

（6）设置“斜面和浮雕”图层样式，如图 11-12 所示；设置“渐变叠加”图层样式，如图 11-13 所示。单击 确定 按钮即可完成本例的制作。

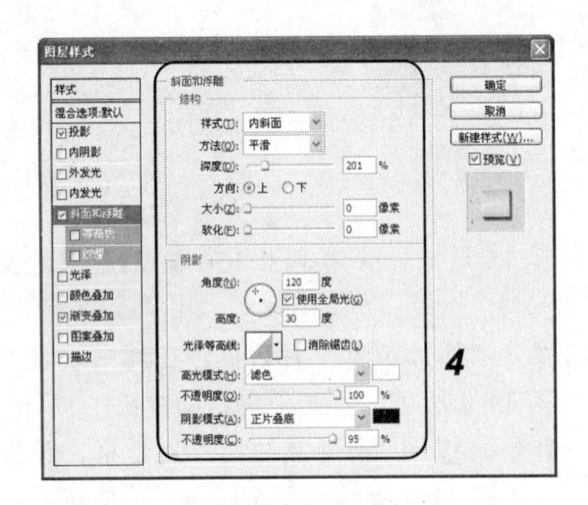

图 11-12　设置斜面和浮雕图层样式

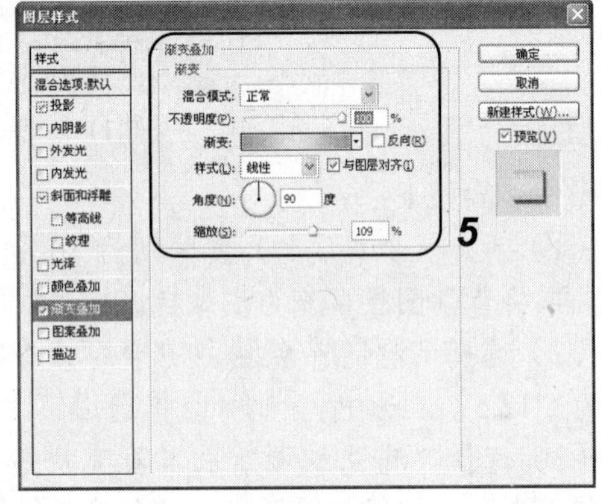

图 11-13　设置渐变叠加图层样式

11.2　艺术效果滤镜组

艺术效果滤镜组可以通过模仿传统手绘图画的手法方式，将图像制作成具有艺术效果的图像。选择“滤镜|艺术效果”命令，即可打开艺术效果滤镜组。下面将对艺术效果滤镜组中的滤镜进行讲解。

11.2.1　塑料包装

“塑料包装”滤镜可以使图像产生质感较强并具有立体感的塑料效果。选择“滤镜|艺术效果|塑料包装”命令，打开“塑料包装”对话框，对相关参数进行设置后的效果如图 11-14

所示，其中各项参数含义如下：

- **“高光强度”数值框**：用于调节图像中的高光区域的亮度。该值越大，图像产生的反光越强。
- **“细节”数值框**：用于调节作用于效果细节的精细程度。该值越大，塑料包装效果越明显。
- **“平滑度”数值框**：该值越大，产生的塑料包装效果越光滑。

11.2.2　干画笔

“干画笔”滤镜可以使图像生成一种干燥的笔触效果，类似于绘画中的干画笔效果。选择“滤镜|艺术效果|干画笔”命令，打开“干画笔”对话框，对相关参数进行设置后，效果如图 11-15 所示，其中各项参数含义如下：

- **“画笔大小”数值框**：用于设置画笔的大小。该值越大，画笔的笔触越大。
- **“画笔细节”数值框**：用于设置画笔刻画图像的细腻程度。该值越大，图像中的色彩层次越细腻。
- **“纹理”数值框**：用于调节效果颜色间过渡的平滑度。该值越大，图像效果越明显。

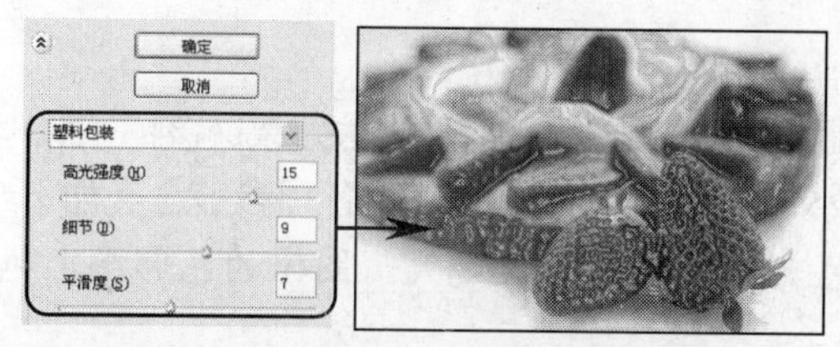

图 11-14　使用塑料包装后的效果

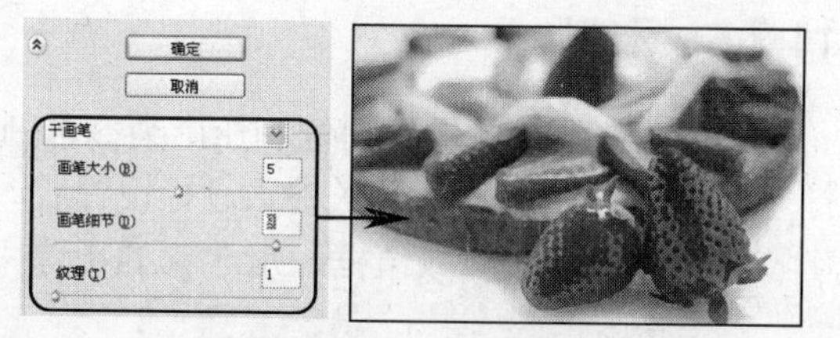

图 11-15　使用干画笔后的效果

11.2.3　底纹效果

“底纹效果”滤镜可以根据所选的纹理类型来使图像产生一种纹理效果。选择“滤镜|艺术效果|底纹效果”命令，打开“底纹效果”对话框，对相关参数进行设置后，效果如图 11-16 所示，其中各项参数含义如下：

- **“画笔大小”数值框**：用于设置笔触的大小。该值越大，画笔笔触越大。
- **“纹理覆盖”数值框**：用于设置笔触的细腻程度。该值越大，图像越模糊。
- **“纹理”下拉列表框**：用于选择纹理的类型，包括“画布”、“粗麻布”、“砂岩”和“砖形”4 种。
- **“缩放”数值框**：用于设置覆盖纹理的缩放比例。该值越大，底纹的效果越明显。
- **“凸现”数值框**：用于调整覆盖纹理的深度。该值越大，纹理的深度越明显。
- **“光照”下拉列表框**：用于调整灯光照射的方向。
- ☑反相(I) **复选框**：用于确定纹理是否进行反向处理。

11.2.4　彩色铅笔

“彩色铅笔”滤镜可以将图像以彩色铅笔的方式来刻画其效果。选择“滤镜|艺术效果|彩色铅笔”命令，打开“彩色铅笔”对话框，对相关参数进行设置后，效果如图 11-17

所示，其中各项参数含义如下：

- **“铅笔宽度”数值框**：该值越大，图像效果越粗糙，其取值范围为 0～24。
- **“描边压力”数值框**：用于控制图像颜色的明暗度。该值越大，图像的亮度变化越小，其取值范围为 0～15。
- **“纸张亮度”数值框**：用于控制背景色在图像中的明暗程度。该值越大，背景色越明亮。

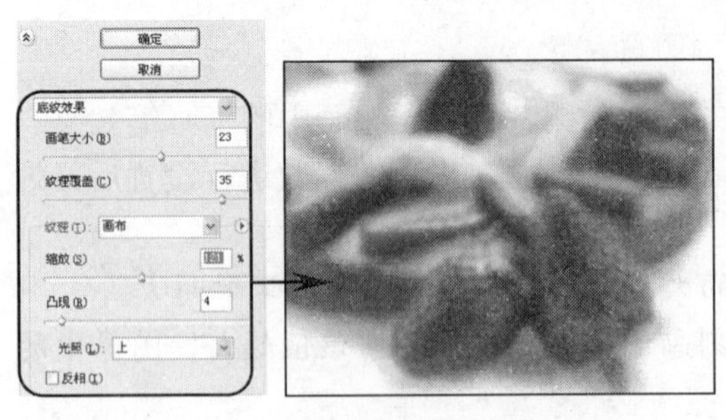

图 11-16　使用底纹效果后的效果

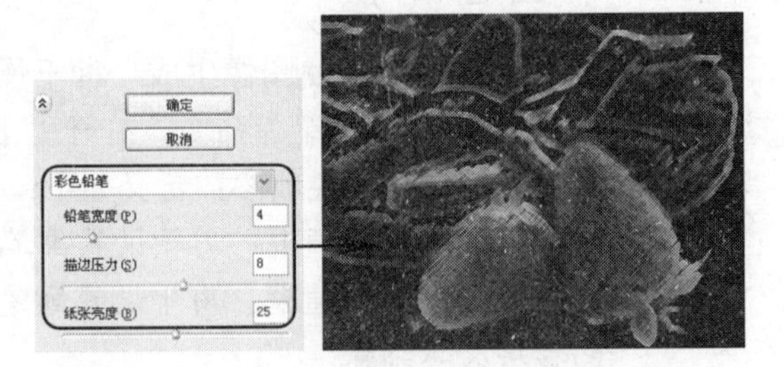

图 11-17　使用彩色铅笔后的效果

11.2.5　木刻

“木刻”滤镜可以将图像制作出类似木刻画的效果。选择“滤镜|艺术效果|木刻”命令，打开“木刻”对话框，对相关参数进行设置后，效果如图 11-18 所示，其中各项参数含义如下：

- **“色阶数”数值框**：用于设置图像中色彩的层次。该值越大，图像的色彩层次越丰富。
- **“边缘简化度”数值框**：用于设置图像边缘的简化程度。该值越小，边缘越明显。
- **“边缘逼真度”数值框**：用于设置产生痕迹的精确度。该值越小，图像痕迹越明显。

11.2.6　水彩

“水彩”滤镜可以将图像制作成类似水彩画的效果。选择“滤镜|艺术效果|水彩”命令，打开“水彩”对话框，对相关参数进行设置后，效果如图 11-19 所示，其中各项参数含义如下：

- **“画笔细节”数值框**：用于设置图像的刻画细腻程度。该值越大，图像的水彩效果越粗糙。
- **“阴影强度”数值框**：用来设置图像水彩暗部区域的强度。其取值范围为 0～10。当该值为“10”时，图像的暗调区域完全成为黑色。
- **“纹理”数值框**：用于调节水彩的材质肌理。

图 11-18　使用木刻后的效果

图 11-19　使用水彩后的效果

11.2.7　海报边缘

“海报边缘”滤镜可以使图像查找出颜色差异较大的区域，并将其边缘填充成黑色，使图像产生海报画的效果。选择“滤镜|艺术效果|海报边缘”命令，打开“海报边缘”对话框，对相关参数进行设置后，效果如图 11-20 所示，其中各项参数含义如下：

- **“边缘厚度”数值框**：用于调节图像的黑色边缘的宽度。该值越大，边缘轮廓越宽。
- **“边缘强度”数值框**：用于调节图像边缘的明暗程度。该值越大，边缘越黑。
- **“海报化”数值框**：用于调节颜色在图像上的渲染效果。该值越大，海报效果越明显。

11.2.8　涂抹棒

“涂抹棒”滤镜可以使图像产生类似用粉笔或蜡笔在纸上涂抹的图像效果。选择“滤镜|艺术效果|涂抹棒”命令，打开“涂抹棒”对话框，对相关参数进行设置后，效果如图 11-21 所示，其中各项参数含义如下：

- **“描边长度”数值框**：用于设置绘制的长度。该值越大，画笔的笔触越长。
- **“高光区域”数值框**：用于设置绘制的高光区域。该值越大，图像中的高光区域对比越强。
- **“强度”数值框**：用于设置图像的明暗强度。该值越大，图像中的明暗对比越强。

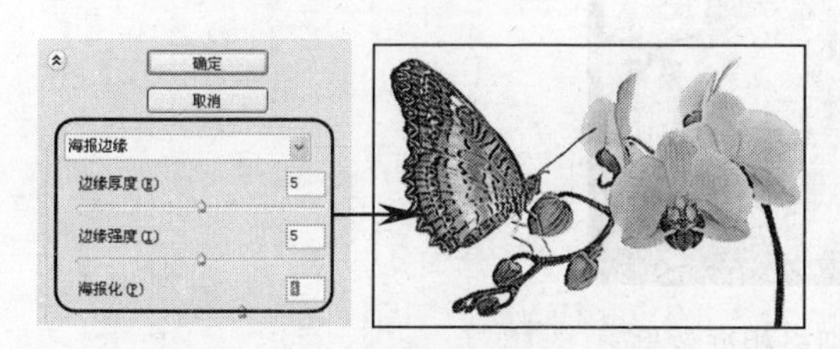

图 11-20　使用海报边缘后的效果

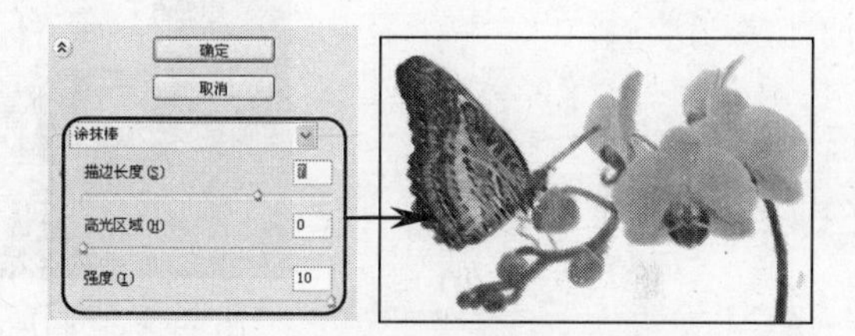

图 11-21　使用涂抹棒后的效果

11.2.9　胶片颗粒

“胶片颗粒”滤镜可以使图像产生类似胶片颗粒的效果。选择“滤镜|艺术效果|胶片颗粒”命令，打开“胶片颗粒”对话框，对相关参数进行设置后，效果如图 11-22 所示，其中各项参数含义如下：

- **“颗粒”数值框**：用于设置颗粒纹理的稀疏程度。该值越大，颗粒越多。
- **“高光区域”数值框**：用于设置图像中高光区域的范围。该值越大，亮度区域越大。
- **“强度”数值框**：用于设置图像亮部区域的亮度。该值越大，亮部区域颗粒越少。

11.2.10　霓虹灯光

“霓虹灯光”滤镜可以使图像的亮部区域产生类似霓虹灯的光照效果。选择“滤镜|艺术效果|霓虹灯光”命令，打开“霓虹灯光”对话框，对相关参数进行设置后，效果如图 11-23 所示，其中各项参数含义如下：

- **“发光大小”数值框**：用于设置霓虹灯的照射范围。该值越大，灯光的照射范围越广。
- **“发光亮度”数值框**：用于设置霓虹灯灯光的亮度。该值越大，灯光效果越明显。
- **发光颜色色块**：用于设置霓虹灯灯光的颜色。单击其右侧的颜色框，在弹出的“拾色器”对话框中可以设置霓虹灯的发光颜色。

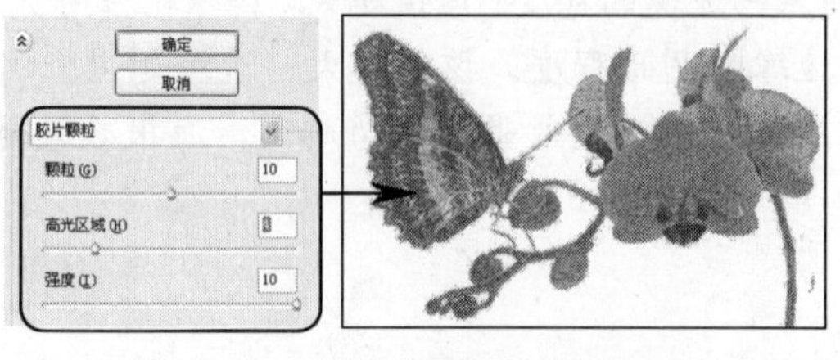

图 11-22　使用胶片颗粒后的效果

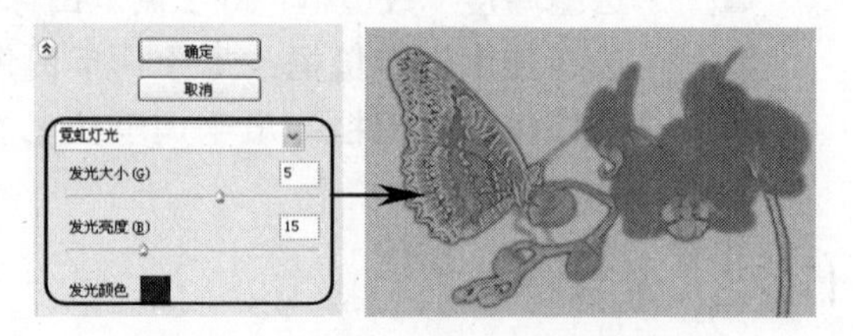

图 11-23　使用霓虹灯光后的效果

11.2.11　应用举例——制作细格相框

下面来制作一个细格相框，其效果如图 11-24 所示（立体化教学:\源文件\第 11 章\细格相框.psd），背景主要运用了“底纹效果”和“干画笔”和“马赛克”等滤镜效果。

图 11-24　制作细格相框效果

操作步骤如下：

（1）打开“碎片相框.jpg”图像（立体化教学:\实例素材\第 11 章\细格相框.jpg），在“图层”面板中复制背景图层，如图 11-25 所示。

（2）在工具箱中选择自定义形状工具，在其工具属性栏的“形状”下拉列表框中选择❤选项并单击按钮。

（3）将鼠标移动到图像中，通过拖动鼠标绘制一个路径，如图 11-26 所示。

图 11-25　复制图层

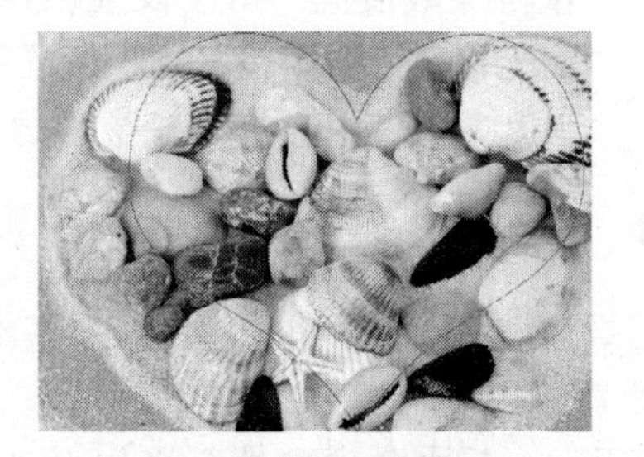

图 11-26　绘制路径

（4）按 Ctrl+Enter 组合键将路径转换为换区，按 Delete 键删除选区中的图像，按 Ctrl+D 组合键取消选区。

（5）选择“滤镜|艺术画笔|底纹效果”命令，在打开的“底纹效果”对话框中设置“画笔大小”、“纹理覆盖”等参数，如图 11-27 所示，单击 确定 按钮。

（6）选择“滤镜|艺术效果|干画笔”命令，打开“干画笔”对话框，在其中设置“画笔大小”、“画笔细节”、“纹理”等参数，如图 11-28 所示，单击 确定 按钮。

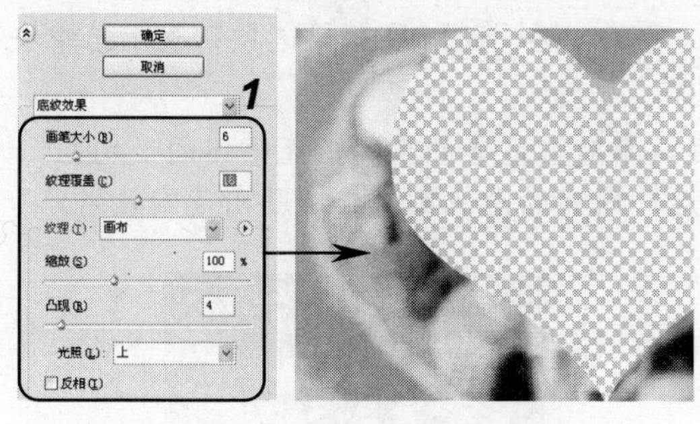

图 11-27 使用底纹效果滤镜后的效果

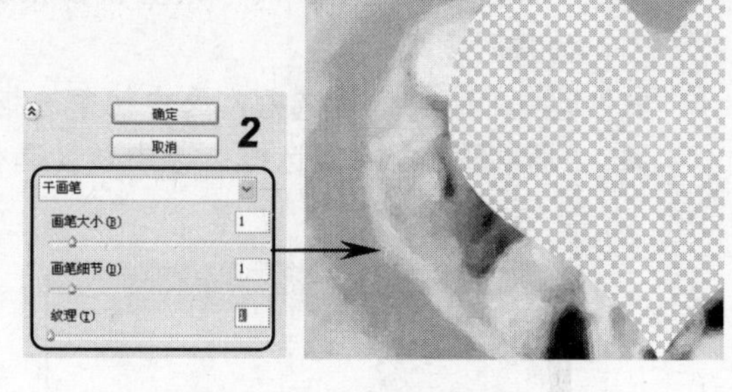

图 11-28 使用干画笔滤镜后的效果

（7）选择“滤镜|像素化|马赛克”命令，在打开的“马赛克”对话框中，设置“单元格大小”为“23”，单击 确定 按钮，如图 11-29 所示。

（8）按 Ctrl 键的同时，在“图层”面板中单击“背景 副本”图层，建立选区。

（9）将前景色设置为“黑色”，按 Alt+Delete 组合键使用前景色进行填充，再按 Ctrl+D 组合键取消选区，如图 11-30 所示。

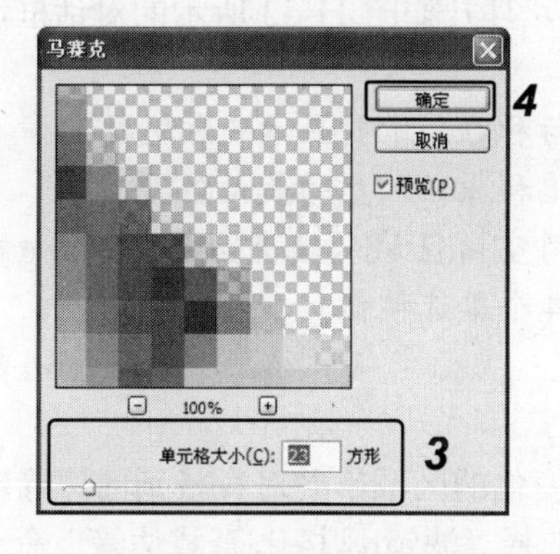

图 11-29 设置马赛克滤镜

图 11-30 填充颜色

11.3 风格化滤镜组

风格化滤镜组可以使图像像素通过位移、置换和拼贴等操作，而产生图像错位和风吹效果。选择“滤镜|风格化”命令即可打开风格化滤镜组。下面将对风格化滤镜组进行介绍。

11.3.1 凸出

“凸出”滤镜将可以将图像分成数量不等、但大小相同并有机叠放的立体方块，用来制作图像的扭曲或三维背景。选择“滤镜|风格化|凸出”命令，打开如图 11-31 所示的对话框。如图 11-32 为使用凸出滤镜后的效果。在“凸出”对话框中，各项参数含义如下：

- **“类型”栏**：用于设置三维块的形状，包括⊙块(B)和⊙金字塔(P)两个单选按钮。
- **“大小”数值框**：用于设置三维块的大小。该值越大，三维块越大。
- **“深度”数值框**：用于设置凸出深度。⊙随机(R)和⊙基于色阶(L)单选按钮表示三维块的排列方式。
- ☑立方体正面(F)**复选框**：选中该复选框后，只对立方体的表面填充物体的平均色。
- ☑蒙版不完整块(M)**复选框**：选中该复选框后，所有的图像都包括在凸出范围之内。

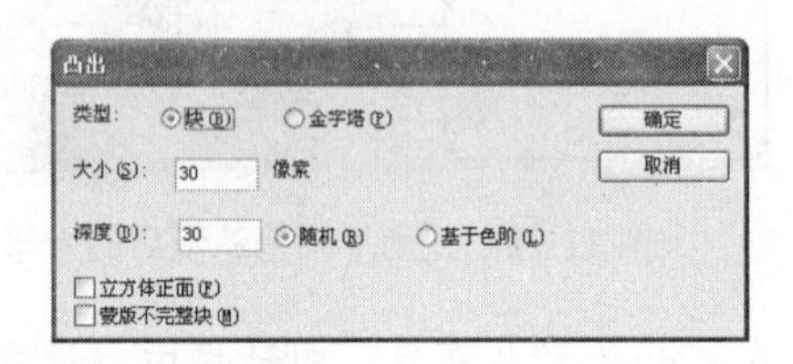

图 11-31 “凸出”对话框

图 11-32 使用凸出滤镜后的效果

11.3.2 拼贴

“拼贴”滤镜可以根据对话框中设定的值将图像分成许多小贴块，使整幅图像看上去好像是画在方块瓷砖上。选择“滤镜|风格化|拼贴”，打开如图 11-33 所示的对话框，其中各项参数含义如下：

- **“拼贴数”数值框**：用于设置在图像中每行和每列中要显示的贴块数。
- **“最大位移”数值框**：用于设置允许贴块偏移原始位置的最大距离。
- **“填充空白区域用”栏**：用于设置贴块间空白区域的填充方式，有⊙背景色(B)、⊙反向图像(I)、⊙前景颜色(F)和⊙未改变的图像(U)4 个单选按钮。

11.3.3 查找边缘

“查找边缘”滤镜可以查找图像中主色块颜色变化的区域，并对查找到的边缘轮廓进行描边，使图像看起来像用笔刷勾勒的轮廓一样。选择“滤镜|风格化|查找边缘”命令，可使用查找边缘滤镜，但是该滤镜无参数对话框。如图 11-34 为使用查找边缘滤镜后的效果。

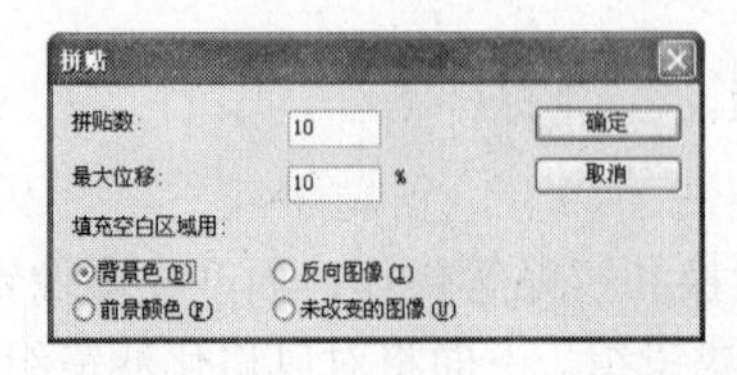

图 11-33 “拼贴”对话框

图 11-34 使用查找边缘滤镜后的效果

11.3.4　照亮边缘

“照亮边缘”滤镜可以将图像边缘轮廓照亮，其效果与查找边缘滤镜很相似。选择“滤镜|风格化|照亮边缘”命令，打开“照亮边缘”对话框，对相关参数进行设置后，效果如图 11-35 所示，其中各项参数含义如下：

- **“边缘宽度”数值框**：用于设置照亮边缘线条的宽度。该值越大，照亮边缘越宽。
- **“边缘亮度”数值框**：用于设置边缘线条的亮度。该值越大，边缘轮廓越亮。
- **“平滑度”数值框**：用于设置边缘线条的光滑程度。该值越大，图像边缘越平滑。

11.3.5　风

“风”滤镜一般用于文字的效果比较明显，它可以将图像的边缘以一个方向为准向外移动远近不同的距离，类似风吹的效果。选择“滤镜|风格化|风”命令，打开如图 11-36 所示的对话框，其中各项参数含义如下：

- **“方法”栏**：用于设置风吹的效果样式，包括◉风(W)、◉大风(B)和◉飓风(S)3 种。
- **“方向”栏**：用于设置风吹的方向。选中◉从右(R)单选按钮表示风将从右向左吹；选中◉从左(L)单选按钮表示风将从左向右吹。

图 11-35　使用照亮边缘滤镜后的效果

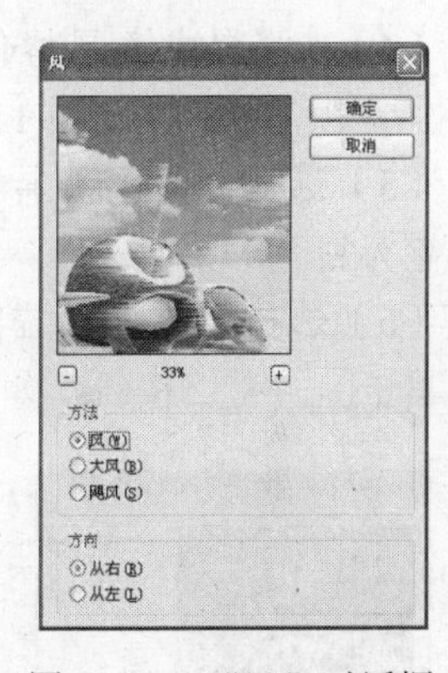

图 11-36　“风”对话框

11.3.6　应用举例——冰雪字

下面制作细格相框，其效果如图 11-37 所示（立体化教学:\源文件\第 11 章\冰雪字.psd），背景主要运用了“风”和“图章”等滤镜效果。

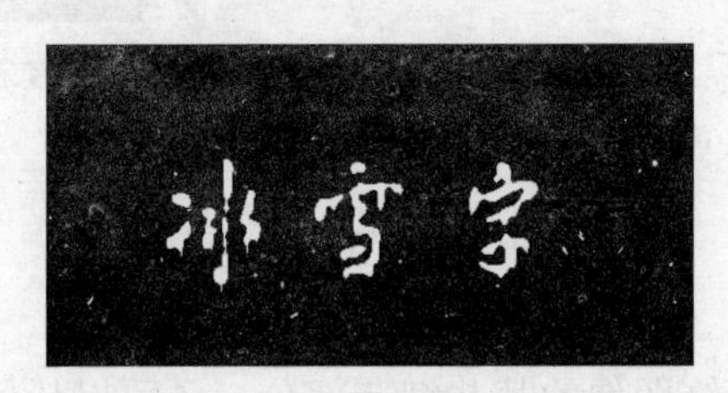

图 11-37　冰雪字效果

操作步骤如下：

（1）新建一个 800×500 像素，分辨率为 72 像素的图像，使用黑色填充背景色。

（2）将前景色设置为白色，在工具箱中选择横排文字工具T，在其工具属性栏中设置“字体大小、字体、”分别为“方正黄草简体、100 点”。将鼠标移动到图像中间单击，并输入“冰雪字”，如图 11-38 所示。

（3）按 Ctrl+E 组合键，合并图层。选择“图像|旋转画布|90 度（逆时针）”命令，旋转图像，如图 11-39 所示。

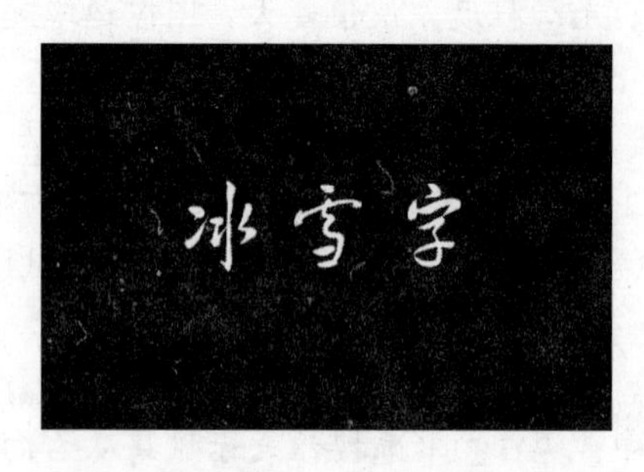

图 11-38 输入文字

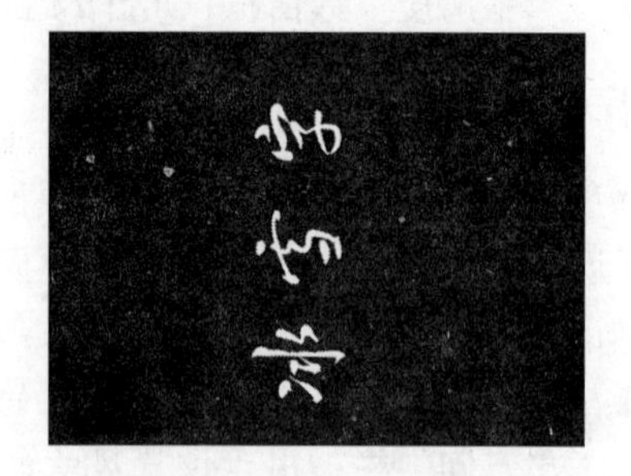

图 11-39 旋转画布

（4）选择“滤镜|风格化|风”命令，在打开的对话框中选择⊙风(W)和⊙从左(L)单选按钮，单击确定按钮，如图 11-40 所示。按 Ctrl+F 组合键再次应用滤镜。

（5）选择“图像|旋转画布|90 度（顺时针）”命令，旋转画布。将背景色和前景色分别设置为白色和黑色。

（6）选择“滤镜|素描|图章”命令，在打开的对话框中设置“明|暗平衡和平滑度”参数，单击确定按钮，如图 11-41 所示。

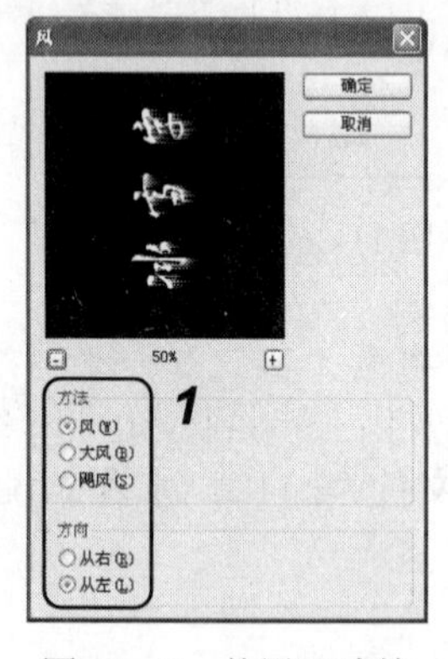

图 11-40 使用风滤镜

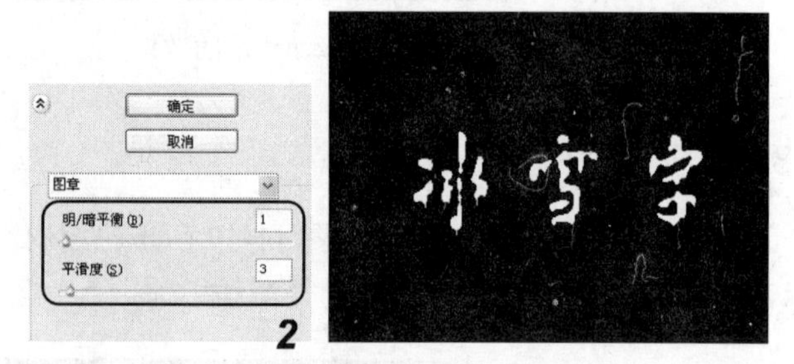

图 11-41 使用图章滤镜后的效果

11.4 其他滤镜组

其他滤镜组主要用来修饰图像的某些细节部分，还可以让用户制作出特殊的效果。选择“滤镜|其他”命令，可打开其他滤镜组。下面将对其他滤镜组中的滤镜进行介绍。

11.4.1　位移

“位移”滤镜可根据在“位移”对话框中设定的值来偏移图像，偏移后留下的空白可以用当前的背景色填充、重复边缘像素填充或折回边缘像素填充。选择“滤镜|其他|位移”命令，打开如图 11-42 所示的对话框，其中各项参数含义如下：

- **“水平”数值框**：用于设置图像像素在水平移动的距离。该值越大，图像像素在水平方向上移动的距离越大。
- **“垂直”数值框**：用于设置图像像素在垂直方向移动的距离。该值越大，图像像素在垂直方向上移动的距离越大。
- **“未定义区域”栏**：提供了 ⊙设置为透明(T)、⊙重复边缘像素(R)和 ⊙折回(W) 3 种填补方式。

11.4.2　最大值

“最大值”滤镜可以用来强化图像中的亮部色调，消减暗部色调。选择“滤镜|其他|最大值”命令，打开如图 11-43 所示的对话框，其中“半径”数值框用于设置图像中的亮部的明暗程度。

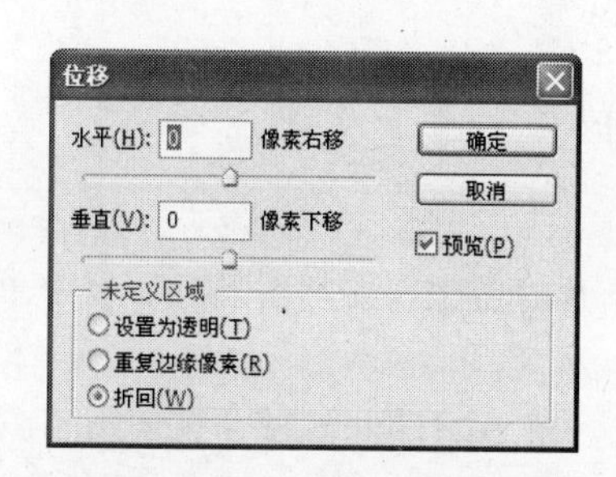

图 11-42　“位移”对话框

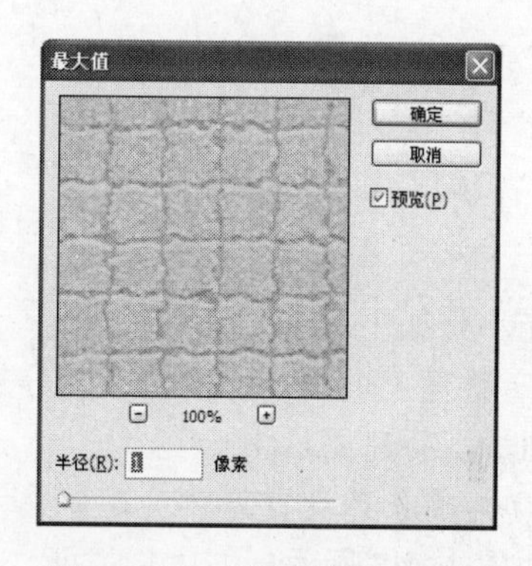

图 11-43　“最大值”对话框

11.4.3　最小值

“最小值”滤镜的功能与“最大值”滤镜的功能相反，它可以用来减弱图像中的亮部色调。其对话框中的“半径”选项用于设置图像暗部区域的范围。

11.4.4　智能滤镜

智能滤镜是 Photoshop CS3 新添加的功能，使用它可在不影响图像的情况下添加或删除滤镜。使用的方法是：选择“滤镜|转化为智能滤镜”命令，在打开如图 11-44 所示的提示对话框中单击 确定 按钮，将选择的图层转化为智能滤镜图层。如图 11-45 所示为使用智能滤镜后应用多个滤镜后的智能滤镜图层。

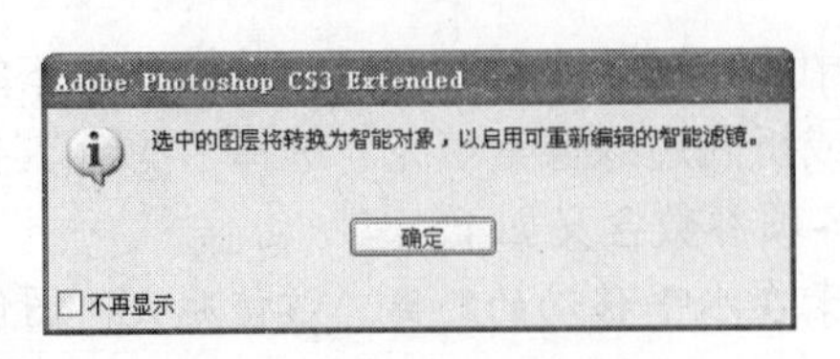

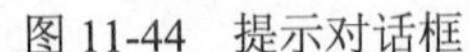
图 11-44　提示对话框

图 11-45　应用了多个滤镜后的智能滤镜图层

11.4.5　应用举例——制作方格桌布效果

下面将制作方格桌面效果，其效果如图 11-46 所示（立体化教学:\源文件\第 11 章\方格桌布.psd），背景主要运用了“拼贴”、“碎片”和“纹理化”等滤镜效果。

图 11-46　方格桌布效果

操作步骤如下：

（1）新建一个 500×500 像素、分辨率为 300 像素的图像，在“图层”面板中单击其下方的按钮，新建图层 1。

（2）将前景色设置为黄色，背景色设置为白色。按 Alt+Delete 组合键使用前景色进行填充，如图 11-47 所示。

（3）选择“滤镜|风格化|拼贴”命令，在打开的对话框中设置“拼贴数、最大位移、填充空白区域用”等参数，单击 确定 按钮，效果如图 11-48 所示。

图 11-47　填充颜色

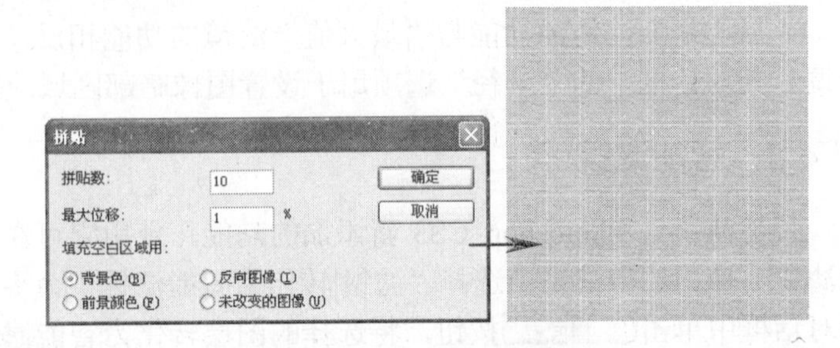

图 11-48　设置拼贴对话框

（4）选择“滤镜|像素化|碎片”命令，效果如图 11-49 所示。

（5）选择“滤镜|纹理|纹理化”命令，在打开的对话框中设置“缩放、凸现”参数，

单击[确定]按钮，效果如图 11-50 所示。

图 11-49　使用碎片滤镜后的效果

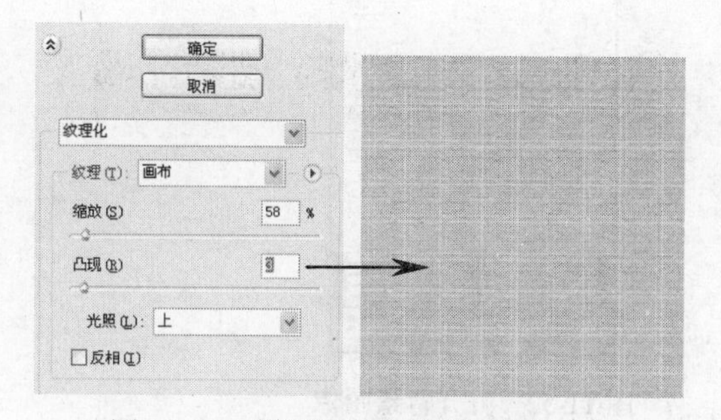

图 11-50　使用纹理化滤镜后的效果

11.5　上机及项目实训

11.5.1　制作海报

本次上机练习将制作一则海报，其效果如图 11-51 所示（立体化教学:\源文件\第 11 章\海报.psd），主要运用了图像的融合和“拼贴”滤镜效果。

图 11-51　海报效果

1. 导入素材

要制作该海报，先导入制作海报的图像部分并进行处理，操作步骤如下：

（1）新建一个宽度和高度分别为 15 厘米和 9 厘米，分辨率为 200 像素/厘米的图像窗口，打开如图 11-52 所示的 BEIJING.JPG 图像（立体化教学:\实例素材\第 11 章\BEIJING.JPG），再将其移到新建的图像窗口中。

（2）打开“白领.jpg”图像（立体化教学:\实例素材\第 11 章\白领.jpg），使用钢笔工具选中人物，并使用移动工具将其移到背景图像窗口中，如图 11-53 所示。

图 11-52 打开背景图像

图 11-53 移动人物到背景图像窗口中

（3）打开如图 11-54 所示的"漫画.jpg"图像（立体化教学:\实例素材\第 11 章\漫画.jpg），并使用移动工具将其移到背景图像窗口中，调整其图层的位置。

（4）使用钢笔工具在漫画图像上创建一个选区，如图 11-55 所示。

图 11-54 移动漫画图像到背景图像窗口中

图 11-55 创建选区

（5）选择"选择|修改|羽化"命令，打开"羽化选区"对话框，将其"羽化半径"设置为"30"。单击 确定 按钮，并将选区内的图像删除，如图 11-56 所示。

（6）选中漫画图像图层，选择"滤镜|风格化|拼贴"命令，打开"拼贴"对话框，将其"拼贴数"设置为"10"，其他设置如图 11-57 所示。

图 11-56 删除选区内的图像

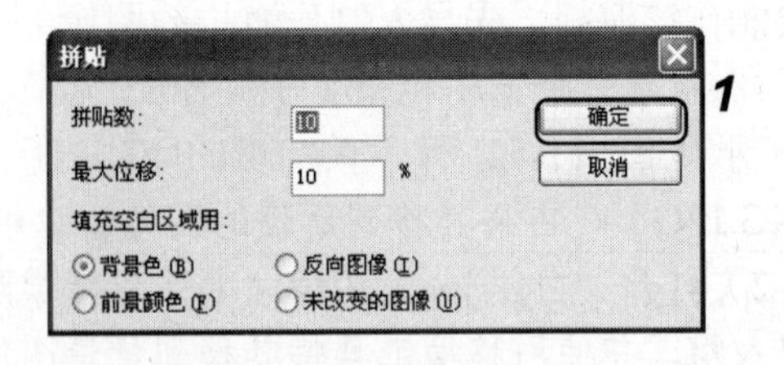

图 11-57 "拼贴"对话框

（7）单击 确定 按钮，在“图层”面板中将该图层“不透明度”设置为“20%”。

2. 为海报添加文字效果

在制作完成海报图像之后，将使用文字工具输入相应的文字并进行添加图层样式效果，操作步骤如下：

（1）使用文字工具在背景图像中分别输入标题，将其字体设置为“华康简标题宋”，使用变换框调整各个汉字的大小，并将“如何”、“立”和“足于商界”分别放置在不同的图层中，如图 11-58 所示。

（2）选中“立”字图层，打开“图层样式”对话框为其添加投影效果，其设置如图 11-59 所示。

图 11-58　输入标题

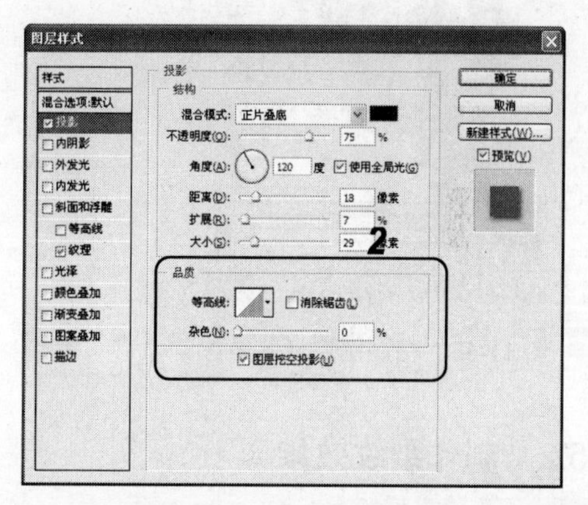

图 11-59　投影效果参数设置

（3）选中☑斜面和浮雕和☑纹理复选框，再设置文字浮雕的“样式”、“大小”和“方向”，如图 11-60 所示。

（4）选中☑描边复选框，将描边大小设置为“13”，颜色设置为“白色”，再单击 确定 按钮，效果如图 11-61 所示。

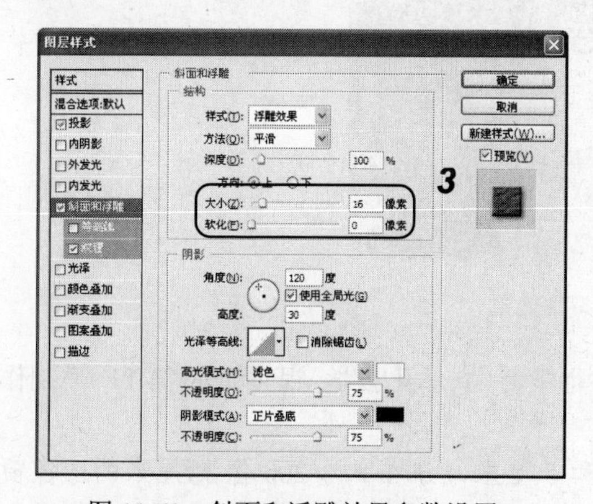

图 11-60　斜面和浮雕效果参数设置

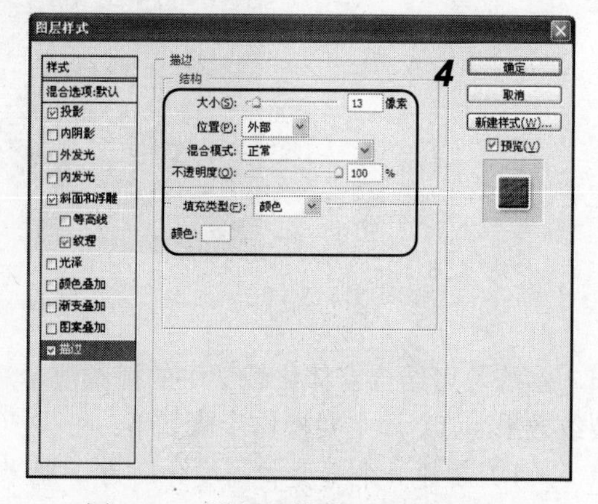

图 11-61　设置“描边”复选框参数

（5）在“立”图层上单击鼠标右键，在弹出的快捷菜单中选择“拷贝图层样式”命令。再单击“足于商界”图层，单击鼠标右键，在弹出的快捷菜单中选择“粘贴图层样式”命令，效果如图 11-62 所示。

（6）使用文字工具在背景的下方输入具体内容，将其字体设置为“华康简标题宋”，字号设置为 20。打开“图层样式”对话框，为其添加橘红色的边，如图 11-63 所示，完成本例的制作。

图 11-62　粘贴图层样式效果

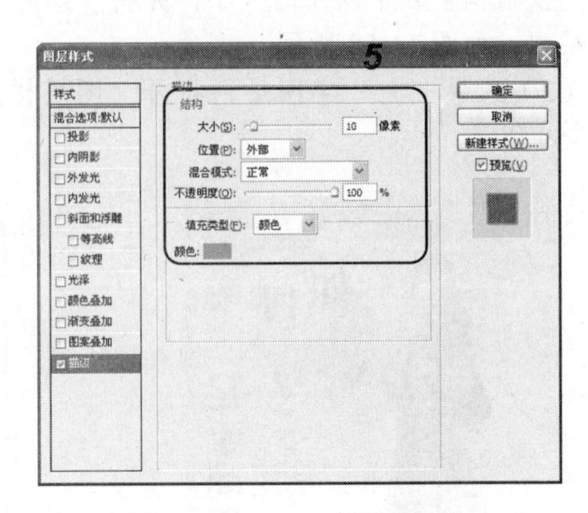

图 11-63　调协“描边”参数

11.5.2　制作裂纹效果

综合利用本章和前面所学知识，制作“夕阳夕下”的裂纹效果，完成后的最终效果如图 11-64 所示（立体化教学:\源文件\第 11 章\夕阳.psd）。

图 11-64　裂纹效果

本练习可结合立体化教学中的视频演示进行学习（立体化教学:\视频演示\第 11 章\制作裂纹效果.swf）。主要操作步骤如下：

（1）新建一个宽度和高度分别为 7 厘米和 5 厘米、分辨率为 200 像素/厘米的图像窗口，使用文字工具输入标题，在其工具属性栏中将其“字体”设置为“方正粗宋简体”，“字号”设置为“27”，如图 11-65 所示。

（2）选择“滤镜|杂色|添加杂色”命令，打开“添加杂色”对话框，在其中设置“数量”为“60”，并选中◎高斯分布(G)单选按钮，单击确定按钮。

（3）选择“滤镜|像素化|晶格化”命令，打开“晶格化”对话框，在其中设置“单元格大小”为“40”，单击确定按钮。

（4）选择“滤镜|风格化|照亮边缘”命令，打开“照亮边缘”对话框，将其中的“边缘宽度、边缘亮度和平滑度”分别设置为“2、20 和 5”，再单击确定按钮。

（5）选择“选择|色彩范围”命令，打开“色彩范围”对话框，在其中设置“颜色容差”为“84”，再单击图像中文字的黑色部分，最后单击确定按钮，再反选选区并删除选区内的图像，再一次反选选区，并将其填充为黄色。

（6）使用鼠标双击文字图层，打开“图层样式”对话框，选中☑投影复选框，在其右侧参数框中设置 “距离、扩展和大小”的值为“5、10 和 10”，效果如图 11-66 所示。

（7）选中☑斜面和浮雕复选框，在其右侧参数框中设置“样式、深度和大小”为“枕状浮雕、100%和 5”，单击确定按钮。

（8）打开“夕阳.jpg”图像（立体化教学:\实例素材\第 11 章\夕阳.jpg），将其移到文字图像窗口中，完成本例的制作，最终效果如图 11-67 所示。

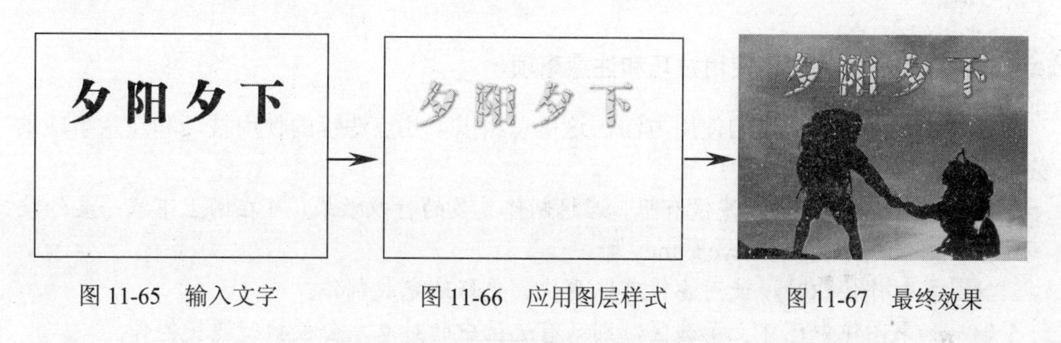

图 11-65　输入文字　　图 11-66　应用图层样式　　图 11-67　最终效果

11.6　练习与提高

（1）运用前面学习的知识点，制作如图 11-68 所示的杂志封面效果（立体化教学:\源文件\第 11 章\美好杂志.psd）。

提示：新建一个宽度和高度分别为 6 厘米和 7 厘米，分辨率为 200 像素的图像，再调入背景（立体化教学:\实例素材\第 11 章\背景.jpg）和人物图像（立体化教学:\实例素材\第 11 章\人物.psd），进行融合处理，将人物图像复制一个图层并添加“动感模糊”滤镜，再输入英文字母，使用“便纸条”滤镜效果。复制人物图层，再使用钢笔工具选中人物脸部并添加“干画笔”滤镜效果。本练习可结合立体化教学中的视频演示进行学习（立体化教学:\视频演示\第 11 章\制作杂志封面效果.swf）。

（2）运用前面学习的知识点，制作如图 11-69 所示的喷绘广告效果（立体化教学:\源文件\第 11 章\喷绘.psd）。

提示：新建一个宽度和高度分别为 15 厘米和 4 厘米，分辨率为 200 像素的图像，再调入背景图像并创建选区，再将选区羽化并删除其中的内容，新建一个图层并将其填充为橘黄色，使用文字工具输入相应的文字并添加图层样式效果即可（立体化教学:\实例素材\第 11 章\背景 2.jpg）。本练习可结合立体化教学中的视频演示进行学习（立体化教学:\视频演示\第 11 章\制作喷绘广告效果.swf）。

图 11-68　杂志封面效果

图 11-69　喷绘广告效果

滤镜使用技巧和注意事项

本章主要介绍了滤镜的使用方法，这里总结以下几点滤镜的使用技巧和注意事项供读者参考：

- Photoshop 提供的滤镜有限，若想制作更多的特效效果，可在网上下载一些外挂滤镜，如 KPT、Eye Candy 等。
- 在制作按钮时，使用滤镜可以更快、更好地完成制作。
- 如果图像中已建立了选区，则只有选区中的对象才会被执行滤镜操作。
- 在滤镜窗口中按 Alt 键的同时滚动鼠标滚轮可放大、缩小预览区中的图像。

第 12 章　使用通道与蒙版

学习目标

☑ 认识通道和蒙版
☑ 学会蒙版的相关基本操作
☑ 使用存储、载入选区命令编辑图像
☑ 使用快速蒙版、图层蒙版和矢量蒙版编辑图像
☑ 使用色阶、载入通道的方法制作透明背景的云
☑ 综合利用图层蒙版、矢量蒙版制作显示器广告效果

目标任务&项目案例

显示部分通道的图像

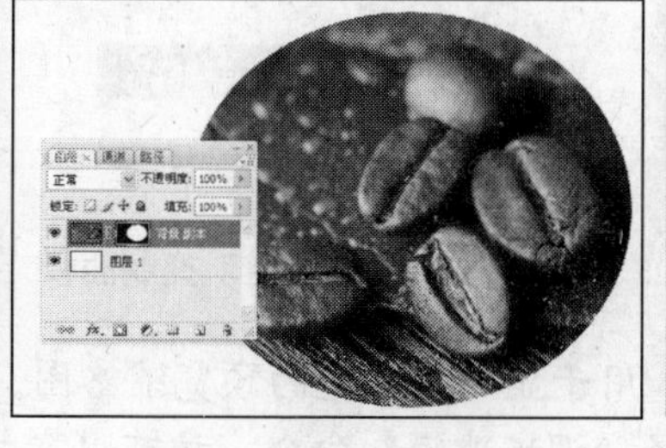

为图层添加图层蒙版

制作透明背景的云

制作油画相框

使用蒙版合成图像

显示器广告效果

在 Photoshop 中蒙版和通道是图像处理中很实用的操作，制作上述实例主要用到了图层蒙版、快速蒙版和通道等。本章将具体讲解使用创建通道、合并以及分离通道、存储通道、载入通道、快速蒙版、图层蒙版和矢量蒙版编辑图像的方法。

12.1 认识与使用通道

通道是 Photoshop 中非常重要的概念。在 Photoshop 中，每一幅图像都是由多个颜色通道（如红、绿、蓝通道或青、洋红、黄、黑通道）构成，每一个颜色通道分别保存相应的颜色信息；还可以使用 Alpha 通道来存储图像的透明区域，它主要用于 3d、多媒体和视频制作透明背景素材，下面将对通道的相关知识进行介绍。

12.1.1 认识“通道”面板

在 Photoshop 中打开一幅图像后，将会根据该图像的颜色建立相应的颜色通道，选择“窗口|通道”命令，打开“通道”控制面板，如图 12-1 所示，各项参数含义如下：

图 12-1 “通道”控制面板

- **通道预览缩略图**：用于显示该通道的预览缩略图。单击右上角的按钮，在弹出的快捷菜单中选择“调板选项”命令，就可以在打开的对话框中调整预览缩略图的大小，如果选中 ⊙无(N) 单选按钮，则在通道面板中将不会显示通道预览缩略图。
- **通道显示控制框**：用来控制该通道是否在图像窗口中显示出来。要隐藏某个通道，只需单击该通道对应的眼睛图标即可。
- **通道名称**：显示对应通道的名称，通过按名称后面的快捷键，可以快速切换到相应的通道。
- **专色通道**：该通道是用一种特殊的混合油墨替代或附加到图像颜色油墨中，主要用于为印刷制作专色印版。
- **Alpha 通道**：Alpha 通道是在进行图像编辑时所创建的通道，它用来保存选区信息。可以为其他软件（如 3ds max、Director、Authorware 等）制作带透明背景的图像素材。
- **“载入选区”按钮**：单击该按钮可以将当前通道中颜色的深浅转化为选区。该按钮与选择“选择|载入选区”命令作用相同。
- **“保存选区”按钮**：单击该按钮可以将当前选择区域转化为一个 Alpha 通道，该按钮与选择“选择|保存选区”命令作用相同。
- **“新建通道”按钮**：单击该按钮可新建一个 Alpha 通道。
- **“删除通道”按钮**：单击该按钮可以删除当前选择的通道。

➘ **通道快捷菜单**：单击面板右上角的▾☰按钮，将弹出一个快捷菜单，用来执行与通道有关的各种操作。

提示：

专色通道和 Alpha 通道并不是图像的颜色通道，需要用户手动创建。

12.1.2 颜色通道的类型

不同颜色模式的图像，其颜色通道也不相同，主要有 RGB 通道、CMYK 通道和 Lab 通道等，下面将分别对其进行讲解。

1. RGB 通道

RGB 模式的图像文件由 3 个通道组成：红、绿和蓝单色通道。RGB 颜色空间几乎可以表现自然界所有的色彩。由于电脑显示器采用的是 RGB 模式来显示图像的，所以在制作电脑上显示的图像时（如网页上的图片）就可以采用 RGB 模式来保存图像。

查看一个 RGB 通道时，其中暗色调表示没有这种颜色，而亮色调表示具有该颜色。也就是说，一个非常浅的红色通道表明图像中有大量的红色；反之，一个非常深的红色通道表明图像中的红色较少，整个图像的颜色将会呈现红色的反向颜色——青色。

2. CMYK 通道

CMYK 模式的图像由青色、洋红色、黄色和黑色通道组成，如图 12-2 所示。由于有 4 个通道，所以采用 CMYK 模式的图像的大小比等效地采用 RGB 或 Lab 模式的图像文件大。CMYK 模式的图像文件主要用于印刷，而印刷是通过油墨对光线的反射来显示颜色的，并不是像 RGB 模式一样通过发光来显示，所以 CMYK 是用减色法来记录颜色数据的。在一个 CMYK 通道中，暗色调表示有这种颜色，而亮色调表示没有该颜色，这正好与 RGB 通道相反。

3. Lab 通道

Lab 模式的颜色空间与前面两种完全不同。Lab 不是采用为每个单独的颜色建立一个通道，而是采用两个颜色极性通道和一个明度通道，如图 12-3 所示。其中“a”通道为绿色到红色之间的颜色；“b”通道为蓝色到黄色之间的颜色；“明度”通道为整个画面的明暗强度。

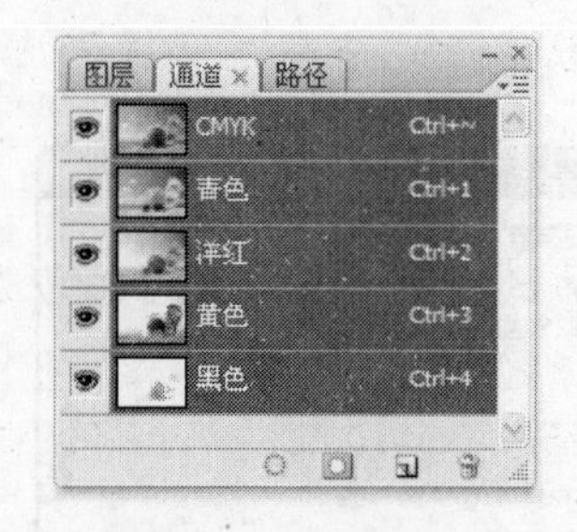

图 12-2 CMYK 通道

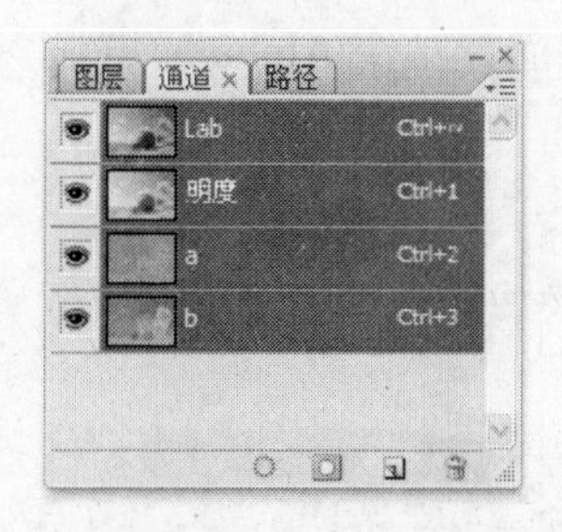

图 12-3 Lab 通道

12.1.3 选择通道

在操作通道前需先选择通道，选择一个通道后就可在图像中查看该通道中的内容。选择通道的方法是：选择"窗口|通道"命令，打开"通道"面板，单击其中的一个通道即可在图层窗口中显示该通道中的内容。如图 12-4 所示为选择"红"通道后的效果。

还可以同时在图像窗口中显示多个通道的内容，只需在其他通道的按钮处单击将图标显示出来即可。如图 12-5 所示为同时显示"红"通道和"绿"通道的效果。

图 12-4 显示"红"通道中的内容

图 12-5 显示"红"、"绿"通道的内容

提示：

按下通道后面相应的快捷键可以快速地在各个通道之间进行切换显示，如在 RGB 模式下按 Ctrl+1 组合键可显示"红"通道中的内容。

12.1.4 创建新通道

单击"通道"面板底部的"新建通道"按钮，可以快速新建一个 Alpha 通道，如图 12-6 所示。

单击面板右上角的按钮，在弹出的快捷菜单中选择"新建通道"命令，将打开如图 12-7 所示的"新建通道"对话框。在"名称"文本框中输入新通道的名称，在"色彩指示"栏中设置色彩的显示方式，其中被蒙版区域(M)单选按钮表示将设定蒙版区为淡色，所选区域(S)单选按钮表示将设定选定区为深色。单击"颜色"栏中的颜色方框可以设定填充的颜色，在"不透明度"文本框中可以设定不透明度的百分比。设置完成后单击确定按钮，即可新建一个 Alpha 通道。

图 12-6 新建 Alpha 通道

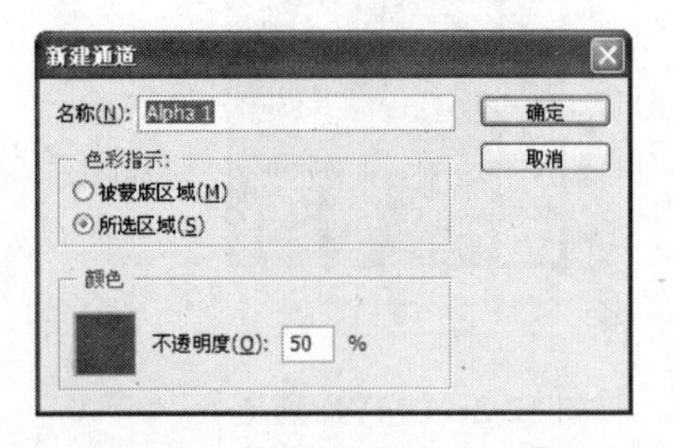

图 12-7 "新建通道"对话框

提示：

按 Alt 键的同时单击按钮，也可以打开如图 12-7 所示的“新建通道”对话框。

12.1.5 复制通道

如果想直接对通道进行编辑，最好先将该通道复制一个后再进行编辑，避免编辑后不能还原。复制通道的方法是：在需要复制的通道上单击鼠标右键，在弹出的快捷菜单中选择“复制通道”命令，即可打开如图 12-8 所示的“复制通道”对话框，在其中的“为”文本框中输入复制后通道的名称，单击 确定 按钮，即可复制出一个新的通道，如图 12-9 所示。

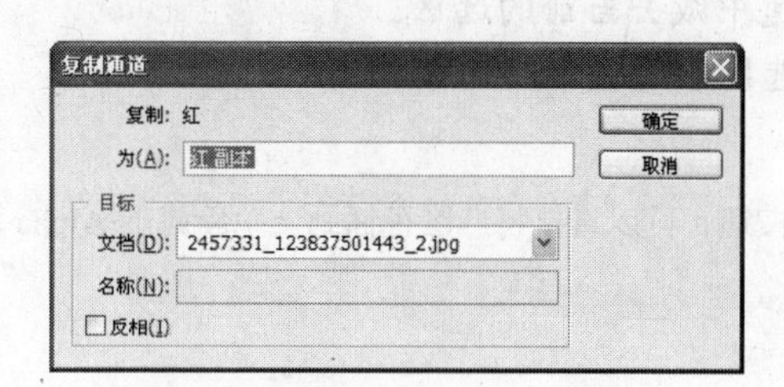

图 12-8 “复制通道”对话框

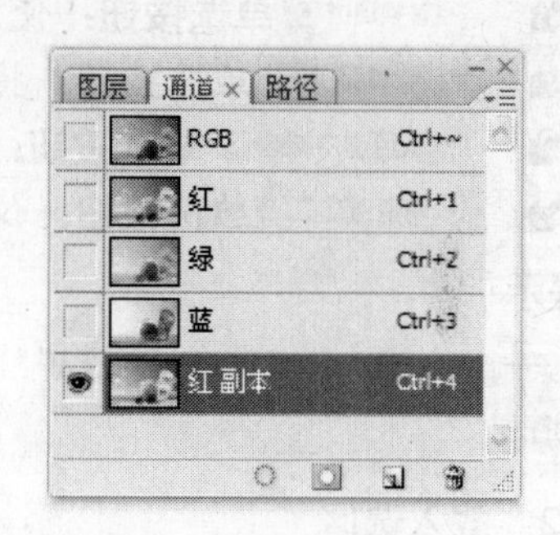

图 12-9 复制好的通道

12.1.6 删除通道

由于包含 Alpha 通道的图像会占用更多的磁盘空间，因此，存储图像前，应删除不需要的 Alpha 通道。删除通道的方法是：在要删除的通道上单击鼠标右键，在弹出的快捷菜单中选择“删除通道”命令即可。此外，用户也可以用鼠标将要删除的通道拖动到“通道”面板下方的按钮上将其删除。

12.1.7 存储和载入选区

将一个选区存储到一个 Alpha 通道中，在以后需要使用该选区时，再从这个 Alpha 通道中载入这个选区即可。

1. 存储选区

为了操作方便，可以将选区进行存储以方便下次对图像进行编辑。存储选区的方法是：先绘制一个选区，再选择“选择|存储选区”命令，打开如图 12-10 所示的“存储选区”对话框。在其中的“文档”下拉列表框中选择当前正在编辑的图像，再在“通道”下拉列表框中选择“新建”选项，单击 确定 按钮，即可将选择的区域存储到一个新建的 Alpha 通道中，如图 12-11 所示。

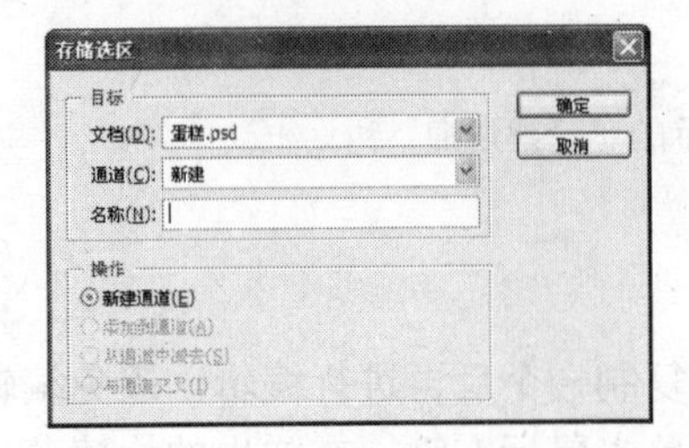

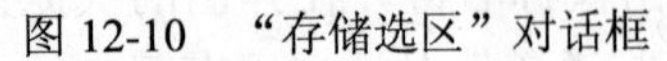

图 12-10 “存储选区”对话框

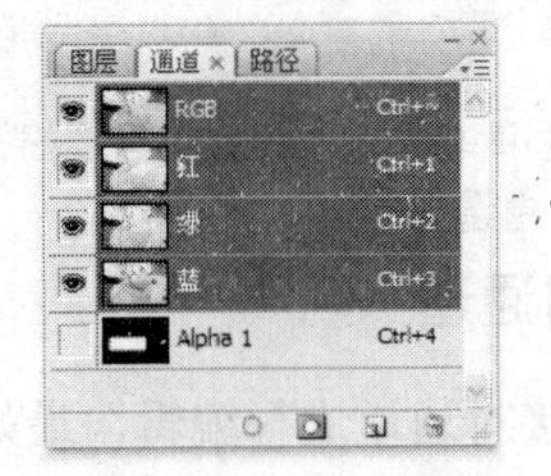

图 12-11 存储选区后的效果

在“通道”下拉列表框中选择一个已有的 Alpha 通道时，“操作”栏中的⊙新建通道(E)单选按钮将变为⊙替换通道(R)单选按钮，并且激活其他单选按钮，其中各单选按钮的含义如下：

- ⊙替换通道(R)单选按钮：使用当前选区替换被选择通道中的内容。
- ⊙添加到通道(A)单选按钮：将当前选区与选择的通道中的内容相加。
- ⊙从通道中减去(S)单选按钮：从选择通道中减去当前的选区。
- ⊙与通道交叉(I)单选按钮：仅保留当前选区和通道中的内容相交的部分。

提示：

绘制好一个选区后，单击“通道”面板中的按钮，可以直接将选区存储到一个新建的 Alpha 通道中。

2．载入选区

当需要使用已存储的选区时可载入选区。载入选区的方法是：选择“选择|载入选区”命令，打开如图 12-12 所示的对话框。在“文档”下拉列表框中选择要载入选区存储的文档选项，在“通道”下拉列表框中选择要载入选区的通道，单击确定按钮，即可将选择的通道载入选区，如图 12-13 所示。

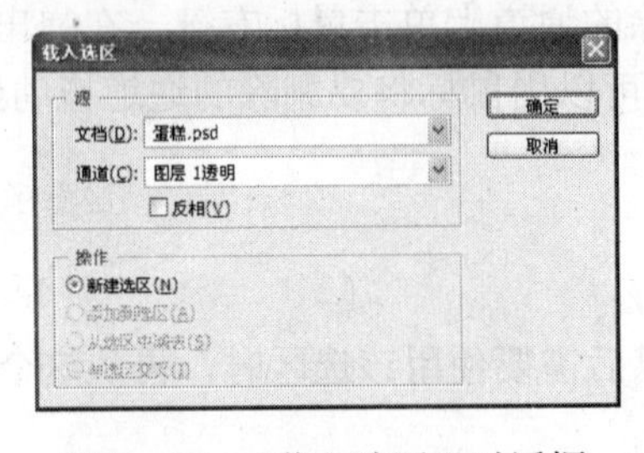

图 12-12 “载入选区”对话框

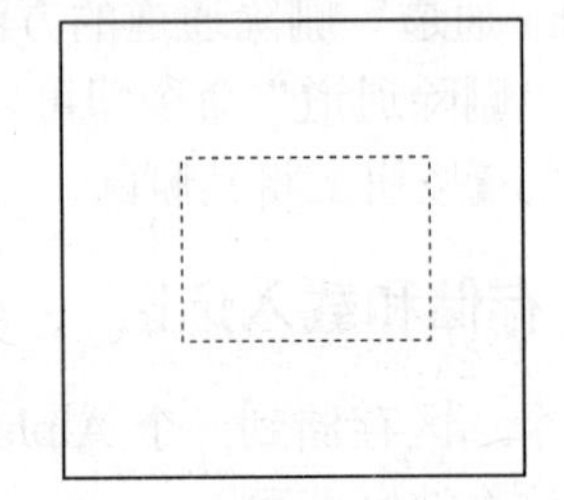

图 12-13 将选择的通道载入选区

提示：

按 Ctrl 键的同时单击一个通道，可以直接从该通道中载入选区；按 Shift+Ctrl 组合键的同时单击一个通道，可以将载入的选区与原有的选区相加；按 Ctrl+Alt 组合键的同时单击一个通道，可以从原有的选区中减去载入的选区。

12.1.8 通道的分离和合并

在 Photoshop CS3 中可以将一幅图像文件的各个通道分离成单个文件分别存储，也可

以将多个灰度文件合并为一个多通道的彩色图像，这需要进行通道的分离合并操作。下面将对通道的分离和合并方法进行讲解。

1．分离通道

打开如图 12-14 所示的图像文件，单击“通道”面板右上角的按钮，在弹出的快捷菜单中选择“分离通道”命令即可将通道分离成单个的灰度图像文件。分离后生成的文件数与图像的通道数有关，如将这幅 RGB 图像分离通道后将生成 3 个独立的文件，如图 12-15 所示。

图 12-14　分离前的图像

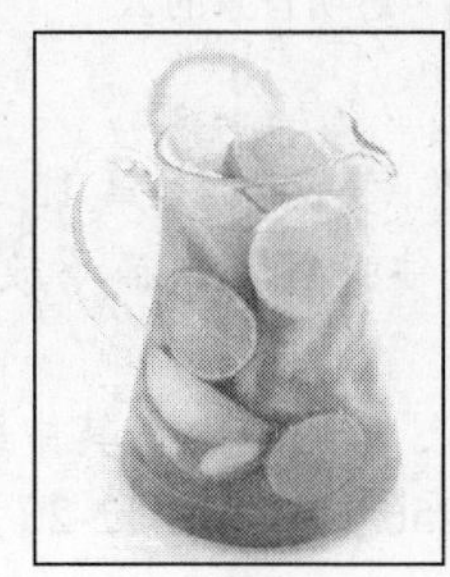

图 12-15　分离后的 3 个图像

2．合并通道

使用“合并通道”命令可以将多个灰度图像合并成一幅多通道彩色图像。将如图 12-15 所示的 3 个灰度图像合并成一幅多通道彩色图像的方法是：单击通道面板右上角的按钮，在弹出的快捷菜单中选择“合并通道”命令，将打开如图 12-16 所示的“合并通道”对话框。在“模式”下拉列表框中选择合并后文件的颜色模式，如选择“RGB 颜色”选项。在“通道”数值框中输入通道数“3”。单击确定按钮，将打开如图 12-17 所示的“合并 RGB 通道”对话框，单击确定按钮，即可将原来的 3 个灰度图像合并成为一幅 RGB 图像。

图 12-16　“合并通道”对话框

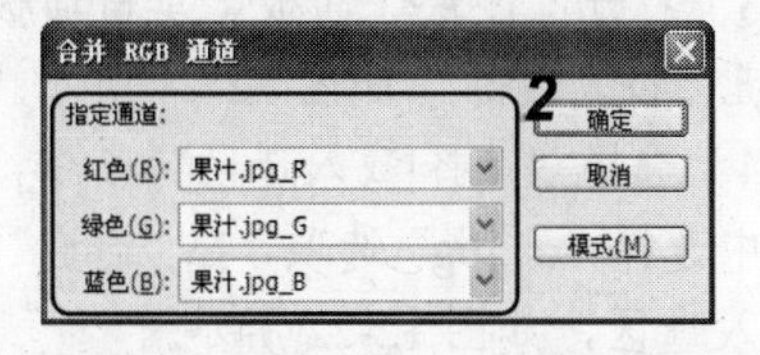

图 12-17　“合并 RGB 通道”对话框

提示：

所有被合并的通道都必须为灰度模式，并且都是打开的。

12.1.9　应用举例——制作透明背景的云

利用通道制作一幅具有透明背景的云，并将其放置在一幅高楼大厦的图像上，最终效果如图 12-18 所示（立体化教学:\源文件\第 12 章\高楼.psd）。

图 12-18　透明背景的云

操作步骤如下：

（1）打开“云.jpg”图像（立体化教学:\实例素材\第 12 章\云.jpg），选择“窗口|通道”命令，打开“通道”面板，用鼠标指针按住“红”通道不放，并将其拖动到按钮上将其复制，如图 12-19 所示。

（2）按 Ctrl+L 组合键，打开“色阶”对话框，在其中的“输入色阶”栏后面的 3 个数值框中分别输入“80”、“1.00”和“250”，如图 12-20 所示，单击 确定 按钮。

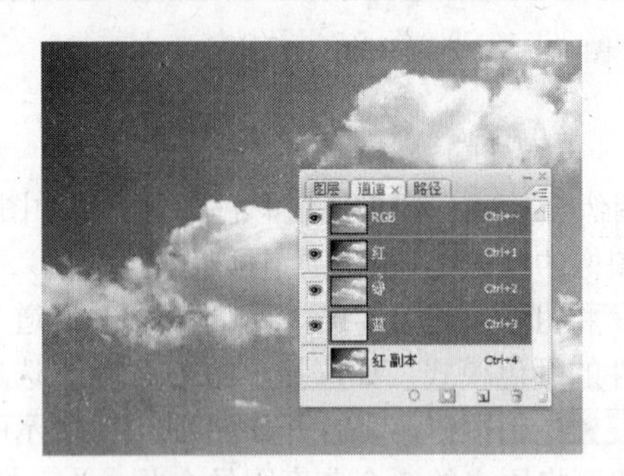

图 12-19　复制“红”通道

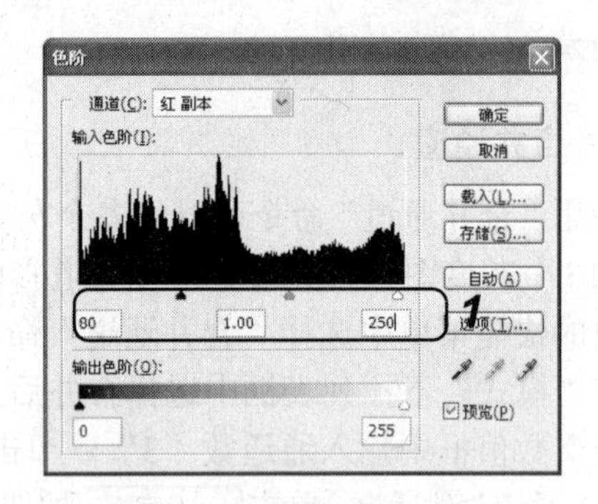

图 12-20　调整色阶

（3）打开“图层”面板，单击面板下方的按钮新建一个图层。将“背景”图层拖动到按钮上将其删除，如图 12-21 所示。

（4）选择“选择|载入选区”命令，打开“载入选区”对话框，在其中的“文档”下拉列表框中选择“云.jpg”选项，在“通道”下拉列表框中选择“红 副本”选项，单击 确定 按钮载入选区，如图 12-22 所示。

图 12-21　删除“背景”图层

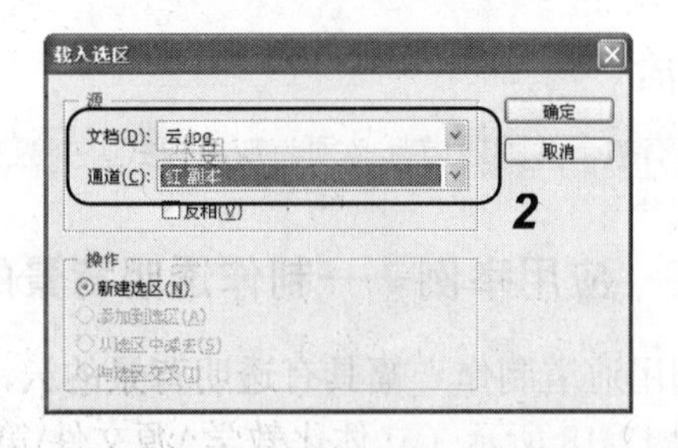

图 12-22　“载入选区”对话框

（5）选择“选择|反向”命令，反选选区，如图 12-23 所示。

（6）设置前景色为白色，按 Alt+Delete 组合键，为选区填充白色，如图 12-24 所示，按 Ctrl+D 组合键取消选区。

图 12-23　反选选区的效果

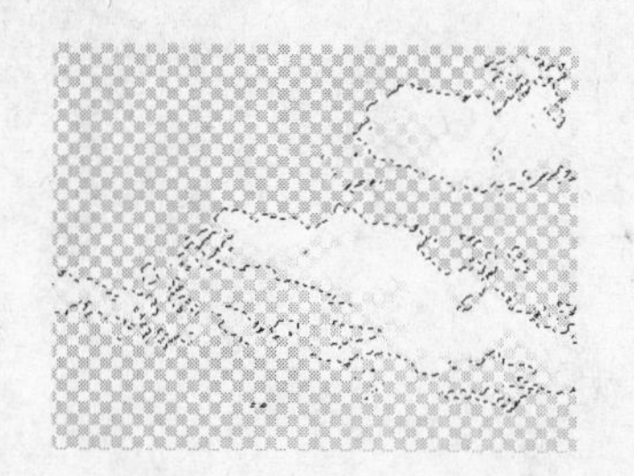

图 12-24　填充白色

（7）打开“高楼.jpg”图像（立体化教学:\实例素材\第 12 章\高楼.jpg），如图 12-25 所示。在工具箱中选择移动工具，将“云.jpg”图像窗口中的图层拖动到“高楼.jpg”图像窗口中，如图 12-26 所示。

图 12-25　“高楼.jpg”图像

图 12-26　添加云图层

（8）在工具箱中选择橡皮擦工具，在工具属性栏中设置画笔的大小为“35”，不透明度为“50%”，然后在图像窗口中将云图层中右上角较为生硬的地方擦除。

12.2　认识与使用蒙版

蒙版在处理图像时起着巨大的作用，使用它能保护图形或图层不因误操作而被破坏。在 Photoshop CS3 中蒙版主要分为两大类：一类类似于选择工具，用于创建复杂的选区，主要包括快速蒙版、横排文字蒙版和直排文字蒙版；另一类主要是为图层创建透明区域，而不改变图层本身的图像内容，主要包括矢量蒙版、图层蒙版和剪贴蒙版。下面将对各种蒙版的使用方法进行介绍。

12.2.1　快速蒙版的使用

在工具箱中有按钮，单击该按钮可进入快速蒙版编辑状态。进入快速蒙版编辑状态后，即可使用各种绘图工具在图像窗口中进行绘制，被绘制的区域将会以蒙版颜色进行覆盖，如图 12-27 所示。处理完成后单击按钮退出快速蒙版编辑状态，并将蒙版转换为选区，如图 12-28 所示。

图 12-27　进入快速蒙版

图 12-28　退出快速蒙版

提示：

被绘图工具绘制的地方会以红色表示，退出快速蒙版状态后被绘制的区域外将被选择。此外，用户可使用滤镜对蒙版进行各种特效处理。

12.2.2　图层蒙版的使用

使用图层蒙版可以控制图层中不同区域的透明度，通过编辑图层蒙版，可以为图层添加很多特殊效果，而且不会影响图层本身的任何内容。下面将对图层蒙版的使用方法进行讲解。

1．创建图层蒙版

在 Photoshop 中，可直接在图像中的某一图层上添加一个蒙版，以保护图层。创建图层蒙版的方法是：绘制一个选区，再选择要添加图层蒙版的图层，如图 12-29 所示。单击“图层”面板下方的按钮，即可为选择的图层添加一个图层蒙版，选区以内的部分被保留，选区以外的部分被隐藏，如图 12-30 所示。

图 12-29　选择一个图层

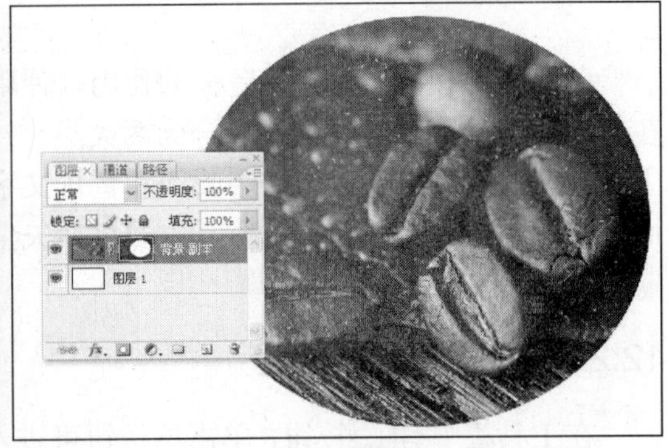

图 12-30　添加图层蒙版

从图 12-30 可以看出，添加了图层蒙版之后，在图层的缩略图与蒙版缩略图之间有一个链接图标，表示图层与图层蒙版之间处于链接状态，当用移动工具移动它们中的任意一个时，另外一个也将一起移动。单击该链接图标，可以将其隐藏，然后就可以单独移动了。

2. 编辑图层蒙版

当一个图层添加图层蒙版后，再对其进行操作将直接作用于蒙版，加深蒙版的颜色将使图层更加透明。为了便于编辑，可以在按 Alt 键的同时单击“图层”面板中的蒙版缩略图，Photoshop 将在图像窗口中显示蒙版的内容，如图 12-31 所示，再次单击“图层”面板中的图层缩略图，图像窗口将回到正常显示状态。

3. 删除图层蒙版

在要删除的图层蒙版的缩略图上按住鼠标左键，并将其拖到“图层”面板的按钮上，将打开如图 12-32 所示的提示对话框，单击“应用”按钮将删除图层蒙版，并保留添加图层蒙版后的效果；单击“删除”按钮将删除图层蒙版并恢复图层原状态；单击“取消”按钮，将取消删除蒙版操作。

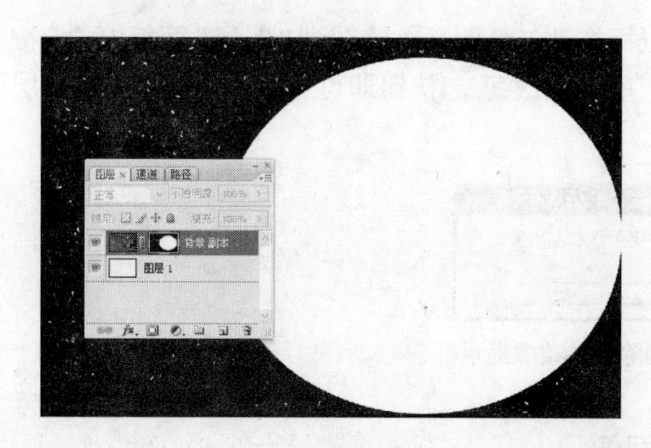

图 12-31　查看图层蒙版的内容

图 12-32　删除图层蒙版提示框

12.2.3　矢量蒙版的使用

矢量蒙版与图层蒙版类似，它可以控制图层中不同区域的透明度，不同的是图层蒙版是使用一个灰度图像作为蒙版，而矢量蒙版是利用一个路径作为蒙版，路径内部的图像将被保留，而路径外部的图像将被隐藏。下面将对矢量蒙版的使用进行讲解。

1. 创建矢量蒙版

创建矢量蒙版时，需先创建一个路径。其方法是：在工具箱中选择钢笔工具，在图像中绘制一条路径，在“图层”面板中选择要创建矢量蒙版的图层，如图 12-33 所示，再按住 Ctrl 键不放，单击“图层”面板下方的按钮，即可为该图层创建一个矢量蒙版，如图 12-34 所示。

图 12-33　绘制路径

图 12-34　创建矢量蒙版

2．编辑矢量蒙版

单击“图层”面板中矢量蒙版的缩略图，可以在图像窗口中显示或隐藏该矢量蒙版的路径，使用钢笔工具可修改选择的路径。

3．删除矢量蒙版

选择要删除的矢量蒙版图层后，使用鼠标拖动矢量蒙版缩略图到“图层”面板中的按钮上，打开如图 12-35 所示的提示对话框，单击 确定 按钮即可删除矢量蒙版，将图层恢复到正常状态。

图 12-35　删除矢量蒙版提示框

12.2.4　应用举例——利用蒙版合成图像

使用蒙版可将多张图像合成为一幅图像，本例将别墅、云和汽车 3 幅图像合并成一幅图像，最终效果如图 12-36 所示（立体化教学:\源文件\第 12 章\别墅.psd），通过本例可以练习填充蒙版和矢量蒙版的使用方法。

图 12-36　最终效果

操作步骤如下：

（1）新建一个图像文件，设置图像文件大小为 400×300 像素，并设置背景色为白色。

（2）打开“别墅.jpg”图像（立体化教学:\实例素材\第 12 章\别墅.jpg），将其拖动到新建的图像文件中，并修改图层的名称为“别墅”，如图 12-37 所示。

（3）在工具箱中选择魔棒工具，在工具属性栏设置“容差”值为“32”，选中☑消除锯齿复选框，取消选中□连续复选框，然后在图像中天空的部分单击选择天空，完成后的效果如图 12-38 所示。

图 12-37　添加“别墅”图层

图 12-38　用魔棒工具选择天空

（4）按住 Alt 键不放，单击“图层”面板中的按钮，为“别墅”图层创建图层蒙版，如图 12-39 所示。

（5）打开“云 2.jpg”（立体化教学:\实例素材\第 12 章\云 2.jpg），将其拖动到“别墅”图层的下面，并修改图层名称为“云”。

（6）按 Ctrl+T 组合键，对“云”图层进行自由变换，拖动其下方的中间控制点，向上移动到图像中间的位置，如图 12-40 所示，双击鼠标应用变换。

图 12-39　添加图层蒙版

图 12-40　添加“云”图像

（7）在“图层”面板下方单击按钮，为“云”图层创建一个空白的图层蒙版，再在工具箱中选择渐变填充工具，并在其工具属性栏中单击按钮，然后在图像窗口从中间位置向上拖动鼠标，在图层蒙版中填充一个渐变，完成后的效果如图 12-41 所示。

（8）按 Ctrl+L 组合键，打开“色阶”对话框，在“输出色彩”栏中的两个数值框中输入“50”和“255”，单击 确定 按钮，如图 12-42 所示。

图 12-41　渐变填充蒙版

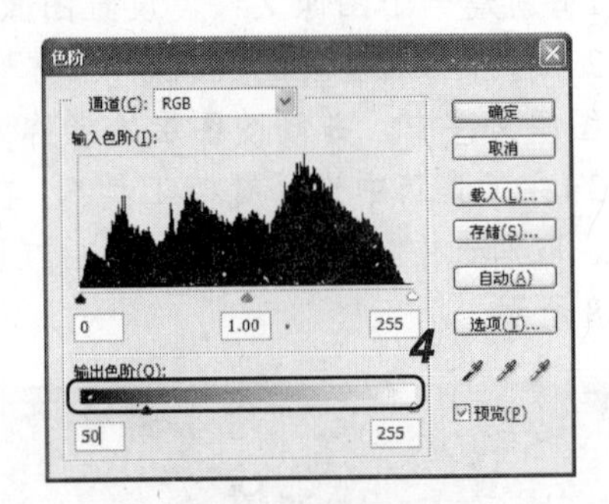

图 12-42　调整蒙版色阶

（9）打开“汽车.jpg”，将其拖动到“别墅”图层的上面，并将其命名为“汽车”，如图 12-43 所示。

（10）按 Ctrl+T 组合键，对“汽车”图层进行自由变换，将其缩小到 50%的大小，并移动到图像窗口的右下角，如图 12-44 所示，双击鼠标应用变换。

图 12-43　添加“汽车”图层

图 12-44　变换“汽车”图层大小

（11）在工具箱中选择钢笔工具，在图像窗口中沿汽车的边缘绘制一条路径，如图 12-45 所示。

（12）按住 Ctrl 键不放，单击“图层”面板中的按钮，为“汽车”图层添加一个矢量蒙版，如图 12-46 所示。

图 12-45　绘制路径

图 12-46　添加矢量蒙版

12.3　上机及项目实训

12.3.1　设计显示器广告

使用通道和蒙版制作如图 12-47 所示的显示器广告（立体化教学:\源文件\第 12 章\显示器.psd），通过本例练习使用户熟练操作通道和蒙版。

图 12-47　显示器广告

1．制作背景

制作背景将使用通道制作“纹理”图像。

操作步骤如下：

（1）新建一个图像文件，设置图像大小为 600×400 像素，并保存为“显示器.psd”文件。

（2）将前景色设置为“R: 0、G: 100、B: 200”，背景色设置为“R: 160、G: 200、B: 240”。在工具箱中选择渐变填充工具，再单击其工具属性栏中下拉列表框右侧的按钮，在弹出的选项框中选择第 1 个选项。

（3）按 Shift 键的同时，按住鼠标左键不放并在图像中从上到下拖动鼠标，为背景图层填充渐变颜色，如图 12-48 所示。

（4）打开“纹理.jpg”图像（立体化教学:\实例素材\第 12 章\纹理.jpg），选择“图像|图像大小”命令，在打开的对话框中取消选中约束比例(C)复选框，然后在“宽度”数值框中输入“600”，在“高度”数值框中输入“400”，单击确定按钮，如图 12-49 所示。

图 12-48　填充渐变颜色

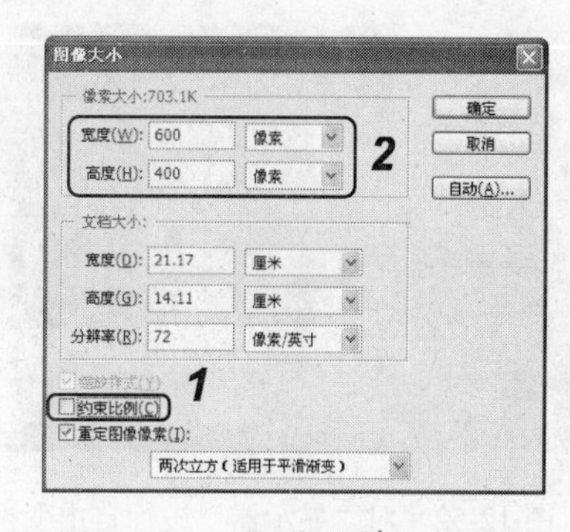

图 12-49　“图像大小”对话框

（5）按 Ctrl+A 组合键全选图像，再按 Ctrl+C 组合键复制图层。

（6）切换到“显示器”图像，打开“通道”面板，单击其下方的按钮，新建一个 Alpha 通道，再按 Ctrl+V 组合键进行粘贴。

（7）按 Ctrl+L 组合键，打开“色阶”对话框，在“输入色阶”栏设置色阶分别为“30、1.00、196”，如图 12-50 所示，单击 确定 按钮。

（8）按 Ctrl 键的同时单击“Alpha1”通道，载入选区，如图 12-51 所示。

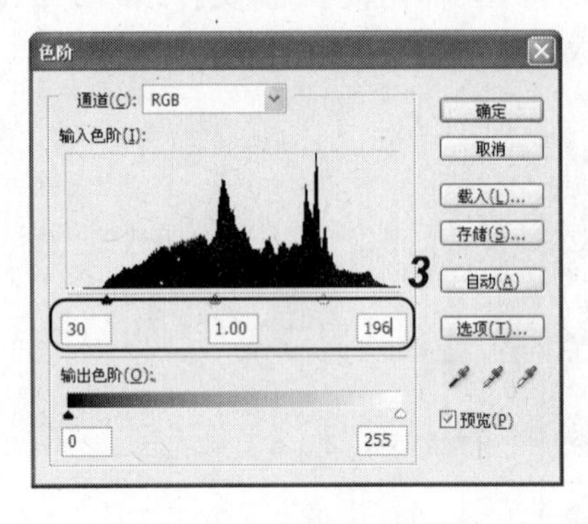

图 12-50 “色阶”对话框

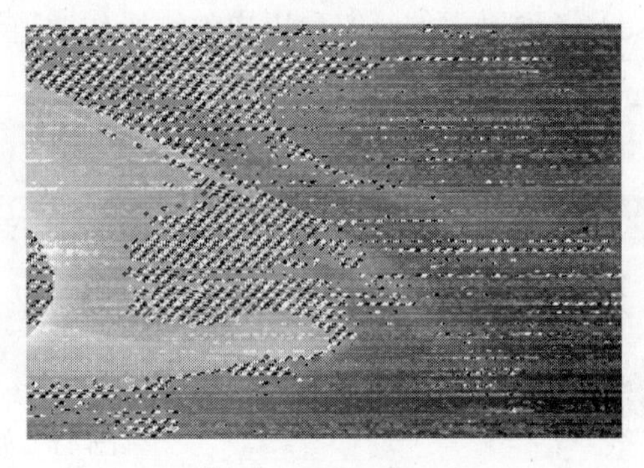

图 12-51 载入选区

（9）打开“图层”面板，单击面板下方的按钮，新建一个图层，并命名为“纹理”。

（10）设置前景色为白色，按 Alt+Delete 组合键填充前景色，再按 Ctrl+D 组合键取消选区，并设置其“不透明度”为“50%”。

2．制作显示器中的海豚

制作显示器中的海豚主要使用了图层蒙版。

操作步骤如下：

（1）打开“显示器.jpg”（立体化教学:\实例素材\第 12 章\显示器.jpg）素材图像，并使用移动工具将其移动到新创建的“纹理”图像中，并将该图层命名为“显示器”，然后按 Ctrl+T 组合键对其进行自由变换，如图 12-52 所示。

（2）选择工具箱中的钢笔工具，沿显示器的边缘绘制一条路径，如图 12-53 所示。

图 12-52 对“显示器”进行自由变换

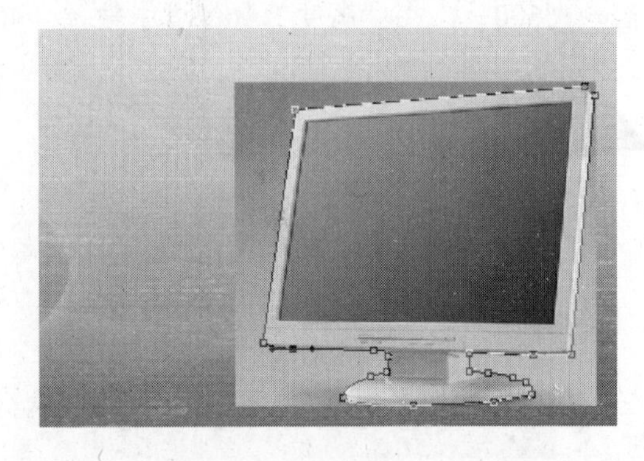

图 12-53 绘制路径

（3）按 Ctrl 键的同时，单击“图层”面板下方的按钮，为“显示器”图层添加矢量蒙版，如图 12-54 所示。

（4）打开“海豚.jpg”图像（立体化教学:\实例素材\第 12 章\海豚.jpg），使用移动工具将其移动到“显示器”图像中，并将该图层命名为“海豚”。

（5）将“海豚”图层的“不透明度”设置为“50%”，按 Clrl+T 组合键对其进行自由变换，使海豚的尾部在显示器内，如图 12-55 所示，双击鼠标应用变换。

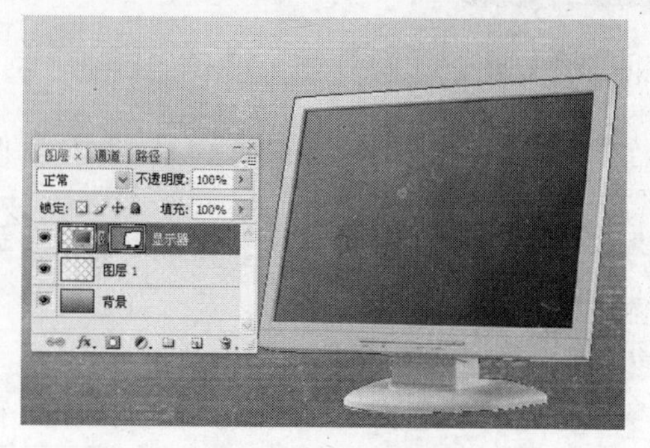

图 12-54　添加矢量蒙板

图 12-55　对“海豚”进行自由变换

（6）在工具箱中选择钢笔工具，沿海豚与显示器屏幕的边缘绘制一条路径，如图 12-56 所示。

（7）按 Ctrl 键的同时，单击“图层”面板下方的按钮，为显示器图层添加矢量蒙版，再将图层的“不透明度”设置为“100%”，如图 12-57 所示。

图 12-56　绘制路径

图 12-57　添加矢量蒙版

（8）将前景色设置为黑色，在工具箱中选择直排文字工具，在工具属性栏中设置字体为“方正中倩简体”，字体大小为“50”，然后输入“逼真画质”和“栩栩如生”两列文字，完成操作。

12.3.2　制作油画相框

综合利用本章和前面所学知识，为一幅图像添加不规则的边沿，完成后的最终效果如图 12-58 所示（立体化教学:\源文件\第 12 章\油画相框.psd）。

图 12-58　油画相框最终效果

本练习可结合立体化教学中的视频演示进行学习（立体化教学:\视频演示\第 12 章\制作油画相框.swf）。主要操作步骤如下：

（1）打开“兔.jpg”（立体化教学:\实例素材\第 12 章\兔.jpg），在工具箱中选择矩形选框工具，在图像中绘制一个矩形选框，如图 12-59 所示。

（2）单击工具箱中的快速蒙版模式按钮，进入快速蒙版模式编辑状态。

（3）选择“滤镜|画笔描边|喷色描边”命令，打开“喷色描边”对话框，在其中设置“描边长度”为“12”，“喷色半径”为“15”，“描边方向”为“右对角线”，单击 确定 按钮，如图 12-60 所示。

（4）单击工具箱中的以标准模式编辑按钮，退出快速蒙版模式编辑状态，将快速蒙版转换为选区。

（5）选择“选择|反向”命令，反选选区。设置前景色为白色，按 Alt+Delete 组合键填充选区，如图 12-61 所示，按 Ctrl+D 组合键取消选区。

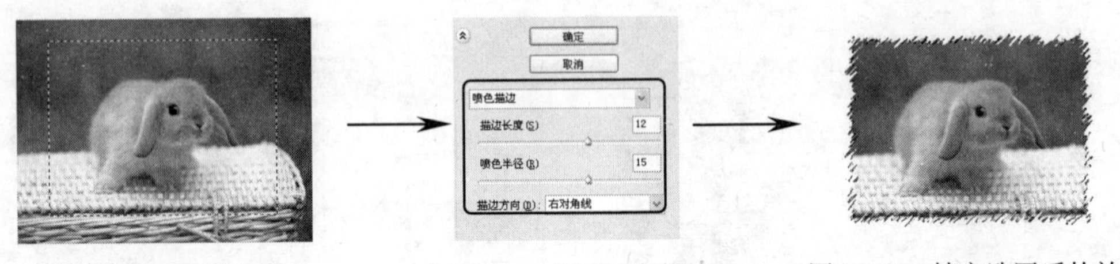

图 12-59　绘制选区　　图 12-60　设置喷色描边　　图 12-61　填充选区后的效果

12.4　练习与提高

（1）制作如图 12-62 所示的“电脑中的兔子”图像（立体化教学:\源文件\第 12 章\电脑中的兔子.psd）。

提示：使用图层蒙版制作（立体化教学:\实例素材\第 12 章\电脑.jpg，立体化教学:\实例素材\第 12 章\兔子.jpg）。

（2）制作如图 12-63 所示的“照片中的企鹅”图像（立体化教学:\源文件\第 12 章\照片中的企鹅.psd）。

提示：使用矢量蒙版和图层样式进行制作（立体化教学:\实例素材\第 10 章\企鹅.jpg，

立体化教学:\实例素材\第 10 章\冰块.jpg）。本练习可结合立体化教学中的视频演示进行学习（立体化教学:\视频演示\第 12 章\制作“照片中的企鹅”.swf）。

图 12-62　电脑中的兔子

图 12-63　照片中的企鹅

使用通道蒙版的技巧

本章主要介绍了通道和蒙版的使用方法，要想在作品中制作出更漂亮、更丰富的图像效果，课后还必须学习和总结一些使用技巧，这里总结以下几点供读者参考和探索：

- 在使用图层蒙版处理图像时候，一定要注意选中的是蒙版还是图层，否则可能出现虽然新建了蒙版，但仍然是在对图层进行编辑的情况。
- 在使用图层蒙版处理后，若是发现效果不佳，可直接将蒙版删除，再为图层新建蒙版。此外，也可将前景色设置为黑色，再选择画笔工具对图层蒙版进行涂抹。
- 在抠取复杂图像时，如头发丝、婚纱等，可使用通道进行抠取，其方法是：打开“通道”面板，在图像中选择一个黑白对比大的通道进行复制，再使用“色阶”等命令将黑白对比进一步调大，最后使用“色彩范围”命令在图像中建立选区即可。
- 在图像偏色严重时，用户可直接使用通道对其进行颜色调整，使图像颜色显得更加自然。

第 13 章　动作和自动处理

学习目标

☑ 认识“动作”控制面板
☑ 使用“动作”控制面板编辑图像
☑ 保存、载入动作
☑ 使用批处理和合并到 HDR、条件模式变更等命令编辑图像
☑ 使用“曲线”、“合并到 HDR”等命令，制作 HDR 图像
☑ 综合利用选区、描边、自由变换等方法录制艺术画框动作

目标任务&项目案例

使用动作制作四分颜色效果

使用批处理制作木框

使用 Web 画廊

制作 HDR 图像效果

使用动作制作暴风雨效果

制作夏日记忆网页效果

在 Photoshop 中使用动作和自动处理可大大加快处理图像的速度，制作上述实例主要用到了“动作”面板、创建 Web 照片画廊和合并到 HDR 命令。本章将具体讲解使用“动作”面板、批处理、创建 PDF 演示文稿、创建 Web 照片画廊、合并到 HDR 和条件模式更改等修饰图像的方法。

13.1　使用“动作”控制面板

在处理图像时，如果要进行重复的操作可使用动作命令。动作可以将用户对一幅图像的多个步骤操作以一个快捷键录制成一个动作，如需要在其他图像或图像选区中进行相同的操作时，就可以按所设置的该快捷键来进行播放，达到节省操作时间、提高工作效率的目的。

13.1.1　“动作”控制面板

使用“动作”面板可以记录、播放、编辑和删除动作，还可用于存储和载入动作文件。选择“窗口|动作”命令，可以打开“动作”面板，如图 13-1 所示，其中各项参数含义如下：

图 13-1　“动作”面板

- **动作序列**：它是一组动作的集合，在文件夹右边是该动作序列的名称。
- **“暂停动作”框**：若该框是空白的，表示在执行该动作过程中系统不会停下来并给出提示；若该框中有一个红色标记，表示只有部分动作设置了暂停；若该框中有一个黑色边框标记，表示每个动作在执行的过程中会暂停在对话框中。
- **“展开动作”按钮**：单击此按钮可展开动作集或动作的操作步骤，展开后的动作按钮向下。
- **“切换动作”框**：若该框是空白的，则表示该动作或动作集是不能播放的；若该框内有一个红色的“√”，则表示该动作集中有部分动作不能播放；若该框内有一个黑色的“√”，则表示该动作集中所有动作都能播放。
- **动作名称**：显示动作的名称。
- **“停止播放”按钮**：单击该按钮，即可停止录制当前的动作，该按钮只有在处于录制状态时才可用。
- **“开始录制”按钮**：单击该按钮，即可开始录制一个新的动作，此时该按钮变为红色。
- **“播放”按钮**：单击该按钮，可播放当前选定的动作。
- **“创建新序列”按钮**：单击该按钮，可新建一个文件夹，用来存放动作。

13.1.2 播放动作

Photoshop 预设了很多动作，要想使用这些预设效果须播放动作，其方法是：打开需要应用动作的图像，再打开“动作”面板，单击“默认动作”左侧的▶按钮，展开动作集，选中“四分颜色”动作，单击播放按钮▶，系统将自动播放该动作，效果如图 13-2 所示。

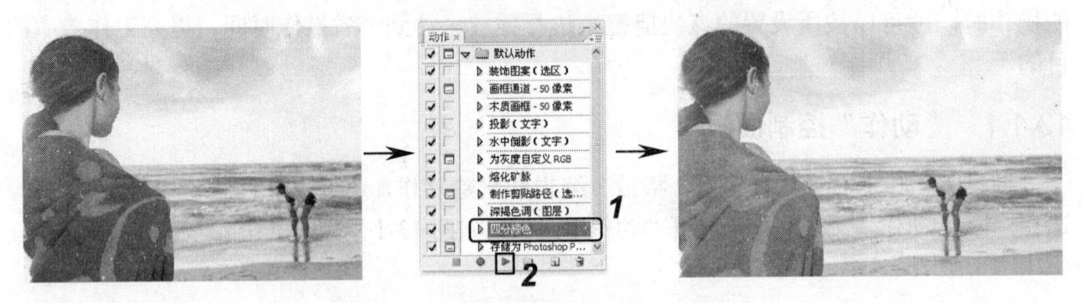

图 13-2　使用“四分颜色”动作处理图像

13.1.3 设置播放速度

如果动作时间太长导致不能正常播放，可以设置其播放速度，通过减慢播放速度使其正常播放。其方法是：单击“动作”面板右上角的按钮，在弹出的快捷菜单中选择“回放选项”命令，打开如图 13-3 所示的“回放选项”对话框，在“性能”栏中设置如下的选项，再单击确定按钮即可。

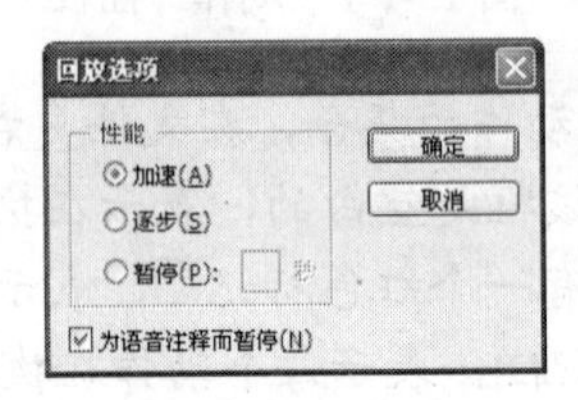

图 13-3　回放选项

“性能”栏中各参数含义如下：

- 加速(A) **单选按钮**：选中该单选按钮，动作将以正常速度播放动作。
- 逐步(S) **单选按钮**：选中该单选按钮，动作将完成每条命令并重绘图像，然后进入下一条命令。
- 暂停(P): **单选按钮**：选中该单选按钮，可在其后的数值框中输入 Photoshop 中执行命令的暂停时间。

13.1.4 创建动作和动作组

在 Photoshop 中，除了系统提供的默认动作以外，用户还可以根据需要自定义动作和动作新集，有针对性地进行图像处理。下面将对创建动作和动作组的方法进行讲解。

1．创建动作

用户可以根据需要自行创建动作，即录制动作。创建新的动作时，系统将记录动作中所执行的每一步操作。

【例 13-1】 打开“鲜花.jpg”图像（立体化教学:\实例素材\第 13 章\鲜花.jpg），再使用“动作”面板新建一个动作，将图像去色并将图像另存为“TIFF”格式，再将打开的“蜜蜂.jpg”（立体化教学:\实例素材\第 13 章\蜜蜂.jpg）图像应用动作。

（1）打开如图 13-4 所示“鲜花.jpg”图像，单击“动作”面板下方的按钮，打开“新建动作”对话框。

（2）在对话框中设置名称为“黑白”、功能键为“F4”，如图 13-5 所示。

图 13-4　打开图像

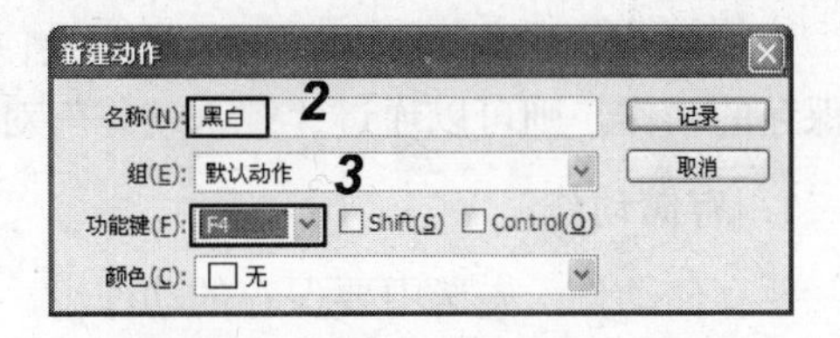

图 13-5　“新建动作”对话框

（3）单击 记录 按钮，开始记录用户接下来操作的步骤。选择“图像|调整|去色”命令，如图 13-6 所示。

（4）选择“文件|存储为”命令，打开“存储为”对话框，将图像另存为 TIFF 格式，再关闭该图像窗口。

（5）单击■按钮结束动作的记录，如图 13-7 所示。

（6）打开“蜜蜂.jpg”图像，打开“动作”控制面板，按 F4 键对图像进行处理，如图 13-8 所示。

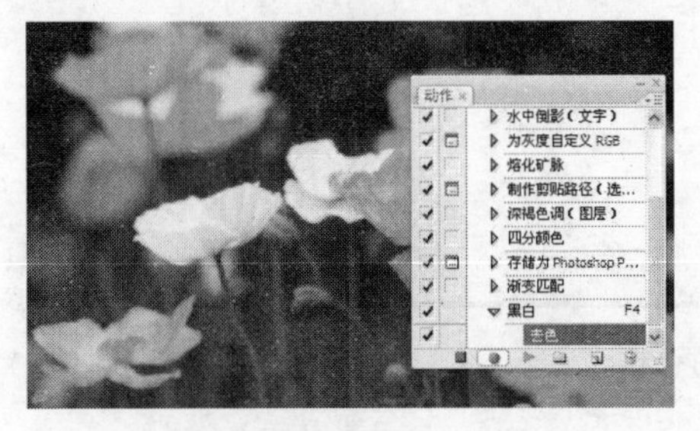

图 13-6　使用“去色”命令

图 13-7　完成录制

图 13-8　使用动作处理后的图像

2．新建组

如果用户创建了多个动作，为了便于管理可在创建动作之前创建一个动作组，然后再在该动作组下创建其他的子动作。其方法是：打开“动作”面板，在面板下方单击按钮，打开如图 13-9 所示的“新建组”对话框，在其“名称”文本框中输入组名，再单击 确定

按钮，如图 13-10 所示为新建的“我的动作”动作组。

图 13-9 “新建组”对话框

图 13-10 新建“我的动作”动作组

13.1.5 保存和载入动作

如果用户创建的动作需在别的电脑上使用，就需将其保存下来以便调用。若需调用已经保存的动作，则可以通过“载入动作”对话框载入其他动作。

1．存储动作

要存储动作，先选中要保存的动作组，单击“动作”面板右上角的按钮，在弹出的菜单中选择“存储动作”命令，然后打开如图 13-11 所示的“存储”对话框，选择存放动作文件的目标文件夹并输入要保存的动作名称后，单击保存(S)按钮即可。

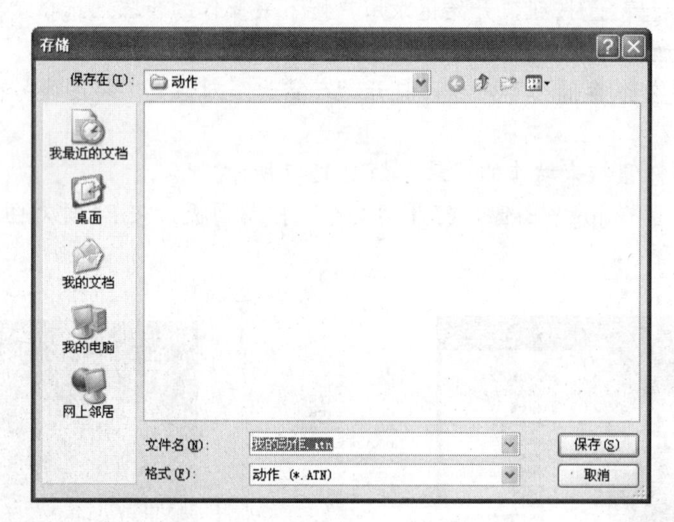

图 13-11 “存储”对话框

2．载入动作

要使用已存储的动作时，只需将其载入即可，方法是：单击“动作”面板右上角的按钮，在弹出的菜单中选择“载入动作”命令，打开如图 13-12 所示的“载入”对话框。选中要加载的动作，再单击载入(L)按钮即可将其载入。

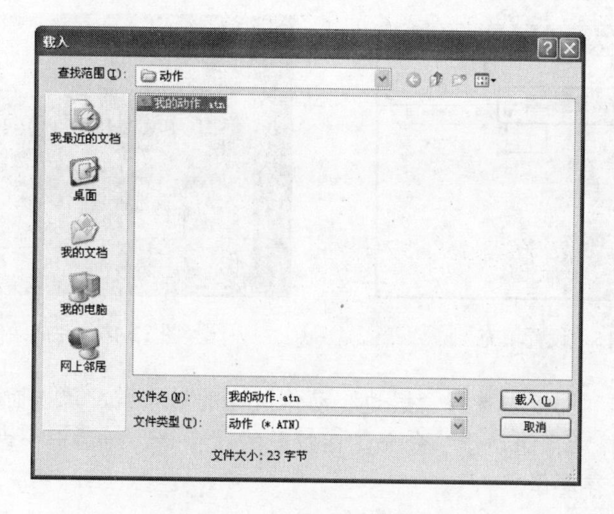

图 13-12　“载入”对话框

13.1.6　应用举例——制作“黑边”动作

下面将在一个图像中加入黑边制成一个动作，并将该动作保存。

操作步骤如下：

（1）打开“鸟.jpg”图像（立体化教学:\实例素材\第 13 章\鸟.jpg），在打开的“动作”面板中单击按钮，打开“新建动作”对话框，设置其名称为“黑边”、功能键为“F3”，再单击记录按钮，如图 13-13 所示。

（2）在“动作”面板下方单击按钮，开始录制动作，复制背景图层。

（3）在工具箱中选择矩形选框工具，使用鼠标在图像上绘制一个矩形选区，如图 13-14 所示。

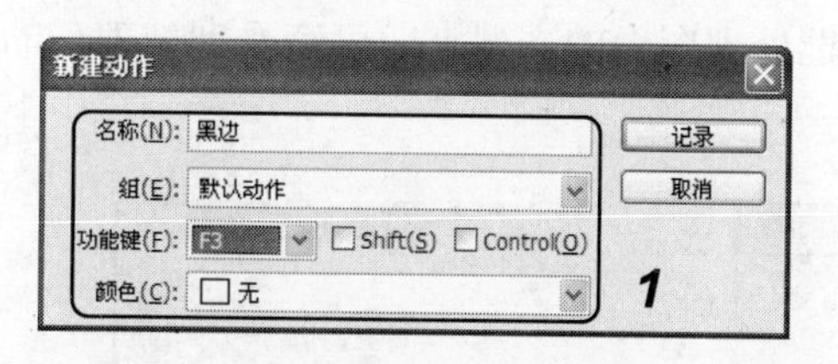

图 13-13　“新建动作”对话框

图 13-14　“新动作”对话框

（4）选择“选择|反向”命令，反选选区。选择“编辑|填充”命令，在“填充”对话框的“使用”下拉列表框中选择“黑色”选项，单击确定按钮，效果如图 13-15 所示。

（5）按 Ctrl+D 组合键取消选区，在“图层”面板中单击按钮，完成录制，如图 13-16 所示。

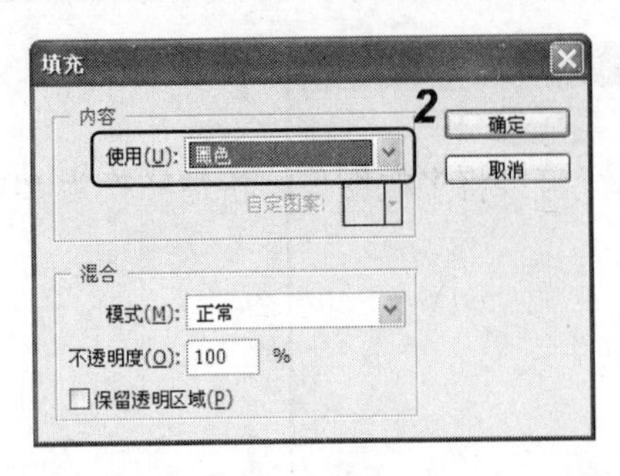

图 13-15　设置填充

图 13-16　完成录制

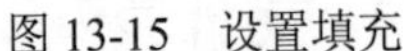

（6）在“动作”面板中选择“黑边”动作所在的动作组，单击面板上方的▾☰按钮，在弹出的菜单中选择“存储动作”命令，在打开的“存储”对话框中设置保存位置，单击保存(S)按钮即可保存动作。

13.2　使用自动处理功能

在 Photoshop 中自带了很多自动处理功能，如批处理、PDF 演示文稿和 Web 照片画廊等命令，使用它们可以简化编辑图像的操作，下面将分别进行讲解。

13.2.1　批处理

当用户需要对大量的图像文件执行相同命令操作时，可通过 Photoshop CS3 提供的“批处理”功能来实现，批处理文件时，可以打开所有的文件，同时将自动存储原始文件并关闭，或将播放动作后的文件存储到一个新的位置。

使用批处理的方法是：在“我的电脑”中将需要播放的所有文件存放在同一个文件夹中，选择“文件|自动|批处理”命令，打开如图 13-17 所示的“批处理”对话框，在“组”下拉列表框中选择需要批处理时使用的动作集，如选择“投影（文字）”。在“源”下拉列表框中选择需要批处理的文件的类型，如选择“文件夹”，单击选择(C)...按钮，在打开的“浏览文件夹”对话框中选择图像所在的文件夹，如选择“建筑”文件夹，如图 13-18 所示，依次选择并单击确定按钮，打开放置批处理图像的文件夹即可查看到处理后的效果。

图 13-17　“批处理”对话框

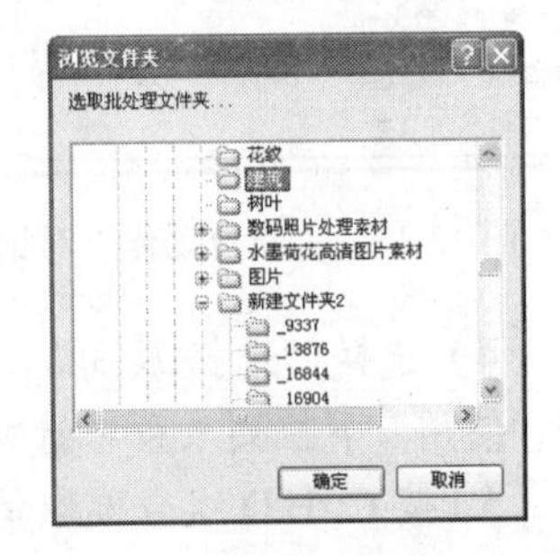

图 13-18　“浏览文件夹”对话框

13.2.2　创建 PDF 演示文稿

在 Photoshop 中，使用“PDF 演示文稿”对话框可以将多幅图像一次性转换为 PDF 演示文稿。

【例 13-2】 将“花田”文件夹（立体化教学:\实例素材\第 13 章\花田）中的文件转换为 PDF 演示文稿。

（1）选择“文件|自动|PDF 演示文稿”命令，打开“PDF 演示文稿”对话框，在其中单击 浏览(B)... 按钮，在打开的“打开”对话框中选择“花田”文件夹中的所有图像选择，单击 打开(O) 按钮，返回如图 13-19 所示的对话框。

（2）单击 存储 按钮，在打开“存储”对话框中选择保存位置并命名为“花田.pdf”，如图 13-20 所示。

（3）单击 保存(S) 按钮，打开“存储 Adobe PDF”对话框，在其中单击 存储 PDF 按钮。稍等片刻后 Photoshop 将会将图像转化为 PDF 文件。

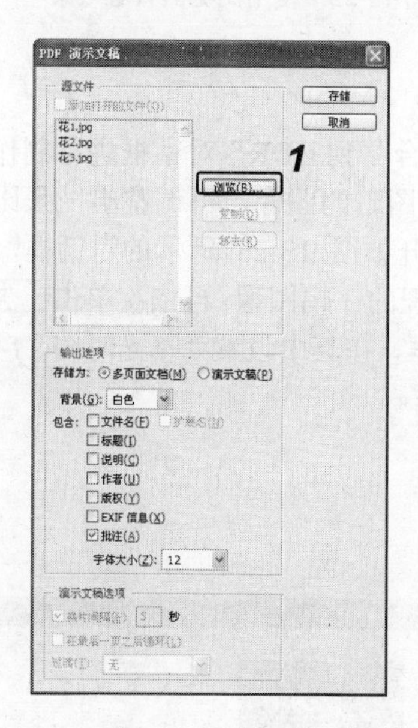

图 13-19　“PDF 演示文稿”对话框

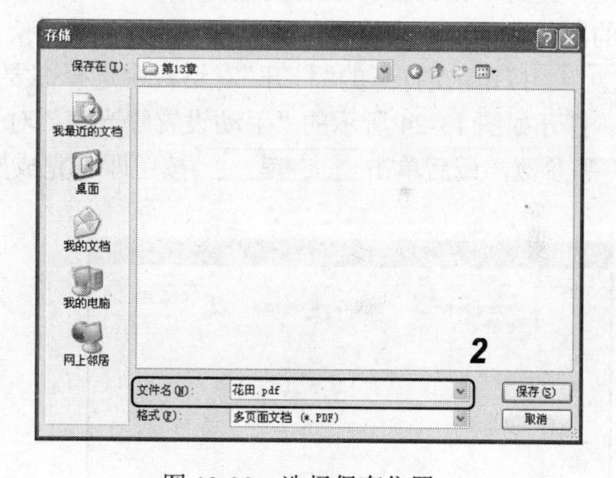

图 13-20　选择保存位置

13.2.3　创建 Web 照片画廊

通过“Web 照片画廊”命令可以将多幅图像在网页浏览器上进行播放。其方法是：在“Web 照片画廊”对话框中选中所需的图像，再指定目标位置即可。

【例 13-3】 将“建筑”文件夹转化为 Web 照片画廊。

（1）选择“文件|自动|Web 照片画廊”命令，打开“Web 照片画廊”对话框，在“使用”下拉列表框中选择“文件夹”选项，单击 浏览(B)... 按钮选择要处理的文件夹的位置，再单击 目标(D)... 按钮，选择图像存储的文件夹，如图 13-21 所示。

（2）单击 确定 按钮，打开“Adobe Web 照片画廊”页面即可查看效果，如

图 13-22 所示。

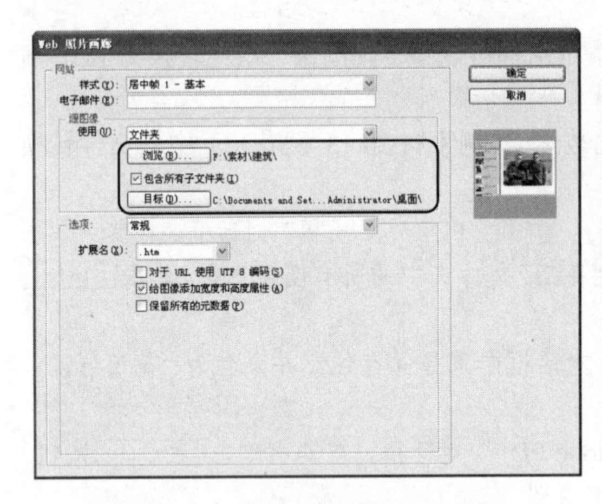

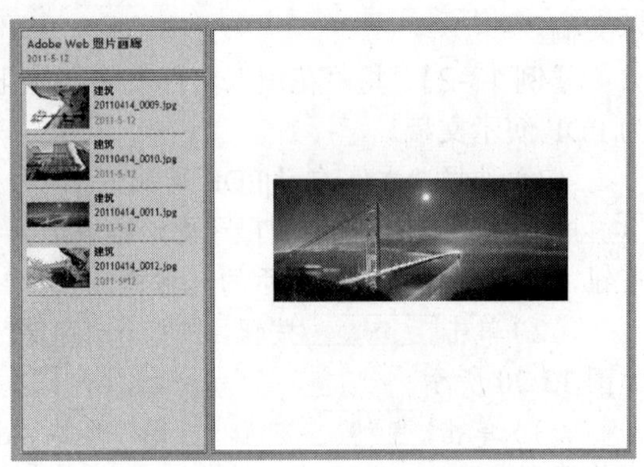

图 13-21 “Web 照片画廊”对话框　　　　图 13-22 使用浏览器查看效果

13.2.4 合并到 HDR

如果需要制作明暗对比很大的图像效果，可使用“合并到 HDR”对话框进行制作。其方法是：打开一张图像，使用调色命令调整出一张比原图暗的图像，再调整出一张比源图像亮的图像。选择“文件|自动合并到 HDR”命令，打开如图 13-23 所示的对话框，单击 浏览(B)... 按钮，在打开的“打开”对话框中选择需要处理的 3 幅图像。再依次单击 确定 按钮。打开如图 13-24 所示的“手动设置曝光值”对话框，在其中设置“曝光时间、f-Stop、ISO”等参数，最后单击 确定 按钮即可完成操作。

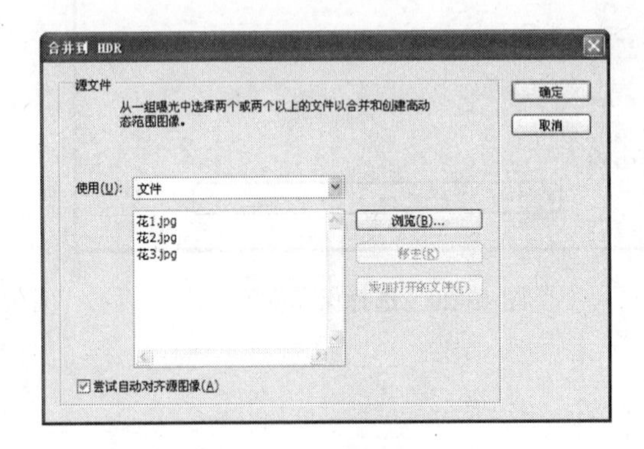

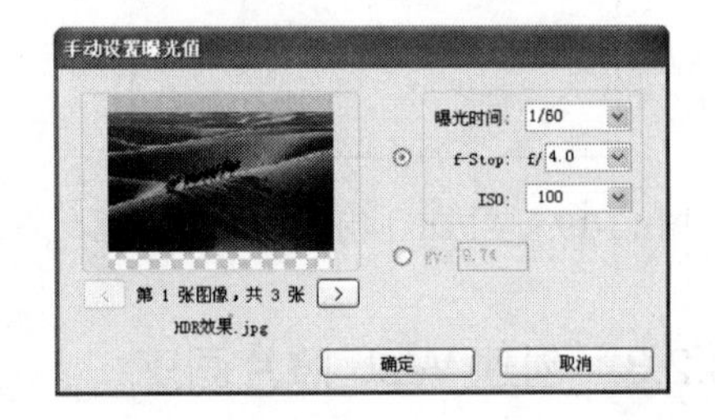

图 13-23 合并到 HDR　　　　图 13-24 “手动设置曝光值”对话框

13.2.5 条件模式更改

条件模式更改是指将某种格式的图像转换成指定的图像文件格式，其作用与“模式”菜单中的各模式命令相似。

【例 13-4】 打开“踏浪”图像，打开“条件模式更改”对话框，将其转换为 CMYK 颜色模式的图像。

（1）打开如图 13-25 所示的“踏浪.jpg”图像（立体化教学:\实例素材\第 13 章\踏浪.jpg），再选择“文件|自动|条件模式更改”命令，打开“条件模式更改”对话框。

（2）在“目标模式”栏的“模式”下拉列表框中选择要转换的颜色模式，这里选择“CMYK 颜色”，如图 13-26 所示，再单击 确定 按钮即可将图像转换成 CMYK 模式的图像，效果如图 13-27 所示。

图 13-25　打开图像

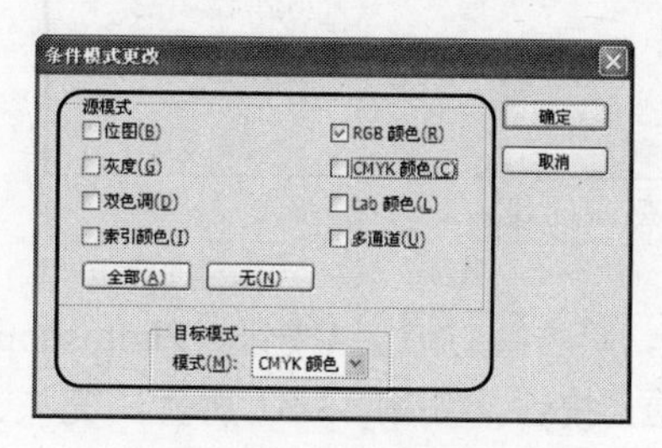

图 13-26　选择模式

图 13-27　转化后的图像

13.2.6　应用举例——使用批处理为图像添加相框

使用批处理，为文件夹中的图像统一添加相框。添加画框后的图像效果如图 13-28 所示（立体化教学:\源文件\第 13 章\美食\）。

图 13-28　添加相框后的效果

操作步骤如下：

（1）选择“文件|自动|批处理”命令，打开“批处理”对话框，在其中的“组”下拉列表框中选择“默认动作”选项，在“动作”下拉列表框中选择“木质画框-50 像素”选项，如图 13-29 所示。

（2）在“源”下拉列表框中选择“文件夹”选项，单击 选择(C)... 按钮，在打开的“浏览文件夹”对话框中选择“美食”文件夹（立体化教学:\实例素材\第 13 章\美食\），如图 13-30 所示，单击 确定 按钮。

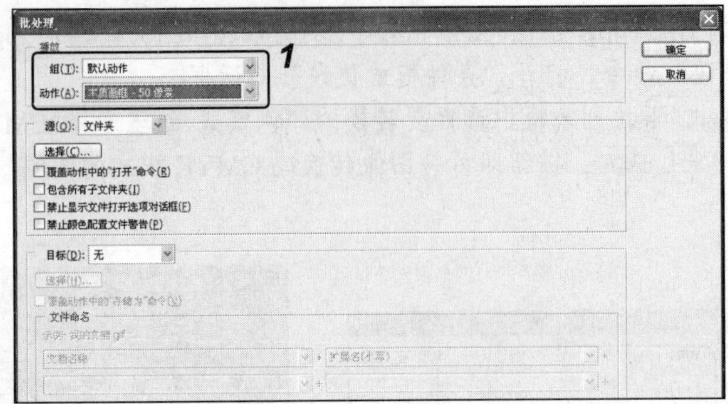

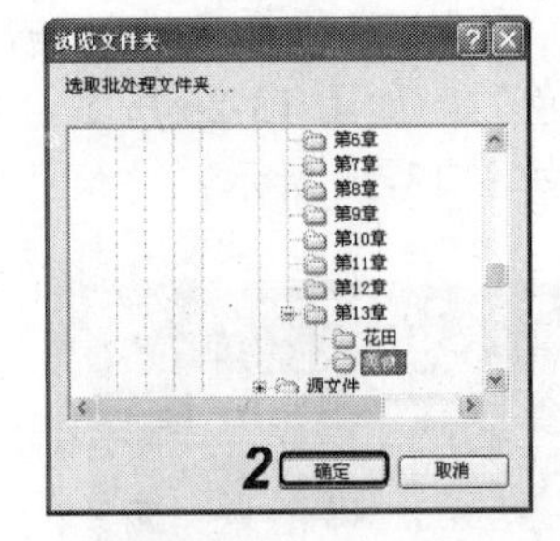

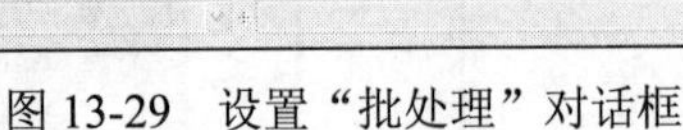

图 13-29　设置“批处理”对话框　　　　图 13-30　选择文件夹

（3）在返回的对话框中，单击 确定 按钮，Photoshop 开始执行批处理，在弹出的“信息”对话框中单击 继续(C) 按钮，如图 13-31 所示，完成处理后，图像效果如图 13-32 所示。

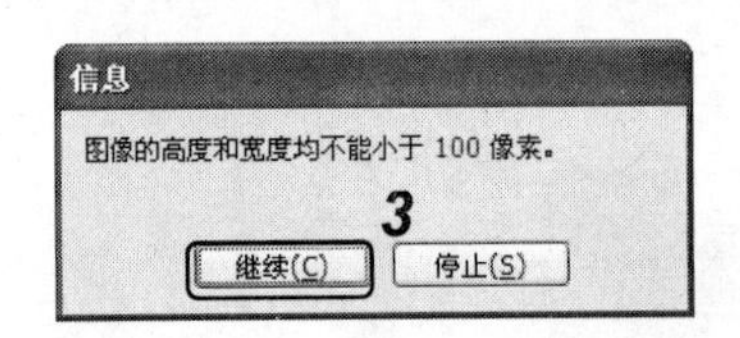

图 13-31　“信息”对话框

图 13-32　处理后的图像

13.3　上机及项目实训

13.3.1　制作 HDR 图像

本例将使用“合并 HDR”命令制作 HDR 图像，其最终效果如图 13-33 所示（立体化教学:\源文件\第 13 章\农场\农场.jpg）。

图 13-33　HDR 图像效果

1．调整图像颜色

使用“曲线”命令调整图像颜色，操作步骤如下：

（1）打开“农场.jpg”图像（立体化教学:\实例素材\第 13 章\农场.jpg），如图 13-34 所示。选择“图像|调整|曲线”命令，在打开的“曲线”对话框中调整图像的亮度，如图 13-35 所示。

（2）选择“文件|存储为”命令，将图像命名为“农场 1.jpg”。

（3）使用相同的方法，使用“曲线”命令，调整出一幅亮度稍高的图像，将图像命名为“农场 2.jpg”，如图 13-36 所示。

（4）新建一个文件夹，将其命名为“农场”文件夹，并将“农场.jpg”、“农场 1.jpg”和“农场 2.jpg”3 幅图像放入该文件夹中。

图 13-34　原图

图 13-35　农场 1 图像

图 13-36　农场 2 图像

2．制作 HDR 图像

使用“合并到 HDR”对话框制作 HDR 图像，操作步骤如下：

（1）选择“文件|自动|合并到 HDR”命令，在打开的“合并到 HDR”对话框中的“使用”下拉列表框中选择“文件夹”选项，如图 13-37 所示。

（2）单击 浏览(B)... 按钮，在打开的“打开”对话框中，选择“HDR 图像”文件夹，单击 确定(O) 按钮。

（3）返回到“合并到 HDR”对话框中，单击 确定(O) 按钮。

（4）打开“手动设置曝光值”对话框，如图 13-38 所示。在其中单击 确定 按钮。

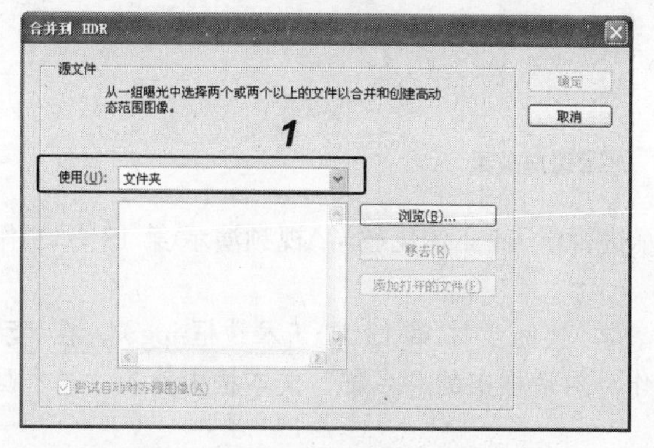

图 13-37　设置“合并到 HDR”对话框

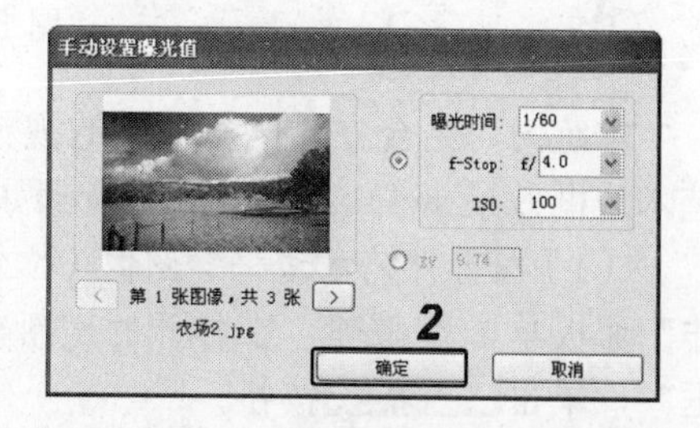

图 13-38　“手动设置曝光值”对话框

（5）打开“合并到 HDR”对话框，如图 13-39 所示，在对话框中单击 确定

按钮完成操作。

图 13-39　合并的结果

13.3.2　制作艺术边框效果

综合利用本章和前面所学知识，制作艺术边框效果动作，完成后的最终效果如图 13-40 所示（立体化教学:\源文件\第 13 章\艺术边框.psd）。

图 13-40　艺术边框效果

本练习可结合立体化教学中的视频演示进行学习（立体化教学:\视频演示\第 13 章\制作艺术边框效果.swf）。主要操作步骤如下：

（1）打开“艺术边框”图像（立体化教学:\实例素材\第 13 章\艺术边框.jpg）。在“动作”面板单击按钮，在打开的“新建动作”对话框中的“名称”文本框中输入“艺术画框”，单击记录按钮。

（2）复制背景图层，使用矩形框选工具在图像中绘制一个选区，如图 13-41 所示。

（3）新建一个空白图层，用画笔工具绘制不同透明度的浅黄色“流星”图形。

（4）选择“编辑|描边”命令，在打开的“描边”对话框中设置“宽度”为“20px”，

“颜色”为“白色”，单击确定按钮，如图 13-42 所示。

（5）按 Ctrl+T 组合键旋转并缩放选区大小，效果如图 13-43 所示。

（6）按 Ctrl+D 组合键，取消选区，并在“动作”面板中单击■按钮结束录制。

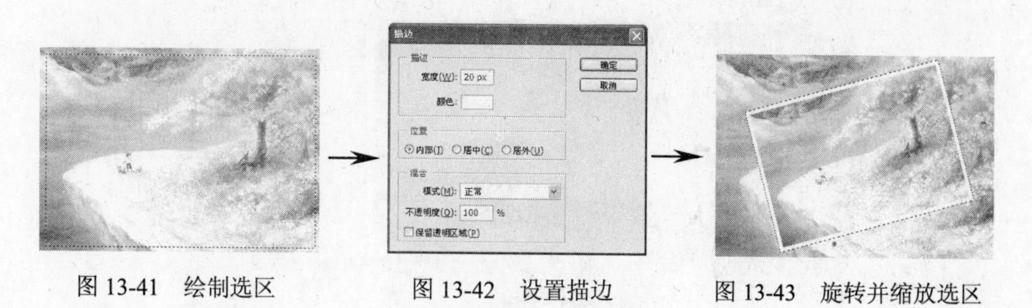

图 13-41　绘制选区　　图 13-42　设置描边　　图 13-43　旋转并缩放选区

13.4　练习与提高

（1）将之前制作的“艺术边框”动作保存为文件（立体化教学:\源文件\第 13 章\艺术边框.atn）。

提示：在“动作”面板中单击☰按钮，在弹出的快捷菜单中选择“存储动作”命令。

（2）打开如图 13-44 所示的“踏浪.jpg”图像，使用“动作”面板为其添加“暴风雨”图像效果，其效果如图 13-45 所示。

提示：打开踏浪图像，单击“动作”面板右上角的☰按钮，在弹出的下拉菜单中选择“图像效果”命令，在“动作”面板中选择“图像效果”下方的“暴风雨”选项再进行播放即可。本练习可结合立体化教学中的视频演示进行学习（立体化教学:\视频演示\第 13 章\在“踏浪”图像中添加“暴风雨”图像效果.swf）。

图 13-44　“踏浪”图像

图 13-45　“暴风雨”图像效果

（3）打开“Web 照片画廊”对话框，制作一个“夏日记忆”网页，其效果如图 13-46 所示。

提示：打开“Web 照片画廊”对话框，在其中“样式”下拉列表框中选择“水平中性”选项，单击浏览(B)...按钮，选择图像所在位置的文件夹，单击目标(D)...按钮，选择图像存储的文件夹，再单击 确定 按钮。

图 13-46 “夏日记忆”网页效果

动作和批处理的使用注意

本章主要介绍了动作和批处理操作在 Photoshop 中的应用，它们均可以提高图片的编辑速度，这里总结几点动作和批处理的使用注意事项，供读者参考和探索：

- 在执行批处理程序时，如果处理的图像过多，用户需在“批处理”对话框的“目标”下拉列表框中选择“文件夹”选项，并在打开的“浏览文件夹”对话框中指定处理后的图像存放位置。
- 制作 HDR 图像时，如果对图像颜色要求较高，可在打开的“手动设置曝光值”对话框中单独设置图像的曝光度。
- 选框、套索、裁切、渐变、移动、魔棒、油漆桶和文字等工具以及路径、通道、图层和历史记录等面板中的操作将被记录。
- 大多数 Photoshop 命令都能被“动作”面板记录，少部分不能被记录的命令需要由用户手动操作。

第 14 章　输出图像

学习目标

- ☑ 使用“页面设置”对话框设置图像
- ☑ 使用“打印”对话框设置图像
- ☑ 了解印刷图像的相关知识
- ☑ 学会使用 Photoshop CS3 与其他软件协调
- ☑ 使用“页面设置”、“打印”对话框设置打印文件
- ☑ 综合利用“图片包”、“打印”对话框设置打印文件

目标任务&项目案例

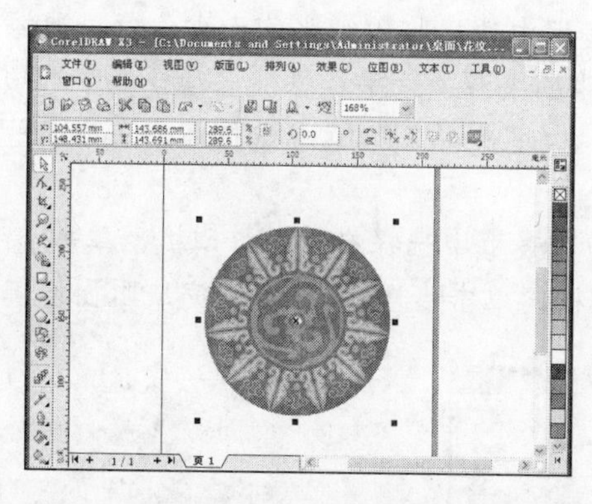

使用 CorelDRAW

使用 Illustrator

显示界定线

打印“美丽杂志”

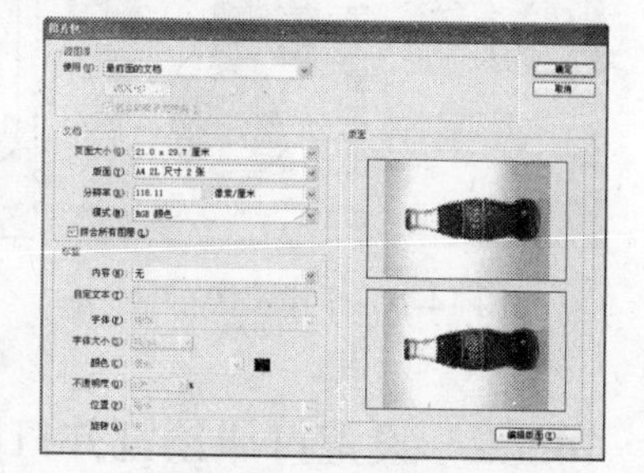

使用图片包处理图像

在 Photoshop 中，图像的输出是必不可少的操作，制作上述实例主要用到“页面设置”、“打印”和“图片包”对话框。本章将具体讲解使用“页面设置”、“打印”、“图片包”和“联系表 II”等对话框中的相关设置来编辑图像的方法。

14.1 为图像设置打印参数

用户制作完一幅作品后，可以通过打印设备将其输出到纸上，便于查看和修改，如果用户要将作品以指定的纸张大小、份数等要求打印出来，就需要进行相关的打印设置，包括常规设置、打印预览和打印指定图层等，下面将分别对其进行讲解。

14.1.1 页面设置

为更好地打印出图像的效果，在进行打印前需对页面进行设置。打印的页面设置包括选择打印机的名称、设置“打印范围”、“份数”、“纸张尺寸大小”和“送纸方向”等参数。

【例 14-1】 打开“笔记本”图像（立体化教学:\素材文件\第 14 章\笔记本.jpg），并对其设置打印参数再进行打印。

（1）打开“笔记本.jpg”图像，如图 14-1 所示，选择“文件|页面设置”命令，打开“页面设置”对话框。

（2）在“纸张”栏的“大小”下拉列表框中选择打印纸张的大小，这里选择“A4”选项。在“来源”下拉列表框中选择打印纸张的来源，这里选择“自动选择”选项。

（3）在“方向”栏中选择打印的方向，这里选中 横向(A) 单选按钮，单击 打印机(P)... 按钮，如图 14-2 所示。

（4）在打开的对话框中的“名称”下拉列表框中选择有效的打印机，单击 确定 按钮，如图 14-3 所示，返回“页面设置”对话框，单击 确定 按钮，完成页面设置。

图 14-1 打开图像

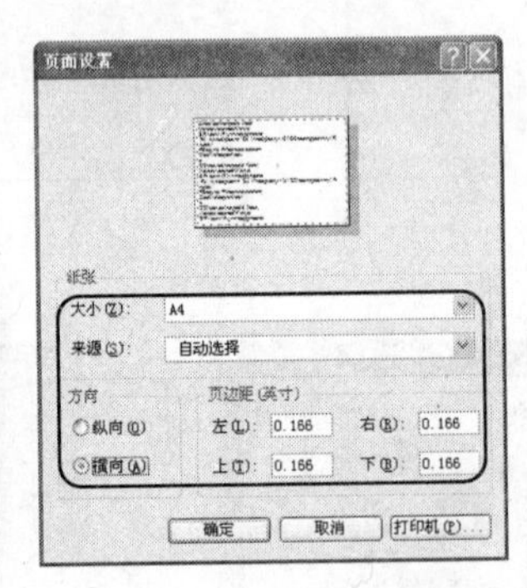

图 14-2 设置页面

图 14-3 选择打印机

14.1.2 设置打印预览并打印

设置好页面后，便可对其进行预览，以便查看图像在纸张中的位置是否正确。其方法是：选择“文件|打印”命令，打开“打印”对话框，在该对话框中可以设置图像在打印纸上的位置和缩放比，以及是否需要打印背景色等。

1．打印预览

在“打印”对话框左侧的预览框中可以预览图像的大小和位置，如图 14-4 所示，其各项参数含义如下：

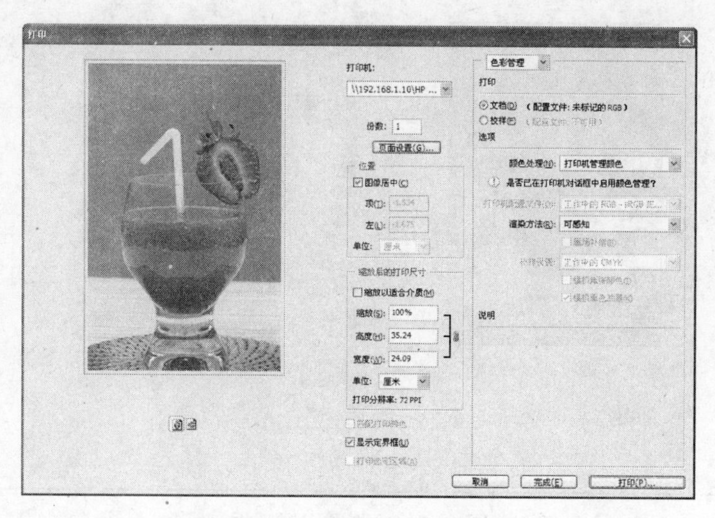

图 14-4　“打印”对话框

- **预览框**：用于预览设置的效果，用户在该对话框中设置参数后，预览框中的图像会出现相应的变化。
- **“位置”栏**：用来设置打印图像在图纸中的位置，取消选中☑图像居中(C)复选框后，将激活“顶”和“左”数值框，其中，“顶”数值框可设置从图像上沿到纸张顶端的距离；“左”数值框可设置从图像左边到纸张左端的距离。
- **“缩放后的打印尺寸”栏**：用于设置打印图像在图纸中的缩放尺寸，使打印效果更加美观，选中☑缩放以适合介质(M)复选框后图像按比例缩放至纸张边缘。“缩放”数值框用于设置图像缩放的比例；“高度”数值框用于设置图像的高度；“宽度”数值框用于设置图像的宽度。
- **☑显示定界框(U)复选框**：选中该复选框，图片文件周围出现控制框，通过拖动控制框 4 角的控制点可实现图像的缩放。如图 14-5 所示为选中该复选框的效果，如图 14-6 为未选中该复选框的效果。

图 14-5　选中复选框后的效果

图 14-6　未选中复选框的效果

在“打印”顶部的 色彩管理 下拉列表框中选择“输出”选项后，可以设置背景、网屏、边界、传递和出血等参数，如图 14-7 所示，其中各项参数含义如下：

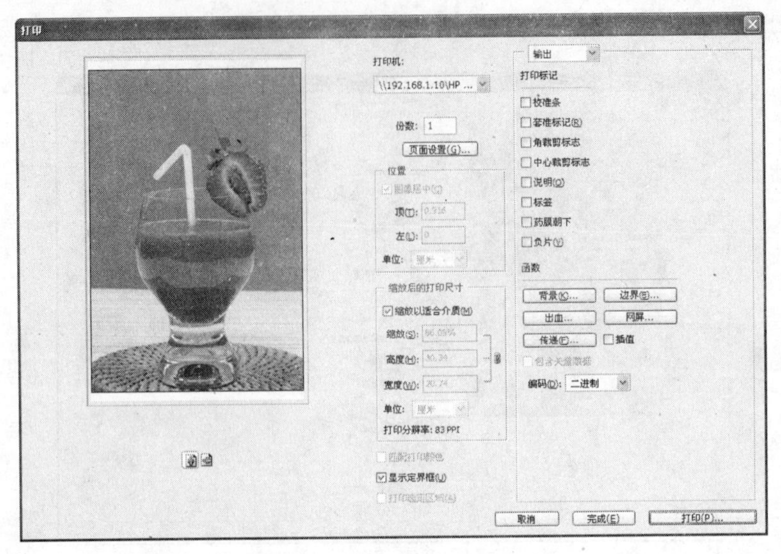

图 14-7 “打印”对话框

- ☑校准条 复选框：选中该复选框，将在图像的周边打印 11 级灰度，密度范围值为“0%～100%”，并以“10%”递增。
- ☑套准标记(R) 复选框：选中该复选框，将在图像上打印出对齐标志，主要是用于对齐图像的分色和双色调。
- ☑角裁剪标志 复选框：选中该复选框，将在页面被裁切的地方打印出裁切标志，并将标志打印在图像的四角上。
- ☑中心裁剪标志 复选框：选中该复选框，将在页面被裁切的地方打印出裁切标志，并将标志打印在页面每条边的中心。
- ☑说明(O) 复选框：选中该复选框，将打印在“文件简介”对话框中输入的注释文本。
- ☑标签 复选框：选中该复选框，将在图像上打印文件名称和通道名称。
- ☑药膜朝下 复选框：通常打印在纸上的图像是药膜朝上打印的，选中该复选框，将图像药膜朝下进行打印。
- ☑负片(V) 复选框：选中该复选框，将打印颜色反转，可以得到类似于照片中负片的效果。
- 背景(K)... 按钮：单击该按钮，将打开“选择背景色”对话框，可以设置打印页面上图像区域外的背景颜色。
- 边界(B)... 按钮：单击该按钮，在打开的“边界”对话框中可以设置边界“宽度”和度量单位，表示在图像周围打印黑色的边框。
- 出血... 按钮：单击该按钮，将打开“出血”对话框，通过设置出血的宽度，可以把裁切标志打印在图像内。

- 网屏... 按钮：单击该按钮，在打开的“半调网屏”对话框中可以设置中间色调的处理方式，它只能对 PostScript 的打印机和印刷机有效，对于喷墨打印机和激光打印机不用设置。
- 传递(F)... 按钮：单击该按钮，在打开的“传递函数”对话框中可以调整传递函数，以补偿网点增大或网点损失。

提示：

如果是在胶片上打印图像，应将药膜设置为朝下，若打印到纸张上，一般选择打印正片。另外，若直接将分色打印到胶片上，将得到负片。

技巧：

通过页面设置和打印预览设置后，用户还可以用鼠标按住 Photoshop CS3 界面下方状态栏中显示文档大小的位置，将弹出一个预览框，从中可以观察图像的打印位置，若不合适，可再次进行调整。

2．打印图像

设置好打印预览后就可以将编辑好的图像进行打印输入。其方法是：选择“文件|打印”命令，在打开的“打印”对话框中单击 打印(P)... 按钮，即可对相应的图像进行打印。

14.1.3 特殊打印

默认情况下打印图像都为打印全图像，但在实际操作中，一般打印的操作方法可能不能满足需要，下面将对特殊打印的方法进行讲解。

1．打印指定图层

如待打印的图像文件中有多个图层，默认情况下将会把所有可见图层都打印在纸上。但有时只需要打印某个图层，此时将要打印的图层设置为可见图层，隐藏其他图层，再进行打印。

2．打印指定选区

如果要打印图像中的部分图像，可先使用工具箱中的矩形选框工具，在图像中创建一个图像选区，然后选择“文件|打印”命令，在弹出的对话框中选中 □打印选定区域(A) 复选框，即可打印指定选区中的内容。

3．多图像打印

有时为了节约资源需要将多图像一次打印到一张纸上。此时，用户可在打印前将要打印的图像移动到一个图像窗口中，然后再进行打印。打印多图像包括打印相同的图像多张和打印不同的图像多张两种情况，下面分别进行讲解。

1）打印相同的多张图像

如要打印多张相同的图像在一张纸上，选择“文件|自动|图片包”命令，打开如图 14-8 所示的“图片包”对话框，在该对话框的“文档”栏中设置将要新建图像的页面大小、版面、分辨率和颜色模式，然后单击 确定 按钮，最后进行打印操作即可。

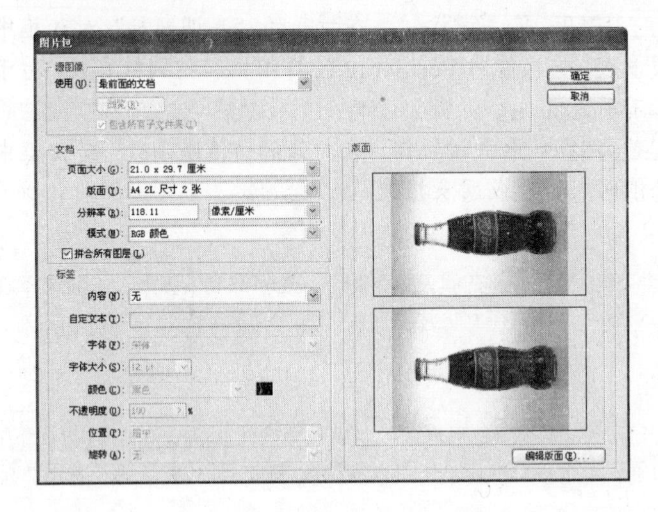

图 14-8 “图片包”对话框

2）打印不同的多张图像

若需将不同的图像打印在同一张纸上，可使用“联系表 II”将某个文件夹中的图像缩略图集成在一起。其方法是：选择“文件|自动|联系表 II”命令，在打开如图 14-9 所示的“联系表 II”对话框中设置图像大小、分辨率、图像排列方式等，然后单击 确定 按钮，最后进行打印操作即可。该打印方式一般在打印小样或与客户定稿时使用。

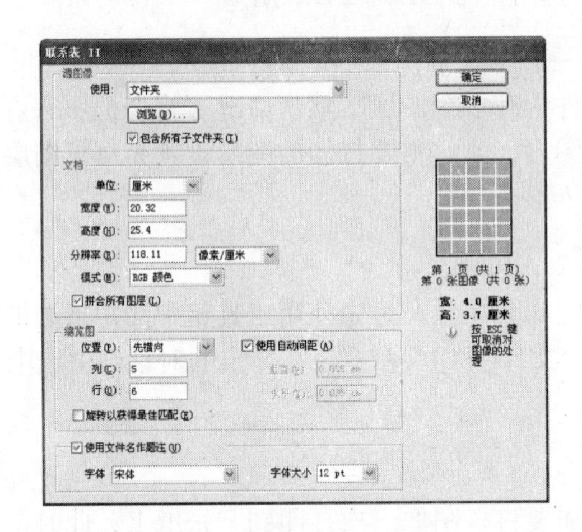

图 14-9 “联系表 II”对话框

14.2 输出印刷图像

用户不仅可以将制作的图像作品通过打印机打印，还可以通过印刷进行大批量的输出。而进行大批量的输出时需要更多的相关准备工作。下面将对输出印刷图像的相关工作进行讲解。

14.2.1　印前准备工作

图像作品设计并处理完成后常常需要将图像作品输出，在进行图像输出之前，还需要了解一些基本的印前处理知识。

为了便于图像的输出，用户在设计过程中还需要为印前处理作必要的准备工作，主要包括以下 3 个方面。

1．图像的颜色模式

用户在设计作品的过程中要考虑作品的用途和要通过的输出设备，图像的颜色模式也会因不同的输出路径有所不同。如果要输入到电视设备中播放图像，必须经过 NTSC 颜色滤镜等颜色校正工具校正后，才能在电视中显示；如果要输入网页中进行观看，则可以选择 RGB 颜色模式；如果是需要印刷的作品，那么必须使用 CMYK 颜色模式。

2．图像的分辨率

用于印刷的图像，为了保证印刷出的图像清晰，在制作图像时应将图像的分辨率设置在“300～350 像素”之间。

3．图像的存储格式

用户在存储图像时，需要根据要求选择文件的存储格式。若用于印刷，则要将其存储为 TIF 格式，因为出片中心都以此格式来进行出片；若用于观看，则可将其存储为 JPG 或 RGB 格式即可。

由于高分辨率的图像大小范围都在几兆到几十兆，甚至几百兆，一般的磁盘不能储存。对于此种情况，用户可以使用可移动的大容量介质来传送图像。现在常用的活动硬盘、MO 立体化教学、ZIP 磁盘以及刻录立体化教学等都可承担高质量图像的输送。

14.2.2　印前处理的工作流程

一幅图像作品从开始制作到印刷输出，其印前处理流程大致包括以下几个基本步骤，如图 14-10 所示。

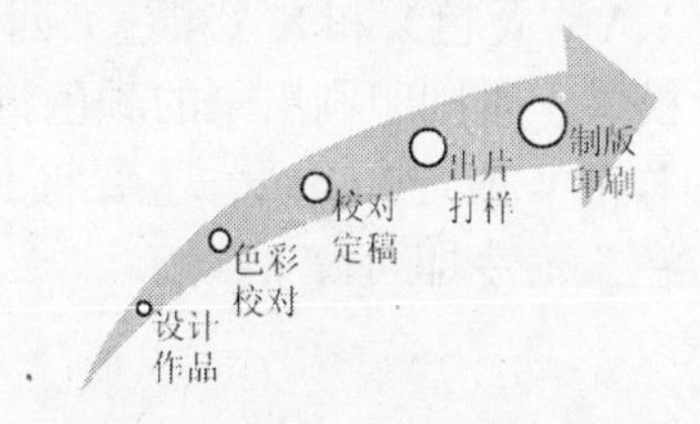

图 14-10　印刷前的工作流程

（1）理解用户的要求，收集图像素材，开始构思、创作。

（2）对图像作品进行色彩校对、打印图像进行校稿。

（3）再次打印校稿后的样稿，修改、定稿。

（4）将无误的正稿送到输出中心进行出片、打样。

（5）校正打样稿，若颜色、文字都正确，再送到印刷厂进行制版、印刷。

14.2.3 色彩校准

由于显示器显示颜色的偏差或者打印机在打印图像时造成的图像颜色偏差等因素，可能会导致印刷后的图像色彩与显示器中所看到的颜色不一致。因此，图像的色彩校准是印前处理工作中不可缺少的一步，色彩校准有 3 方面的内容，下面将分别对其进行讲解。

1. 显示器色彩校准

如果同一个图像文件的颜色在不同的显示器上或不同时间时在显示器上的显示效果不一致，就需要对显示器进行色彩校准。有些显示器有自带的色彩校准软件，如果没有这款软件，用户可以通过手动调节显示器的色彩。

2. 打印机色彩校准

一般情况下，由于电脑产生的颜色模式和打印机在纸上产生的颜色模式不同，因此，电脑显示器上看到的颜色和打印机打印纸张上的颜色不能完全匹配。要让打印机输出的颜色和显示器上的颜色接近，需要设置好打印机的色彩管理参数和调整彩色打印机的偏色规律。所谓偏色规律，是指由于彩色打印机中的墨盒使用时间较长或其他原因，造成墨盒中的某种颜色偏深或某种颜色偏淡，调整的方法是：更换墨盒或根据偏色规律调整墨盒中的墨粉，如对偏淡的墨盒添加墨粉等，也可以请专业人员进行校准。

3. 图像色彩校准

图像色彩校准主要是指图像设计人员在制作过程中或制作完成后对图像的颜色进行校准。当用户指定某种颜色后，在进行某些操作后颜色有可能发生变化，这时就需要用户手动检查图像的颜色和当初设置的 CMYK 颜色值是否相同，如果不同，可以通过“图像|调整”菜单中的色彩调整命令、调整图层命令或其他方法进行纠正。

14.2.4 将 RGB 颜色模式转成 CMYK 模式

在 Photoshop CS3 软件中制作的图像都是 PSD 格式的，在印刷之前，必须先将其转换为 CMYK 格式，因为出片中心将以 CMYK 模式对图像进行四色分色，即将图像中的颜色分解为 C（青色）、M（洋红）、Y（黄色）和 K（黑色）四张胶片。因此，要将作品用于印刷，则必须使用 CMYK 颜色模式，否则印刷出来的颜色将有很大的差别。

在 Photoshop CS3 中制作的作品一般是 RGB 模式，要将 RGB 模式转换为 CMYK 模式，只需选择“图像|模式|CMYK 颜色”命令即可。

14.2.5 分色和打样

图像在印刷之前，要进行分色和打样，二者也是印前处理的重要步骤，下面将分别进行讲解。

1. 分色

分色是在输出中心将图像中的颜色分为黄、洋红、青和黑 4 种单色颜色，在平面设计软件中，分色的过程就是将来源图像的色彩模式转换为 CMYK 模式的过程。

2．打样

打样一般用于检查图像的分色是否正确。输出中心先将 CMYK 模式的图像按照青色、洋红色、黄色和黑色 4 种进行胶片分色，再进行打样，从而检验制版阶调与色调能否取得良好的再现，并复制再现的误差以达到数据标准提供给制版部门，作为修正或再次制版的依据，在打样校正无误后交付印刷中心进行制版、印刷。

14.3　Photoshop CS3 与其他软件配合使用

Photoshop CS3 可以独立地进行图像绘制，还可以与 CorelDRAW、3ds Max 或 Illustrator 等软件配合使用，从而更加充分地使用 Photoshop CS3 在图像处理方面的资源。

14.3.1　与 CorelDRAW 的配合使用

在平面软件中，Photoshop CS3 和 CorelDRAW 的配合使用非常频繁，Photoshop CS3 可以打开从 CorelDRAW 软件中导出的“TIFF”、“JPG”格式的图像，而 CorelDRAW 软件也支持 Photoshop CS3 的 PSD 分层文件格式。

【例 14-2】 在 CorelDRAW 中导出“花纹.cdr”图形文件，然后在 Photoshop CS3 中通过“打开”命令打开（立体化教学:\源文件\第 14 章\花纹.jpg）。

（1）打开 CorelDRAW X3，打开“花纹.cdr”图像文件（立体化教学:\实例素材\第 14 章\花纹.cdr），使用挑选工具选中所有的图形，如图 14-11 所示。

（2）单击工具栏中的按钮，打开“导出”对话框，选择存储的路径，在“保存类型”下拉列表中选择“JPG- JPEG Bitmaps”选项，如图 14-12 所示，单击 导出 按钮，将图形文件存储为 JPG 格式。

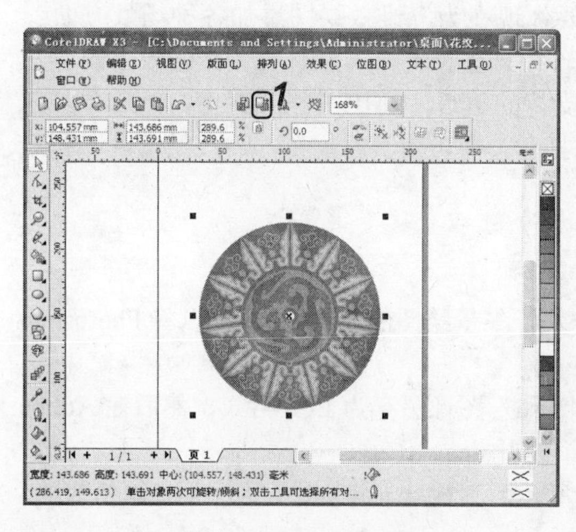

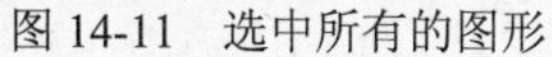
图 14-11　选中所有的图形

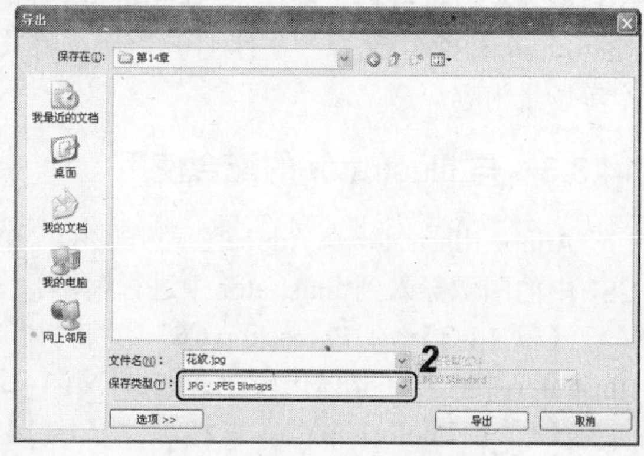

图 14-12　“导出”对话框

（3）启动 Photoshop CS3，选择“文件|打开”命令，打开“打开”对话框，选择“花纹.jpg”所在的路径，单击 打开(O) 按钮，打开“花纹.jpg”图像，可在当前图像的基础上输

入文字、添加其他的图像等操作，如图 14-13 所示。

图 14-13　使用 Photoshop CS3 打开“花纹”图像

提示：

也可以将 Photoshop CS3 中的图像另存为 CorelDRAW 兼容的格式，如果导入 PSD 文件到 CorelDRAW 后图像内容不完整，则需要先在 Photoshop CS3 中将文件保存为 JPG 格式的文件，然后在 CorelDRAW 中通过“导入”命令进行导入。

14.3.2　与 3ds Max 的配合使用

Photoshop CS3 与 3ds Max 的配合使用主要体现在为三维效果图添加各种场景方面。3ds Max 是一个制作三维立体效果图和动画的软件。在 3ds Max 软件中制作好效果图后，在渲染效果后可以将其保存为 Photoshop CS3 支持的 JPG、BMP 等格式文件，然后可以在 Photoshop CS3 中选择“文件|打开”命令将其打开，即可对其添加树木、人物、草坪和天空等场景内容。

14.3.3　与 Illustrator 的配合使用

Adobe Illustrator 是 Adobe 公司开发的一个基于矢量绘图的软件，用户可以将 Photoshop CS3 中的图像导入到 Illustrator 中进行编辑。

【例 14-3】 在 Photoshop CS3 中将“树叶.psd”图像另存为 EPS 格式，然后在 Adobe Illustrator 中打开（立体化教学:\源文件\第 14 章\树叶.eps）。

（1）在 Photoshop CS3 中打开如图 14-14 所示的“树叶.psd”图像文件（立体化教学:\实例素材\第 14 章\树叶.psd）。

（2）选择“文件|存储为”命令，在打开的“存储为”对话框中的“格式”下拉列表框中选择“Photoshop EPS（*.EPS）”选项，如图 14-15 所示。

图 14-14　打开图像

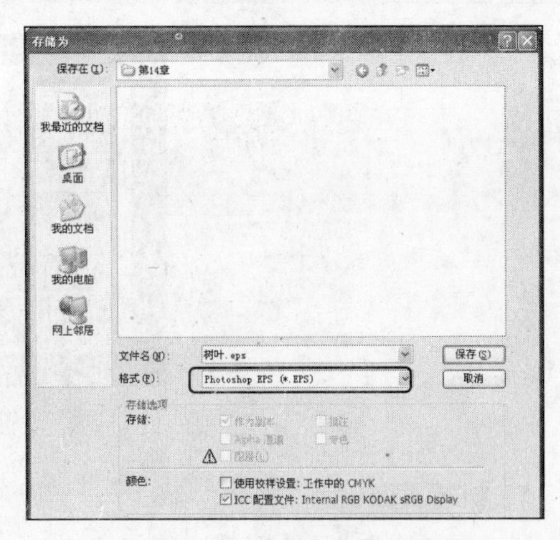

图 14-15　“存储为”对话框

（3）单击保存(S)按钮，打开“EPS 选项”对话框，选中PostScript 色彩管理(C)复选框，单击确定按钮，如图 14-16 所示。

（4）启动 Adobe Illustrator 软件，按 Ctrl+O 组合键，在打开的“打开”对话框中选择保存的文件并打开，如图 14-17 所示。

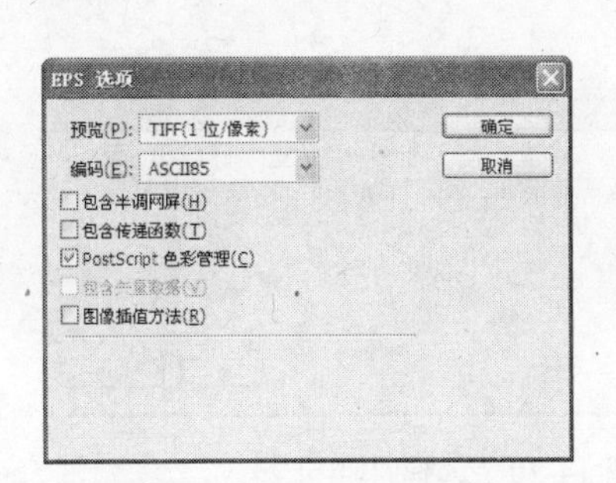

图 14-16　“EPS 选项”对话框

图 14-17　在 Illustrator 中打开图像

14.4　上机及项目实训

14.4.1　打印“美好杂志”图像

本例将打开“美好杂志.psd”图像，并对其进行打印设置。通过这个练习可使用户更加熟练地设置打印操作，设置后如图 14-18 所示。

图 14-18　设置打印后的图像

1. 进行页面设置

在“页面设置”对话框中对图像的页面进行设置，操作步骤如下：

（1）打开“美好杂志.psd”图像（立体化教学:\实例素材\第 14 章\美好杂志.psd）。选择“文件|页面设置”命令，打开“页面设置”对话框。

（2）在“页面设置”对话框的“大小”下拉列表框中选择“A3”选项，并选中 ⊙纵向(O) 单选按钮，如图 14-19 所示。

（3）单击 打印机(P)... 按钮，在打开的对话框的“名称”下拉列表框中选择打印机名称，依次单击 确定 按钮，如图 14-20 所示。

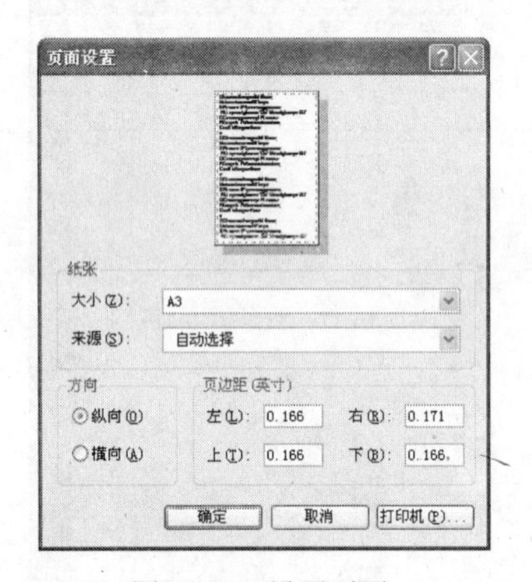

图 14-19　设置页面

图 14-20　选择打印机

2. 设置打印预设

在“打印”对话框中设置打印预设，操作步骤如下：

（1）选择“文件|打印”命令，在打开的“打印”对话框中，选中 ☑显示定界框(U) 复选框，如图 14-21 所示。

（2）在对话框顶部的 色彩管理 下拉列表框中选择“输入”选项，选中 ☑药膜朝下 复选框。

（3）单击 背景(K)... 按钮，在打开的“选择背景色”对话框中设置颜色为“蓝色”，单击 确定 按钮返回“打印”对话框。

（4）单击 出血... 按钮，在打开的“出血”对话框中，设置“宽度”为“0.3”，单击 确定 按钮，如图 14-22 所示。

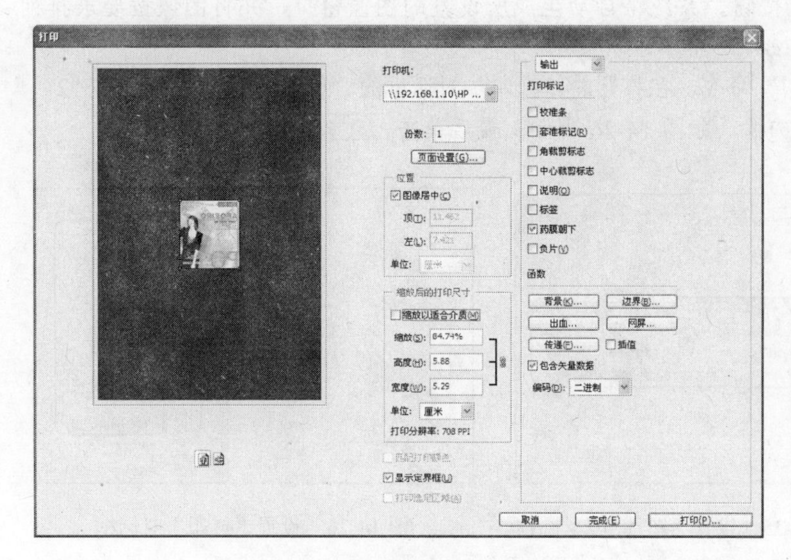

图 14-21　设置“打印”对话框　　　　图 14-22　“出血”对话框

（5）返回到“打印”对话框中，单击 打印(P)... 按钮完成操作。

14.4.2　在一张纸中排列多个图像

本例练习将打开如图 14-23 所示的“孩子.jpg”图像，使用“图片包”对话框排列其图像位置（立体化教学:\源文件\第 14 章\孩子.psd），再通过“打印”对话框设置其打印属性，然后将其进行打印。

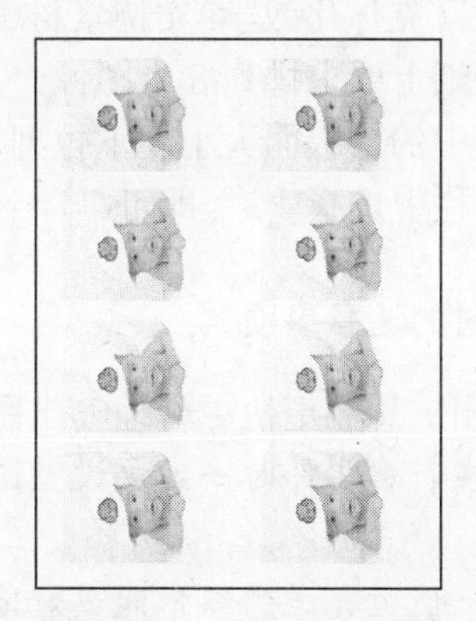

图 14-23　排列后的效果

本练习可结合立体化教学中的视频演示进行学习（立体化教学:\视频演示\第 14 章\在一张纸上排列多个图像.swf），主要操作步骤如下：

操作步骤如下：

（1）打开“孩子.jpg”图像（立体化教学:\实例素材\第 14 章\孩子.jpg），如图 14-24

所示，选择“文件|自动|图片包”命令，打开“图片包”对话框，在其中设置“页面大小”“版面”、“分辨率”和“模式”等参数，如图 14-24 所示。

（2）单击 确定 按钮，系统将自动生成所设置的图像窗口，并将图像按要求排列在图像窗口中，效果如图 14-25 所示。

（3）选择“文件|打印”命令，在打开的“打印”对话框的“份数”数值框中输入“2”，并选择 ☑缩放以适合介质(M) 复选框，如图 14-26 所示。最后单击 打印(P)... 按钮。

图 14-24　打开图像

图 14-25　设置“图片包”对话框

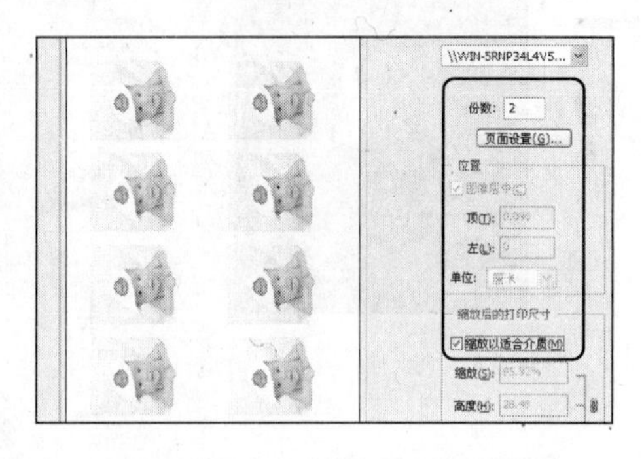

图 14-26　设置“打印”对话框

14.5　练习与提高

（1）使用“联系表 II”命令，将“孩子”文件夹中的几张图像排列在一起进行打印（立体化教学:\实例素材\第 14 章\孩子\）。

（2）将“美好杂志.psd”转化为 eps 文件，再使用 Illustrator 打开（立体化教学:\实例素材\第 14 章\美好杂志.psd）。

（3）打开“狮子.jpg”图像（立体化教学:\实例素材\第 14 章\狮子.jpg），将其在 A4 的普通纸上打印 3 份，并且每张纸上要求排列 8 个图像。

提示：在“图片包”对话框中的“版面大小”下拉列表中选择“A4-名片 8 幅”选项，在“打印”对话框中的“份数”栏中选择“3”即可。

总结输出时的注意事项

本章主要介绍了图像的输出，想要更快更好地输出图像需注意以下几点：

- 为了方便输出，用户在新建文件时一定要设置图像尺寸和分辨率，以免对后期的制作有影响。
- 印刷的纸张有很多种，使用合适的纸张能更好地完成图像的输出。如：胶版纸适合印刷彩色画报、画册、宣传画等；铜版纸适合印刷画册、封面和明信片等；牛皮纸适合印刷包装纸、信封和纸袋等。
- 在进行打印时为了得到好的打印效果，一定要设置“出血”参数，其大小一般设置为 0.3～0.5 厘米。

第 15 章　项目设计案例

学习目标

- ☑ 为某酒产品制作画册封面设计，突出“喜庆”的主题，具有浓烈传统味
- ☑ 为某品牌店制作美容优惠券，要求画面的内容要能引人注目，色调清新
- ☑ 练习制作一幅少儿科普教育书的封面，画面要比较科幻，富有想象力
- ☑ 练习设计少儿杂志的封面效果，掌握 Photoshop 在书籍装帧设计方面的应用
- ☑ 练习制作一个 LOGO 并设计名片

目标任务&项目案例

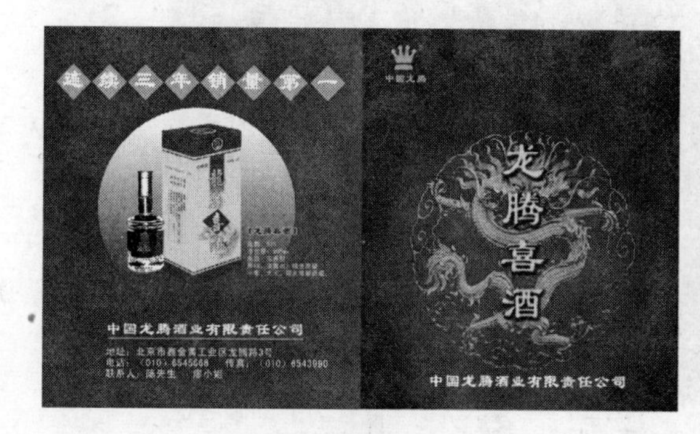

画册封面设计

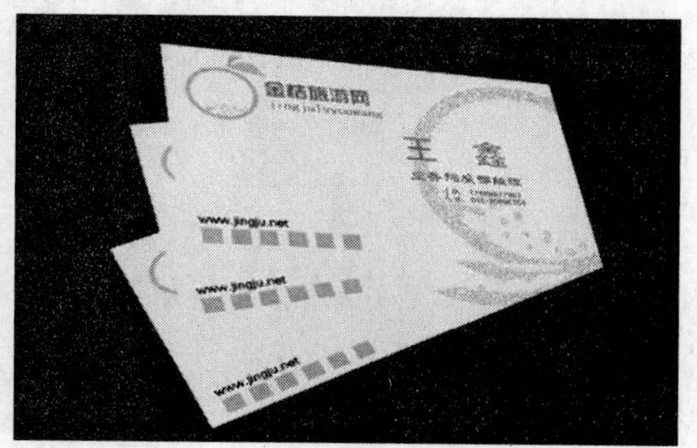

名片设计

美容优惠券

少儿杂志封面

本章将制作几个设计案例，通过这些设计案例的制作，可以进一步巩固本书前面所学知识，并实现由软件操作知识向实际设计与制作的转化，提高读者独立完成设计任务的能力，同时学会创意与思考，以完成更多、更丰富、更具有创意的作品制作。

15.1 制作画册封面

15.1.1 项目目标

本例将练习制作如图 15-1 所示的白酒画册封面效果（立体化教学:\源文件\第 15 章\酒.psd）。整个画面以红色调为主，显得喜庆又大方，画册封面上红色的背景衬托出主题文字“龙腾喜酒”，封底也以红色调为背景，渐变的正圆映着酒包装和酒瓶。通过本例的制作，读者可以熟练掌握矩形选框工具、渐变工具、文本工具以及图像的移动、复制等操作方法和技巧。

图 15-1　白酒画册封面效果

15.1.2 项目分析

画册在日常生活中随处可见，通常用于企业不定期地宣传其形象或产品，在房地产、电器和家具销售等方面经常可见，可结合企业的需要和提供的素材来制作。本例的具体制作分析如下：

- 制作之前先了解画册的尺寸、画册的使用对象、获取产品的企业名称、企业标志、产品图片和联系方式等信息。
- 确定画面的主色调为“红色”，并确定可以作为底纹或装饰的图案。
- 开始制作，本例分为两部分来制作，即制作画册的封面和封底，其中，在制作封面时，使用矩形选框工具绘制封面背景，并使用渐变工具对其进行红色到深红色的渐变效果填充，再导入边框和龙图，然后使用文本工具输入酒的名称并添加图层样式；在制作封底时，使用矩形选框工具创建矩形并填充为深红色，使用椭圆选框工具绘制一个正圆并填充渐变效果，再导入酒包装和酒瓶，最后输入相应文字即可。

15.1.3　实现过程

根据案例制作分析，本例的制作分为两部分，即绘制画册封面和封底，下面将分别进行绘制。

1．绘制画册封面

要绘制整个画册，首先新建整个画册的尺寸图像文件，再使用矩形选框开始进行绘制。操作步骤如下：

（1）打开“新建”对话框，将其宽度和高度分别设置为 36 像素和 21 像素，分辨率为 300 像素/英寸，如图 15-2 所示，单击确定按钮，新建一个图像窗口。

（2）按 Ctrl+R 组合键，显示标尺，并使用移动工具拖出一条垂直辅助线，再选择工具箱中的矩形选框工具，在窗口的右侧绘制一个矩形选区，如图 15-3 所示。

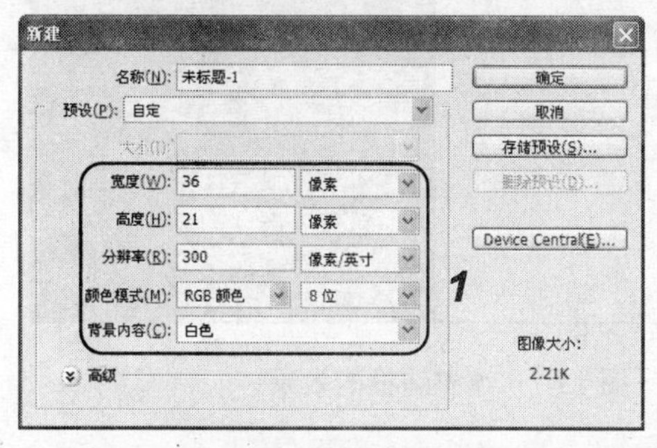

图 15-2　“新建”对话框

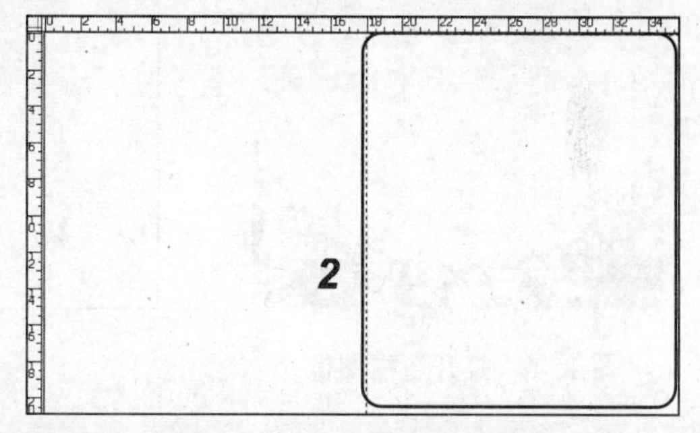

图 15-3　绘制矩形选区

（3）选择工具箱中的渐变工具，然后单击其工具属性栏中的按钮，在打开的“渐变编辑器”对话框中设置从红色到深红色的渐变填充，如图 15-4 所示。

（4）单击确定按钮，在矩形选区中拖动创建渐变填充效果，如图 15-5 所示。

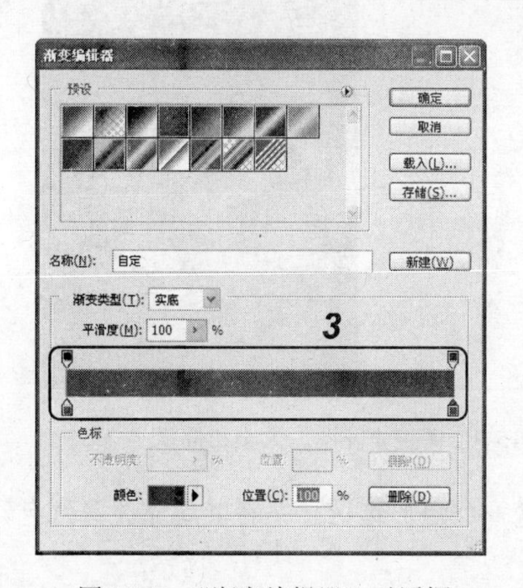

图 15-4　“渐变编辑器”对话框

图 15-5　创建渐变填充效果

提示：

要达到如图 15-5 所示的渐变颜色，需将鼠标指针移到矩形选区的下方，注意指针的起点是渐变中心的起点，如果一次达不到所需的效果，按 Ctrl+Z 组合键恢复渐变操作。

（5）打开“边框.jpg”图像（立体化教学:\实例素材\第 15 章\边框.jpg），使用魔棒工具选中其中的边框图像，如图 15-6 所示，再将其移到矩形窗口中，调整其大小和位置。在“图层”面板中将其“混合模式”设置为“颜色减淡”，将其“不透明度”设置为 40%，效果如图 15-7 所示。

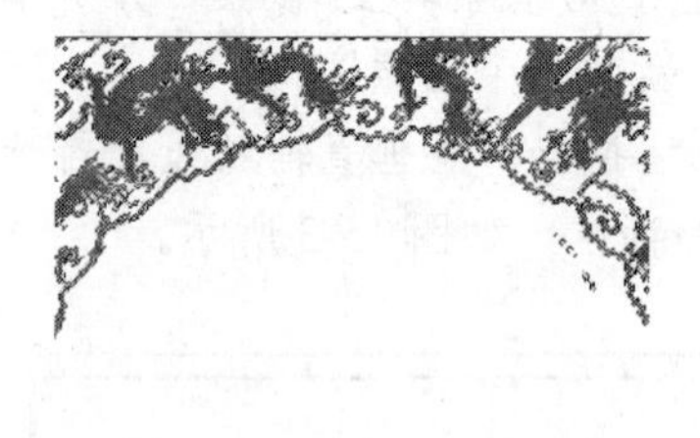

图 15-6　打开边框图像

图 15-7　调整边框的效果

（6）打开如图 15-8 所示的“龙图.jpg”图像（立体化教学:\实例素材\第 15 章\龙图.jpg），使用魔棒工具选中龙图像，再使用移动工具将其移到矩形窗口中，调整其大小和位置，在“图层”面板中将其混合模式设置为“亮光”，效果如图 15-9 所示。

图 15-8　打开“龙图.jpg”图像

图 15-9　调整“龙图”大小和位置

（7）使用矩形选框工具在画册的左侧创建一个矩形选区，并将其填充为深红色，如图 15-10 所示。

（8）选择工具箱中的椭圆选框工具，在封底上绘制一个正圆选区，如图 15-11 所示。

再打开“渐变编辑器”对话框，设置从白色到透明的渐变颜色，如图 15-12 所示。

图 15-10　创建并填充矩形选区

图 15-11　绘制一个正圆

（9）单击 确定 按钮，使用渐变工具在正圆选区中拖动，填充从白色到透明的效果，如图 15-13 所示，再按 Ctrl+D 键取消选区。

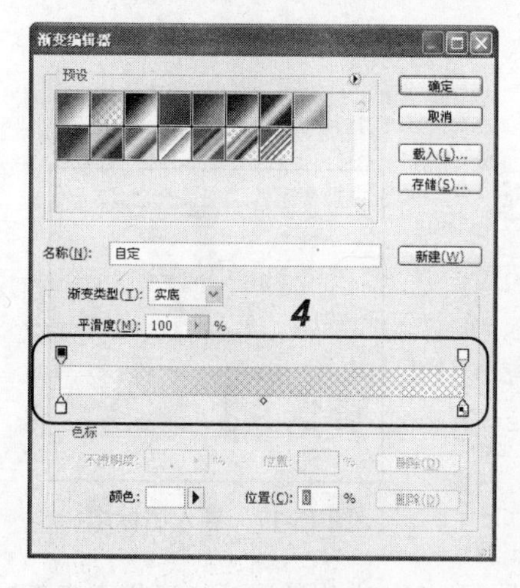

图 15-12　设置“渐变编辑器”

图 15-13　填充正圆

（10）选择工具箱中的文字工具T，在封面上输入酒名，在其工具属性栏中将其字体设置为“汉仪方隶简”，字号设置为“73”，颜色设置为“黄色”，如图 15-14 所示。

（11）选中酒名图层，选择“图层|图层样式|投影”命令，打开“图层样式|投影”对话框，设置投影的“角度”、“距离”、“扩展”和“大小”，如图 15-15 所示。

注意：

有时没有选中“图层样式”对话框中的某些复选框，在其右侧相应的参数设置框是不可用的，要选中复选框后才可以进行相关参数设置。

（12）单击 确定 按钮，再打开“图层样式”对话框，选中 ☑斜面和浮雕 复选框，再在右侧设置浮雕效果的“样式”、“大小”和“软化”等参数，如图 15-16 所示，单击 确定 按钮。

图 15-14　输入酒名

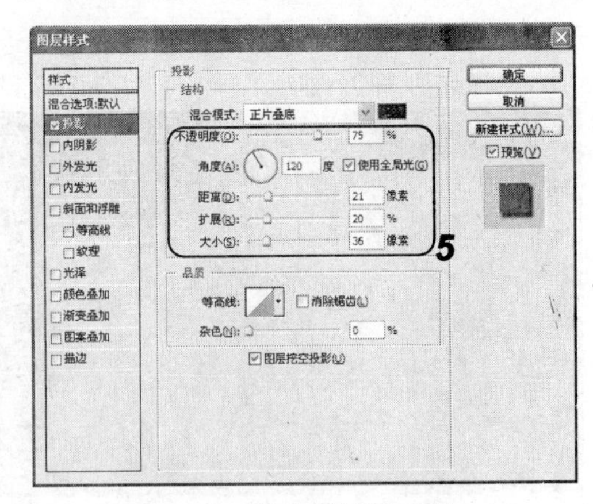

图 15-15　设置“投影”参数

（13）打开如图 15-17 所示的“酒标志.jpg”图像（立体化教学:\实例素材\第 15 章\酒标志.jpg），选中其中的标志，再将其移到封面上，如图 15-18 所示。

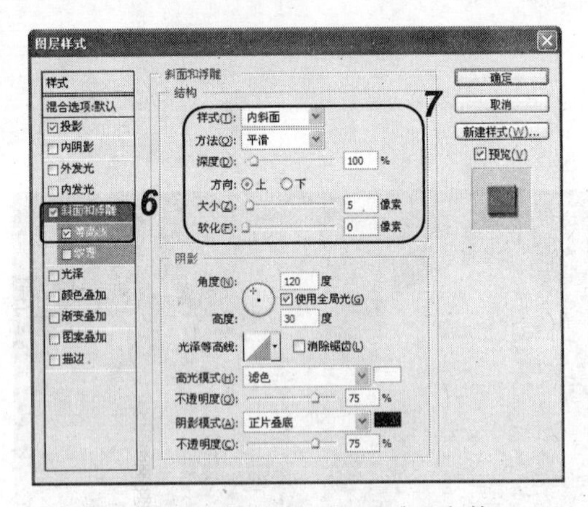

图 15-16　设置“斜面和浮雕”参数

图 15-17　导入酒标志

（14）使用文字工具在封面的下方输入企业名称，并将其字体设置为“汉仪方隶简”，字号设置为“38”，颜色填充为“白色”，如图 15-19 所示。

图 15-18　放置酒标志

图 15-19　输入企业名称

2. 制作画册封底

在制作完画册封面后，下面来制作画册的封底部分，导入酒包装和酒瓶，再输入相应的文字。

操作步骤如下：

（1）打开“酒包装.jpg”图像（立体化教学:\实例素材\第 15 章\酒.jpg），使用钢笔工具创建选区，如图 15-20 所示，再将其移到封底的渐变正圆上。

（2）使用文字工具在封底上方输入荣誉名称，将其字体设置为“汉仪方隶简”，字号设置为“50”，并填充为“白色”，再调整字间距，效果如图 15-21 所示。

图 15-20　创建选区

图 15-21　输入荣誉名称

（3）使用矩形选框工具在荣誉名称下方绘制一个矩形选区，将其旋转一定的角度，并填充为橘红色，并进行复制，均为排列橘红色矩形图，效果如图 15-22 所示。

（4）使用文字工具在酒包装的右侧输入该酒的名称和特点，其中酒名称的字体设置为“汉仪方隶简”，字号设置为“20”，并描上黄色的边，特点的字体设置为“黑体”，颜色填充为白色，如图 15-23 所示。

图 15-22　绘制并复制矩形图

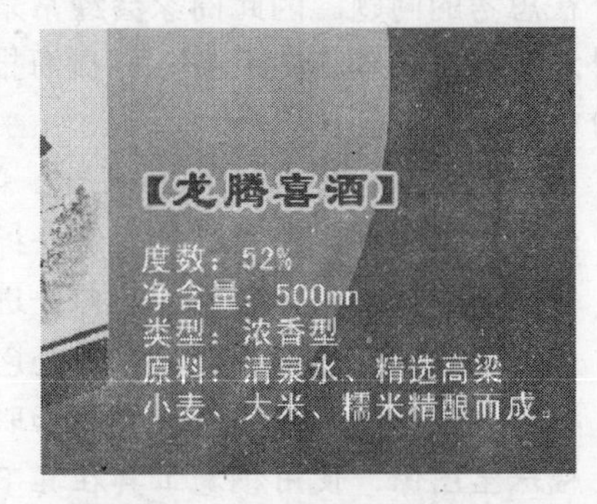

图 15-23　输入酒的名称和特点

（5）使用文字工具在封底的下方输入企业名称，其字体设置为“汉仪方隶简”，字号设置为“40”，并填充为“白色”，再使用铅笔工具在其下方绘制一条橘红色的直线。

（6）使用文字工具在企业名称下方输入企业的联系方式，并将其字体设置为“黑体”，字号设置为“12”，并填充为“白色”，完成本例的制作。

15.2 制作美容优惠券

15.2.1 项目目标

本例将练习绘制如图 15-24 所示的美容优惠券（立体化教学:\源文件\第 15 章\美容卡.psd）。画面以金色和紫色为主，整个画面明亮、简洁而清晰。画面中的人物图像经过滤镜处理后，变得活泼、引人注目。通过本例的练习，用户可以熟练掌握矩形选框工具、“拾色器”对话框、通道、“图层样式”、“彩色半调”滤镜和文字工具等运用，以及使用 Photoshop 制作美容优惠券的方法。

图 15-24 美容优惠券效果

15.2.2 项目分析

企业在激烈的竞争下，怎样将自身的产品进行宣传，使其保持不败之地是每个企业无时无刻不在思考的问题。因此商家会经常采用一些促销手段，本例制作的是一张优惠券，除此之外还包括宣传单、DM 单、打折海报等，这类作品的设计方式是类似的。本例的具体制作分析如下：

- 确认优惠券的尺寸、单面/双面、彩色或黑白印刷、优惠券的文字和图片内容。
- 结合前期的准备资料进行创意分析与设计，确定布局和色彩搭配。
- 开始制作，本例分为左右两部分进行。在制作优惠券右边部分时，使用矩形选框工具创建一选区并将其填充为金色，再绘制一些小矩形并填充为浅黄色，导入素材，再使用文本工具输入主题和联系方式并编辑；在制作优惠券右侧时，导入一幅珠宝图像，使用钢笔工具在其下方创建一个选区，将其羽化并删除，再导入一幅人物图像，使用“彩色半调”滤镜对其进行编辑，再使用文字工具输入相应的内容并进行编辑，然后导入一幅花瓣图像即可。

15.2.3 实现过程

根据案例制作分析，本例制作的是一张美容院的优惠券，分为绘制优惠券右侧和绘制优惠券左侧两部分，下面将分别进行讲解。

1. 制作优惠券右侧

新建一个图像窗口，再使用矩形选框工具创建右侧的选区，进行优惠券右侧的绘制。操作步骤如下：

（1）新建一个宽度和高度分别为 9 厘米和 10 厘米、分辨率为 300 像素/厘米的图像窗口，再选择工具箱中的矩形选框工具▭，在窗口右侧绘制一个矩形选区，打开“拾色器”对话框，选择金色，并进行填充，效果如图 15-25 所示。

（2）新建一个图层，使用矩形选框工具绘制更多小矩形并填充为深浅不一的黄色，如图 15-26 所示，按 Ctrl+D 组合键取消选区，效果如图 15-27 所示。

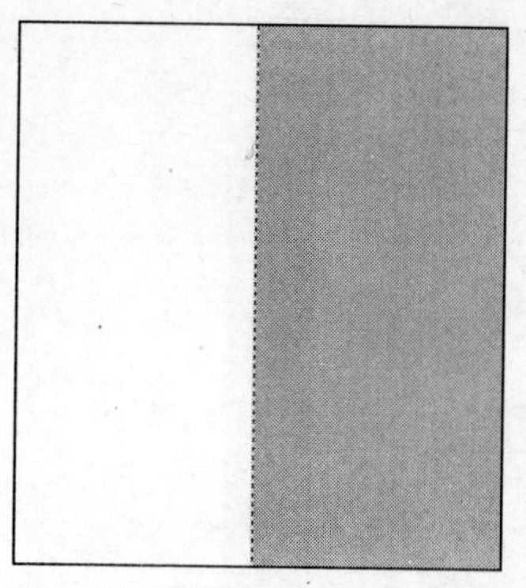
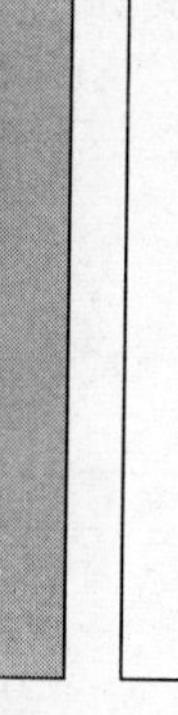

图 15-25　绘制并填充矩形选区

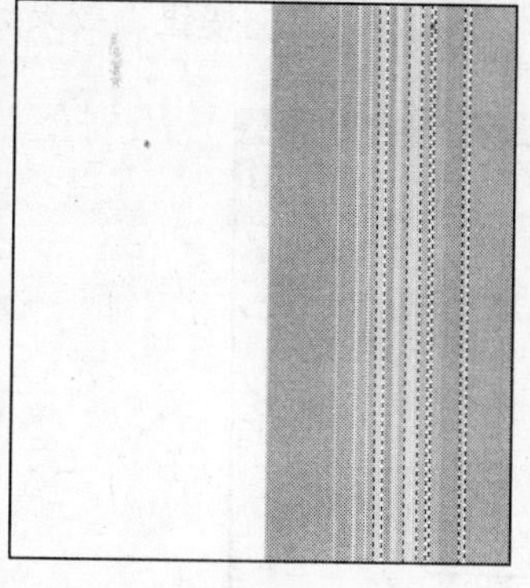

图 15-26　绘制更多的矩形

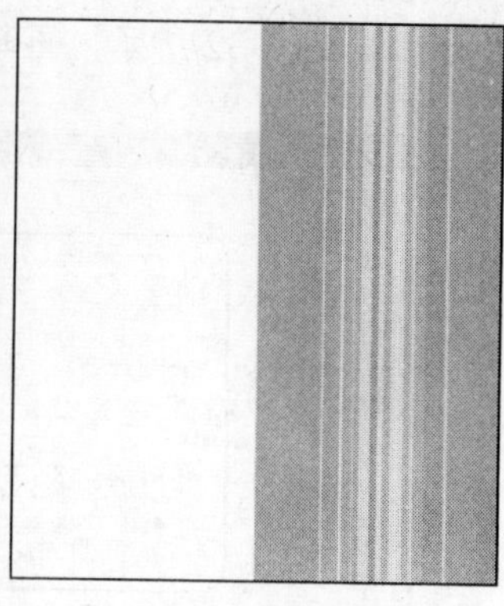

图 15-27　取消选区

（3）打开如图 15-28 所示的“口红.jpg”图像（立体化教学:\实例素材\第 15 章\口红.jpg），使用移动工具将其移到优惠券右侧的右下方。

（4）打开如图 15-29 所示的“标志.jpg”图像（立体化教学:\实例素材\第 15 章\标志.jpg），使用移动工具将其移到优惠券右侧的右上方。

图 15-28　“口红”图像

图 15-29　“标志”图像

（5）打开“化妆品.jpg”图像（立体化教学:\实例素材\第 15 章\化妆品.jpg），使用移动工具将其移到优惠券右侧的左上方，如图 15-30 所示。

（6）选择工具箱中的直排文字工具IT，在右侧输入“优惠券”3 个汉字，在其工具属性栏中将其字体设置为“汉仪蝶语体简”，字号设置为“40”，颜色填充为“白色”，效果如图 15-31 所示。

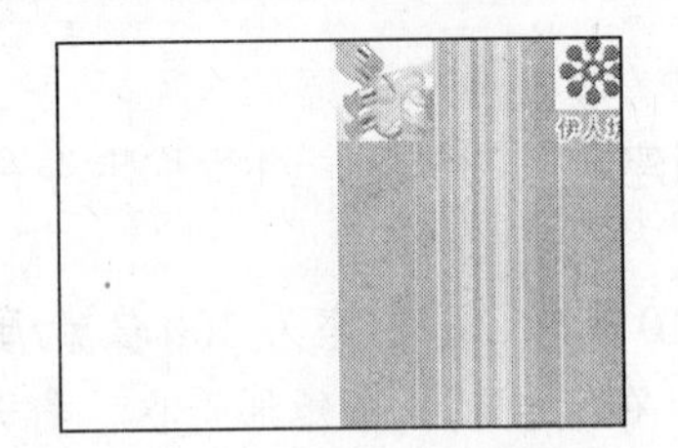

图 15-30　调整化妆品图像位置

图 15-31　输入“优惠券”

（7）选中“优惠券”图层，选择“图层|图层样式|斜面和浮雕”命令，打开“图层样式”对话框。在“样式”下拉列表中选择“枕状浮雕”样式，将其“大小”设置为“5”，其他设置如图 15-32 所示，再单击[确定]按钮，效果如图 15-33 所示。

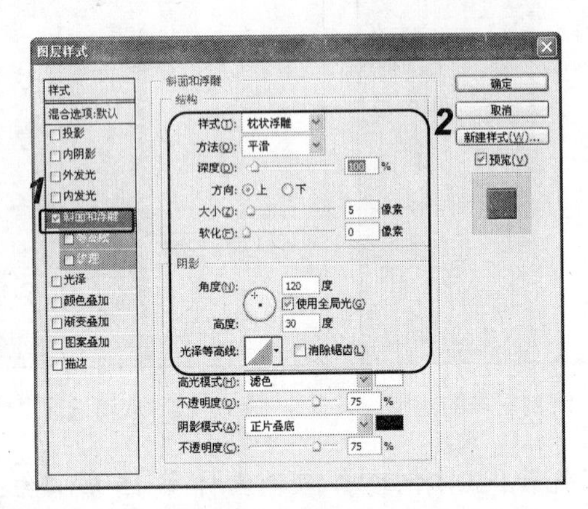

图 15-32　“图层样式/斜面和浮雕”对话框

图 15-33　“优惠券”的浮雕效果

（8）打开“图层样式”对话框，选中[☑描边]复选框，将其“描边”大小设置为“10”，颜色设置为紫色，其他设置如图 15-34 所示，单击[确定]按钮。

（9）使用文字工具[T]在“优惠券”下方输入美容院名称，将其字体设置为“华康简综艺”，字号设置为“10”，打开“图层样式”对话框，宽度设置为 5 像素，颜色设置为白色，单击[确定]按钮，效果如图 15-35 所示。

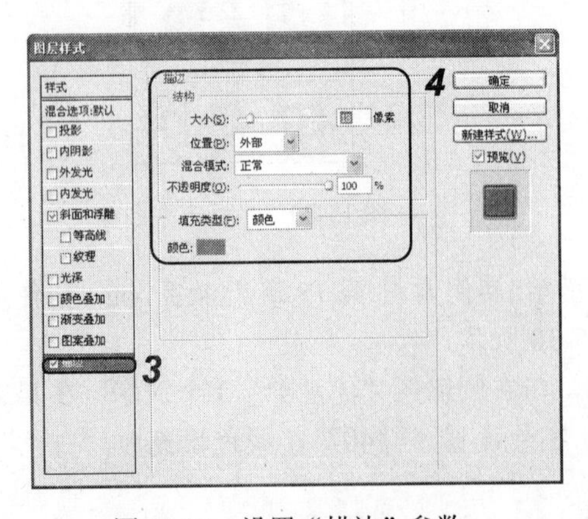

图 15-34　设置“描边”参数

图 15-35　“优惠券”的图层样式效果

（10）使用文字工具T在美容院名称下方输入总店地址及联系方式，如图 15-36 所示。将字体设置为“黑体”，字号设置为 6，并描上宽度为“3 像素”紫色的边，效果如图 15-37 所示。

图 15-36　输入美容院总店地址及联系方式

图 15-37　设置字体字号后的效果

2. 制作优惠券左侧

在制作完成优惠券右侧部分后，下面来制作其左侧部分，主要是导入珠宝、人物图像并进行编辑，再输入文字即可。

操作步骤如下：

（1）打开如图 15-38 所示的“珠宝.jpg”图像（立体化教学:\实例素材\第 15 章\珠宝.jpg），选择工具箱中的多边形套索工具，在图像上创建一个选区，如图 15-39 所示。

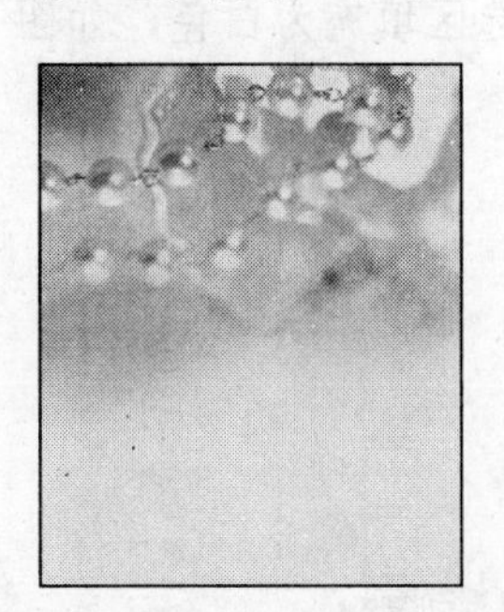

图 15-38　打开“珠宝.jpg”图像

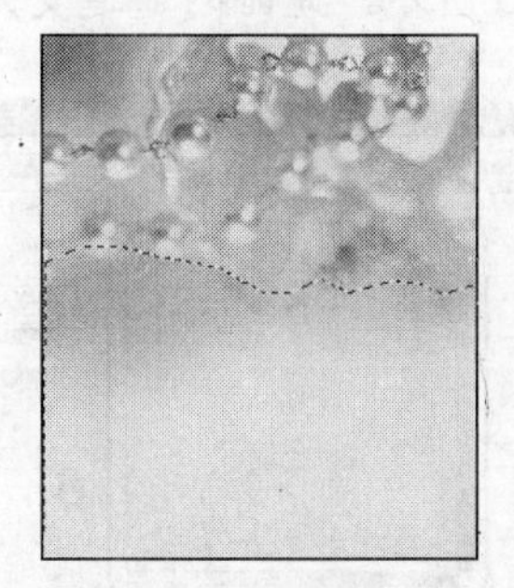

图 15-39　创建选区

（2）按 Ctrl+Alt+D 组合键，打开“羽化选区”对话框，将其“羽化半径”设置为 50，如图 15-40 所示，单击 确定 按钮，再按 Delete 键删除选区内的图像，效果如图 15-41 所示。

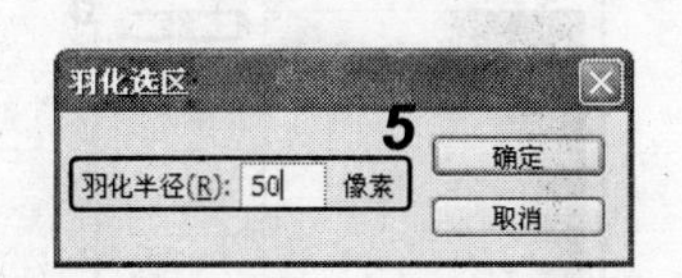

图 15-40　“羽化选区”对话框

图 15-41　删除选区内的图像

（3）使用移动工具将珠宝图像移到优惠券的左侧上方，调整其大小和位置，效果如图 15-42 所示。

（4）打开如图 15-43 所示的“人物.psd”图像（立体化教学:\实例素材\第 15 章\人物.psd），使用移动工具将人物图像移到珠宝图像的中间下方。

图 15-42　调整珠宝图像

图 15-43　打开“人物.jpg”图像

（5）选择“图像|调整|曲线”命令，打开“曲线”对话框，使用鼠标拖动对话框中的曲线，单击 确定 按钮，如图 15-44 所示。

（6）在“图层”面板中复制人物图像图层，将位于上一层的人物图层进行隐藏。

（7）选中位于下方的人物图层，打开“通道”面板，单击按钮，新建“Alpha 1”通道，如图 15-45 所示，此时的通道变为黑色，将人物选区填充为白色，如图 15-46 所示。

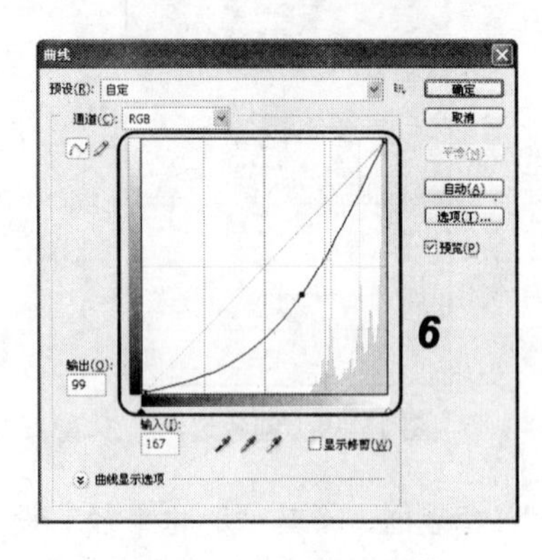

图 15-44　“曲线”对话框

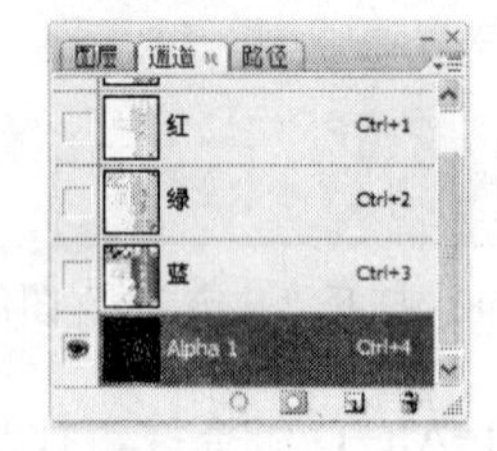

图 15-45　新建 Alpha 1 通道

（8）选择“滤镜|模糊|高斯模糊”命令，打开“高斯模糊”对话框，将其“半径”设置为“4.4”，单击 确定 按钮，如图 15-47 所示。

图 15-46　填充人物选区

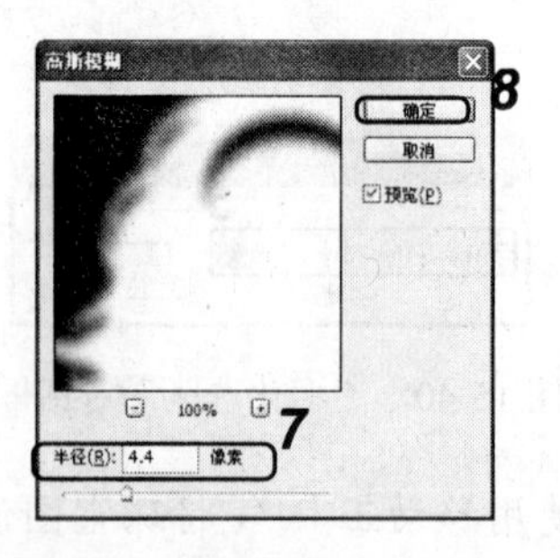

图 15-47　“高斯模糊”对话框

（9）选择“滤镜|像素化|彩色半调”命令，打开“彩色半调”对话框，将其“最大半径”设置为 10，其他设置如图 15-48 所示，单击【确定】按钮。

（10）按 Ctrl 键的同时，单击“通道”面板中的新通道，创建人物选区。

（11）将前景色设置为紫色，打开“图层”面板，按 Alt+Delete 组合键填充人物选区，如图 15-49 所示，取消选区，将隐藏的人物图层显示出来。

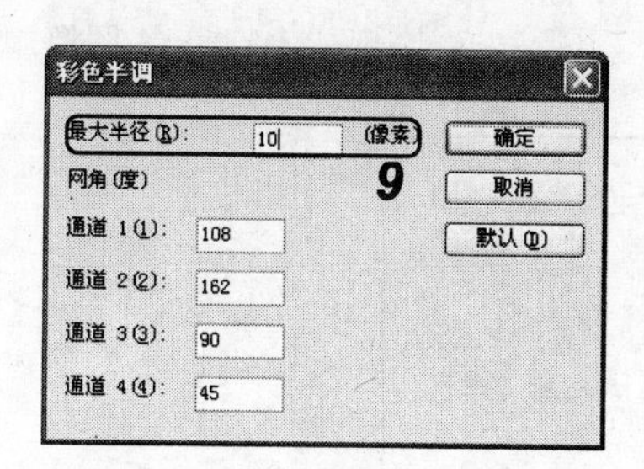

图 15-48　“彩色半调”对话框

图 15-49　填充人物选区颜色

（12）使用文字工具 T 在珠宝图像下方输入标语，将其字体设置为“汉仪太极体简”，字号设置为“45”，颜色填充为白色，再描“宽度”为 3 的紫色边，效果如图 15-50 所示。

（13）使用文字工具 T 在标语下方输入促销语，再将其字体设置为“汉仪蝶语简体”，字号设置为“9”，再使用文字工具在其下方输入促销内容，将其字体设置为“黑体”，并填充为金色，如图 15-51 所示。

图 15-50　输入标语

图 15-51　输入促销语和内容

（14）打开“花瓣.jpg”图像（立体化教学:\实例素材\第 15 章\花瓣.jpg），使用移动工具将其移到优惠券图像窗口中，在“图层”面板中调整其位置，使其位于主要内容的下方。

（15）在“图层”面板中将其“不透明度”设置为“68%”，完成本例的制作。

15.3　练习与提高

（1）制作一幅少儿科普教育书的封面，书名为“少儿科技之窗”，其效果如图 15-52 所示（立体化教学:\源文件\第 15 章\科技之窗.psd）。

提示：新建一个图像窗口，再调入“城堡.jpg”（立体化教学:\实例素材\第 15 章\城堡.jpg）和“女孩.jpg”图像（立体化教学:\实例素材\第 15 章\女孩.jpg），使用钢笔工具选取女孩图像中的人物，再进行羽化，使用文字工具输入相应的文字并编辑即可。

本练习可结合立体化教学中的视频演示进行学习（立体化教学:\视频演示\第 15 章\制作少儿科技之窗封面.swf）。

图 15-52　科技之窗封面效果

（2）通过本书的学习，制作一个“激情相约”的图像效果，其效果如图 15-53 所示（立体化教学:\源文件\第 15 章\激情相约.psd）。

提示：新建一个宽度和高度分别为 15 厘米和 7 厘米，像素为 300 像素/厘米的图像文件，使用“光照效果”滤镜为其添加 3 束光照效果，再打开“玫瑰.jpg”（立体化教学:\实例素材\第 15 章\玫瑰.jpg）、“吉他.jpg”（立体化教学:\实例素材\第 15 章\吉他.jpg）和“手.jpg”（立体化教学:\实例素材\第 15 章\手.jpg）图像，将其放置在不同的位置并设置其“不透明度”，再绘制音乐符号，最后使用文字工具输入相应的文字并进行渐变填充即可。

本练习可结合立体化教学中的视频演示进行学习（立体化教学:\视频演示\第 15 章\制作激情相约图像.swf）。

图 15-53　“激情相约”效果图

（3）制作如图 15-54 所示的少儿杂志封面和封底效果（立体化教学:\源文件\第 15 章\儿童封面.psd），然后再制作出立体效果，其效果如图 15-55 所示（立体化教学:\源文件\第 15 章\立体封面.psd）。

提示：新建一个图像窗口，使用标尺和参照线确定好封面、书脊和封底的位置，添加封面上的文字元素和图形装饰，要注意构图的方法，根据封面来制作封底和书，添加相关文字元素，打开“孩子 1.jpg”（立体化教学:\实例素材\第 15 章\孩子 1.jpg）、“孩子 2.jpg”（立体化教学:\实例素材\第 15 章\孩子 2.jpg），拼合图层后将书籍各个面通过变换操作制作成透视效果。

本练习可结合立体化教学中的视频演示进行学习（立体化教学:\视频演示\第 15 章\制作少儿杂志封面.swf）。

图 15-54　少儿杂志封面的展开图

图 15-55　立体效果

（4）练习制作出如图 15-56 所示的名片（立体化教学:\源文件\第 15 章\名片.psd）。

提示：先进行创意分析与设计，这里将制作一个旅游网客户经理的明片。制作名片时将绘制公司 LOGO，并添加客户经理名称、职位和电话等相关信息，最后，将名片制作成实景效果图。

本练习可结合立体化教学中的视频演示进行学习（立体化教学:\视频演示\第 15 章\制作名片.swf）。

图 15-56　名片效果

经验技巧　如何制作更具商业价值和创意的作品

在实际工作中使用 Photoshop 进行图像处理和平面设计时，还需要学习和总结一些行业相关知识和技能，才能制作出更具商业价值和更具创意和创新的作品。下面总结几点供读者参考和探索：

- 设计前必须对尺寸大小、印刷效果、使用范围、印刷数量、印刷工艺和完成时间等有充分的认识和了解。
- 充分了解客户的企业文化及产品特点，这将有助于创意的实现和作品色彩的运用。
- 掌握和了解印前处理工作流程和印前技术，可以更好地实现作品的效果。
- 在生活和工作中随时搜集一些好的图像素材，以备设计时使用。
- 多学习和观察生活中一些好的创意作品，分析其构图、色彩运用和文案设计等，可提高自身的设计水平。